U0901588

高职高专园林专业教材

园林工程施工与管理

董三孝　主编

中国林业出版社

图书在版编目（CIP）数据

园林工程施工与管理/董三孝主编. －北京：中国林业出版社，2004. 8
（2018.7 重印）
高职高专园林专业教材
ISBN 978-7-5038-3778-4

Ⅰ. 园…　Ⅱ. 董…　Ⅲ. 园林-工程施工-施工管理-高等学校：技术学校-教材
Ⅳ. TU986. 3

中国版本图书馆 CIP 数据核字（2004）第 070793 号

中国林业出版社·教材建设与出版管理中心
电话：83143551　83143557　传真：83143516

出版发行　中国林业出版社（100009　北京市西城区德内大街刘海胡同 7 号）
E-mail：jiaocaipublic@163. com　电话：（010）83143500
网　址：http：//lycb. forestry. gov. cn
经　销　新华书店
印　刷　三河市华骏印务包装有限公司
版　次　2004 年 8 月第 1 版
印　次　2018 年 7 月第 8 次印刷
开　本　787mm×960mm　1/16
印　张　30. 25
字　数　540 千字
定　价　48.00 元

高等职业教育园林专业教材
审定专家委员会

《园林工程施工与管理》编写人员

主　　编　董三孝

副 主 编　吴志华

编写人员（以姓氏笔画为序）

刘义平（上海城市管理职业技术学院）

吴志华（浙江建设职业技术学院）

陈科东（广西生态工程职业技术学院）

胡自军（河南科技大学林业职业学院）

郑建灿（福建林业职业技术学院）

董三孝（杨凌职业技术学院）

主　　审　褚泓阳（西北农林科技大学）

前　言

随着改革开放的不断深入，我国的综合国力与人民生活水平得到了很大的提高，人们对生态环境的要求越来越高，促进了园林工程建设事业的空前发展。对高等园林工程建设施工与管理人才的需求也迅速增加，为了满足高等职业技术教育园林专业教学对教材的要求，林业职业教育教学指导委员会和中国林业出版社共同组织有关高职院校，编写了《园林工程施工与管理》这本教材。本教材根据《园林工程施工与管理》课程教学大纲，按照教育部对现行高职教材编写的规定，编写完成的。

本教材包括园林工程施工概述、与园林工程有关的基础工程施工、园林工程施工、园林工程施工组织设计、园林工程施工招投标与项目管理、园林工程施工合同管理、园林工程施工管理、园林工程竣工验收与养护期管理、园林工程施工经济管理和园林工程施工监理共10章内容。教材紧紧围绕高职教育培育目标的要求，结合高等职业教育特点，较系统地阐述了园林工程施工与管理的基础理论和有关专业知识内容，同时充分结合当前园林工程施工与管理生产建设的实际，及时采纳了园林工程建设中新材料、新工艺、新技术和施工管理中相应采取的新规范、新标准，体现了当代园林工程施工与管理理论和技术的新成果，力争实现教材内容和技术的超前性特征，注重学生创新能力的培养。

在教材编写过程中，我们力求做到概念明确，文字简练，内容详实，资料可靠，在安排上做到图文并茂，突出实用，在满足各类教学需要的前提下，尽量满足其他专业人员的使用。

本教材由杨凌职业技术学院董三孝任主编，浙江建设职业技术学院吴志华任副主编。其中董三孝制定编写提纲并编写绪论、第一、九章和实训部分；吴志华编写第四、五章；广西生态工程职业技术学院陈科东编写第六、八章；上海城市管理职业学院刘义平编写第二章；河南科技大学林业职业技术学院胡自军编写第三章；福建林业职业技术学院郑建灿编写第七、十章。全书由董三孝统稿。

西北农林科技大学褚泓阳教授在百忙中审定了全书，并提出了许多宝贵的意见和建议，在此表示衷心的感谢。

在编写过程中还得到了有关方面的支持和帮助，同时我们也参考了有关同仁的著作和资料，借此一并表示谢意。

由于时间仓促和编者的水平有限，不足之处在所难免，恳请使用者提出宝贵意见，以便修订改正。

董三孝

2004 年 3 月

目　　录

绪　论

一、园林工程施工与管理的概念和内容

《园林工程施工与管理》是为了适应日趋成熟的城市绿化工程建设与近年兴起的生态环境工程建设中的园林工程建设生产施工管理的实际要求，满足高等职业教育中园林专业教学的需要而形成的一门新学科。它既是我国渊源流长、独具民族风格的各种园林艺术品施工经验的总结，也是对现代园林工程生产施工技术管理过程的高度概括与提升。《园林工程施工与管理》是以园林和园林艺术、园林工程为基础，运用现代管理理论和方法，总结我国古典园林工程建设的精华，结合当今国内外园林工程施工与管理的经验，并与现代管理理论紧密结合后形成的一门新的交叉性学科体系。它涉及园林工程建设的生产施工的技术问题和现代管理理论、方法，在园林工程建设过程中的具体应用问题，以及在长期生产应用过程中逐步形成的理论与操作规范或评价标准体系等内容。具体内容有：园林工程施工概述，与园林工程相关的工程施工，园林工程施工组织设计，园林工程项目管理与指标，园林工程施工合同管理，园林工程施工管理，园林工程竣工验收与养护期的管理，园林工程施工的经济管理和园林工程施工监理等。其涉及学科门类较多，理论与实践结合，技术复杂多样，是一门理论性、技术性、综合性和实践性较强的学科。

二、园林工程施工与管理的形成和发展

（一）园林工程施工与管理是伴随着园林艺术和园林工程建设的产生而产生、发展而发展的。

园林艺术是在自然山水园林艺术美的基础上，由园林艺人通过园林工程的建设才得以实现的，而园林建设是与园林工程建设分不开的。无论是一点一滴的园林造景活动，还是具有一定规模的各种类型的园林工程建设，都是一定水平园林工程施工技术和组织管理水平的具体体现。

中华民族园林文化渊源流长、独具风格，在长期的发展过程中积累了丰

富的理论与实践经验。这些丰富的理论和实践经验，既是古今园林艺术精湛的施工技艺和造园手段的结晶，同时又是园林艺术通过工程生产过程得以实现的有力证明。

园林艺术的产生发展及其艺术境界的实现离不开园林艺人的理论水平和生产实践经验的不断提高，而一切理论、艺术和生产技艺都来源于最初的生产实践，园林艺术与园林工程施工与管理的理论与生产技术规范也不例外，其来源于古今中外、大小不一、风格各异、形式多样的园林工程的生产实践活动之中。考古发现表明：一切园林艺术品的产生就是园林工程建设随之产生的例证，也是园林工程施工与管理产生的表现。

（二）中华民族的园林艺术与园林工程不断发展提高的过程也是我国园林工程施工与管理理论和实践不断发展和提高的过程。

从春秋战国时期的"人工造山"到周代"灵囿"中的"灵点、灵沼"的营造，以及秦汉时期大规模的挖湖堆山形成的"一池三山"模式的山水宫苑园林；发展到唐代对自然山水风景的人工改造，并随之形成的诗情画意的代表作，如王维的"辋川别山"等艺术精品；及唐代在园林工程建设中用以铺设地面选用的花砖结构，都证明园林工程规模和与之适应的施工技艺已达到了相当高的水平。从宋代宋徽宗年间建造的"寿山艮岳"中可以看出，假山、置石已发展为园林艺术的一种主要形式，而在"敷庆万寿峰"的特置山峰已达"广百围，高六仞"的规模，当时要跋涉数千里，又完整无损地将如此巨石傲立于东邑人造山顶，就足以证明当时园林工程施工人员的相石、采石、运石和安石技术已达到令人难以置信的水平。从史料可知，当时不少出色的太湖石依靠渔人潜水断根、接绳栓套，用泥封眼后用草包袋，结竹筏装，运到汴京后再洗净，用以营造假山之洞，其所营造的山洞不仅造型自然、结构稳定，而且还有防蛇、蝎，致云烟之功能，达到了"括天下之美，藏古今之胜"的水平。如此精美之作，必然是园林艺人及建设者高超智慧和施工艺术的结果；也反映了当时具一定规模的园林工程施工组织管理水平已发展到了相当水平。随后，假山、置石工艺又与石作、木作、泥瓦作结为一体，至宋代已形成一门专门的园林工程技艺，其工艺流程与规范要求，至今仍有参考价值。

明清时代所建造的大规模园林工程，其规模之大、集各类园林特色之广更是达到了空前的高度，尤以颐和园和圆明园为佳。这些园林精品的产生更是当时园林工程建设施工与管理水平的明证；这也标志着我国园林工程建设已向大规模园林工程方向发展；向综合性园林艺术表现手法方向发展；向采用现代工程原理构建多功能园林工程产品方向发展；向采用更多、更优、更廉价的选材方向发展；向集游览、娱乐、休闲与市政工程建设结合方向发展。同时又使得园林工程从个别或部分艺术之作向团队共同构建园林工程的方式发展。这就使得园林工程施工技术与园林工程管理理论在实践生产活动中得以发展和提高，园林工程施工与管理已初具雏形。

新中国成立后，园林工程有了更大的发展，人们在挖掘、继承传统园林工程技术的同时，在园林工程表现手法和工程所用材料、施工工艺及机械化程度等方面都有了新的突破。岭南庭园塑假山得以继承和发展，创造了“塑石、塑山”等新型假山的表现手法。广州园林工作者创造的“榕根壁”使得真假榕根与石壁融为一体，继承和发展了“有真为假，有假成真”的传统处理手法和精湛的施工工艺。杭州植物园的“改坡为丘”已成为园林工程施工中地形改造的成功之作，达到了“因境成景”、“因地成形”的效果。

改革开放以来、特别是在加入 WTO 后，随着人民生活水平的提高，其文化艺术素养和品位也得到了提高，人们对园林工程艺术性的需求明显增强，对园林工程的生态、环境、社会综合效益的要求空前高涨。大连市政府广场、西安钟楼广场、哈尔滨的太阳岛等一批现代化、多功能、大规模、综合性园林艺术品应运而生，这也标志着我国园林工程建设施工与管理水平达到了世界先进水平。同时不少国家竞相建设中国园林，中国园林施工企业的外建项目也深受各国欢迎。

（三）综上所述，中国园林艺术、园林工程从古到今不断发展的过程也是从事园林工程施工建设生产实践技能和经验形成的过程，还是不断总结、提炼，并形成园林工程施工与管理理论的过程。

随着园林工程建设事业的不断发展，广大园林工程施工从业人员在不断挖掘、整理、运用和发扬古老园林建设财富的同时，运用现代科学技术和管理理论把更多的新材料、新工艺、新器械和新管理手段应用到园林工程施工建设中来，形成了独具中华园林艺术特色文化与现代科学管理手段相结合的现代园林工程施工与管理学科体系。

三、园林工程施工与管理的学科特征

（一）园林工程施工与管理是包含园林工程施工过程和园林工程管理过程，并使二者融为一体的完整的学科体系

园林工程施工建设的过程实际上就是园林工程施工与管理的过程，始终包括两大部分内容，一是园林施工企业通过市场运作机制合法获得施工项目

后，通过具体的工程施工技术，形成目的产品的过程，即选用各种园林工程建设资源、采用先进的施工技术和工艺规范，在施工建设过程中逐步落实的全过程。主要是指施工建设的技术性问题。二是园林施工企业按照现代管理学理论，结合园林工程施工的实际，运用适合于园林施工过程的管理手段对园林工程建设全过程进行管理的过程。主要包括对园林工程施工计划安排和组织设计，施工过程的质量、安全、技术、进度的管理，监督与评价等内容，以实现园林工程施工有序、安全、高效和优质完成，主要是指施工建设的管理问题。二者的共同目的是建成园林工程精品，但二者并不是各自独立的，而是相互联系、相互影响、缺一不可的。从园林工程计划设计、施工图预算、施工现场的清理安排、施工进度、施工组织、人力、物力的调度，到施工中各类建设材料的选取、施工类型的划分、施工程序的决定、施工工艺流程的安排、施工工程技术要求标准以及施工现场的各项管理都必须是施工与管理二者的有机结合，才能达到以最少的投入和消耗获得最大收益的园林工程建设目标。长期的园林工程施工管理的实践过程，是《园林工程施工与管理》学科的基础所在。

（二）园林工程施工与管理是一门融工程施工技术性、施工管理科学和园林生物及艺术性为一体的综合性、交叉性的学科

1. 由于园林工程的特殊性决定了园林工程施工与管理这门课程不同于其他类型工程施工与管理学科，不只是工程施工技术与管理科学手段的结合与运用，而是要将园林工程施工技术和现代科学管理手段与园林工程的艺术性、生物性科学地融为一体以形成独立的新的学科体系，特别是要将园林艺术与园林工程建设中的施工技艺融为一体，达到以艺驭术、以术获艺，一举两得的目的。而工程施工、现代管理、园林艺术和园林生物是四个相距甚远的学科，要融为一体，绝非易事，历年来的园林建设者在各自的实践过程中，在这方面积累了丰富的经验教训。现代科技发展也为我们提供了学科交叉的可能，只要我们不断努力，一定会使园林施工与管理这门新的学科迅速发展，以满足园林工程建设的需要。

2. 园林工程施工与管理，又是一门涉及多学科领域的综合性学科。在园林工程施工与管理过程中，由于工程施工技术要求，必然涉及工程原理、结构力学、材料力学、工程材料、工程机械、工程施工技术等内容；而作为园林工程主要造园要素的园林植物，又涉及树木学、花卉学、植物学、栽培学、生态学、造林学、病虫害防治学等学科；园林艺术又涉及艺术理论，园

林艺术学、园林小品艺术等学科；而有关现代管理理论的学科就更多了，如社会学、管理学、经济管理学、市场经济学等。因而可以说园林工程施工与管理是一门综合科学。

（三）园林工程施工与管理是一门实践性很强的学科

园林工程施工与管理学科产生于园林工程建设施工与管理的全过程，同时也随着园林工程施工与管理实践的不断提高和发展逐步提高，由此也形成了园林工程施工与管理的实践性特征。园林工程建设中施工与管理的程序来自于施工建设过程中的实践经验与教训的总结，而施工与管理过程中必要措施的制定与规范化执行和必要的调节，也是由大量工程施工与管理在以前执行的实践中提炼出来的。而对于园林工程施工技术操作规范和标准，又是社会同行在实践中的平均水平的反映。这就是说，园林工程施工与管理的学科内涵都来自于园林工程施工与管理的实践之中。据此，我们在这一学科的学习、提高与发展中都不能脱离园林工程施工与管理的实践。

（四）以植物为主要造园要素的园林工程的施工与管理，表现出明显的季节性和阶段性特征

植物作为园林工程建设的主体和园林艺术的主要造园要素，其本身的季节性生长发育特征，决定了园林工程施工与管理的季节性特点。各种植物的生长发育过程千差万别，但是都具有明显的生长与休眠的季节性物候期变化规律，因而在园林工程建设的施工与管理过程中，必须适应植物这一特点按季节施工，不同植物的物候表现不同，园林工程施工就应在不同的季节、不同时期进行，才能达到事半功倍的效果。这也就使得园林工程施工与管理的季节性特征具有多样性的特点。树木、花卉和草坪等造园植物生长发育的周期性及其与环境共同作用的阶段性特征，致使园林工程施工与管理也表现出长期性和阶段性特征。一项综合性园林工程项目的建成到效益的实现，往往不是短时期就能够实现的，这中间需要进行阶段性的养护与管理。因而在园林工程施工与管理中自然形成了施工建设阶段和交付使用后的的补植、改造和养护管理两个大的阶段。凡是保留至今的园林艺术精品都是经过多次施工、造园和植物养护和管理，才逐步达到的。园林工程施工与管理的这一特征在现今大规模综合性园林工程施工中更为明显。

（五）园林工程效能的公众化、多样化、综合化发展方向，致使园林工程施工与管理的管理行为、技术行为和文化

行为向多样化、综合化方向发展

现代园林工程建设的目的，有三方面大的变化，一是由非大众化的观赏、娱乐、休憩向公众化的观赏、旅游、休闲、文化娱乐方向发展；二是由以树木为主要造园要素配以其他造园要素，如山石、水、路等构成，向以自然山水园林为主，运用现代科技，集光、声、电、山水、艺术、小品、建筑设施于一体的多层次、全方位、立体型园林工程建设方向发展；三是由改善局部地域环境，创造人们优美休憩空间为主，向既要改善居民生存和休憩空间环境，又要改变城市生态环境和文化、文明氛围的综合功能方向发展。以上三者的改变，必然使园林工程建设施工与管理过程中的管理行为、技术行为乃至文化行为，向多样化和综合化方向发展，才能满足项目建设功能的要求。靠单项的园林工程施工技艺或管理技术，是很难适应现代园林工程施工竞争市场要求的。

四、园林工程施工与管理学习、研究的方法

园林工程施工与管理是园林工程建设的主要内容之一，是园林专业、园林工程专业的主要专业课程之一。同时它又是造园活动的基础性理论与技术，是各类园林景观、园林艺术品和综合性园林艺术精品得以实现的手段和途径，是园林工程产品的功能的实现，质量、安全和艺术水平的提高及经济效益、社会效益、生态效益的共同实现的根本性技术管理措施。为此，在学习和研究中要特别注意以下几点：

（一）以学习和研究园林工程施工与管理的技术为中心

园林工程施工与管理是一门技术性很强的课程，它不仅仅包括了一般工程中的相关施工和管理技术、施工与管理技术，还包括了园林艺术与工程技术融为一体，使工程园林化、使园林与工程结合的相关技术内容。这就使其技术性更强、更复杂。在学习和研究中一定要抓住施工与管理技术这个核心，将其作为学习研究的重点。

（二）通过园林工程施工与管理的实践学习，是本课程的主要学习研究的途径

园林工程施工与管理的实践性，决定了其学习研究的途径只能是通过实践，而没有其他办法。所以要进入园林工程施工与管理的现场，进行实训、

实习，身临其境，在实践的过程中学习研究；同时也可通过课程设计、模型制作、现场教学等间接性实践活动以达到学习研究的目的；达到对学生的实践能力的培养；另外要根据工程的个性特征，在实践中发现总结其差异性，以丰富发展提高学科理论与技术，以培养学生具备多学科知识和交叉应用的能力。

（三）广泛涉猎多学科知识并能交叉应用，是本课程学习研究的主要方式

园林工程施工与管理是多学科交叉的新兴学科，要求学习研究者必须重视广泛的学科知识的学习和交叉应用。既要掌握一般的工程原理和施工技术，普通管理理论与技术；又要在此基础上掌握园林工程的原理与施工技术和园林工程施工管理系统措施与技术；还要学习研究园林艺术性理论与表现技术在工程施工与管理过程中的应用。这就必须学习了解艺术原理，园林艺术理论和表现手法，以及文化行为方面的学科理论；要实现生态、社会、经济多效能的共同实现，作为园林工程施工与管理的操作者还必须学习研究生态学、环境保护、社会学和经济学等方面的知识。而作为以法制为主的市场经济条件下的园林工程施工与管理，必然涉及与其相关的法律法规，市场经济理论等方面的知识；而以植物为主要造园要素的园林工程施工与管理，广泛涉及生物学、树木学、花卉学、植物育种学、造林学、植物保护、植物栽培养护等内容。因而，广泛学习掌握多学科理论，并使之相互融合应用，既是学习研究该课程的要求，也是学习研究的主要方式。

（四）学习中要突出当地园林工程特点，形成个性特征，是本课程学习的重要方法

在系统学习的基础上，充分结合当地园林工程特点，有重点地学习研究园林工程建设需要的内容。园林工程建设是一门具有地域特色的工程建设，各园的园情不同，各民族风俗习惯不同，各地的地域条件不同，资源不同，各种文化、艺术在不同的地域形成了各自不同地方特色的园林工程要求。以服务地域经济为主要目的的高职院校，要根据地域特点，结合具体情况，让学生有重点地学习，避免因内容繁杂而学习时间有限，导致学习浮浅，难以熟练应用。

（五）要始终把科学性、技术性和艺术性融为一体，运用于施工管理过程中，作为学习研究的主要目的

现代园林工程已发展为溶现代科学技术和多种艺术形式为一体的综合性、大规模园林工程建设为主体，集改善人的生活环境和生存环境为一体的多功能、复合型园林为目的，以实现精品园林工程产品，实现社会、生态、经济三大效益的共同发展。为此，就要求学习研究者，不仅要掌握施工管理中的科学知识，技术要求和艺术要素，还要求学习者掌握把三者融为一体并运用于施工与管理之中，作为学习研究的主要目的，才能在不断的运用、提高中创造出现代园林工程精品。

总之，在园林工程施工与管理过程中，只有抓住技术这个中心，通过实践这一环节，广泛涉猎多学科并交叉应用，突出地域特色这一重点，充分把科学性、技术性和艺术性综合为一体，才能创造出技艺合一、植物与各类要素齐备、功能全面、既经济又美观的现代园林工程艺术精品；也才能不断提高和发展现代园林工程施工与管理的理论与技术体系，促进园林工程建设的快速发展。

第一章　园林工程施工概述

【本章提要】一切技术和方法均建立在一定理论基础之上。本章从介绍园林工程概念及其内涵入手，进而重点讲述园林工程施工的概念、特点、程序和内容，以及类型划分等内容。为学习园林工程施工和管理奠定基础。

第一节　园林工程概述

一、园林工程概念

按照人们的习惯，将“执技艺以成器物”的行业称之为“工”，把“物之准”称之为“程”。随着发展，“程”字又赋予了期限和进程、过程的词义，于是工程可理解为工艺过程。

中国园林文化渊源流长，在长期的发展提高过程中，积累了丰富的理论和实践经验。经过历代先贤的不断总结、升华和提炼，逐渐形成了独特的中华园林文化，成为中华民族对世界文化的重要贡献之一。当今园林景观文化的发展和提高除了自然园林之外，更多的则是来源于园林建设，来源于历代广大园林建设者的辛勤劳动与不断的创造。

园林建设总是与园林工程分不开的。在人类的生活环境中，不仅分布众多的自然园林景观，而且涌现众多的人造园林产品，它们千姿百态、风格各异，但其景观的形成、空间的组织、气氛的烘托、乃至意境的体现与表达，都来自园林工程技术的缔造。由于社会的发展，科技的进步，文化、艺术的提高，使得园林工程成为园林建设的主要途径。园林工程产品无处不在。从小的花坛、喷泉、亭、架等园林小品的营造，大到公园、环境绿地、风景区的建设都属园林工程的范畴。

园林是指在一定的地域运用工程技术和艺术手段，通过改造地形或进一步筑山、叠山、理水、种植树木花草，营造建筑和布置园路等途径，创作而成的供人们观赏的自然环境和游憩境域。园林工程则是以市政工程原理为基础，以园林艺术理论为指导，研究工程造景技艺的一门学科。也就是说，它是以工程原理、技术为基础，运用风景园林多项造景技术，并使两者融为一体创造园林风景的专业性建设工作。作为一门专业技术，研究的中心内容是如何在最大限度地发挥园林综合功能（社会、经济、生态等）的前提下，解决园林中必需的工程设施，构筑物与园林景观之间矛盾的统一问题。它的范畴包括工程原理、工程设计、施工原理和养护管理等内容，最终达到运用工程技术表现园林艺术，使建成的工程构筑物和园林景观融为一体，创造丰富多彩的园林景观。

二、园林工程的由来与发展

园林发展的历史，就是园林工程发展的历史。我国历代的园林哲贤和手工艺人在数千年园林兴造实践过程中，积累了极为丰富的实践经验和理论著述。尽管其中有不少已无实物可寻，文字记载甚少，且非常分散，但仅从现存的名园和文字资料看，便足以窥视我国园林工程发展与成熟。

2500 年前的春秋战国时期，已出现了人工造山之事。《尚书》所载“为山九仞，功亏一篑”之喻，说明当时已有篑土为山的做法。周文王筑灵囿中的灵台，有明确的凿低筑高的改造地形地貌的土方工程技术。秦汉的山水宫苑则发展成为大规模挖湖堆山的土方工程并形成“一池三山”之传统布置范例。同期在水系疏导，引天然水体为池，埋设地下管道，铺地、种植等方面的园林工程均有了相应的发展，并出现了石莲喷水等水景设施。到了汉代后期，造山工程已由土山为主发展了构石为山，且能高十余丈，足见掇山技术的不断发展。魏晋到南北朝 360 余年间，自然山水园林得到发展，由单纯的模仿自然山水，发展为进行概括、提炼、进而抽象化，如南齐文惠太子开拓元囿园，多聚其石，妙极山水；湘东王造湘东苑，穿池构山，跨水有阁、斋，斋前百亭山，山有石泅，蜿蜒潜行二百余步，这不仅说明了当时对自然山水的重视，同时也表明当时园林工程中的土、木、石作技术与叠石构山技术及园林工程规模已达到相当水平。唐代由于生产力的发展，文化的不断提高和工程技术更为发达，使其园林工程得以迅速发展和提高。王维的“辋山别业”，是在利用大自然山水的基础上加以适当的人工改造形成的。其地形变化已相当丰富，既具有大自然的风貌，又蕴涵了如诗如画的意境和画境，这便是意境山水园林的雏形。从出土的唐代花面砖来看，其砖体材纯而工艺精，质细而坚，断面上大而下小，既有足够的空间灌浆而面层又严丝合缝；

顶面凹凸的各式花纹既有装饰性效果，又有防滑功能；砖底面有深陷的绳纹，使之易于稳定，由于上口交接紧密，可减少地面水渗入基层，从而使铺地结构不易受水蚀和冻胀破坏。可见当时的园林工程铺地技术已可谓周全之至了。宋代徽宗年间建造的寿山艮岳，广集江南名石，以“花石纲”为旗号，利用运河运到河南，选石工程已达到了新的高峰。而号称“神运昭功敷庆万寿峰”的特置峰石，“广百围，高六仞”完整无损地傲立于京邑人造山之顶，说明当时的相石、采石、运石和安石的技艺等一系列置石工程工艺已达到了相当水平。当时假山工艺一方面吸取了传统的山水画之画理，又将石作、木作、泥瓦作结为一体，已明显形成了一门专门的技艺。其作品已达到了既顺应自然之理，又包含提炼、夸张等艺术加工，形成了独具民族风格和艺术魅力的造园施工技艺。

明清造园更加成熟，其以宫苑为主的园林工程，多集各园之长，使造园规模明显扩大，技艺明显提高。北京的颐和园和圆明园为其代表。颐和园将筑山、理水和造园推向极至，特别是颐和园中结合城市水系和蓄水功能，巧妙处理万寿山之水系，使之或高或低、或曲或直、或收或放、或涧或溪、或一分为二、或合二为一，加之园林树木花卉的相辅相成，达到了“虽由人作，宛自天开”的境界。而圆明园则吸收了西方造园的手法，如在运瀛观、大水法、浅法山、谐趣园等处的石雕、喷泉、整形树木、绿丛树池等园林形式均是中外园林艺术结合的佳品。而此期江南私家园林也悄然兴起，其“花街铺地”掇山和置石之风尤为盛行，出现了像苏州环秀山庄的湖石假山，藕园的黄石假山，现存的江南“三大名石”等著名的园林精品。

中华人民共和国成立后，在园林工程方面又取得了很多新成就。广州园林工作者在继承岭南庭园灰塑假山传统的基础上发展到“塑石、塑山”，为假山的发展提供了新的途径。各地在旧园林的修复和新园林的建造中，出现了许多园林精品，如广州白云宾馆的“榕根壁”，杭州花港观鱼公园的大面积草坪，杭州植物园的“改坡为丘”的地形塑造，大连市政广场等多种园林手段的综合应用等。

园林工程作为一种技术，可以说是渊源流长，但作为一门系统而独立的学科，则是近半个世纪的事，它是为了适应我国解放后城市园林和绿化建筑发展的需要而产生的。随着新技术、新工艺、新材料的不断出现，使得我国的园林工程得到了快速发展，使全国的城市园林化建设水平不断提高。改革开放以来，特别是加入WTO以后，国力不断增强，国际地位日益提高，我国的园林艺术和园林工程建设已走出国门，跨进世界各地，中国园林踪迹遍及全世界。此外，国家选送的参展项目还多次获得世界金奖。我国园林工程建设事业已进入飞速发展的新阶段。

三、园林工程的特点

园林工程产品要达到建设供人们游览、欣赏的游憩环境，形成优美的环境空间，构成精神文明建设的精品的目的。它包含一定的工程技术和艺术创造。是山水、植物、建筑、地形等造园要素在特定境域内的艺术体现。因此，园林工程和其他工程相比有其突出的特点，并体现在园林工程建设的全过程中。

（一）生物性特征

植物是园林的最基本要素，特别是现代园林中植物所占比重越来越大，植物造景已发展成为造园的主要手段。由于园林植物种类繁多，品种习性差异较大，而园林工程所在地的立地条件又千差万别，园林植物栽培又受自然条件的影响较大，为了保证园林植物的成活和正常生长，达到预期的设计效果，栽植施工时就必须遵守一定的操作规程。养护中必须符合其生态要求，并要采取有力的管护措施。这些就使得园林工程具有一般工程的特性外又具有生物性特征。

（二）艺术性特征

园林工程不单是一种工程，更是一种艺术，它是一门艺术工程，具有明显的艺术性特征。园林艺术是一门综合性的艺术，涉及造型艺术、建筑艺术和绘画、雕刻、文学艺术等诸多艺术领域。要使园林工程产品符合设计要求，达到预期的功能，不仅要按设计搞好工程设施和构筑物的建设，还要对园林植物讲究配置手法，造景技艺。各种园林设施和构筑物须美观舒适，并从整体上讲究空间协调，即既要求良好的整体景观，又要求其在层次上组织得错落有序。这些都要求采用特殊的艺术处理才能实现。而这些要求得以实现都体现在园林工程的艺术性之中。缺乏艺术性的园林工程产品，不能成为合格的产品。随着社会发展与人们文化品位的提高，这一点显得尤为突出。

（三）广泛性、复杂性和综合性特征

园林工程的规模日趋大型化，特别是生态型园林工程更是如此。在园林工程建设中，协同作业、多方配合已成为当今园林工程建设的总要求。加之新技术、新材料、新工艺的广泛应用，使得园林工程更加复杂化，其广泛性

也就显现了出来。这就对园林工程提出了更高的要求。

园林工程同时又是综合性强、内容广泛、涉及部门较多的建筑工程。复杂的综合性园林工程项目往往涉及到地貌的融合，地形的处理，文物的保护。自然景色的利用以及建筑、水景、给水、排水、电力供应、园路、假山、园林植物栽种、修剪与养护、艺术品点缀、环境保护等诸多方面的内容；在其施工中又因不同的工序需要将工作面不断地转移，导致劳动资源也跟着转移，增大了施工的复杂性，这就要求施工中要有全盘观念，才能有条不紊；而园林景观的多样性必然导致施工材料的多种多样，例如：园路工程中可采用不同的面层材料，形成不同的路面变化。园林工程施工地域复杂多样，且多为露天作业，经常受到自然条件（如刮风、冷冻、下雨、干旱等）的影响，而树木、花卉的栽种与草坪的铺种等又都是季节性很强的施工项目，只有统筹兼顾、综合考虑、合理安排才能搞好，否则成活率就会降低，或因生长不良而难以实现预想的目的。此外作为艺术品的园林工程产品，其艺术性又受多方面因子的影响，更要仔细、慎重推敲。

综上所述，如此错综复杂的问题，自然形成了园林工程自身的广泛性、复杂性和综合性的特征。这就势必要求组织者、管理者必须具有广泛的多学科知识和先进技术。

（四）既要方便又要安全的“两重性”特性

园林工程产品的设施，多为人们直接利用的公共产品，即现代园林场所大多是人们休闲、游览、观光的地方，是人们活动密集的地段，这就要求园林工程中的设施和构筑物乃至植物，艺术景观等既要方便公众利用，又要具有足够的安全性。例如：建筑物、驳岸、园桥、假山、石洞、索道等工程，必须把好质量关，保证结构科学合理，坚固耐用；而栽植的各类树木、花卉、草坪等又要考虑对环境是否有利，对人心健康是否有益等因素。同时在园林工程施工中也存在安全问题，例如大树移植要注意地上电线，挖沟挑坑时要注意地下电缆。所有这一切都表明，园林工程施工不仅要注意安全，还要确保园林工程产品的方便、安全、耐用。

（五）时代性特征

园林工程是随着社会生产力的发展而发展的，在不同的社会时代条件下，总会形成与其时代相适应的园林工程产品。因而园林工程产品必然带有时代性特征。尤其是园林工程建筑总是与当时的工程技术水平相适应的。当今时代，随着人民生活水平的提高和人们对环境质量要求的不断提高，人们对园林工程建设要求多样化、现代化越来越强烈，致使园林工程向多样化、现代化发展，工程的规模和内容越来越大，新技术、新材料、新科技、新时尚已深入到园林工程的各个领域。如集光、电、机、声为一体的大型音乐喷泉，传统的木结构园林建筑逐渐被钢筋混凝土仿古建筑所取代，形成了现代园林工程又一显著特征。

（六）生物、工程、艺术的高度统一性特征

园林工程要求将园林生物，园林艺术与市政工程融为一体，以树木、花草为主线，以艺驭术，以工程为陪衬，一举三得。并要求工程结构的功能和园林环境相协调，在艺术性的要求下实现三者的高度统一。同时园林工程建筑的过程又具有实践性强的特点，要变理想为现实、化平面为立体，建设者既要掌握工程的基本原理和技能，又要求使工程园林化、艺术化，才能生产出园林工程的精品。

四、园林工程的分类

关于园林工程的分类，现有的分法多种多样，各具特点，这也是现代园林工程复杂、多样、广泛性的体现。

根据园林工程兴建的程序，园林工程大致包括：土方工程，给水排水工程，水景工程，园路工程，假山工程，栽种工程，园林供电工程等七部分。而中国园林为了突出中华民族的传统民族风格，以自然山水园中的山、水、石为重点，山以假山、石山、塑山、叠山为主，水中包含动态水和静态水，石以散石、置石为主。现代园林工程以供人们休闲、游览、观赏为主要目的，自然把广场园路建设提升到了重要位置，而其中的土方工程，给水排水工程和供电工程又与一般工程的土方工程，给水排水工程和供电工程相类似，故可以将其划分为园林工程中基础性建筑工程，加上假山、置石工程，水景工程，园路工程和栽种工程等共计为五大类。

（一）与园林工程相关的一般工程（园林工程中的基础性建筑工程）

它是指园林工程建设过程中具有一定特点，而其工程原理与结构特征，建筑材料，施工技术等一般又与市政工程建筑具有基本相同的内容。我们将其划分为一大类，其中包括：园林土方工程、园林工程的地形改造利用、园林工程中的钢筋混凝土工程、园林工程的给水排水工程、园林工程中的供电

工程和园林工程中的装饰工程等。因其大多为园林工程的基础性工程建筑，又可称为园林工程的基础性建筑工程。

（二）假山、置石工程

假山是中国传统园林的重要组成部分，因独具中华民族文化艺术魅力而在各类园林中得到广泛应用。通常所说的假山，包括假山和置石两部分内容。

假山是以造景、游览为主要目的，以自然山水为蓝本，经过艺术概括、提炼、夸张，以自然山石为主要材料，人工再造的山景或山水景物的统称。假山的布局多种多样，体量大小不一，形式千姿百态。与置石相比假山具有体量大而集中、布局严谨，能充分利用空间，可观可游，令人有置身于自然山林之中的感觉。假山根据堆叠材料的不同可分为石山、石山带土、土山带石 3 种类型。

置石是以具有一定观赏价值的自然山石，进行独立造景或作为配景布置。主要表现出石的个体美或局部美，而不具备完整山形的山石景物。比之假山，置石体量较小，因而布置容易，且灵活方便。置石多以观赏为主，而更多的是以满足一些特殊情况下某一具体功能方面的要求而被广泛采用。置石依布置方式的不同可分为特置、对置、散置、群置等。

另外，还有近年流行的园林塑山，即采用石灰、砖、水泥等非石质性材料经过人工塑造的假山。园林塑山又可分为塑山和塑石两类。园林塑山在岭南园林中出现较早，经过不断的发展与创新，已作为一种专门的假山工艺，不仅遍及广东，而且亦在全国各地开花结果。园林塑山根据其骨架材料的不同又可分为两种：砖骨架塑山，即以砖作为塑山的骨架，适用于小型塑山及塑石；“钢骨架塑山”，即以钢材作为塑山的骨架，适用于大型塑山。随着科技的不断创新与发展，会有更多、更新的材料和技术、工艺应用于假山工程中，而形成更加现代化的园林假山产品。

（三）水景工程

水是万物之源，水体在园林造景中有着更为重要的作用，这在现代园林工程产品中尤为突出。水景工程是对园林工程中与水景相关工程的总称。所涉及的内容有水体类型、各种水体布置、驳岸、护坡、喷泉、瀑布等。水无常态，其形态依自然条件而定，而形状可圆可方、可曲可直、可动可静与特定的环境有关。这就为水景工程提供了广阔的应用前景。常见的园林水体多种多样，根据水体的形式可将其分为自然式、规则式和混合式 3 种。又可按其所处状态将其分为静态水体、动态水体和混合水体 3 种。

1. 静态水体

湖、池属静态水体。湖面宽阔平静，具平远开朗之感。有天然湖和人工湖之分。天然湖是大自然施于人类的天然园林佳品，可在大型园林工程中充分利用。人工湖是人工依地势就低挖凿而成的水域，沿岸因境设景，可自成天然图画。人工湖形式多样，可由设计者任意发挥，一般面积较小，岸线变化丰富且具有装饰性、水浅性，以观赏为主，现代园林中的流线型抽象式水池更为活泼、生动、富于想像。

2. 动态水体

动态水体是对水的可流动性的充分利用，可以形成动态自然景观，补充园林中其他景色的静止、古板，而形成流动变化的园林景观，给人以丰富的想像与思考，是现代园林艺术中多用的一种水体方式。常用的动态水体有溪涧、瀑布、跌水、喷泉等几种形式。

(1) 溪涧是连续的带状动态水体。溪浅而阔，涧深而窄；平面上蜿蜒曲折，对比强烈，立面上有缓有陡；空间分割开合有序。整个带状游览空间层次分明，组合合理，富于节奏感。

(2) 瀑布属动态水体，以落水景观为主。有天然瀑布和人工瀑布之分，人工瀑布是以天然瀑布为蓝本，通过工程手段而修建的落水景观。瀑布一般由背景、上游水源、落水口、瀑身、承水潭和溪流五部分构成，其中瀑布是观赏的主体。

(3) 跌水是指水流从高向低呈台阶状逐级跌落的动态水景。既是防止流水冲刷下游的重要工程设施，又是形成连续落水、景观的手段。

(4) 喷泉又称喷水，是由一定的压力使水喷出后形成各种喷水姿态，可以形成升落结合的动水景观，既可观赏又能起装饰点缀园景的作用。喷泉有天然喷泉和人工喷泉之分。人工喷泉设计主题各异，喷头类型多样，水型丰富多彩。随着电子工业的发展，新技术、新材料的广泛应用，喷泉已成为集喷水、音乐、灯光于一体的综合性水景之一，在城镇、单位，甚至私家园林工程中被广泛应用。

园林中的各种水体需要有稳定、美观的岸线，因而在水体的边缘多修筑驳岸或进行护坡处理。驳岸是一面临水的挡土墙，是支持陆地和防止岸壁坍塌的人工构筑物。按照驳岸的造型形式可分为规则式、自然式和混合式三种。护坡是保护坡面防止雨水径流冲刷及风浪拍击的一种水工措施。目前常见的有草皮护坡、灌木（含花木）护坡、铺石护坡等。

(四) 园路工程

园路是贯穿全园的交通网络，又是联系组织各个景区和景点的自然组带，又可形成独特的风景线，因而成为组成园林风景的造景要素，能为游人提供活动和休息场所。因而园路除了担负交通、导游、组织空间、划分景区功能外，还具有造景作用。园路包括道路、广场、游憩场所等，多用硬质材料铺装。

园路一般由路基、路面和道牙三部分组成。常见园路类型有：

(1) 整体路面　包括水泥混凝土路面，沥青混凝土路面。

(2) 块料路面　包括砖铺地、冰纹路、乱石路、条石路、预制水泥混凝土方砖路、步石与汀步、台阶与蹬道等。

(3) 碎料路面　包括花街铺地、卵石路、调砖卵石路。

(五) 栽种工程

植物是园林绿化的主体，又是园林造景的主要要素。植物造景是园林工程造园的重要手段。因此，园林树木、花草的栽植、播种和养护就成为园林绿化的基本工程。由于园林植物的品种繁多，习性差异较大，多数栽植，播种场地立地条件又较差，为了保证其成活和生长，达到设计效果，栽植、播种时就要遵守一定的操作规程和技术要求，才能保证栽种成活率。另外，按照要求，进行必要的养护、管理才能保证栽种工程效果。

栽种工程又可分为种植，养护管理两个阶段。其中种植属短期施工工程，养护与管理属于长期、周期性工程。而种植施工工程一般又分为现场准备、定点放线、起苗、苗木运输、苗木假植与贮藏、挖坑、栽植和养护等工序。草坪播种一般分为播种地平整、土壤处理、种子播种前处理（消毒，催芽等)、播种和播后管理、出苗后管理等工序。

第二节　园林工程施工概述

一、园林工程施工的概念、作用和内容

(一) 园林工程施工的概念

园林工程同所有的基本建设工程一样，包括计划、设计和实施三大阶

段。现代园林工程施工又称作园林工程施工组织，就是对已经完成计划，设计二个阶段的工程项目的具体实施，即就是园林工程施工企业在获取某园林工程施工建设权利以后，按照工程计划、设计和建设单位要求，根据工程实施过程的要求，结合施工企业自身条件和以往建设的经验，采取规范的实施程序和先进科学的工程实施技术和现代科学管理手段，进行组织设计、实施准备工作、现场实施、竣工验收交付使用和园林植物的修剪、造型及养护管理等一系列工作的总称。它已由过去的单一实施阶段的现场施工发展为现阶段的综合意义上的实施阶段的所有活动的概括与总结。

（二）园林工程施工的作用

随着社会的发展、科技的进步、经济的强大，人们对园林艺术品的要求也日益增强，而园林艺术品的产生是靠园林工程建设完成的。园林工程建设主要通过新建、扩建、改建和重建一些工程项目，特别是新建和扩建工程项目，以及与其有关的工作来实现的。园林工程建设施工是完成园林工程建设的重要活动。其作用可以概括为：

1. 是园林工程建设计划、设计得以实施的根本保证

任何理想的园林工程项目计划，再先进科学的园林工程设计，其目的都必须通过现代园林工程施工企业的科学实施，才能得以实现的，否则就成为一纸空文。

2. 是园林工程施工建设水平得以不断提高的实践基础

一切理论来自实践，来自最广泛的生产活动实践，园林工程建设的理论只能来自于工程建设实施的实践过程之中。而园林工程施工的实践过程，就是发现施工中存在问题、解决存在问题，总结、提高园林工程建设施工水平的过程。它是不断提高园林工程建设施工理论、技术的基础。

3. 是提高园林艺术水平和创造园林艺术精品的主要途径

园林艺术的产生、发展和提高的过程，实际上就是园林工程实施不断发展、提高的过程。只有把学习、研究，发掘的历代园林艺匠的精湛的施工技术和巧妙的手工工艺与现代科学技术和管理手段相结合，运用于现代园林工程建设施工过程之中，才能创造出符合时代要求的现代园林艺术精品。也只有通过这一实践，才能促使园林艺术的不断提高。

4. 是锻炼、培养现代园林工程建设施工队伍的基础

无论是我国园林工程施工队伍自身发展的要求，还是要为适应经济全球化，使我国的园林工程建设施工企业走出国门、走向世界，都要求努力培养一支现代园林工程建设施工队伍。这与我国现阶段园林工程建设施工队伍的现状相差甚远。而要改变这一现象，无论是对这方面理论人才的培养，还是施工队伍的培养都离不开园林工程建设施工的实践过程的锻炼这一基础活动。只有通过这一基础性锻炼，才能培养出想得到、做得出的园林工程建设施工人才和施工队伍。创造出更多的艺术精品。也只有力争走出国门，通过国外园林工程建设施工实践，才能锻炼出符合各国园林要求的园林工程建设施工队伍。

（三）园林工程施工的任务

一般基本建设的任务按步骤要完成：

1. 编制建设项目建议书；
2. 技术与经济的可行性研究；
3. 落实年度基本建设计划；
4. 根据设计任务书进行设计；
5. 勘察设计并编制概（预）算；
6. 进行施工招标，中标施工企业进行施工；
7. 生产试运行；
8. 竣工验收、交付使用等八大内容。

而其中的6、7、8三项均属于实施阶段。根据园林工程建设以植物为主要建园要素的特点，园林工程建设施工的任务除以上6、7、8三大任务外，还要增加对园林工程中的植物进行养护、修剪、造型、培养、养护的内容，即园林植物的栽培养护。而这一工作的完成往往需要一个较长的时期，这也是园林工程施工管理的突出特点之一。

二、园林工程施工的特点

园林工程建设是一种独具特点的工程建设，它不仅要满足一般工程建设的使用功能要求，同时还要满足园林造景的要求，还要与园林环境密切结合，是一种将自然和各类景观融为一体的工程建设。园林工程建设这些特殊的要求决定了园林工程施工的特点。

1. 园林工程施工现场复杂多样致使园林工程施工的准备工作比一般工程更为复杂多样

我国的园林工程大多建设在城镇，或者在自然景色较好的山，水之中，因城镇地理位置的特殊性和大多山、水地形的复杂多变，使得园林工程施工场地多处于特殊复杂的立地条件之上，这给园林工程施工提出了更高的要求。因而在施工过程中，要重视工程施工场地的科学布置，尽量减少工程施工用地，减少施工对周围居民生活生产的影响。各项准备工作要完全充分，才能确保各项施工手段的运用。

2. 园林工程集植物造景、建设造景艺术于一体的特点，决定了园林工程施工工艺的高标准要求

园林工程除满足一般使用功能外，更主要的是要满足造景的需要。要建成具有游览、观赏和游憩功能，改进人们生活环境，又能改善生态环境，建成精神文明的精品园林的工程，就必须用高水平的施工工艺才能实现。因而，园林工程施工工艺总是比一般工程施工的工艺复杂，要求标准也高。

3. 园林工程的施工技术复杂要求高

园林工程尤其是仿古园林建筑工程，因其复杂性而对施工管理人员和技术人员的施工技术要求很高。而作为艺术精品的园林工程的施工人员，不仅要有一般工程施工的技术水平，同时还要具有较高的艺术修养并使之落实到具体的施工过程之中；作为植物造景为主的园林工程施工人员更应掌握大量的树木、花卉、草坪的知识和施工技术。没有较高的施工技术很难达到园林工程的设计要求。

4. 园林工程施工的专业性强

园林工程的内容繁多，但是各种工程的专业性极强，因而施工人员的专业性要求也要强。不仅仅园林工程建筑设施和构件中亭、榭、廊等建筑的内容复杂各异，专业性要求极强；现代园林工程中的各类点缀小品的建筑施工也具有各自不同的专业要求；就是常见的假山、置石、水景、园路、栽植播种等园林工程施工的专业性亦很强。这些都要求施工管理和技术人员，必须具备一定的专业知识和独特的专门施工技艺。

5. 园林工程的大规模化和综合性特点，要求各类型、各工种的高度配合和协作

现代园林工程日益的大规模化发展趋势和集园林绿化、社会、生态、环境、休闲、娱乐、游览于一体的综合性建设目标的要求，使得园林工程的大规模化和综合性特点更加突出。因而在其建设施工中涉及众多的工程类别和工种技术，同一工程项目施工生产过程中，往往要由不同的施工单位和不同工种的技术人员相互配合、协作施工，才能完成，而各施工单位和各工种的技术差异一般又较大，相互配合协作有一定的难度。这就要求园林工程的施工人员不仅掌握自己的专门的施工技术，同时还必须有相当高的配合协作精神和方法，才能真正搞好施工工作。复杂的园林工程中，各工种在施工中对各工序的要求相当严格，这又要求同一工种内各工序施工人员的统一协调，相互监督制约，才能保证施工正常进行。

三、园林工程施工的程序

（一）园林工程建设的程序

园林工程建设是城镇基本建设的主要组成部分，因而也可将其列入城镇基本建设之中，要求按照基本建设程序进行。基本建设程序是指某个建设项目在整个建设过程中所包括的各个阶段步骤应遵循的先后顺序。一般建设工程先勘查，再规划，进而设计，再进入施工阶段，最后经竣工验收后交付建设单位使用。园林工程建设程序的要点是：对拟建项目进行可行性研究，编制设计任务书，确保建设地点和规模，进行技术设计工作，报批基本建设计划，确定工程施工企业，进行施工前的准备工作，组织工程施工及工程完成后的竣工验收等。具体内容和过程可用图 1-1 表示。

园林工程建设项目的生产过程大致可以划分为 4 个阶段，即项目计划立项报批阶段、组织计划和设计阶段、工程建设实施阶段和工程竣工验收阶段。

1. 工程项目计划任务书确立阶段

本阶段又叫工程项目建设前的准备阶段，也有称立项计划阶段。它是指对拟建项目通过勘察、调查、论证、决策后初步确定了建设地点和规模，通过论证、研究咨询等工作写出项目可行性报告，编制出项目建设计划任务书。报主管局论证审核，送建设所在地的计划、建设部门批准后并纳入正式的年度建设计划。工程项目建设计划任务书是工程项目建设的前提和重要的指导性文件，是园林工程建设的必须阶段。工程项目计划任务书要明确的主要内容包括：工程建设单位、工程建设的性质、工程建设的类别、工程建设单位负责人、工程的建设地点、工程建设的依据、工程建设的规模、工程建设的内容、工程建设完成的期限、工程的投资概算、效益评估、与各方的协作关系以及文物保护、环境保护、生态建设、道路交通等方面问题的解决计划等。

2. 组织计划设计阶段

工程设计文件是组织工程建设施工的基础，也是具体工作的指导性文件。具体讲，就是根据已经批准纳入计划的计划任务书内容，由园林工程建设组织、设计部门进行必要的组织设计工作。园林工程建设的组织设计多实行二段设计制度。一是进行工程建设项目的具体勘察，进行初步设计并据此编制设计概算；二是在此基础上，再进行施工图设计。在进行施工图设计

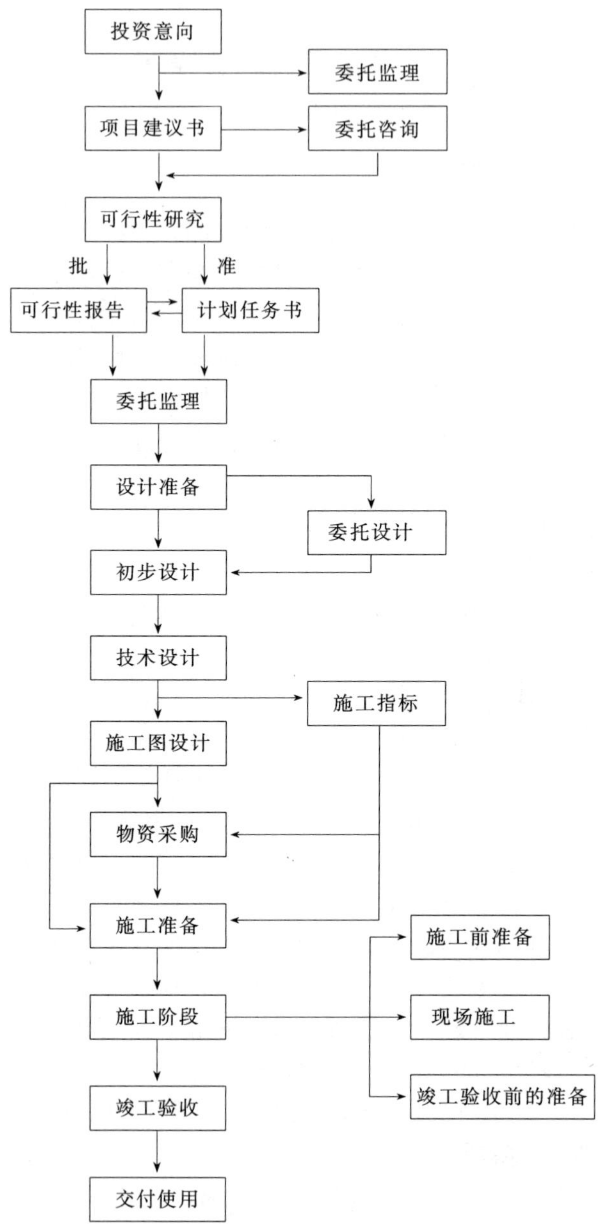

图 1-1　园林工程项目建设程序

中，不得改变计划任务书及初步设计中已确定的工程建设性质、建设的规模和概算等。

3. 工程建设实施阶段

一切设计完成并确定了施工企业后，施工单位应根据建设单位提供的相关资料和图纸，以及调查掌握的施工现场条件，各种施工资源（人力、物资、材料、交通等）状况，结合本企业的特点，做好施工图预算和施工组织设计的编制等工作。并认真做好各项施工前的准备工作，严格按照施工图、工程合同，以工程质量、进度、安全等要求做好施工生产的安排，科学组织施工，认真搞好施工现场的组织管理，确保工程质量、进度、安全，提高工程建设的综合效益。

4. 工程竣工验收阶段

园林工程建设完成后，立即进入工程竣工验收阶段。要在现场实施阶段的后期就进行竣工验收的准备工作，并对完工的工程项目组织有关人员进行内部自验，发现问题及时纠正补充，立求达到设计、合同要求。工程竣工后，应尽快召集有关单位和计划、城建、园林、质检等部门，根据设计要求和工程施工技术验收规范，进行正式的竣工验收，对竣工验收中提出的一些问题及时纠正、补充后即可办理竣工交工与交付使用等手续。

（二）园林工程施工的程序

园林工程施工程序是指按照园林工程建设的程序，进入工程实施阶段后，在施工过程中应遵循的先后顺序。它是施工管理的重要依据。在园林工程施工过程中，能做到按施工程序进行施工，对提高施工速度，保证施工质量，施工安全生产，降低施工成本具有重要作用。

园林工程的施工程序一般可分为施工前的准备阶段，现场施工阶段两大部分。

1. 施工前准备阶段

园林工程各工序、工种在施工过程中，首先要有一个施工准备期。施工准备期内，施工人员的主要任务是：领会图纸设计的意图、掌握工程特点、了解工程质量要求、熟悉施工现场、合理安排施工力量，为顺利完成现场各项施工任务做好各项准备工作。一般可分为：技术准备、生产准备、施工现场准备、后勤保障准备和文明施工准备等 5 个方面的工作：

（1）技术准备

①施工人员要认真读会施工图，体会设计意图。并要求工人基本了解。

②对施工现场状况进行踏查，结合施工现场平面图对施工工地的现状完

全掌握。

③学习掌握施工组织设计内容，了解建设双方技术交底和预算会审的核心内容，领会工地的施工规范、安全措施、岗位职责、管理条例等。

④掌握熟练本工种施工中的技术要点和技术改进方向。

（2）生产准备

①施工中所需的各种材料、构配件、施工机具等要按计划组织到位，并要做好验收、入库登记等工作。

②组织施工机械进场，并进行安装调试工作，制定各类工程建设过程中所需的各类物资供应计划，例如苗木供应计划，山石材料的选定和供应计划等。

③根据工程规模、技术要求及施工期限等，合理组织施工队伍，选定劳动定额，落实岗位责任，建立劳动组织。

④做好劳动力调配计划安排工作，特别是在采用平行施工、交叉施工或季节性较强的集中性施工期时、更应重视劳务的配备计划、避免窝工浪费和因缺少必要的工人而耽误工期的现象发生。

（3）施工现场的准备 施工现场是施工的集中空间，合适、科学地布置有序的施工现场是保证施工顺利进行的重要条件，应给以足够的重视，其基本工作一般包括以下内容：

①界定施工范围，进行必要的管线改道，保护名木古树等。

②进行施工现场工程测量，设置工程的平面控制点和高程控制点。

③做好施工现场的“四通一平”（水通、路通、电通、信息通和场地平整）工作，施工用临时道路选线应以不妨碍工程施工为标准，结合设计园路、地质状况及运输荷载等因素综合确定；施工现场的给水排水、电力等应能满足工程施工的需要；做好季节性施工的准备；场地平整时要与原设计图的土方平衡相结合，以减少工程浪费；并要做好拆除清理地上，地下障碍物和建设用材料堆放点的设置安排等工作。

④搭设临时设施。主要包括工程施工用的仓库、办公室、宿舍、食堂及必要的附属设施。如临时抽水泵站、混凝土搅拌站、特殊材料堆放地等。工程临时用地管线要铺设好。在修建临时设施时应遵循节约够用，方便施工的原则。

（4）做好各种后勤保障工作 后勤工作是保证一线施工顺利进行的重要环节，也是施工前准备工作地重要内容之一。施工现场应配套简易地必要地后勤设施。如：医疗点、安全值班室、文化娱乐室等。做好劳动保护工作，强化安全意识，搞好现场防火工作等。

（5）做好文明施工的准备工作

2. 现场施工阶段

各项准备工作就序后，就可按计划正式开展施工，即进入现场施工阶段。由于园林工程的类型繁多，涉及的工程种类多且要求高。因而对现场各工种、各工序施工提出了各自不同的要求，在现场施工中应注意以下几点：

(1) 严格按照施工组织设计和施工图进行施工安排，若有变化，须经建设双方及有关部门共同研究讨论后，以正式的施工文件形式决定后，方可变化。

(2) 严格执行各有关工种的施工规程，确保各工种的技术措施的落实。不得随意改变，更不能混淆工种施工。

(3) 严格执行各工序间施工中的检查、验收、交接手续的签字盖章的要求，并将其作为现场施工的原始资料妥善保管，以明确责任。

(4) 严格执行现场施工中的各类变更（工序变更、规格变更、材料变更等）的请示、批准、验收、签字的规定，不得私自变更和未经甲方检查、验收、签字而进入下一工序，并将有关文字材料妥善保管，作为竣工结算、决算的原始依据。

(5) 严格执行施工的阶段性检查、验收的规定，尽早发现施工中的问题，及时纠正，以免造成大的损失。

(6) 严格执行施工管理人员对质量、进度、安全的要求，确保各项措施在施工过程中得以贯彻落实，以预防各类事故的发生。

(7) 严格服从工程项目部的统一指挥、调配、确保工程计划的全面完成。

四、园林工程施工类型的划分

综合性园林工程施工，从大的方面可以划分为与园林工程有关的基础性工程的施工和园林工程施工两大类。

（一）与园林工程有关的基础性工程的施工

与园林工程有关的基础性工程是指，包括在园林工程建设中应用较多的一般工程建设，在园林工程建设中起基础性作用。与园林工程有关的基础性工程的类型繁多，并随着园林工程建设的综合性、社会性或公益性等的增加而不断增加，现阶段主要包括有：

1. 土方工程施工

园林工程建设中，土方工程首当其冲，凿池筑山、平整场地、挖沟埋管、开槽铺路、安装园林设施、构件、修建园林建筑等均需动用土方，为了避让而需土等都涉及土方工程施工。土方工程根据其使用期限和施工要求，可分为永久性和临时性两种。但是不论是永久性还是临时性土方工程，都要求具有足够的稳定性和密实度。使工程质量和艺术造型都符合原设计的要求。同时，首先要求按土壤性质划分土壤工程类别，在施工中还要遵守有关的技术规范和原设计的各项要求，然后做好土壤施工前的各项准备工作，再按原设计进行挖土、运土、填土和堆山、压实等工序施工。在施工中尽量相互利用，减少不必要的搬运，以提高效率。

2. 钢筋混凝土工程施工

随着现代技术、先进材料在园林工程中的广泛运用，钢筋混凝土工程已成为与园林工程建设密切相关的工程之一，因而钢筋混凝土工程的施工也就成为与园林工程相关的基础性工程施工的一个重要方面。混凝土的强度等级不低于 C30，且采用高强钢筋时则不宜低于 C40。与此同时，预应力钢筋混凝土工程和普通钢筋混凝土工程施工，在所选用方法、设备、操作技术要求等方面也各不相同。在大型园林施工企业中，有时又将二者划分为不同的施工类型，以提高施工的精度和技术，满足精品园林工程产品建设的要求。

钢筋混凝土广泛应用于各类工程的结构体系中，所以钢筋混凝土工程在整个园林工程中占有相当重要的地位。钢筋混凝土工程又可分为一般钢筋混凝土和预应力钢筋混凝土两大类。其中混凝土工程施工包括模板的制备与安装施工，钢筋的制备与安装，施工和混凝土制备与浇、捣三大施工工程其施工程序如图 1-2 所示。

预应力钢筋混凝土的结构构件较普通钢筋混凝土的结构改善了受抗性与混凝土的受力性能，充分发挥了高强钢材的受拉性能，从而提高了钢筋混凝土结构刚度、抗裂度和耐久性，并减轻了结构的自重。但预应力钢筋混凝土结构中的钢筋和水泥与普通钢筋混凝土结构不同，而且预应力钢筋混凝土的施工工艺有先张法、后张法、后张自描法和电热法多种。其中以先张法和后张法应用较多，工艺较典型。

3. 装配式结构安装工程施工

随着园林工程的大规模化和综合性发展，园林工程建设过程中，许多园林建筑、构件和设施在小品景观建设中出现了更多的装配或结构安装工程。所谓装配式结构安装工程，就是用起重机械将其预先在工厂和现场制作的各类构件，按照工程设计图纸的规定在现场组装起来，构成一件完整的园林工程建设的主体建筑地施工过程。

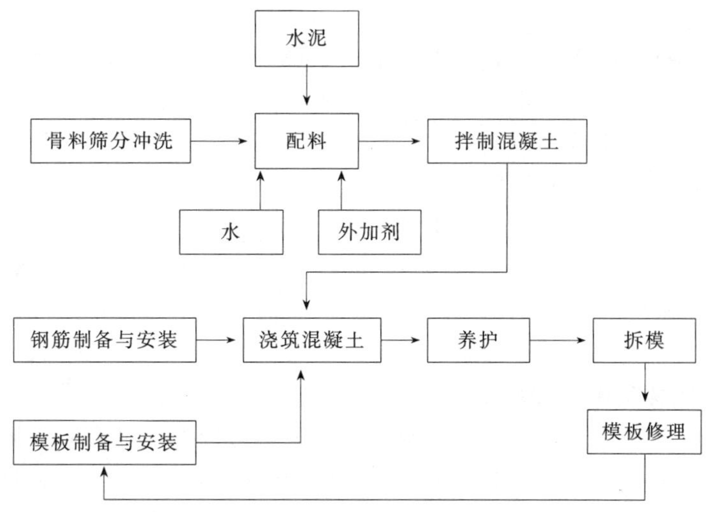

图 1-2　钢筋混凝土施工程序示意

在装配式结构安装工程施工中，要注意做好工程结构构件的制作、加工或订货；结构安装前的准备工作。安装机械的合理选择，确定结构安装方法和构件的安装工艺；确定起重机械比的方法和开行路线，构件的现场布置，以及预制构件接头处理方案和安装工程的安全技术措施等施工活动。

4. 给、排水工程及防水工程施工

城市市政建设和园林工程施工中都存在大量的给、排水工程的施工，而在任何一项建筑工程中都有防水的技术要求，因而在与园林工程建设有关的基础性建设施工中就又存在一种施工类型，即给、排水工程的施工和需要防水的工程的防水施工。

园林工程施工中的给、排水工程施工就是通过一定的管线设施，通过施工将其供、用、排三个环节按照一定的给水系统、排水系统、用水系统联系起来。园林工程给、用、排水工程是城市市政工程中给、用、排水工程的一部分，它们之间有共同点，但又有园林工程本身的具体要求，而防水工程则是各类工程建筑的共同施工要求。

园林工程产品大多是群众休息、游览、观赏、进行各类公益活动的公共场所，离不开水；同时以植物为主体的特点，又确定了其对水的更多量要求，在复杂地形及构件的高低形状各异的园林工程中，往往还有大量的造景用水、排水和自然水分的排除等问题。这就确定了园林工程的给、用、排、防水成为各类园林工程的带共性的基础性工程，而只是在侧重和形式上有所不同而已。

给、排、防水工程施工中，重点要解决的问题包括：自然水源的调查、选择与水量计算，给水系统，用水系统，排水系统的布置与连接，自然降水与各类污水的排放等。而防水工程是确保工程不被水侵蚀，其质量直接影响园林工程建筑整个质量的好坏，关系到生产活动和人民生活能否正常进行。因此防水工程的施工必须严格遵守有关操作规程，以保证工程质量。

防水工程包括地面自然水的防冲刷、侵蚀的措施，园林建筑物中的屋面，外墙板和建筑物内的生活用水间的防渗、漏水，以及给水系统，排水系统，用水系统的管道渗漏水等内容。

5. 园林供电工程施工

供电是一切工程建设的基础性工程，不可例外地也成为园林工程的基础性工程之一。园林工程的供电工程主要用于园林造景用电、照明用电和园林植物养护管理用电和其他用电等方面。

园林供电工程施工主要包括了电源的选择、设计和安装，照明用电的布置与安装，以及供电系统的安全技术措施的制定与落实等工作。在整个施工中始终要以安全、够用、节约为基本原则。在施工中要充分与园林工程建设中的路、景公共场所等紧密结合，既满足用电要求，同时又使其供电设施、装备与园路、广场及其他景观融为一体，取得艺术性效果，这已成为现代化园林的一大特点。

6. 园林装饰工程的施工

园林工程本身就是一种综合性艺术工程，在各类园林工程中为了使其艺术性体现，都要求各种景、色均须进行一定的色、体的装饰工作，这些都包括在园林工程的各类施工过程之中。而园林建筑工程及其园林设施，小品建筑的装饰也是现代园林工程施工过程中一个重要问题。随着人们文化品位的不断提高，园林工程的社会性效益的不断增强，园林工程装饰显得尤为重要。

园林建筑装饰工程项目繁多，施工中工种多且技术要求高。现行的施工工种一般分为抹灰工程施工，门窗工程施工，玻璃工程施工，吊顶工程施工，隔断工程施工，饰面板（砖）工程施工，涂料工程施工，裱糊工程施工，刷浆工程施工和花饰工程施工等，其中各类项目施工之间既有区分又相互严格制约，因而在全部施工中必须严格控制施工质量，确保施工环境条件及各阶段成品的保护，并要尽量节约装饰材料。

（二）园林工程施工

园林工程类型因各地情况不同，建设园林的目的不同，其类型的划分各异，就施工而言，在与其相关的基础性工程施工的基础上，其主体内容大致可以分为如下几类：

1. 假山工程施工

作为中国自然山水园林组成部分的假山，对于形成中国园林的民族形式有着重要的作用。假山工程是园林工程建设的专业工程，因而也成为园林工程施工的专业型施工的一大类型。

人们通常所说的假山，实际上包括假山和置石两部分。假山是以造景的游览性为主要目的，充分结合其他多方面的功能作用，以土、石等为材料，以自然山水为蓝本，并加以技术的提炼和夸张，用人工再造山、水景物的通称。置石是以山石为材料作独立性或附属性的造景布置，主要表现山石的个体美，以表现局部的组合意境。假山体大而完整，置石则体小而分散。假山按取用材料不同而分为土山、石山和土石相间的山。置石则可分为特置、散置和群置。近代假山又发展出塑山的新形式，不断地补充、完善我国园林工程中假山工程的类型。

假山、置石之所以在中国园林工程中得到广泛应用，主要原因是假山，置石可以以其“虽由人做，宛自天开”的高超的艺术境界，既满足了人们建设园林工程游览活动的要求，又达到了人工美与自然景观的完美、融合如一的艺术境界。作为艺术美与自然美的共同载体而被人们采用。另外，假山、置石又是缺少自然山、石的城市园林工程构园要素增多的一种方式。

假山工程施工包括：假山工程目的与意境的表现手法的确定，假山材料的选择与采运，假山工程的布置方案的确定，假山结构的设计与落实，假山与周围园林山水的自然结合等内容。

在假山工程施工中始终应遵循既要贯彻施工图设计又要有创新、创造的主导思想，同时还应遵循工程结构基本原理，充分考虑安全耐久等因素，严格执行施工规范，以确保工程质量。

置石工程施工则包括：置石目的与意境、表现手法的确定，置石材料的选用与采运，置石方式的确定，置石周围景、色、字、画的搭配等内容。

2. 水景工程

造山、理水是中国自然山水园林的主要手法。水景工程是各类园林工程中采用自然或人工方式而形成的各类景观相关工程的总称。其施工内容包括水系规划，小型水闸设计与建设，主要水景工程即驳岸、护坡和水地、喷泉、瀑布的建造等内容。

水景工程施工中既要充分利用可利用的自然山水资源，又不可产生大的水资源浪费；既要保证各类水景工程的综合应用，又要与自然地形景观相协调；既要符合一般工程中给、用、排水的施工规范，又要符合水利工程的施工要求。在整个施工过程中，还要对防止水资源污染和水景工程完成后，使用期间的安全等方面引起高度重视。

3. 园路工程施工

在园林工程中，园路像身体的脉络一样，既是贯穿全园的交通网络，又是联系各个景区和景点的纽带和桥梁。好的园路工程又是重要的园林造景要素。同时，园路的宽窄走向对园林工程中的通风、光照、保护环境有一定的影响，园路工程与照明供电及给排水的相互结合，是园林工程建设中常用的一种设计施工方式。这就是常说的园路工程施工的几点基本要求，即达到组织空间、引导游览、组织交通；构建休闲、娱乐空间；结合供电和给、用、排水；以及构成园林景观等四大功能。

要实现以上四大功能，园路施工中一般包括：放线、准备路槽、铺筑基层、铺筑结合层、铺筑路面和铺设道牙等施工工序。

4. 栽种工程施工

绿化工程是园林工程建设的主要组成部分，按照园林工程建设施工程序，先理山水，改造地形，辟筑道路，铺装场地，营造建筑，构筑工程设施，而后实施绿化。绿化工程就是：按照设计要求，植树、栽花、铺（种）草坪使其成活，尽早发挥效果。根据工程施工过程，可将绿化工程分为种植和养护管理两大部分。种植属短期施工工程，养护管理则属于长期周期性施工工程。园林工程施工中主要介绍栽种工程施工。

栽种工程施工包括一般树木、花卉的栽植，大树移植，草坪的铺设及播种草坪等内容。其施工工序包含了苗木、草皮的选择，包装、运输、贮藏、假植；树木花卉的栽植（定点、放线、挖坑、运苗、栽植、浇水、扶直支撑等）和铺助设施的完成以及种植，树木、花卉、草坪栽种前后的修剪、防病虫、灌溉、除草、施肥等工作。

➢ 复习思考题

1. 简述园林工程施工与管理的学科特征及研究学习的方法？
2. 园林工程与园林工程施工的概念的内涵是什么？
3. 简述园林工程和园林工程施工的特点？
4. 园林工程施工的程序包括哪些内容？
5. 园林工程施工类型是怎样划分的？

第二章　与园林工程建设相关工程的施工

【本章提要】本章内容包括土方工程施工、钢筋混凝土工程施工、给排水与供电工程施工和相关的装饰工程施工。在土方工程中，介绍了地形改造利用的作用、原则和要求、内容和方法、土方工程量的计算和土方调配等问题，重点说明了土方工程施工要点。在钢筋混凝土工程施工中，简要概述了钢筋混凝土桩基工程、钢筋混凝土工程施工和预应力混凝土工程施工。在给排水与供电工程施工和相关的装饰工程施工中，对工程的施工特点及常用的施工方法作了重点阐述。

第一节　土方工程施工

一、园林地形改造利用

（一）园林地形改造利用的作用

1. 基础与空间骨架作用

园林地形为所有景观与设施提供了赖以存在的基面。地形被认为是构成任何景观的基本结构骨架，是园林基本景观的决定因素和其他设计要素和使用功能布局的基础。

平坦的园林用地，有条件开辟最大面积的水体景观，而山地园林用地，其基本景观当然是奇突的峰石和莽莽的山林。

地形是连接景观中所有因素和空间的主线，它的结构作用可以一直延续到地平线的尽头或水体的边缘。同时地形具有构成不同形状、不同特点园林空间的作用。

园林空间的形成，是由地形因素直接制约着的。地块的平面形状与园林空间在水平方向上的形状一致，地块在竖向上的变化则影响空间的立面形式相应的变化。例如，在狭长地块上形成的空间必定是狭长空间，在平坦宽阔的地形上的空间一般是开敞空间，在山谷地形中的空间必定是闭合空间。可见地形对园林空间的形状有决定作用。

2. 营造风景作用

山地、坡地、平原与水面等地形类别，都有着自身独特的易于识别的特征。在地形设计中，好的园林景观形成，就必须处理好由地形要素组成的园林空间的几种界面，一般水平界面就是园林的地面和水面，适当给予处理，能增加空间景观变化，塑造空间形象。主要由地形中的凸起部分和地面上的诸多地物如树木、建筑等构成，垂直界面在分隔园林空间的同时也随着地形起伏变化营造出丰富的园林景观。

地形在很大程度上决定园林风景面貌。对具有不同美学表现的地形地貌，如峰、峦、岭、谷、崖、壁、洞、窟、湖、池、溪、涧、堤、岛、草原、田野等不同格调的地形景观，我们改造和设计一般遵循自然山水地形、地貌形成的规律，进行加工、提炼、概括，最大限度地利用自然特点，在有限的园林用地内获得最好的地形景观效果。

地形的景观特色：峰峦具有浑厚雄伟的壮丽景象，洞谷的景色则古奥幽深，湖池具有淡泊清远的平和景观，而溪涧则显得生动活泼、灵巧多趣。园林中的山体可以作为湖面、草坪、风景林、风景建筑以及雕塑、花园广场等的共同背景；湖面可以作为湖边或岛上建筑、孤植风景树的背景；覆盖着草坪的地面，能够为草坪上的雕塑、风景树丛等提供背景。

3. 游憩观景作用

园林地形为人们提供了游憩观景的位置和条件。坡地上、山顶上能让人登高望远，观赏辽阔无边的原野景致；草地、广场、湖池等平坦地形，可以使园林内部的立面景观集中地显露出来，让人们直接观赏到园林整体的艺术形象。在湖边的凸形岸段，能够观赏到湖周的大部分景观，观景条件良好。而狭长的谷地地形，则能够引导视线集中投向谷地的端头，使端头处的景物显得最突出、最醒目。不同的草坪空间的游憩作用也不相同，林下空间地形，乔木树冠对地表的覆盖而形成，由于环境蔽荫、静谧、柔和，以散射光为主，多用作休憩赏景之处；草坪空间地形，系没有顶界面的全开放空间，明亮度大，人在草坪，视野开阔，环形景观面更吸引游人聚焦，是便于运动、娱乐、日光浴的场地；疏林草地空间地形，其带有半私密性的疏林小空间，还是对追求自然野趣的游人颇具魅力。

4. 改善环境作用

地形在园林的给排水工程、绿化工程、环境生态工程和建筑工程中都起着重要的作用。由于地表的径流量、径流方向和径流速度都与地形有关，地形过于平坦时不利于排水而容易积涝。当地形坡度太陡时，径流量就比较大，径流速度也太快，从而引起地面冲刷和水土流失。创造一定的地形起伏，合理安排地形的分水和汇水线，使地形具有较好的自然排水条件，是充分发挥地形排水工程作用的有效措施。也为山地造林、湿地植树、坡面种草等改善了植物的生长条件。同时，地形对园林管线工程的布置、施工，和对建筑、道路的基础施工都存在着一定的影响。

地形还影响光照、风向以及降雨量等，也就是说，地形能改善局部地区的小气候条件。如某区域要受到冬季阳光的直接照射，就要使用朝南的坡向；而要阻挡冬季寒风，则可利用凸面地形、脊地或土丘等。反过来说，在夏季炎热地方也可以利用地形来汇集和引导夏季风，改善通风条件，降低炎热程度。

（二）园林地形改造利用土方施工的原则

园林地形改造利用应与园林绿地总体规划相一致。施工中，必须处理好自然地形和园林建设工程中各单项工程（如园路、工程管线、园桥、构筑物、建筑等）之间的空间关系，做到园林工程经济合理、环境质量舒适良好、风景景观优美动人。这是园林地形改造利用的基本目标。

地形改造利用所定各项技术经济指标的高低，施工的艺术水平如何，对园林工程建设的全局会造成影响。因此，地形改造利用时除了要反复比较、深入研究、谨慎处理之外，还要遵循以下几方面的原则：

1. 利用与保护为主

地形改造利用施工前，对原有的自然地形、地势、地貌要深入分析，结合景点的自然地形地貌地势，充分加以保护和利用。尽量采用易于与环境协调的地方材料，不动或少动原有植被，体现原有乡土风貌和地表特征。切实做到：顺应自然，返璞归真，就地取材，追求天趣。在结合园林各种设施的功能需要、工程投资和景观要求等多方面综合因素的基础上，采取必要的措施，进行局部的、小范围的地形改造。

2. 因景与因地制宜

地形改造利用要顺应自然，自成天趣。景物的安排、空间的处理、意境的表达都要力求依山就势，高低起伏，前后错落，疏密有致，自由布局。就低挖池，就高堆山，使园林地形合乎自然山水规律。按各类风景园林建筑的功能要求，结合地形地貌，开辟大小不等的台阶地坪多处，或将大体量建筑“化大为小”，分解成若干分部小间，分别布置在相近不同的标高平面上，既避免了单调的由于大体量建筑带来的呆板和竖向工程费用的上升，又增添了高低变化，层层叠叠有围有合错层的谐趣，使工程与自然地形、景貌相互渗透，融为一体。

3. 功能与造景并重

地形改造利用，首先要考虑使园林地形的起伏高低变化能够适应各种功能设施的需要。建筑、场地等的用地，在平地和水体地施工，要调整好水底标高、标高和岸边标高；园路用地施工，要依山随势，控制好最大纵坡、最小排水坡度等关键的地形要素，同时注重地形的造景作用，尽量使地形变化适合造景需要。

4. 填挖尽量土方平衡

地形改造利用，必须尽量使地形改造中的挖方工程量和填方工程量基本相等。当挖方量大于或小于填方量较多时，要坚持就近取土，就近填方或挖方，在园林内部堆填处理，坚持就地平衡。

二、土方平衡与调配

（一）土方平衡

地形设计的一个基本要求。就是要使设计的挖方工程量和填方工程量基本平衡。

土石方平衡的方法很简单，就是将已经求出的挖方总量和填方总量相互比较，若二者数值接近，则可认为达到了土方平衡的要求。若二者差距太大，则是土方不平衡，就应当调整设计地形。

在进行土石方平衡时，除了考虑地面施工的土石方量以外，还要考虑各种园林设施如园路、管线工程的土石方开挖，各种地下构筑物、地下建筑物及有关设备的基础工程开挖的土石方量等。由于在初步土石方平衡时还不可能取得其他工程有关土石方的较准确的资料，所以，其他工程的土石方工程量可采取估算的方法取得。例如，园林建筑物的地下工程挖方量可用每平方米建筑占地面积估算；园路、场地的土石方量可根据路堑、路堤、放坡等具体情况来估算等。在初步平衡土石方时，管线工程的土石方量可以暂时不考虑。

园林中全部土石方工程量的平衡，可以采用列表方式进行。表格的格式见表 2-1。

在计算填方量时一定要加入松散系数。所谓土壤松散系数，是指自然土壤经开挖并运至填方区夯实后的体积与原来的体积比值，这个数值用百分比表示。各种土壤的松散系数见表 2-2。

土方平衡的要求是相对的，没有必要做到绝对平衡。实际上，作为计算依据的地形图本身就不可避免地存在一定误差。土方平衡要考虑的是如何既保证完全体现设计意图的同时，又尽可能减少土石方施工量和不必要的搬运量，这才是土方平衡的关键所在。

表 2-1 土石方平衡表

序号	土石方工程名称	单位	填方量	挖方量
1	挖湖、挖水池及沟渠	m^3		
2	堆土山	m^3		
3	建筑物、构筑物基础	m^3		
4	园路、园景广场	m^3		
5	……			
	合计	m^3		
	土壤松散系数增减量	m^3		
	总计	m^3		

表 2-2 几种土壤的松散系数

系数名称	土壤种类	系数（%）
松散系数	非黏性土壤（砂、卵石） 黏性土壤（黏土、亚黏土、亚砂土） 岩石类土壤	1.5～2.5 3.0～5.0 10.0～15.0
压实系数	大孔性土壤（机械夯实）	10.0～15.0

（二）土石方调配

土方调配是土方规划中的一个重要内容，其工作包括：划分调配区；计算土方调配区之间单位土方运价，或单位土方施工费用；确定土方最优调配方案；绘制土方调配图表。

土石方调配的原则是：就近挖方，就近填方，使土石方转运距离最短。在实际进行土石方调配时，一个地点挖起的土，优先调动到与其距离最近的填方区；近处填满后，余下的土方才向稍远的填方区转运。

在做土石方施工组织设计或施工计划安排时，可以根据竖向设计图绘制一张土石方调配图，图中要能看出在挖、填方区之间，土石方的调配方向、调配数量和转运距离（图 2-1）。使土石方量的相互调配关系一目了然。

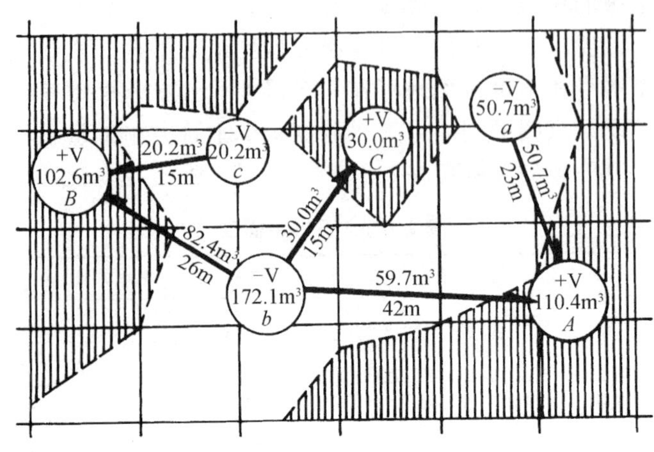

图 2-1　土石方调配图

在划分调配区时应注意下列几点：

（1）调配的划分应与房屋或构筑物的位置相协调，满足工程施工顺序和分期施工的要求，使近期施工和后期利用相结合。

（2）调配区的大小，应考虑土方及运输机械的技术性能，使其功能得到充分发挥。例如，调配区的长度应大于或等于机械的铲土长度；调配区的面积最好与施工段的大小相适应。

（3）调配区的范围应与计算土方量用的方格网相协调，通常可由若干个方格网组成一个调配区。

（4）从经济效益出发，考虑就近借土或就近弃土。这时，一个借土区或一个弃土区均可作为一个独立的调配区。

（5）调配区划分还应尽可能与大型地下建筑物的施工相结合，避免土方重复开挖。

三、土方工程施工

在土木工程施工中，常见的土方工程有：场地平整，开挖沟槽、基坑、竖井、隧道、修筑路基、堤坝，土方回填与压实等。土方工程施工，要求标高、断面准确，土体有足够的强度和稳定性，土方量少，工期短，费用省。

但由于土方工程施工具有面广量大，劳动繁重，施工条件复杂等特点，因此，在施工前，首先要进行调查研究，了解土壤的种类和工程性质，土方工程的施工工期、质量要求及施工条件，施工地区的地形、地质、水文、气象等资料，以便编制切实可行的施工组织设计，拟定合理地施工方案。为了减轻繁重的体力劳动，提高劳动生产率，加快工程进度，降低工程成本，在组织土方工程施工时，应尽可能采用先进的施工工艺和施工组织，实现土方工程施工综合机械化。

（一）土的工程分类及性质

1. 土的工程分类

土的种类繁多，分类方法各异，在建筑安装工程劳动定额中，按土的开挖难易程度分为八类。具体分类如下：

一类土：砂土；粉土；冲积砂土层；疏松的种植土；淤泥（泥炭）。

二类土：粉质黏土；潮湿的黄土；夹有碎石、卵石的砂；粉土混卵（碎）石；种植土；填土。

三类土：软及中等密实黏土；重粉质黏土；砾石土；干黄土、含有碎石卵石的黄土、粉质黏土；压实的填土。

四类土：坚实密实的黏性土或黄土；含碎石、卵石的中等密实的黏性土或黄土；粗卵石；天然级配砂石；软泥灰岩。

五类土：硬质黏土；中密的页岩、泥灰岩、白垩土；胶结不紧的砾岩；软石灰岩及贝壳石灰岩。

六类土：泥岩；砂岩；砾岩；坚实的页岩、泥灰岩；密实的石灰；岩风化花岗岩、片麻岩及正长岩。

七类土：大理岩；辉绿岩；玢岩；粗、中粒花岗岩；坚实的白云岩、砂岩、砾岩、片麻岩、石灰岩；微风化安山岩、玄武岩。

八类土：安山岩；玄武岩；花岗片麻岩；坚实的细粒花岗岩、闪长岩、石英岩、辉长岩、辉绿岩、玢岩、角闪岩。

2. 土的工程性质

土有各种工程性质，其中影响土方工程施工的性质有土的质量密度、含水量、渗透性和可松性等。

(1) 土的质量密度　分天然密度和干密度。在天然状态下单位体积土的质量就是天然密度，它影响土的承载力、土压力和边坡的稳定性；土的干密度是指单位体积中固体颗粒的质量，一般作为检验填土压实质量的控制指标。

（2）土的含水量　土的含水量是土中所含的水与土的固体颗粒间的质量比，以百分数表示。土的含水量影响土方施工方法的选择、边坡的稳定和回填土的质量。如土的含水量超过25%～30%，则机械化施工就困难，容易打滑、陷车；回填土则需有最佳含水量，方能夯压密实。

（3）土的渗透性　土的渗透性是指水在土体中渗流的性能，一般以渗透系数K表示。$V=KI$，当水力坡度等于l时的渗透速度u即为渗透系数K。渗透系数K值将直接影响降水方案的选择和涌水量计算的准确性，一般应通过扬水试验确定。

（4）土的可松性　土具有可松性，即自然状态下的土，经过开挖后，其体积因松散而增加，以后虽经回填压实，仍不能恢复其原来的体积。土的可松性程度用可松性系数表示。土的可松性对土方量的平衡调配，确定运土机具的数量及弃土坑的容积，以及计算填方所需的挖方体积等均有很大的影响。

（二）土方施工准备

1. 施工组织安排

在土石方施工开始前，首先要对照园林总平面图、竖向设计图和地形图，在施工现场一面踏勘，一面核实自然地形现状。了解具体的土石方工程量、施工中可能遇到的困难和障碍、施工的有利因素和现状地形能够继续利用等多方面的情况，尽可能掌握全面的现状资料，以便为施工计划或施工组织设计奠定基础。

掌握了详实准确的现状情况以后，可按照园林总平面工程的施工组织设计，做好土石方工程的施工计划。要根据甲方要求的施工进度及施工质量进行可行性分析和研究，制定出符合本工程要求及特点的各项施工方案和措施，对土方施工的分期工程量、施工条件、施工人员、施工机具、施工时间安排、施工进度、施工总平面布置等等，都要进行周密的安排，力求使开工后施工工作能够有条不紊地进行。

由于土石方工程在园林工程中一般是影响全局的最重要的基础工程，因此它的施工计划或施工组织设计可以直接按照园林的总平面施工进行组织和实施。

2. 施工现场清理

土方工程施工前，必须在施工场地范围内做一些准备工作，进行现场的清理，以便于后继的施工工作正常开展。

有一些土石方施工工地可能残留了少量待拆除的建筑物或地下构筑物，

在施工前要拆除掉。拆除时，应根据其结构特点，并遵循现行《建筑工程安全技术规范》的规定进行操作。

施工现场残留有一些影响施工并经有关部门审查同意砍伐的树木，要进行伐除工作。凡土方开挖深度不大于50cm，或填方高度较小的土方施工，其施工现场及排水沟中的树木，都必须连根拔除。清理树蔸除用人工挖掘外，直径在50cm以上的大树蔸还可用推土机铲除或用爆破法清除。大树一般不允许伐除，如遇到现场的大树古树很有保留价值时，要提请建设单位或设计单位对设计进行修改，以便将大树保留下来。因此，大树的伐除要慎而又慎，凡能保留的要尽量设法保留。

如果施工现场内的地面、地下或水下发现有管线通过，或有其他异常物体如地下文物、地下矿物或地下不明物时，应事先请有关部门协同查清。未查清前，不可动工，以免发生危险或造成严重损失。

3. 施工进场准备

准备好施工工具和必要的施工消耗材料，临时施工设施搭建，做好调用工程机械、运土车辆的台班计划，落实机械设备的进场时间。按照施工计划，组织好足够的劳动力和施工技术人员，落实施工管理责任。总之，做好一切进场施工的准备。

（三）土方工程施工、开挖、填埋与压筑

1. 土方工程施工的要点

土方工程施工的要点，主要应解决土壁稳定、施工排水、流砂防治和填土压实等四个问题。

（1）土壁的稳定　主要是由土体内摩擦阻力和粘结力来保持平衡的。一旦土体失去平衡，土体就会塌方，造成人身安全事故并影响工期，有时还会危及附近的建筑物。防治塌方的措施一是放足边坡，二是设置支撑。此外，应做好施工排水和防止产生流砂现象；应尽量避免在坑槽边缘堆置大量土方、材料和机械设备；坑槽开挖后不宜久露，应立即进行基础或地下结构的施工；对滑坡地段的挖方，不宜在雨期施工，并应遵循先整治后开挖和由上至下的开挖顺序，严禁先切除坡脚或在滑坡体上弃土；如有危岩、孤石、崩塌体等不稳定的迹象时，应先做妥善的处理。

（2）施工排水　开挖基坑时，流入坑内的地下水和地面水如不及时排除，不但会使施工条件恶化，造成土壁塌方，亦会影响地基的承载力。因此，在土方施工中，做好施工排水工作，保持土体干燥是十分重要的。施工排水可分为明排水法和人工降低地下水位法两种。明排水是采用截、疏、抽

的方法。人工降低地下水位布挖井点降水前要考虑降水影响范围内的已有建筑物和构筑物可能产生附加沉降、位移，或引起地面塌陷，必要时应事先采取有效的防护措施。

(3) *流砂的防治*　粒径很小、无塑性的土壤，在动水压力推动下，极易失去稳定，而随地下水一起流动涌入坑内，这种现象称流砂现象。发生流砂现象后，土完全失去承载力，土边挖边冒，引起塌方，使附近建筑物下沉、倾斜，甚至倒塌。因此，在施工前，必须对工程地质资料和水文资料进行详细调查研究，采取有效措施来防治流砂现象。防治流砂总的原则是"治砂必治水"。其途径有：减小或平衡动水压力；截住地下水流；改变动水压力的方向。具体措施有：枯水期施工；打板桩；水中挖土；人工降低地下水位；地下连续墙法；抛大石块，抢返度施工。此外，在含有大量地下水土层中或沼泽地区施工时，还可以采取土壤冻结法；对位于流砂地区的基础工程，应尽可能用桩基或沉井施工，以节约防治流砂所增加的费用。

(4) *填土压实*　填土压实方法有碾压、夯实和振动 3 种。碾压法主要用于大面积的填土，如场地平整、路基、堤坝等工程。夯实法主要用于小面积的回填土。振动法用于振实非黏性土壤效果较好。

2. 挖掘土石方

挖方施工时，首先根据竖向设计图确定挖方区的边界线。把挖土区边界线附近的桩点放样到场地的相应点上，这些桩点都是坐标方格网的交点。然后，依据已定坐标桩将其旁边的挖土区边界线放样到地面。

对于沟渠的挖方工程施工，要先确定挖方区的两条边线。放线桩最好用龙门桩，以免桩受到破坏，给后面的地形校核工作带来困难。挖方边界线确定之后，先挖排水沟，再进行挖方操作。挖方工程的施工有人力挖方及机械挖方两种方式。

(1) *人力挖方*　采用人力挖方施工，具有机动、灵活、适应多种复杂条件下施工的优点，但工效低、施工安全性差。这种方式一般在中小规模的土石方工程中采用。

在挖土施工过程中，要特别注意安全，随时检查和排除安全隐患。施工工作面积是最重要的，一般要求每一个人的施工活动范围应保证在 4～6m^2 以上，注意不垂直向下挖得很深，要有合理的边坡，不能在土壁下向里凹进着挖土。在 1.5m 以上深度的土槽中挖土作业时，必须用木板、铁管架等对土壁进行支撑。对岩石地面进行挖方施工，一般要先行爆破，将地表一定厚度的岩石层炸裂为碎块，再进行挖方施工。

(2) *机械挖方*　机械挖方方式一般最适用于大面积的挖湖工程或广场整

平工程。这种挖方施工方式的主要优点是工效高，施工进度快，施工费用相对较低。在边缘、转角处和狭小处等不宜机械操作时应结合人力挖方进行补挖和地形的整修。挖方工程的主要施工机械有推土机、挖土机等。

施工现场的布置一是桩点和施工放线要明显，可以适当加高桩的高度，在桩上做出醒目的标志或显眼的颜色；二是在施工期间，注意随时随地用测量仪器检查桩点和放线情况，以免挖错位置。

挖土工程中对原地面表土要注意保护。一般对地面 50cm 厚的表土层（耕作层）挖方时，要先用推土机将施工地段的表面熟土推到施工场地外围，完成地形施工后，再把表土推回。

3. 土方的填埋

填方施工的质量直接影响后期地面的工程施工使用。满足填方强度和填方区地面稳定的要求，是土方填埋工序的施工原则。填方时要根据填方地面的功能和用途，选择土质适用的土壤和简便高效的施工方法，满足强度和稳定的要求。

（1）*填埋顺序* 填埋施工的顺序要求是先填石方，后填土方；先填底土，后填表土；先填近处，后填远处。

（2）*填埋方式* 对于一般的土石方填埋，应采取分层填筑方式，一层一层地填，在要求质量较高的填方中，每层的厚度应为 30cm 以下，而在一般的填方中，每层的厚度可为 30～60cm，不要图方便而采取沿着斜坡向外逐渐倾倒的方式。填土过程中，最好填一层筑实一层，做到层层压实。在自然斜坡上填土时，应先把斜坡挖成阶梯状，再填入土方，能增加新填土方与斜坡的吻合性。这样，保证新填土方的稳定。

4. 土方的压筑

土方的压筑紧随填方工程进行。土方压筑分为人工夯压和机械碾压两种方式。人工夯压常用工具有木夯、石硪、铁硪、滚筒、石碾等，用人力打夯或拉动石碾、滚筒碾压土层。这种压筑方式一般在面积较小的填方区采用。机械碾压方式常用机械有：碾压机、电动震夯机、拖拉机带动的铁碾等，在面积较大的填方区采用机械碾压方式。

为了提高土方压实质量，在土方压实过程中应注意以下几点：

（1）保证填方土壤的含水量，不能过于干燥或潮湿；

（2）在夯实松土时，打夯动作应先轻后重；

（3）土方的压实应从边缘开始，逐渐向中间推进；

（4）填方必须分层堆填、分层碾压夯实。避免一次性地填到设计土面高度后，才进行碾压打夯；

（5）碾压、打夯要注意均匀，避免以后出现不均匀沉降。

第二节　钢筋混凝土工程施工

一、钢筋混凝土桩基工程施工

（一）桩基工程的概念

桩基础是一种常用的深基础形式，它由桩和桩顶的承台组成。当建筑物荷载大或对变形和稳定要求高时或遇到软土层较厚的情况时，常采用桩基础。

按桩的受力情况，桩分为摩擦桩和端承桩两类，如图 2-2 所示。摩擦桩上的荷载由桩侧摩擦力和桩端的阻力共同承受；端承桩上的荷载主要由桩端阻力承受。

按桩的施工方法，桩分为预制桩和灌注桩两类。预制桩是在工厂或施工现场制成的各种材料和类型的桩（如木桩、钢筋混凝土方桩、预应力钢筋混凝土管桩、钢管或型钢的钢桩等），而后用沉桩设备将桩打入、压入、旋入或振入土中。灌注桩是在施工现场的桩位上用机械或人工成孔，然后在孔内灌注混凝土或钢筋混凝土而成。限据成孔方法的不同分为钻、挖、冲孔灌注桩；沉管灌注桩和爆扩桩。如在成孔内灌注砂、石灰等，则成为砂桩、石灰桩等。

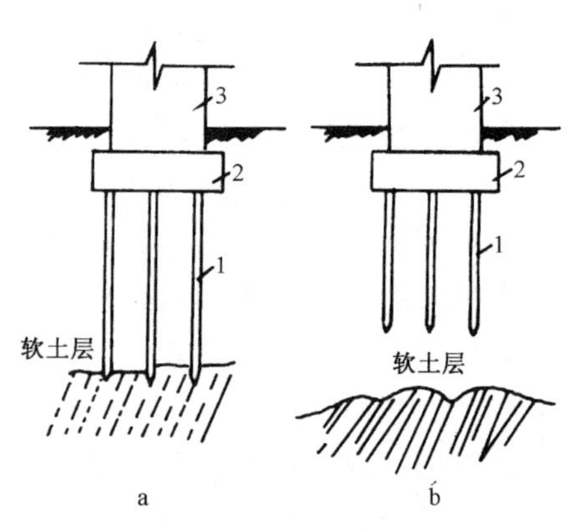

图 2-2　桩　基

a. 岩层或硬土层　b. 岩层或硬土层

（二）桩基工程施工准备

1. 桩基工程的测量定位

桩基工程的测量与一般建筑工程不同，打（压）桩会给测量的控制桩、龙门板和样桩带来一定的变化。对桩的定位、管理和检验应注意以下几点：

(1) 在编制打（压）桩工程施工组织设计时，对测量控制网的布置应编有测量平面布置图（图 2-3）。图上应详细注明控制桩与龙门板的关系，以便在打桩过程中掌握它的变位，也便于在复核样桩时作为备查的依据。

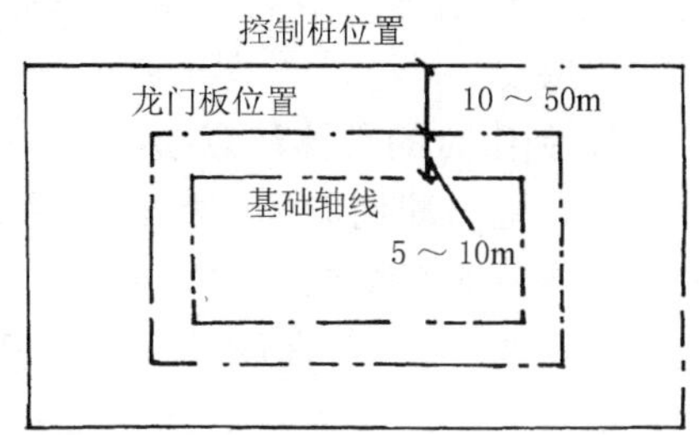

图 2-3　桩基施工测量示意

(2) 控制桩的设置地点应尽量不受打（压）桩的影响，并妥善保护。与建筑物的距离一般不宜小于 50m，并应定期校核。

(3) 代表桩位的样桩，可从经过控制桩校核过的设立在龙门板上的基线引出，其轴线位置的允许偏差，桩基不超过 20mm，单排桩不超过 10mm。

施工过程中对轴线应作系统检查，每 10 天不少于一次。样桩设置宜分段一次性地在打桩之前完成，以免测量与打桩相互干扰。

(4) 打（压）桩对土体会造成振动和挤压而使样桩、龙门板甚至控制桩变位，故应在打桩过程中经常检查复核，切实掌握变位情况，每根桩打入前，应检查样桩位置是否符合设计要求。

2. 桩基工程的工程地质勘察资料

桩基工程施工所需提供的工程地质资料包括下列内容：

(1) 施工区域内建筑场地的工程地质勘察报告；

(2) 地基与基础的施工图纸，并应附有原有地下管线和其他障碍物的资料；

(3) 施工组织设计或施工方案；

(4) 必要的试验资料。

在邻近若有建筑物或构筑物时，施工前必须了解邻近建筑物或构造物的原有结构及基础等详情，施工时如影响其使用和安全，应会同有关单位采取有效措施处理。

(三) 钢筋混凝土预制桩施工

1. 钢筋混凝土预制桩的制作

预制桩可在工厂或施工现场预制。现场制作时，场地应平整坚实，不得产生不均匀沉陷；制桩的底模必须平整、坚实；桩与邻桩底模间可用油毡、水泥袋纸、纸筋灰或滑石粉等隔离剂隔开，接触面不得粘连；桩在拆模时不得损坏棱角；上层桩或邻桩的浇筑，须在下层桩或邻桩的混凝土达到设计强度的 30%以后方可进行；桩的重叠层数，应根据具体情况确定，一般不宜超过 4 层。

2. 制作时的具体注意事项

（1）桩内配筋能承受桩在运输、起吊和沉桩时所产生的弯曲应力和冲击力，制作时应严格保证位置正确。主筋连接宜采用对焊，其接头配置在同一截面（指 30 倍主筋直径区域内，但不得小于 500mm）的数量不超过 50%，同一根钢筋两个接头的距离应大于 30 倍主筋直径，且不小于 500mm。桩顶和桩横断面上的主筋保护层以及桩顶钢筋网片的距离不易过厚，并保持均匀，以防锤击时桩表面出现纵向裂缝和打烂桩头。

（2）桩混凝土强度等级不应低于 C30。用于锤击的预制桩的粗骨料，应用碎石或碎卵石，粒径宜为 5～40mm。制作时桩身要直且桩尖应对准纵轴线，以防锤击时桩身弯曲过大而折断和越打越斜；桩顶应平整，以免锤击时导致应力集中把桩顶打碎。混凝土浇筑应由桩顶向桩尖连续进行，严禁中断，以提高桩的抗冲击能力。

（3）浇灌完毕后应护盖洒水养护不少于 7 天。如采用蒸汽养护时，在蒸养后尚应适当自然养护数天，待混凝土达到设计强度后方可使用。

3. 预制桩打桩施工

（1）打桩施工前，桩的测量放样应全部完成，高空和地下障碍物要处理，以确保施工的顺利进行。打桩场地应考虑地基承载力，一般应大于沉桩机械接地压力的 1.5～2.0 倍。场地应平整，以保证沉桩机械的垂直度要求。施工现场应避免积水，并保持四周的排水通畅。

（2）桩架应平稳架设在打桩部位，用缆绳拉牢，同时安装桩锤与动力装置。吊桩可利用桩架上的绳索与绞盘进行。起吊时吊点必须正确，起吊速度均匀，并送桩就位。桩插入土中必须正直，其垂直度偏差不得超过 0.5%，桩锤、桩帽（送桩）和桩身应在同一中心线上，桩帽或与桩周围应有 5～10mm 的间隙，而且锤与桩帽、桩帽与桩之间应有相应的弹性衬垫，使桩的打入从一开始就要保证质量，既要保持桩的垂直度，又要保证桩顶不致打碎。

（3）桩在打入前，应在桩的侧面或桩架上设置标尺，以便掌握桩的入土深度。做好打桩记录。施工前应先试打桩，以检验设备和工艺是否符合要求，并通过试打确定贯入度，试桩数量不得少于 2 根。

（4）打满堂桩时，为保证桩能顺利打入，打桩顺序应自中间向两个方向对称进行，也可自中间向四周进行，或根据施工现场周围邻近建筑情况，由一侧向单一方向进行打桩。打入时还应根据基础的设计标高，对不同规格的桩，宜采取先深后浅，先大后小，先长后短的施工顺序。

(5) 开始打桩应起锤轻压或轻击数锤，观察桩身、桩架、桩锤等垂直一致后，方可转入正常施打。开始打桩时，落距应较小，待桩入土一定深度并稳定后，再按要求的落距进行。用蒸汽单动锤打桩时，最大落距一般不宜大于1m，采用柴油锤时应使锤跳动正常。

(6) 打桩过程中应进行下列测量：开始打桩时应记录桩身每沉落1m所需锤击次数，并测量桩锤下落的平均高度；当桩下沉接近设计标高时，应在一定的落锤高度下，以每落锤10击为一阵击阶段，测量其贯入度。

(7) 打桩时，如遇下述异常现象应立即停止锤击，经研究判断采取相应处理措施方可继续施工。桩贯入度突然剧变；桩身突然发生倾斜、移位；桩打不下去，桩锤严重回跳；桩顶或桩身出现严重裂缝或破碎。

(8) 打桩最终控制标准：桩尖位于坚硬、硬塑的黏性土、碎石土、中密以上的砂土或风化岩等土层时，以贯入度控制为主，桩尖进入持力层深度或桩尖标高可作为参考；贯入度已达到规定数值，而桩尖标高未到达时，应继续锤击3阵，其每阵10击的平均贯入度不应大于规定的数值；桩尖位于其他软土层时，以桩尖设计标高控制为主，贯入度可作参考；打桩时，如控制指标已符合要求，而其他的指标与要求相差较大时，应会同有关单位研究处理。

(四) 混凝土和钢筋混凝土灌注桩施工

灌注桩是直接在桩位上就地成孔，然后在孔内灌注混凝土或钢筋混凝土而成。灌注桩能适应地层的变化，无须接桩，施工时无振动、无挤压和噪音小（一般情况），适用于建筑物密集区使用。但其操作要求严格，施工后需一定的养护期，不能立即承受荷载。

1. 泥浆护壁成孔灌注桩

泥浆护壁成孔是用泥浆保护孔壁、防止塌孔和排出土渣而成孔，对地下水位高或低的土层都适用。成孔机械有回转钻机、潜水钻机、冲击钻等，其中以回转钻机应用最多。

(1) *回转钻机成孔* 在杂填土或松软土层中钻孔时，应在桩位处埋设钢护筒，以起定位、保护孔口、维持水头等作用。护筒内径应比钻头直径大10cm，埋入土中深度不宜小于1.0～1.5m。在护筒顶部应开设1～2个溢浆口。在钻孔过程中，应保持护筒内泥浆水位高于地下水位。在黏土中钻孔，可采用清水钻进，自造泥浆护壁；在砂土中钻孔，则应注入制备泥浆钻进，注入的泥浆密度控制在1.1左右，排出泥浆的密度宜为1.2～1.4。钻孔达到要求的深度后，测量沉渣厚度，进行清孔。以原土造浆的钻孔，清孔可用射水法，同时钻具只转不进，待泥密度降到1.1左右即认为清孔合格：注入制备泥浆的钻孔，采用换浆法清孔，至换出泥浆的相对密度小于1.15～1.25时方为合格。

清孔后，应尽快吊放钢筋笼并水下灌注混凝土。灌柱混凝土至桩顶时，应适当超过桩顶设计标高，以保证在凿除浮浆层后，桩顶标高和质量符合设计要求。

施工完成后的灌注桩应保证没有缩颈、夹渣、夹层、断桩等严重的缺陷质量问题；其平面位置及垂直度也都符合规范的规定。

（2）潜水钻机成孔　潜水钻机是一种旋转式钻孔机械，其动力、变速机构和钻头连在一起，可以下放至孔中的地下水中成孔。潜水钻机成孔，亦需先埋设护筒。其他施工过程皆与回转钻机成孔相似。

（3）冲击钻成孔　冲击钻主要用于岩土层中成孔。成孔时将冲锥式钻头提升到一定高度后以自由下落的冲击力来破碎岩层，然后用掏渣筒掏取孔内的碴浆。

2. 干作业成孔灌注桩

干作业成孔灌注桩适用于地下水位较低、在成孔深度内无地下水的土质，无须护壁可直接取土成孔。目前常用螺旋钻机成孔，亦有用洛阳铲成孔的。

螺旋钻机利用动力旋转钻杆，使钻头的螺旋叶片旋转削土，土块沿螺旋叶片上升排出孔外。在软塑土层含水量大时，可用疏纹叶片钻杆，以便较快地钻进。一节钻杆钻入后，应停机接上第二节，继续钻到要求深度。操作时要求钻杆垂直，钻孔过程中如发现钻杆摇晃或难以钻进时，可能遇到石块等异物，应立即停机检查。全叶片螺旋钻机成孔直径一般为300～600mm，钻孔深度8～12m。在钻进过程中，应随时清理孔口积土，遇有塌孔、缩孔等异常情况，应及时研究解决。

钢筋笼应一次绑扎好，放入孔内后再次测量虚土厚度。混凝土应连续浇筑，每次浇筑高度不得大于1.5m。如为扩底桩，则需于桩底部用扩孔刀片切削扩孔，扩底直径应符合设计要求。孔底虚土厚度不得大于300mm，对以端承力为主的桩，则不得大于100mm。

3. 套管成孔灌注桩

套管成孔灌注桩是利用锤击打桩法或振动打桩法，将带有钢筋混凝土桩靴或带有活瓣式桩靴的钢套管沉入土中，然后灌注混凝土并拔管而成。若配有钢筋时，则规定标高处应吊放钢筋骨架。利用锤击沉桩设备沉管、拔管时，称为锤击灌注桩；利用激振器的振动沉管、拔管时，称为振动灌注桩。

（1）*锤击灌注桩* 锤击灌注桩宜用于一般黏性土、淤泥质土、砂土和人工填土地基。锤击灌注桩施工时，套管与桩靴连接处要垫以麻、草二绳，以防止地下水渗入管内。放入套管要缓，套管上端扣上桩幅，检查套管与桩锤是否在一垂直线上，套管偏斜≤0.5%时，即可起锤沉套管。先用低锤轻击，观察无偏移再正常锤打，至符合设计要求的贯入度或沉入标高。套管内混凝土应尽量灌满，拔管要均匀，第一次拔管高度控制在能容纳第二次所需的混凝土灌注量为限。拔管时应保持连续密锤低击不停，并控制拔出速度。注意管内的混凝土保持略高于地面。中间空出的桩需待邻桩混凝土达到设计强度的50%以后，方可锤打。

（2）*振动灌注桩* 振动灌注桩的适用范围除与锤击灌注桩相同外，还适用于稍密及中密的碎石土地基。振动灌注桩可采用单打法、反插法或复打法施工。振动灌注桩采用激振器或振动冲击锤沉管，由电动机带动装有偏心块的轴旋转而产生振动。单打施工时，在沉入土中的套管内灌满混凝土，开动激振器，边振边拔管。拔拔停停，直到套管全部拔出。在一般土层内拔管速度宜为1.2m/min～1.5m/min，在较软弱土层中，不得大于0.8m/min～1.0m/min。

反插法施工时，在套管内灌满混凝土后，先振动再开始拔管，每次拔管高度0.5～1.0m，向下反插深度0.3～0.5m。如此反复进行并始终保持振动，直到套管全部拔出地面。反插法能使桩的截面增大，从而提高桩的承载力，宜在较差的软土地基上应用。

（3）*套管成孔灌注桩易产生的质量问题及处理*

①断桩 一般常见于地面下1～3m的不同软硬层交接处。断桩检查，在2～3m深度内可用木锤敲击桩头侧面，同时用脚踏在桩头上，如桩已断，会感到浮振。处理办法：断桩一经发现，应将断桩段拔出，将孔清理干净后，略增大面积或加上铁箍连接，再重新灌筑混凝土补做桩身。产生断桩原因主要有：桩距过小，邻桩施打时土的挤压的影响；软硬土层间传递水平力大小不同；桩身混凝土终凝时间不足，强度弱。避免断桩的措施有：桩的中心距宜大于3.5倍桩径；考虑打桩顺序及桩架行走路线时，应注意减少对新打桩的影响；采用跳打法或控制时间法以减少对邻桩的影响。

②缩颈 缩颈的桩又称瓶颈桩。表现为桩颈缩小，截面积不符合要求。产生原因是：在含水量大的黏性土中沉管时，土体受挤压后产生的孔隙水压力在桩管拔出后作用到新灌筑的混凝土桩上；拔管过快，混凝土量少，或和易性差，使混凝土出管时扩散差等。施工中应经常测定混凝土落下情况，发现问题及时纠正，一般可用复打法处理。

③吊脚桩　即桩底部混凝土隔空，或混凝土中混进了泥砂。常发生在地下水位高或饱和淤泥或粉砂土层中。原因为桩靴强度不够被打坏，桩靴活瓣闭合不严，沉管时被破坏变形，水或泥砂进入桩管，或活瓣未及时打开。处理办法：将桩管拔出，纠正桩靴或将砂回填桩孔后重新沉管。

二、钢筋混凝土工程施工

（一）模板工程施工

1. 模板工程施工的基本要求

模板系统由模板（包括连接工具）及其支撑系统两部分组成。模板是混凝土按设计要求成型的模具。模板的支撑系统是保证模板的形状、尺寸及其空间位置准确性的必要手段和工具。模板工程施工的基本要求为：

（1）应保证工程结构及构件各部分形状、尺寸和相互位置的正确性。

（2）具有足够的强度、刚度和稳定性；能可靠地承受新浇筑混凝土的重量和侧压力，以及在施工过程中所产生的荷载。

（3）构造简单、装拆方便，并便于钢筋的绑扎与安装和混凝土的浇筑及养护。

（4）模板的接缝应严密、不得漏浆。

2. 木模板

木模板分普通木模板和定型木模板两种。木模板之间用螺栓及圆钉连接。木模板的特点是加工方便，能适应各种复杂形状混凝土结构和构件的成型需要，但其使用周转率低，耗用木材量大。配制木模板应注意：

（1）配制木模板应考虑周转使用和以后的改制使用。

（2）木模板的板条宽度不宜大于200mm，工具式木模板的板条宽度不宜大于150mm。梁和拱的底版，如采用整块木板，其宽度可不加限制。

（3）拼制模板时，板边要凿平刨直，接缝应严密。每块板条在横档处至少要钉2个钉子，钉子长度一般为木板厚度的2～2.5倍。钉钉子时，第二块板钉子应朝第一块板的方向斜钉，以使拼缝严密。

（4）如混凝土面做粉刷层，则模板板面不必刨光。

（5）配制模板尺寸时，要考虑模板拼装接合的需要，适当加长或缩短某一部分长度。

（6）模板配制完成后，要对不同部位模板进行编号，写明用途，分别堆放。

(7) 模板原料和成品的堆放，应注意防水、防潮、堆放平整，以防腐烂和变形。

3. 组合钢模板

钢模板包括平面模板、阴角模板、阳角模板和连接角模。钢模板连接件有U形卡、L形插销、钩头螺栓、紧固螺栓、对拉螺栓和扣件等。组合钢模板强度高，能保证混凝土强度的正常增长和结构成型尺寸的准确性。组装灵活，适应性强，可以组合成墙、梁、柱、基础等各种结构的模板。同时，它装拆与搬运方便，周转次数多。但一次性投资大，保温性差，不利于冬季施工，浇筑的混凝土不利于做装饰面层。在配板时应掌握以下原则和要点：

(1) 模板配制要保证结构和构件各部分几何形状和尺寸及相互位置的准确性。

(2) 结构各部分或构件的配板顺序，一般由施工顺序决定。

(3) 模板配制应力求简单，使模板的块数、规格及木模镶补量最少，同时应充分考虑模板的拆装方便。配板时先配长的、宽的板块，然后用短的、窄的板块找齐，最后对不足配板最小模数50mm的空缺用木条或L形伸缩板补齐。

(4) 对于大面积的连续配板，一般应按一个主导方向配制，既采用横向连续配板或采用纵向连续配板，以便于模板背楞的布置。

(5) 配板应根据结构的几何尺寸，确定板块进位模数，选定模板配置的主导方向。对于尺寸较大并符合模板模数的板面，配板时还应考虑留出适当空隙，以满足板块组装误差和累计误差的需要，应安排好相邻模板的拼接位置，使U型卡孔对正。

(6) 一般情况下，对拉螺栓孔仅限在300mm宽的模板上开孔；对拉螺栓位置的确定，应根据模板承受的混凝土侧压力大小确定，模板的配制和开孔位置的确定在符合以上要求的同时，应使内外模板对拉螺栓孔正好相对。板块接头宜交错配置，以增强模板的整体性；配置墙、楼板模板时，为便于掌握钢楞和穿墙螺栓的位置和间距，其板块接头宜齐缝配置或每隔2～3m分段错开。对预先拼装然后整体安装的大块模板，为加强其板面整体刚度，其板面接头应交错布置。

(7) 梁、板、柱（墙）交接处应绘制节点配板详图。

（二）钢筋工程施工

1. 钢筋基本分类

按生产工艺分：腆扎钢筋、冷拉钢筋、冷拔钢丝、热处理钢、碳素钢

丝、刻痕钢丝、钢绞线

按化学成分分：低碳钢钢筋、中碳钢钢筋、高碳钢钢筋、普通低合金钢钢筋

按力学性能分：Ⅰ级钢筋、Ⅱ级钢筋、Ⅲ级钢筋、Ⅳ级钢筋

按轧制外形分：光圆或光面钢筋、变形嘭（月牙形、螺旋形、人字形）钢筋

按供应方式分：盘圆钢筋、直条钢筋

2. 钢筋的检验、配料与保管

(1) 钢筋的检验一般规定　钢筋应有出厂质量证明书或试验报告单，每捆（盘）钢筋均应有标牌；钢筋进场时，应按炉罐（批）号及直径分批验收，验收内容包括查对标牌、检查外观并按有关标准的规定抽取试样作机械性能试验，合格后方可使用；钢筋在加工过程中，如发现脆断、焊接性能不良或机械性能显著不正常等现象时，应对钢筋进行化学成分检验或其他专项检验。

(2) 钢筋配料注意事项　认真熟悉施工图和设计变更通知单，掌握每根钢筋的规格、形状及尺寸。认真检查每个构件中所有钢筋编号以便统计、计算。核查现场或库存原材料能否满足施工图上钢筋的材质、品种和数量要求，确定有无代换必要和可能。配料时，除施工图中注明的钢筋外，还应考虑施工需要的附加钢筋。保证上层钢筋网位置用的钢筋撑脚等。配料计算时，除钢筋的形状和尺寸应满足施工图要求，还应考虑有利于钢筋的加工安装。钢筋配置的细节问题没有注明时，一般可按构造要求处理。

(3) 钢筋的保管　钢筋必须按批分不同等级、牌号、直径和长度分别挂牌堆放整齐，严格防止混料；钢筋成品应分工程名称和构件名称编号按顺序堆放；钢筋堆放应避免锈蚀和污染。钢筋应尽量在室内堆放；如露天堆放，则应选择平坦场地，同时考虑防水、排水措施。

3. 钢筋的加工

(1) 钢筋的冷拉　在常温下以超过钢筋屈服点的强度对钢筋进行强力拉伸，使钢筋产生塑性变形，以提高钢筋强度，节约钢材，简化钢筋加工工艺（除锈、调直）。冷拉Ⅰ级钢筋适用于钢筋混凝土结构中的受拉钢筋，冷拉Ⅱ～Ⅳ级钢筋主要用作预应力混凝土中的预应力筋。

钢筋冷拉有控制冷拉应力和控制冷拉率两种方法。前者易于保证冷拉质量，多用于预应力钢筋的冷拉；后者工艺简单，但对材质不均匀的钢筋，冷拉质量不易保证，对无法分清炉批的钢筋不应采用控制冷拉率方法。

(2) 钢筋的冷拔　在常温下，强制直径为6～10mm的Ⅰ级光圆钢筋逐

次通过比其直径小 0.5～1.0mm 的特制钨金拔丝模孔，使钢筋沿轴向拉伸并在径向压缩，产生较大塑性变形，从而提高钢筋抗拉强度。冷拔后的钢丝，甲级用于中小型构件的预应力筋，乙级则一般用作焊接骨架、网片和架立筋、箍筋以及构造筋。

钢筋冷拔工艺过程为：轧头、剥壳、润滑、进入拔丝模孔拔丝。轧头是用钢筋轧头机将钢筋端头轧细，以使钢筋通过拔丝模孔；剥壳是通过 3～6 个上下排列的辊子，除去钢筋表面坚硬的氧化铁渣壳；润滑是使钢筋通过特制的润滑剂（生石灰、动物油、肥皂、水、石蜡等混合物），以减少拔丝力和模子损耗。

（3）钢筋调直　手工调直：在工程量小、临时性工地加工钢筋的条件下，经常采用手工调直钢筋。对冷拔低碳钢丝，一般可通过夹轮牵引调直（图 2-4a）；对于盘圆Ⅰ级钢筋，可采用绞盘拉直装置（图 2-4b）；对直径较大、弯曲平缓的直条钢筋，可利用弯曲工作台将其用手矫直（图 2-4c）。

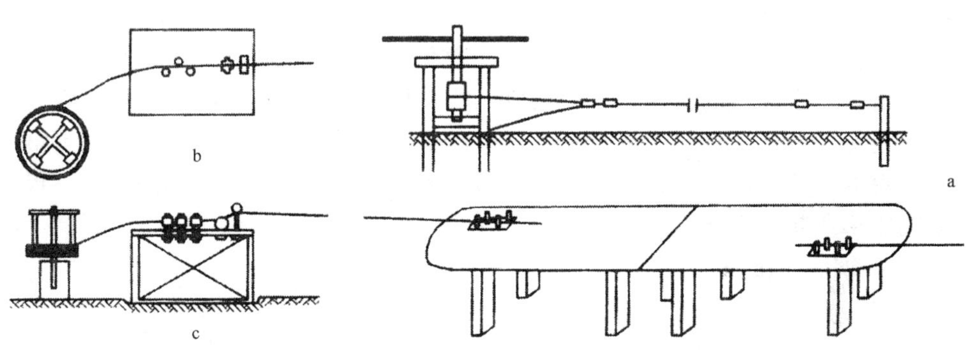

图 2-4　钢筋调直简易装置

机械调直：冷拔低碳钢丝和直径不大于 14mm 的钢筋可用国家定型的调直机（可同时完成调直、除锈和切断三道工序）进行调直，也可利用卷扬机拉直，粗钢筋还可以利用卷扬机结合冷拉工序进行调直。

（4）钢筋除锈

手工除锈：在工作量不大或在工地设置的临时工棚中操作时，可用麻袋布擦试或用钢刷子刷拭。对于较粗的钢筋，可制作钢槽或木槽，槽盘内放置干燥的粗砂和细石子，将有锈的钢筋穿入砂盘中来回抽拉。

机械除锈：对直径较细的盘圆钢筋，可通过冷拉和调直过程自动除锈；

对粗钢筋，一般采用自制圆盘钢丝刷除锈机（见图 2-5）除锈。除锈机中圆盘钢丝刷有厂家供应成品，也可自行采用钢丝绳废头拆开取丝编制。除锈后的钢筋表面如有严重的麻坑、斑点等已伤蚀截面的现象，钢筋应降级使用或剔除不用，带有蜂窝状锈迹的钢丝不得使用。

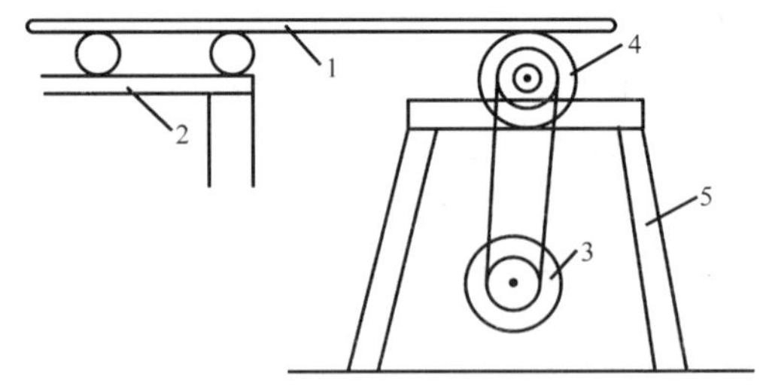

图 2-5 简易除锈机

（5）钢筋切断

手工切断：切断钢丝可用断线钳，切断直径 16mm 以下的Ⅰ级钢筋可用手压切断器和 GJSY－16 型手动液压切断器。在缺乏必要的切断设备和工具的简陋工地施工时，也可使用“克子”切断器；使用时，将下克插在铁砧的孔里，把钢筋放在下克棺内，上克边紧贴下克边，用锤打击上克，切断直径 6～32mm 的钢筋。当钢筋直径大于 40mm 时，可用氧乙炔焰割断钢筋。

机械切断：使用常用钢筋切断机注意在切断时，应将同规格钢筋根据不同长度长短搭配、统筹排料；一般应先断长料，后断短料，减少损耗。断料时应避免用短尺量长料，防止在量料中产生累积误差。切断过程中如发现钢筋有劈裂、缩头或严重的弯头等，必须将其切除。切断后，钢筋的断口不得有马蹄形或起弯现象，钢筋长度的允许偏差为±10mm。

4. 钢筋焊接

（1）对焊工艺　直径较小的钢筋用连续闪光焊，端面比较平整、直径较大的钢筋用预热闪光焊，钢筋端面不够平整时采用闪光—预热—闪光焊。对焊操作应注意：对焊前应清除钢筋端头约 150mm 范围内的铁锈、污泥等，以免引起“打火”。更换焊接钢筋的规格和品种时，应先进行冷弯试验。合格后，才能成批焊接。夹紧钢筋时，应使两钢筋端面的凸出部分相接触。焊接完毕后，应待接头处由白红色变为黑红色才能松开夹具，焊接后张法预应力钢筋时，应在焊后趁热将焊缝周围毛刺打掉。焊接场地应有防风、防雨措施，气温较低时，接头部位可适当用保温材料予以保温。

（2）钢筋电弧焊　电弧焊的主要设备是弧焊机。弧焊机有交流弧焊机和直流弧焊机两类。前者结构简单，价格低廉，保养维修方便，后者焊接电流稳定，焊接质量高。

（3）钢筋点焊　点焊宜用于焊接用Ⅰ、Ⅱ级钢筋和冷拔低碳钢丝制作的钢筋骨架和网片。当焊接不同直径钢筋时，若较小钢筋的直径小于10mm时，大小钢筋直径之比不宜大于3；若较小钢筋的直径为12mm、14mm时，大小钢筋直径之比不宜大于2。

5. 钢筋的绑扎

（1）准备工作　核对钢筋的型号、规格和数量是否与配料单和料牌相符，准备必要的绑扎工具和铁丝，根据施工图划出钢筋位置线，对于配筋较密的复杂部位（如梁、板、柱交接处等），应先研究和确定钢筋穿插就位的顺序和支模与绑扎钢筋的先后次序。

（2）操作要点　基础、板和墙等钢筋网的绑扎，四周两行钢筋、双向主筋的钢筋网的每个相交点扎牢。配有双层钢筋网的构件（如基础底板、墙板等），应每隔1m左右在两层钢筋网间设置一个撑脚或撑铁，以保证钢筋位置正确。

柱和梁中箍筋以与主筋垂直，箍筋转角与纵向钢筋的交叉点应扎牢。箍筋的接头在梁中沿纵向方向交错布置在两根架立筋上，在柱中沿竖直方向交错布置在箍筋与柱角竖向钢筋的交接点上。

板、次梁与主梁交叉处，板的钢筋在上，次梁的钢筋居中，主梁的钢筋在下；当有圈梁或垫梁时，主梁的钢筋在上。在双向受弯的独立柱基础上，其底面短边的钢筋应放在长边钢筋的上面。框架梁、牛腿及柱帽等钢筋，应放在柱的纵向钢筋内侧。

施工中因钢筋长度不够而需绑扎搭接时，接头应符合有关规定。

（三）混凝土工程施工

1. 拌制前的准备工作及要求

（1）混凝土拌制前，应对材料质量及设备进行检查，确认材料的质量要求和配合比是否与通知单相符，设备是否处于良好状态。

（2）对于含泥量较大的骨料，应事先进行冲洗、筛分。此外，应经常检测现场骨料含水率，并根据现场骨料含水率调整配合比。调整方法是将配合比中用水量按砂、石含水率扣除相应的用量，同时相应增加配合比中骨料的湿重量，以保证拌合水含量及骨料的干重量与原配合比相符。

（3）根据配合比（以每立方米混凝土各种材料含量表示）及搅拌机出料容量，确定每次拌混凝土各组成材料的一次投料量。一次投料量应控制在额定的容量内，最多不得超过10%；但投料量也不宜太小，否则会降低搅拌机的生产率。如水泥为袋装，则水泥的一次投料量宜取整袋或半袋为基数，以便计量。

(4) 原材料的计量装置应精确，投料的计量允许误差不应大于表 2-3 的规定。

表 2-3 混凝土原材料计量的允许误差 %

材料名称	允许偏差（以重量计）
水泥、外渗混合料、水、外加剂	±2
砂、石子、轻骨料	±3

2. 混凝土搅拌工艺要求及施工要点

(1) 原材料的投料顺序通常是先加砂子（或石子），再加水泥，最后加入石子（或砂子）和水，以避免上料时水泥飞扬。

(2) 混凝土搅拌时间指从全部材料装入搅拌筒时起至开始卸料时止所经历的时间，它应根据搅拌机类型、容量和混凝土坍落度要求来确定。选择搅拌时间，应以能保证混凝土混合均匀、颜色一致为原则；混凝土搅拌的最短时间见表 2-4。

表 2-4 混凝土搅拌的最短时间 min

混凝土的坍落度（cm）	搅拌机机型	搅拌机容积（L）		
		<400	400～1000	>1000
≤3	自落式	90	120	150
	强制式	60	90	120
>3	自落式	90	90	120
	强制式	60	60	90

注：掺加外加剂的搅拌时间应适当延长。

(3) 在混凝土用量不大，强度等级不高时，可用人工拌制。人工拌制一般应用铁板或包有铁皮的木板做拌板，拌合要先干拌均匀，再按规定的用水量边加水边拌合，直至拌合料颜色一致，混合均匀为止。

3. 混凝土浇筑的一般要求

(1) 浇筑前应做好以下准备工作：清除模板内垃圾和杂物，去除钢筋上的油污；木模板应浇水湿润，但不应有积水；模板的缝隙和孔洞应予堵严。检查模板位置、标高是否符合要求；检查模板的支承系统是否可靠；检查钢筋和预埋件位置是否正确，有无遗漏。根据季节和天气情况，做好防雨、防暑、防寒等准备工作。

(2) 混凝土浇筑应连续，如必须间歇，应尽量缩短间歇时间。如超过规定时间，应按施工缝措施处理。

(3) 浇筑竖向结构混凝土，结构底部应先填 50～60mm 厚与混凝土成分相同的水泥砂浆。混凝土的水灰比和坍落度，应随浇筑高度上升适当递减。浇筑高度超过 3m，应采取串筒、溜管或振动溜管下料，防止发生离析现象。

（4）一般梁和板应同时浇筑混凝土。较大尺寸的梁（高大于 1m）、拱和类似的结构，可单独浇筑，施工缝应按规定留设。

（5）浇筑混凝土时，应经常观察模板、支架、钢筋、预埋件和预留孔洞的情况。当发现有变形、移位时，应立即停止浇筑，并应在已浇筑的混凝土凝结前修整完好。

4. 混凝土施工缝的留设和处理

当施工技术和施工组织造成混凝土的浇筑不能连续进行且中间间歇时间超过混凝土的凝结时间时，应预先选定适当的部位留设施工缝。

（1）施工缝的设置一般在结构受剪力较小且便于施工的部位。柱应留水平缝，梁、板、墙应留垂直缝或企口式接缝。

（2）施工缝的处理：在施工缝处继续浇筑混凝土时，已浇筑的混凝土抗压强度应不小于 1.2N/mm。处理步骤为：清除已硬化的混凝土表面的垃圾、水泥薄膜和松动石子或软弱混凝土层，并充分湿润。去除残留在混凝土表面的积水，在施工缝处铺 10～15mm 厚的水泥浆或与混凝土成分相同的水泥砂浆一层。施工缝处理完后即可继续浇筑混凝土。浇筑时，不宜在施工缝处首先下料，可由远及近地接近施工缝。施工缝处新浇混凝土应细致捣实，使新旧混凝土结合紧密。

5. 混凝土养护

混凝土养护的目的是为混凝土硬化创造必要的温度、湿度条件，防止因水分过早蒸发或冻结造成混凝土强度降低或出现收缩裂缝、剥皮起砂现象。

一般的园林工程常采用自然养护。所谓混凝土的自然养护是指在平均气温高于 5℃的自然条件下的养护。养护方式有多种，施工中最常用的是覆盖浇水养护。混凝土的自然养护应符合以下规定：

（1）一般情况下，混凝土浇筑完成后，应在 1～2h 以内加以覆盖和浇水。在炎热的夏季，覆盖和浇水应在混凝土浇筑后 2～3h 进行；对于硬性混凝土，其浇筑后 1～2h，应予覆盖浇水。

（2）浇水次数应能保持混凝土具有足够的湿润状态，混凝土养护用水与其拌制用水要求相同。

（3）混凝土浇水养护日期参见表 2-5。

（4）混凝土强度达到 1.2N/mm 后，才允许人员在上行走和安装模板及支架。

表 2-5　混凝土养护时间参考

分类		浇水养护时间(d)
拌制混凝土的水泥品种	硅酸盐水泥，普通硅酸盐水泥，矿渣硅酸盐水泥	不小于 7
	火山灰水泥，粉煤灰水泥	不小于 14
	矾土水泥	不小于 3
抗渗混凝土 混凝土中掺用缓凝型外加型		不小于 14

(5) 不允许用悬挑构件作为交通运输通道，或作工具、材料的堆放场地。

三、预应力混凝土工程施工

(一) 预应力混凝土工程概念

预应力混凝土是在外荷载作用前，预先建立起有内应力的混凝土。内应力的大小和分布应能抵消或减少给定外荷载所产生的应力。混凝土的预压应力一般是通过对结构构件受拉区的钢筋在弹性范围内的拉伸，利用钢筋的弹性回缩，对受拉区的混凝土预先施加预压应力来实现的。预应力钢筋混凝土就是在混凝土的受拉区内，用人工的方法将钢筋进行张拉，利用钢筋的回缩使混凝土预先承受压力，限制混凝土伸长或不使混凝土出现裂缝。

按预应力的大小可分为：全预应力混凝土和部分预应力混凝土。按施加预应力的方式不同分为：先张法预应力混凝土、后张法预应力混凝土和自应力混凝土。按预应力筋的粘结状态不同可分为：有粘结预应力混凝土和元粘结预应力混凝土。按施工方法不同可分为：预制预应力混凝土、现浇预应力混凝土和叠合预应力混凝土等。

预应力混凝土结构与普通钢筋混凝土结构相比，具有抗裂性高、刚度大、耐久性好、自重轻、经济指标较好，能节约钢材、水泥，并能用于大跨度结构等优点；与钢结构相比，能大量节约钢材、降低成本。但在制作时，增加了张拉工作，相应增添了张拉机具，而且制作工艺也较复杂。

为了能建立较高的预应力值，宜优先采用强度等级较高的混凝土，一般不低于 C30，当采用碳素钢丝、刻痕钢丝、钢绞线及热处理钢筋时不低于 C40。

（二）锚具设备

锚具和夹具是锚固预应力钢筋、钢绞线或钢丝的工具。锚具是在预应力混凝土结构或构件上永久锚固预应力筋的工具，一般用于后张法；夹具是在张拉阶段和混凝土成型过程中，夹持预应力筋的工具，可重复使用，一般用于先张法。选用和制作锚具和夹具应注意几点：

（1）具有可靠的锚固能力；

（2）有足够的强度储备，确保安全；

（3）优先选用自锚条件和预应力筋强度利用系数较高的锚夹具；

（4）锚夹具与预应力筋的品种规格和张拉设备应该匹配；

（5）构造简单、加工方便、体积小、材料省、成本低；

（6）夹具应能重复使用，耐久，张拉锚固与拆卸都要方便。

锚具和夹具的类型很多，各有其一定的适用范围。现将常用的一些锚具和夹具按其构造特点、材质要求、适用范围分类列入表 2-6，供选用参考。

表 2-6　常用锚具、夹具的名称、材质要求及适用范围

型式	类别	名　称	材质要求	适用范围
螺杆式	锚具	螺丝端杆锚具	由螺丝端杆及螺母、垫板组成。端杆用热处理 45 号钢制作，热处理硬度 HB251～283，也可将 45 号钢作冷拉处理或预应力筋同级别的冷拉钢筋制作；螺母及垫板均用 3 号钢制作，不作热处理	适用于后张法，也可作先张法的夹具使用。用 YL60、YC60、YC20 型千斤顶或简易张拉机具，锚固直径不大于 36mm 的冷拉Ⅱ与Ⅲ级钢筋
螺杆式	锚具	锥形螺杆锚具	由锥形螺杆、套筒及螺母、垫板组成。锥形螺杆和套筒用 45 号钢制作，调质热处理硬度 HRC 30～35，锥头 70mm 内硬度要求 HRC55～58，淬透深度 2.0～2.5mm。螺母及垫板用 3 号钢制作，不作热处理	适用于后张法。用 YL60、YC60、YC20 型千斤顶或简易张拉机具，锚固 ϕ14～28 $5^{\#}$ 钢丝束
螺杆式	夹具	单根镦头钢筋螺杆夹具	制作要求与螺丝端杆相同	适用于后张法。用 YL60、YC60、YC20 型千斤顶或简易张拉机具，夹持单根冷拉Ⅱ、Ⅲ、Ⅳ级钢筋

（续）

型式	类别	名　称	材质要求	适用范围
镦头式	锚具	钢丝束镦头锚具	分 A，B 型两种。A 型由锚环和螺母组成，用于张拉端，B 型为锚板，用于固定端，锚环和锚板用 45 号钢制作，调质热处理硬度 HB251～283，螺母用 30 号或 45 号钢制作，不作热处理。工具拉杆和工具螺母材质同螺丝端杆	适用于后张法。用 YL60、YC60、YC20 型千斤顶，锚固任意根数 ϕ5mm 钢丝束
	夹具	单根镦头夹具	由镦头夹具和张拉套筒或抓钩式连接头组成。镦头夹具用 45 号钢制作，热处理硬度 HRC30～35，张拉套筒与抓钩式连接头亦用 45 号钢制作，热处理硬度 HRC40～45	适用于大型屋面板等构件的模外张拉工艺或台座先张法。用 YL60、YC60 千斤顶，夹持单根冷拉Ⅱ、Ⅲ、Ⅳ级钢筋
夹片式	锚具	JM 型锚具	由锚环和夹片组成。锚环采用 45 号钢制成，热处理硬度 HRC 32～37；夹片采用 45 号钢，热处理硬度 HRC40～45	适用于后张法，用 YC60 与 120 型千斤顶，锚固 3～6 根亚 ϕ12mm 钢筋束与 4～6 根 ϕ12～15mm 钢绞线束
	夹具	圆套筒三片式夹具	由夹片与套筒组成，均采用 45 号钢制作，经热处理硬度要求套筒为 HRC35～40，夹片为 HRC 40～45	适用于先张法。用 YC18 型千斤顶夹持直径 12～14mm 的单根Ⅱ、Ⅲ和Ⅳ级钢筋
锥锚式	锚具	钢质锥形锚具（又称弗氏锚具）	由锚环及锚塞组成。用 45 号钢制作，锚塞也可用 T_7、T_8 碳素工具钢。锚塞热处理硬度 HRC55～58，锚环热处理硬度 HRC20～25	适用于后张法。用 YZ38、YZ60 和 80 型千斤顶，锚固 6、12、18 根与 ϕ′24mm 与钢丝束
	夹具	圆锥齿板式夹具	由套筒与齿板组成。冷拔低碳钢丝用的夹具均采用 45 号钢，套筒不调质，齿板热处理硬度为 HRC40～45。碳素钢丝用的夹具：套筒采用 45 号钢，调质热处理硬度为 HRC25～28，夹片采用倒齿形，热处理硬度为 HRC55～58	适用于先张法，用电动螺杆或卷扬张拉机，夹持直径 3～5mm 的冷拔低碳钢丝和碳素钢丝
帮条式	锚具	帮条锚具	由一块方形或圆形衬板与 3 根帮条焊接组成。帮条应采用与预应力筋同级别的钢筋；衬板可用普通低碳钢钢板	适用于先张法、后张法。锚固直径 12～40mm 的冷拉Ⅱ、Ⅲ级钢筋

（三）施工方法

1. 先张法

先张法是在浇筑混凝土前张拉预应力筋，并将张拉的预应力筋临时锚固在台座或钢模上，然后浇筑混凝土，待混凝土养护达到不低于混凝上设计强度值的75%，保证预应力筋与混凝土有足够的粘结时，放松预应力筋，借助于混凝土与预应力筋的粘结，对混凝士施以预应力的施工工艺，如图2-6所示。先张法一般仅适用于生产中小型构件，在固定的预制厂生产。

先张法构件生产中，常采用的预应力筋有钢丝或钢筋两种。张拉预应力钢丝时，一般直接采用卷扬机或电动螺杆张拉机。张拉预应力钢筋时，在槽式台座中常采用四横梁式成组张拉装置，用千斤顶张拉。预应力筋张拉后用锚固夹具将预应力筋直接锚固于横梁上。

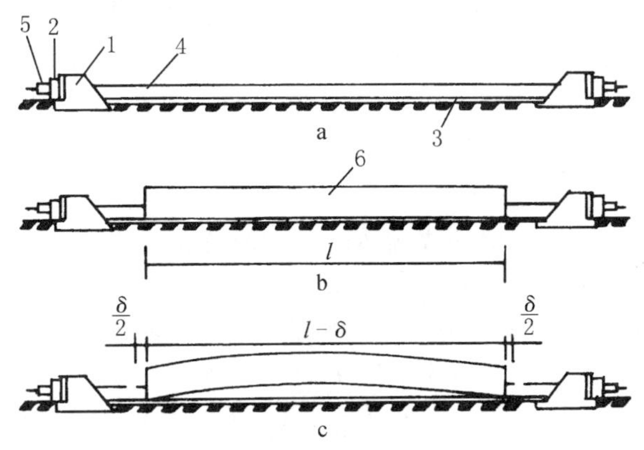

图 2-6　先张法施工示意

a. 先张法施工机具　b. 带有混凝土构件的机具
c. 拉张压后混凝土构件变化
1. 台座　2. 横梁　3. 台面　4. 预应力筋
5. 夹具　6. 混凝土构件

预应力筋的张拉可采用单根张拉或多根同时张拉，当预应力筋数量不多，张拉设备拉力有限时常采用单根张拉。当预应力筋数量较多且密集布筋，张拉设备拉力较大时，则可采用多根同时张拉。张拉过程中，应按混凝土结构工程施工及验收规范要求填写施加预应力记录表，以便参考。施工中应注意安全。张拉时，正对钢筋两端禁止站人。敲击锚具的锥塞或楔块时，不应用力过猛，以免损伤预应力筋而断裂伤人，但又要锚固可靠。冬季张拉预应力筋时，其温度不宜低于-15℃，且应考虑预应力筋容易脆断的危险。

预应力筋放张过程是预应力的传递过程，是先张法构件能否获得良好质量的一个重要环节。放张预应力筋时，混凝土强度必须符合设计要求，当设计无专门要求时，不得低于设计的混凝土强度标准值的75%。放张过早由于混凝土强度不足，会产生较大的混凝土弹性回缩而引起较大的预应力损失或钢丝滑动。放张过程中，应使预应力构件自由压缩，避免过大的冲击与偏心。

当预应力混凝土构件用钢丝配筋时，若钢丝数量不多，钢丝放张可采用剪切、锯割或氧-乙炔焰熔断的方法，并应从靠近生产线中间处剪断，这样比在靠近台座一端处剪断时回弹减小，且有利于脱模。若钢丝数量较多，所有钢丝应同时放张，不允许采用逐根放张的方法，否则，最后的几根钢丝将承受过大的应力而突然断裂，导致构件应力传递长度骤增，或使构件端部开裂。放张方法可采用放张横梁来实现。横梁可用千斤顶或预先设置在横梁支点处的放张装置（砂箱或楔块等）来放张。

粗钢筋预应力筋应缓慢放张。当钢筋数量较少时，可采用逐根加热熔断或借预先设置在钢筋锚固端的楔块或穿心式砂箱等单根放张。当钢筋数量较多时，所有钢筋应同时放张。采用湿热养护的预应力混凝土构件宜热态放张，不宜降温后放张。

2. 后张法

在制作构件或块体时，在放置预应力筋的部位留设孔道，待混凝土达到设计规定的强度后，将预应力筋穿入预留孔道内，用张拉机具将预应力筋张拉到规定的控制应力，然后借助锚具把预应力筋锚固在构件端部，最后进行孔道灌浆，这种预加应力的方法称为后张法。后张法的特点是直接在构件上张拉预应力筋，构件在张拉过程中受到预压力而完成混凝土的弹性压缩。后张法适宜于在施工现场制作大型构件（如屋架等），以避免大型构件长途运输的麻烦。后张法除作为一种预加应力的工艺方法外，还可作为一种预制构件的拼装手段。

预应力后张法构件的生产分为两个阶段：第一阶段为构件的生产；第二阶段为施加预应力，其中包括预应力筋的制作、预应力筋的张拉和孔道灌浆等工艺。后张法用的张拉设备主要由液压千斤顶、高压油泵和外接油管等三部分组成。

预应力筋的张拉是预应力构件制作中的关键，而其中预应力筋的应力控制更是核心问题，必须按照《混凝土结构设计规范》（GBJ10—1989）和《混凝土结构工程施工及验收规范》（GB50204—1992）中有关规定进行施工，以确保工程质量。

3. 无粘结预应力施工工艺

后张无粘结预应力混凝土的施工方法是在预应力筋表面涂防腐油脂并包覆塑料套管后，如同普通钢筋一样先铺设在支好的模板内，然后浇筑混凝土，待混凝土达到设计规定强度后进行张拉锚固。这种预应力工艺的特点是无须留孔与灌浆，施工简便，预应力筋易弯成所需的曲线形状，用于曲线配筋的结构。

无粘结预应力筋由预应力钢材（宜用高强钢丝或钢绞线）、涂料层、外包层和锚具组成。涂料层的作用是使预应力筋与混凝土隔离，减少张拉时的摩擦损失，防止预应力筋腐蚀等。规范规定涂料层可用防腐油脂或防腐沥青制作，涂料成分及其配合比，应经试验鉴定合格后，才能使用。无粘结预应力筋的外包层，可采用低压高密度聚乙烯塑料制作。

无粘结预应力筋的包装、运输、保管应符合下列要求：对不同规格的无粘结预应力筋应有明确标记；当无粘结预应力筋带有镦头锚具时，应有塑料袋包裹；无粘结预应力筋应堆放在通风干燥处，露天堆放应搁置在板架上，并加以覆盖，以免烈日暴晒造成涂料流淌。

无粘结预应力筋铺设前，应仔细检查预应力筋的规格尺寸和端部配件，对有局部轻微破坏的外包层，可用塑料胶粘带重叠缠绕补好，破坏严重的应予以报废。

无粘结预应力筋的铺设应按图纸规定进行，允许像普通钢筋一样绑扎。

无粘结预应力筋的张拉宜采取单根张拉。张拉设备宜选用前置内卡式千斤顶，锚固体系选用单孔夹片式锚具，应满足Ⅰ类锚具要求。

无粘结预应力筋的张拉程序等要求，基本上与有粘结后张法相同。但应注意以下几点：

成束无粘结筋正式张拉前，宜先用千斤顶往复抽动1～2次，以降低张拉摩擦损失。无粘结筋的张拉摩擦系数，当采用防腐油脂涂料层时一般不大于0.12；当采用防腐沥青涂料层时，其摩擦系数一般不大于0.25。

在无粘结筋张拉过程中，当有个别钢丝发生滑脱或断裂时，可相应降低张拉力，以免发生钢丝连接断裂，但滑脱或断裂的数量，不应超过同一构件截面无粘结筋总量的2%（对多跨双向连续板，其同一截面应按每跨计算）且一束钢丝只允许1根。

无粘结筋的张拉顺序应符合设计要求，如设计无要求时，可采用分批、分阶段依次张拉。当无粘结筋长度大于25m时，宜在两端张拉；长度小于25m时，可在一端张拉并锚固。当两端张拉时，为了减少预应力损失，宜先在一端张拉锚固，再在另一端补足张拉力后进行锚固。当筋长超过50m时，宜分段张拉和锚固。

张拉时，无粘结筋的实际伸长值宜在初应力为张拉控制应力10%左右时开始测量，分级记录，量测得到的伸长值，必须加上初应力以下的推算伸长值，并扣除混凝土构件在张拉过程中的弹性压缩值。

锚头端部的处理，无粘结筋的锚固区，必须有严格的密封防护措施，严防水蒸气进入，锈蚀预应力筋。

第三节 给、排水与供电工程施工

一、给、排水工程施工

（一）给水工程

园林绿地给水与城市居住区、机关单位、工厂企业等的给水有许多不同，在用水情况、给水设施布置等方面都有自己的特点。其主要特点是：生活用水少，其他用水多；用水点多，水头变化大且较分散；用水高峰时间可以错开等。

给水工程是由一系列构筑物和管道系统构成的。从给水的工艺流程来看，它可以分成3个部分：取水工程、净水工程和输配水工程。

园林中除生活用水外，其他方面用水的水质要求可根据情况适当降低。

1. 水源及给水方式

园林给水工程的首要任务，是要按照水质标准来合理地确定水源和取水方式。在确定水源的时候，不但要对水质的优劣、水量的丰缺情况进行了解，而且还要对取水方式、净水措施和输配水管道布置进行初步计划。水的来源可以分为地表水和地下水两类，这两类水源都可以为园林所用。

（1）地表水源　地表水如山溪、大江、大河、湖泊、水库水等，都是直接暴露于地面的水源。这些水源易受工业废水、生活污水及各种人为因素的污染，水中泥砂、悬浮物和胶态杂质含量较多，必须经过严格的净化和消毒，才可作为生活用水。在地表水中，只有位于山地风景区的水源水质比较好。

采用地表水作水源，必须对水进行净化处理后才能作为生活饮用水使用。净化地表水的方法包括混凝沉淀、过滤和消毒3个步骤。

①混凝沉淀（澄清）　是在水中加入混凝剂，而使水中产生一种絮状物，和杂质凝聚在一起，沉淀到水底。我国民间传统的做法，是用明矾作混凝剂加入水中，经过1～3h的混凝沉淀后，可使浑浊度减去80%以上。另外，也可以用硫酸铝作为混凝剂，在每1t水中加粗制硫酸铝20～50g，搅拌后进行混凝沉淀，也能降低浑浊度。

②过滤（砂滤）　将经过滤凝沉淀并澄清的水送进过滤池。透过从上到

下由细砂层、粗砂层、细石子层、粗石子层构成的过滤砂石层，滤去杂质，使水质洁净。

③消毒 天然水在过滤之后，还会含有一些细菌。为了保证生活饮用安全，还必须进行杀菌消毒处理。一般常见的是把液氯加入水中杀菌消毒。用漂白粉消毒也很有效。

经过净化处理的地表水，就能够供园林内各用水点使用。

（2）地下水源 地下水存在于透水的土层和岩层中。地下水分为潜水和承压水两种。

①潜水 地面以下第一个隔水层（不透水层）所托起的含水层的水，就是潜水。潜水的水面叫潜水面，是从高处向低处微微倾斜的平面。潜水面常受降雨影响而发生升降变化。降雨、降雪、露水等地面水都能直接渗入地下而成为潜水。

②承压水 承压水一般埋藏较深，由于有压力存在，当打井穿过不透水层并打通水口时，承压地下水就会从水口喷出或涌出。出露于地表的承压水便形成泉水。

取用地下水时，要进行水文地质勘察，探明含水层的分布情况。对储水量、补给条件、流向、流速、含水层的渗透系数、影响半径、涌水量以及水质情况等，都要进行勘察、分析和研究，以便合理开采、使用地下水。同时，还应注意对地下水的过量开采而引起大面积地基下沉和地下水位下降过多而对园林树木生长或农业生产造成严重影响。

（3）水源选择的原则 选择水源时，应根据城市建设远期的发展和风景区、园林周边环境的卫生条件，选用水质好，水量充沛、便于防护的水源。

园林中的生活用水要优先选用城市给水系统提供的水源，在没有城市给水条件的风景区或郊野公园，可选择地下水作水源。

造景用水、植物栽培用水等，应优先选用河流、湖泊中符合地面水环境质量标准的水源。植物养护栽培用水和卫生用水等就可以在园林水体中取水。如果没有引入自然水源的条件，则可选用地下水或自来水。

在风景区，必须筑坝蓄水作为水源时，应尽可能结合水力发电、防洪、林地灌溉及园艺生产等多方面用水的需要。

水资源比较缺乏的地区，园林中的生活用水使用过后，可以收集起来，经过初步的净化处理，再作为苗圃、林地等灌溉的二次水源用水。

使用水源要做到通盘考虑，统筹安排，综合利用。要符合相应的水质标准；即要符合《地面水环境质量标准》（GB3838—1988）和《生活饮用水卫生标准》（GB5847—1985）的规定。

(4) 园林给水方式 根据给水性质和给水系统构成的不同，可将园林给水分成3种方式。

①引用式 园林给水系统如果直接到城市给水管网系统上取水，就是直接引用式给水。这种给水系统方式的构成比较简单，只需设置园内管网、水塔、清水蓄水池即可。引水的接入点可以集中一点接入，也可以分散由几点接入，视园林绿化具体情况及城市给水干管从附近经过的情况而决定。

②自给式 在野外风景区或郊区的园林绿地中常用。在没有直接取用城市给水水源的条件时，可考虑就近取用地下水或地表水。采用地下水水源时，一般可以只设水井（或管井）、泵房、消毒清水池、输配水管道等。采用地表水作水源，其给水系统构成就要复杂一些，从取水到用水过程中所需布置的设施顺序是：取水口、集水井、一级泵房加矾间与混凝池、沉淀池及其排泥阀门、滤池、清水池、二级泵房、输水管网、水塔或高位水池等等。

③兼用式 在既有城市给水条件，又有地下水、地表水可供采用时，可以同时接上城市给水系统并另设一个以地下水或地表水为水源的独立给水系统。园林生活用水或游泳池等对水质要求较高的项目用城市给水系统，生产用水、造景用水等使用独立给水系统，这样做工程费用稍多，但后期的水费开支将大幅度减少。

在地形高差显著的园林绿地，可考虑分区给水方式。分区给水就是将整个给水系统分成几区，不同区的管道中水压不同，区与区之间可有适当的联系以保证供水可靠和调度灵活。

2. 给水管网的布置形式

(1) 给水管网布置的基本要求 选用最短的管道线路，保证园林各用水点有足够的水量和水压；施工方便，修建费用最少及供水安全。

(2) 管道网的布置形式 为了把水送到园林的各个局部地区，除了要安装大口径的输水干管以外，还要在各用水地区埋设口径大小不同的配水管道网。管道网的布置形式分为树枝形和环形两种：

①树枝形管道网 是以一条或少数几条主干管为骨干，从主管上分出许多配水支管连接接到各用水点。在一定范围内，采用树枝形管网形式的管道总长度比较短，管网建设和用水比较经济。缺点是主干管出故障时，整个给水系统就可能断水，用水的安全性较差。

②环形管道网 主干管道在园林内布置成一个闭合的大环形，再从环形主管上分出配水支管向各用水点供水。这种管网形式使用很方便，主干管上某一点出故障时，其他管段仍能通水。缺点是管道总长度较长，耗用管材较多，建设费用高于树枝形管网。

在实际布置管道网的工作中，根据园林地形、园路系统布局、主要用水点的位置、用水点所要求的水量与水压、水源位置和园林其他管线工程的综合布置、合理安排，常将两种方式结合起来应用。在园林中用水点密集的区域，采用环形管道网；而在用水点稀少的局部，则采用分支较少的树枝形管网。或者，在近期中采用树枝形，而到远期用水点增多时，再改造成环形管道圆形式。要求管道网应比较均匀地分布在用水地区，并有两条或几条干管通向水量调节构筑物如水塔和高地蓄水池及主要用水点。干管应布置在地势较高处，尽量利用地形高差实行重力自流给水。

为了保证发生火灾时有足够的水量和水压用于灭火，消防栓应设置在园路边的给水主干管道上，尽量靠近园林建筑；消防栓之间的间距不应大于120m。

（二）排水工程

1. 排水系统的构成情况

园林排水工程的组成，包括天然降水、废水、污水的收集、输送，污水的处理和排放等一系列过程。从排水工程设施方面分为排水管渠和污水处理设施。

（1）雨水排水系统的组成　采用不同排水体制的园林排水系统，其构成情况有些不同。园林内的雨水排水系统不只是排除雨水，还要排除园林生产废水和游乐废水。它的基本构成有：汇水坡地、集水浅沟和建筑物的屋面、天沟、雨水斗、竖管、散水；排水明渠、暗沟、截水沟、排洪沟；雨水口、雨水井、雨水排水管网、出水口；在利用重力自流排水困难的地方，还可能设置雨水排水泵站。

（2）污水排水系统的组成　污水排水系统主要是排除园林生活污水，包括室内和室外部分。基本组成有：室内污水排放设施如厨房洗物槽、下水管、房屋卫生设备等；除油池、化粪池、污水集水口；污水排水干管、支管组成的管道网；管网附属构筑物如检查井、连接井、跌水井等；污水处理站，包括污水泵房、澄清池、过滤池、消毒池、清水池等；出水口，是排水管网系统的终端出口。

2. 排水管网的附属构筑物

（1）雨水口　由基础、井身、井口、井篦儿部分构成的。雨水口是在雨水管渠或合流管渠上收集雨水的构筑物。其底部及基础可用C15混凝土做成，平面尺寸在1 200mm×900mm×100mm以上。井身、井口可用混凝土浇制，也可以用砖砌筑，砖壁厚240mm。雨水口的水平截面一般为矩形，长 1m 以上，宽 0.8m 以上，竖向深度一般为 1m 左右。井身内需要设置沉泥槽时，沉泥槽的深度应不小于 12cm。雨水管的管口设在井身的底部。

与雨水管或合流制干管的检查井相接时，雨水口支管与干管的水流方向以在平面上呈 60°交角为好。支管的坡度一般不应小于 1%。雨水口呈水平方向设置的时，井口应略低于周围路面及地面 3cm 左右，并与路面或地面顺接，以方便雨水的汇集和泄入。

(2) 检查井　检查井通常设在管渠交汇、转弯、管渠尺寸或坡度改变、跌水等处以及相隔一定距离的直线管渠段上。检查井有雨水检查井和污水检查井两类。在合流制排水系统中，只设雨水检查井。

建造检查井的材料主要是砖、石、混凝土或钢筋混凝土；在国外，则多采用钢筋混凝土预制。检查井的平面形状一般为圆形，大型管渠的检查井也有矩形或扇形的。井下的基础部分一般用混凝土浇筑，井身部分用砖砌成下宽上窄的形状，井口部分形成颈状。检查井的深度，取决于井内管道的埋深。为了便于检查人员上、下井室工作，井口部分的大小应能容纳人身的进出。

(3) 跌水井　由于地势或其他因素的影响，使得排水管道在某地段的高程落差超过 1m 时，就需要在该处设置一个具有水力消能作用的检查井，这就是跌水井。跌水井按结构特点分，有竖管式和溢流堰式两种形式。

竖管式跌水井一般适用于管径不大于 400mm 的排水管道上。井内允许的跌落高度，因管径的大小而异。管径不大于 200mm 级的跌落高度不宜超过 6m；当管径为 250～400mm 时，一级跌落高度不超过 4m。

溢流堰式跌水井多用于 400mm 以上大管径的管道上。当管径大于 400mm，而采用溢流堰式跌水井时，其跌水水头高度、跌水方式及井身长度等，都应通过有关水力学公式计算求得。

跌水井的井底要考虑对水流冲刷的防护，要采取必要的加阔措施。当检查井内上、下游管道的高程落差小于 1m 时，可将井底做成斜坡，不必做成跌水井。

(4) 闸门井　为了调节、控制排水管道内水的方向与流量，在排水管网中或排水泵站的出口处设置闸门井。闸门井由基础、井室和井口组成。如为了防止降雨或潮汐使园林水体水位增高，可能对排水管形成倒灌，可在闸门井内设活动拍门。活动拍门通常为圆形，只能单向开启。当排水管内无水或水位较低时，活动拍门依靠自重关闭；当水位增高后，利用水流的压力使拍门开启。如果为了既控制污水排放，又防止倒灌，可在闸门井内设置人为启闭的闸门。

（5）倒虹管　由于排水管道在园路下布置时有可能与其他管线发生交叉，而它又是一种重力自流式的管道，因此，要尽可能在管线综合中解决好交叉时管道之间的标高关系。但有时受地形所限，如遇到要穿过沟渠和地下障碍物等时候，排水管道就不能按照正常情况敷设，而不得不以一个下凹的折线形式从障碍物下面穿过，这段管道就成了倒置的虹吸管，即所谓的倒虹管。

一般排水管网中的倒虹管是由进水井、下行管、平行管、上行管和出水井等部分构成的。倒虹管采用的最小管径为200mm，平行管与上行管之间的夹角不应小于150°，要保证管内的水流有较好的水力条件。为了减少管内泥砂和污物淤积，可在倒虹管进水井之前的检查井内，设一沉淀槽，使部分泥砂污物在此预沉下来。

（6）出水口　排水管渠的出水口是雨水、污水排放的最后出口，其位置和形式，根据污水水质、下游用水情况、水体的水位变化幅度、水流方向、波浪情况等因素确定。

在园林中，出水口最好设在园内水体的下游末端，要和给水取水区、游泳区等保持一定的安全距离。

3. 排水系统的排水方式

园林排水系统的布置，是在确定了所规划、设计的园林绿地排水体制、污水处理利用方案和估算出园林排水量的基础上进行的。当各种管网设施的基本位置大概确定后，再选用一种最适合的管网布置形式，对整个排水系统进行安排。园林绿地多依山傍水，设施繁多，自然景观与人工造景结合。因此，在排水方式上也有其本身的特点。其基本的排水方式一般有两种，即利用地形自然排除雨、雪水等天然降水称为地面排水；利用排水设施排除生活污水、生产废水、游乐废水和集中汇流到管道中的雨雪水称为作管道排水。另外，还可把地面排水与管道排水结合起来。排水管网的布置形式主要有下述几种：

（1）正交式布置　排水管网的干管总走向与地形等高线或水体方向大致成正交的管网布置形式。排水管网总走向的坡度接近于地面坡度时采用，各排水区的干管以最短的距离通到排水口，管线长度短、管径较小、埋深小、造价较低。

（2）截流式布置　在正交式布置的管网较低处，沿着水体方向再增设一条截流干管，将污水截流并集中引到污水处理站，便于对污水进行集中处理。

（3）分区式布置　在高地形区和低地形区分别设置独立的、布置形式各异的排水管网系统就是分区式布置。一般低区管网可按重力自流方式直接排入水体，高区干管可直接与低区管网连接。当低区管网的水不能自排时，先将排水集中，再用水泵提升到高区的管网中把水排除。

(4) 辐射式布置　在用地分散、排水范围较大、基本地形是向周围倾斜的和周围地区都有可供排水的水体时，可将排水干管布置成分散的、多系统的、多出口的形式。

(5) 环绕式布置　将辐射式布置的多个分散出水口用一条排水主于管串联起来，并在主干管的最低点集中布置污水处理系统的形式。

4. 雨水管网设计

雨水管网设计必须满足迅速排除园林内地面径流的要求。在设计中应注意尽量利用地形的自流并使管道线路最短，北方的管道埋设一定要在冬季冻土层以下，雨水口应能迅速有效地收集地面雨水。一般的雨水管网系统的设计方法和步骤如下：

(1) 根据设计地区的气象、雨量记录和园林生产、游乐等废水排放的有关资料，推求雨水排放的总流量。

(2) 在与园林总规划图比例相同的平面图上绘出地形的分水线、集水线，标出地面自然坡度和排水方向，初步确定雨水管道的出水口，并注明控制标高。

(3) 按照雨水管网设计原则、具体地形条件和总体要求确定管网中主干渠道、管道的走向和具体位置，以及支渠支管的分布和连接方式，确认出水口位置。

(4) 根据各设计管段对应的汇水面积，按从上游到下游、从支渠支管到干渠干管的顺序，依次计算各管段的设计雨水流量。

(5) 依照各管段的设计雨水流量，结合具体设计条件，确定各管段的设计流速、坡度、管径或管道的断面尺寸。

(6) 根据水力、高程计算的一系列结果，从《给水排水标准图集》或地区的给排水通用图集中选定检查井、雨水口的形式，以及管道的接口形式和基础形式等。

(7) 在保证管渠最小覆土厚度的前提下，确定管渠的埋设深度，并依此进行雨水管网的一系列高程计算；管渠的埋深不超过设计地区的最大限埋深度。

(8) 绘制雨水排水管网的设计平面图及纵断面图，编制必要的设计说明书、计算书和工程概预算。

5. 污水管网及污水处理

污水排水系统和雨水排水系统的最大不同是在系统中必须有一些污水处理设施。用于污水排水的管道应有一定的抗腐蚀抗冲刷能力，管道内壁要光滑、阻力小、不渗水，并有足够的机械强度承受土壤压力及车辆等的外部荷载。园林污水的性质比较简单，排放量也不多，因此主要采用以下处理方法：

（1）除油池　一般用自然浮法分离，取出浮油的一种污水处理池。污水从池的一端流入池内，中间通过技术措施导出浮油并从另一端流出。园林内餐厅和食堂排放的污水适用。

（2）化粪池　在自然条件下消化处理污物有时设有搅拌和加温设备的地下构筑物。将粪便导入化粪池，通过发酵、腐化、分解使有机物分解为无机物，最后把澄清的水排出。它是处理园林宿舍和公厕粪便的一种简易方法。

（3）沉淀池　把水中可沉固体物质利用重力作用与水分离的过滤池。可根据水流的形式布置。

（4）过滤池　使污水通过滤料（如砂）或多孔介质（如网、微孔管等），以截留水中的悬浮物质而使污水净化的处理方法。

（5）生物净化池　以土壤自净原理为依据，滤池在形成生物膜后利用微生物摄取有机污染物而使污水得到净化。

二、供电工程施工

（一）供电系统

1. 配电线路的布置方式

为用户配电主要是通过配电变压器降低电压后，再通过一定的低压配电方式输送到用户设备上。配电线路的布置方式有：

（1）链式线路　从配电变压器引出的380V/220V低压配电主干线，顺序地连接起几个用户配电箱，其线路布置如同链条状。这种线路布置形式适宜在配电箱设备不超过5个的较短的配电干线上采用。

（2）环式线路　通过从变压器引出的配电主干线，将若干用户的配电箱顺序地联系起采，而主干线的末端仍返回到变压器上。这种线路构成了一个闭合的环。环状电路中任何一段线路发生故障，都不会造成整个配电系统断电。以这种方式供电的可靠性比较高，但线路、设备投资也相应要高一点。

（3）放射式线路　由变压器的低压端引出低压主干线至各个主配电箱，

再由每个主配电箱各引出若干条支干线，连接到各个分配电箱。最后由每个分配电箱引出若干小支线，与用户配电板及用电设备连接起来。这种线路分布呈三级放射状，供电可靠性高，但线路和开关设备等投资较大，所以适合用电要求比较严格，用电量也比较大的地区。

（4）树干式线路　从变压器引出主干线，再从主干线上引出若干条支干线，从每一条支干线上再分出若干支线与用户设备相连。这种线路呈树木分枝状，减少了许多配电箱及开关设备，投资比较少。但若主干线出故障，则整个配电线路不能通电，这种形式用电的可靠性不太高。

（5）混合式线路　即采用上述两种以上形式进行线路布局，使布置形式优化的线路系统。例如，在一个低压配电系统中，对一部分用电要求较高的负荷，采用局部的放射式或环式线路，对另一部分用电要求不高的用户，则采用树干式局部线路。

2. 供电系统的布置

根据园林总用电量，申请安装相应容量的配电变压器。变压器的布置一般有 3 种方式。一是布置在独立的变电房中，二是附设在其他建筑物内部，三是在电杆上作为架空变压器。变压器尽量布置在接近高压电源的地方和用电负荷的中心地带，有易燃物和产生振动的场所、地势低和潮湿的地方不宜布置变压器。

一般较大的公园和绿地，都应做到独立供电。根据电源取用点和园林用电性质及资金等情况，选择一种配电线路的布置方式来布置线路系统。

布置线路系统时，园林中的游乐机械或喷泉等动力用电应与一般的照明用电分开，三相电路的负荷尽量保持平衡。在单相负荷中，严禁一闸多用。支线上的分线路不要太多，尽量使线路最短，每根支线上的工作电流控制在 6～10A 或 10～30A，插座、灯头数的总和最好不超过 25 个。

供电系统的布置要把握好用电安全，从变压器引出的供电主干线，在进入主配电箱之前要设空气开关和保险；从主配电箱引出的支干线也要设空气开关和保险；从分配电箱引出的支线在进入电器设备之前应安装漏电保护开关。

在园林供电系统中，要根据不同的用电要求选配导线和电缆。低压动力线的负荷电流大，一般先按导线的发热条件来选择，再看电压损耗和机械强度；低压照明线对电压水平的要求比较高，应先按导线所允许的电压损耗条件来选择，再校验发热条件和机械强度。

（二）电的应用

1. 用灯光强调主景

园林的夜间表象主要是在园林固有景观的基础上，利用夜间照明和灯光造景来塑造的。为了突出园林的主景或各个局部空间中的重要景点，我们可以采用直接型的灯具从前侧方对着主景照射，使主景的亮度明显大于周围环境的亮度，从而鲜明突出地表现主景，强调主景。灯具不宜设在正前方，正前方的投射光对被照物的立体感有一定削弱作用。一般也不设在主景的后面，除非是特意为了用灯光来勾勒主景的轮廓，否则不要从后面照射主景。园林中的雕塑、照壁、主体建筑等，常用以上方法进行照明强调。

在对园林主体建筑或重要建筑加以强调时，也可以采用灯光照射来强调。这时，如果充分利用建筑物的形象特点和周围环境的特点，有选择地进行照明，就能够获得建筑立面照明的最大艺术效应。如建筑物的水平层次形状、竖向垂直线条、长方体形、圆柱体形等形状要素，都可以通过一定方向光线的投射与烘托而更加富于艺术表现。又如，利用建筑物近旁的水池、湖泊作为夜间黑色的投影面，使被照明的建筑物在水中倒映出来，可获得建筑物与水景交相映衬的效果。或者将投光灯设置在稀疏的树丛之后，透过稀疏枝叶向建筑照射，可在建筑物墙面投射出许多光斑、黑影，也进一步增强建筑物的光影表现。

2. 用色光渲染氛围

（1）*地面色光渲染*　园林中的草坪、花坛、树丛、亭廊、曲桥、山石乃至铺装地面等，都可以在其边缘地带设置投射灯具，利用灯罩上不同颜色透出各色灯光来为地面及其景物赋色。

（2）*夜空色光渲染*　对园林夜空的色彩渲染有漫射型渲染和直射型渲染两种方式。漫射型渲染的照射距离比较短，适用小范围造成色光氛围。直射型渲染一般采用大功率探照灯，形成的光柱增加一些交叉晃动、摇摆、旋转、扫射和闪烁，能形成很好的动态效果。

（3）*动态音画渲染*　在园林中的重点场地如公园大门、园景广场可以结合巨型电视屏以音画的方式来渲染园林夜景，也可对园林中一些照壁或建筑山墙墙面进行渲染。

3. 用灯光装饰造型

（1）*图案与文字造型*　采用美耐灯、霓虹灯等管状的易于加工的装饰灯。根据设计好的图案和文字制作其背面的支架，一般用钢筋和角钢焊接，将支架焊稳焊牢后就可以用灯管按照设计的图样做出图案和文字来。为了以后更换烧坏的灯管方便，图样中所用灯管的长度不必要求很长，短一点的灯管多用几根也一样。

(2) 装饰物造型 利用装饰灯制作一些装饰物能够获得很好的装饰效果。如用满天星串灯可做成灯瀑布，用美耐灯软管做灯树、灯拱门、灯宝塔、灯花篮等多种装饰物。

(3) 灯组造型 在园林中举办灯展灯会，大型的灯组造型必不可少。每一灯组都是由若干的造型灯形象构成的。做好骨架模型最为关键，大而重的形象要用钢筋焊接做骨架，小而轻的用竹木材料编扎捆绑即可。

(4) 激光照射造型 使用激光射灯在夜空中创造各种光的形状，具有很强的观赏性。激光发射器可发出多种可见的色光，可在天空中绘出多种曲线、光斑、图案等。

第四节 装饰工程施工

一、装饰工程概述

（一）装饰工程概念

装饰又称装修，其实它们的含义不尽相同。装饰是指为了满足人们视觉要求和对建筑主体结构的保护作用而进行的艺术处理和加工；装修是指在建筑物主体结构之外为满足使用功能的需要而进行的装设与修饰。随着建筑科学艺术的发展和人类生活水平的提高，对建筑的使用和美化的要求日趋高档化，装饰所涉及的范围和内容的复杂性使装饰和装修的区别模糊起来，在实际工作中我们习惯上将二者统称为建筑装饰工程。

建筑装饰的施工过程是一项十分复杂的生产活动，它涉及面广，其技术发展与建材、化工、轻工、冶金、机械、电子、纺织及建筑设计、施工、应用和科研等众多领域密切相关。建筑装饰作为一门新兴学科和行业，在美化生活环境、改善物质功能和满足精神功能的需求方面发挥着巨大作用。

（二）装饰施工的特点

1. 建筑装饰施工的附着性

建筑装饰是与建筑物密不可分的统一的整体，它不能脱离建筑物而单独存在。建筑装饰施工是围绕建筑物的墙面、地面、顶棚、梁柱、门窗等表面附着装饰层的空间环境来进行，它是建筑功能的延伸、补充和完善。在建筑装饰施工过程中不能损害建筑功能，不能凿墙开洞、重锤敲击、肆意砍錾破坏结构安全，不能影响通风、采光，不能带来安全、消防、卫生隐患等，确保建筑装饰施工按功能要求高质量地顺利进行。

2. 建筑装饰施工的规范性

建筑装饰施工需要完成的内容和涉及的领域十分广泛。在施工工艺操作和工序的处理上，必须严格遵守国家颁发的现行有关施工和验收规范，所用材料及其应用技术应符合国家和行业颁发的相关标准。对建筑装饰施工质量绝不能掉以轻心，一切施工活动均应按国家有关规范施工。在装饰施工项目中实行招、投标制，应确认建筑装饰施工企业和施工队伍的资质等级和施工能力。在施工过程中应由建设单位或建设监理机构予以监理，工程竣工后应通过质量监督部门及有关方面组织严格检查验收。

3. 建筑装饰施工的严肃性

建筑装饰施工大多是以饰面为最终效果，许多操作工序处于隐蔽部位而对工程质量起着关键作用，很容易被忽略，或是其质量弊病很容易被表面的美化修饰所掩盖。如果在施工操作时采取应付敷衍的态度，不按操作程序，偷工减料，草率作业，势必给工程留下质量安全隐患。建筑装饰施工从业人员应该经过专业技术培训并接受过职业道德教育，持证上岗，从管理者到每一位职工都应树立从事建筑装饰行业的事业心、责任感和严肃态度。

4. 高级装饰工程做样板间的指导性

实物样板是装饰施工中保证装饰效果的重要手段。实物样板是指在大面积装饰施工前所完成的实物样品，或称为样间和标准间。在《建筑装饰工程施工及验收规范》（JGJ73—91）中明确规定："高级装饰工程施工前，应预先做样板（样或标准间），并经有关单位认可后，方可进行"。通过做实物样品，一是可以检验设计效果，从中发现设计中的问题，从而对原设计进行补充、修改和完善；二是可以根据材料、装饰做法、机具等具体情况，通过试做来确定各部位的节点大样和具体构造做法。

5. 建筑装饰施工组织管理的严密性

建筑装饰施工一般都是在有限的空间进行，其作业场地狭小，施工工期紧，施工工序繁多，施工操作人员的工种也十分复杂，工序之间需要平行、交叉、轮流作业，材料、机具频繁搬动等造成施工现场拥挤滞塞的局面。为了保证施工质量并提高工效，就必须依靠具备专门知识和经验的组织管理人员，并以施工组织设计作为指导性文件和切实可行的科学管理方案，对材料的进场顺序，堆放位置，施工顺序，施工操作方式，工艺检验，质量标准等进行严格控制，随时指挥调度，使建筑装饰施工严密地、有组织、按计划地顺利进行。

（三）装饰施工的范围和任务

1. 装饰施工的范围

建筑装饰施工的范围几乎涉及所有的建筑物，即除了建筑物主体结构工程和部分设备工程之外的内容。它的范围包括如下几方面：

（1）建筑物的不同使用类型范围　建筑物按不同的使用类型可划分为民用建筑（包括居住建筑和公共建筑）、工业建筑、农业建筑和军事建筑等。其中绝大多数建筑装饰都集中在各类住宅、宾馆、饭店、影剧院、商厦、娱乐休闲中心、办公楼、写字楼等工业与民用建筑上。

（2）建筑装饰施工部位范围　建筑装饰施工部位范围是指能够引起人们的视觉或触觉等感觉器官的注意或接触，并能给人以美的享受的建筑物部位。它可以分为室外和室内两大类，建筑室外装饰部位有外墙面、门窗、屋顶、檐口、雨篷、台阶、建筑小品等；室内装饰部位有内墙面、顶棚、楼地面、隔墙、隔断、室内灯具及家具陈设等。

（3）建筑装饰施工的项目划分范围　根据国家颁发的《建筑装饰工程施工及验收规范》(JGJ73—91)，将建筑装饰施工项目划分为抹灰工程、门窗工程、玻璃工程、吊顶工程、隔断工程、饰面工程、涂料工程、裱糊工程、刷浆工程、花饰工程等共10项，基本上包括了装饰施工所必须涉及的项目。但对于相对独立的建筑装饰施工企业，在实际施工中，需要完成的装饰施工内容和需要接触的装饰施工领域，常常会超出这个范围而涉及方方面面。

2. 建筑装饰施工的任务

建筑装饰施工的任务是通过装饰施工人员的劳动，实现设计师的设计意图的过程。设计师将成熟的设计构思反映在图纸上，装饰施工则是根据设计图纸所表达的意图，采用不同的装饰材料，通过一定的施工工艺、机具设备等手段使设计意图得以实现的过程。由于设计图纸是产生于装饰施工之前，对最终的装饰效果缺乏实感，必须通过施工来检验设计的科学性、合理性。因此，对装饰施工人员不只是“照图施工”的问题，还必须具备良好的艺术修养和熟练的操作技能，积极主动地配合设计师完善设计意图。在装饰施工过程中应尽量不要随意更改设计图纸，按图施工是体现对设计师智慧的尊重。如果确实有些设计因材料、施工操作工艺或其他原因而不能实现时，应与设计师直接协商，找出解决方法，即对原设计提出合理的建议并经过设计师进行修改，从而使装饰设计更加符合实际，达到理想的装饰效果。

建筑装饰施工在完善建筑使用功能的同时，还着意追求建筑空间环境工艺效果。如声学实验室的消声装置，完全是根据声学原理而定，每一斜一曲都包含声学原理；如电子工业厂房对洁净度要求很高，必须用密闭性的门窗和整洁明亮的墙面和吊顶装饰，顶棚和地面上的送回风口位置，都应满足洁净要求；如一些新型建筑墙体围护材料，同时也是建筑饰面，即金属外墙挂板、玻璃幕墙等；还有建筑门窗、室内给排水与卫生设备、暖通空调、自动扶梯与观光电梯、采光、音响、消防等许多以满足使用功能为目的的装饰施工项目，必须将使用功能与装饰有机地结合起来。

实践证明，每一个成功的建筑装饰工程项目，应该是显示设计师的才华和凝聚施工人员的聪明才智与劳动。设计是实现装饰意图的前提，施工则是实现装饰意图的保证。

（四）建筑装饰施工技术的发展

建筑装饰既是一个历史悠久的行业，同时又是一个新崛起的行业。我国传统的建筑装篩技艺是中华民族极为珍贵的财富，无论是单座建筑，还是组群建筑以及各类建筑的内外装饰，大至宫殿、庙宇，小至商店、民居，尽管规模不同，其数千年延续发展反映在亭台楼榭之中的装饰技巧和水平无不令人惊叹，雕梁画栋、飞檐挑角及独具美感的家具、帷幔、屏风，充分展示着劳动人民的高度智慧和精湛技艺。

随着国民经济的发展和人民生活水平的不断提高，建筑装饰施工技术将得到更大的发展。1960 年前后，建筑物的装饰一般都是采用在抹灰的表面层用石灰浆、大白浆和可赛银等，只有少量的高级建筑才使用墙纸、大理石、花岗石、地板和地毯等高级装饰材料。1970 年以后，陆续出现了新的材料和新的施工技术，采用了机械喷涂做喷毛饰面，并推广了聚合物水泥砂浆喷涂、滚涂、弹涂饰面做法，较好地解决了装饰面层开裂、脱落和颜色不均及褪色等问题。在干粘石的粘结层砂浆中加 107 胶，解决了干粘石掉粒现象。各种墙纸、塑料装饰制品，地毯等中高档装饰材料的应用也越来越多。加上新技术、新工艺的不断创新，促进了建筑装饰施工技术的发展。

1980 年以来，建筑装饰已从公共建筑迅速扩展到千家万户家庭住宅装饰上，装饰材料的发展变化也影响着装饰施工技术的发展变化。过去的装饰抹灰普遍都带有湿作业的性质，现在采用的胶合板、纤维板、塑料板、钙塑装饰板、铝合金板等作为墙体和顶棚罩面装饰，质量轻，增强了装饰效果，并取代了抹灰，改变了湿作业，提高了工效，改善了劳动环境。各种性能优异的内外墙建筑涂料，如丙烯酸涂料、乳胶漆、真石漆面等，延长了使用年限，改善了建筑物饰面的外观效果。各类粘胶剂的使用，改变或简化了装饰材料的施工工艺。装饰施工机具的普遍使用，如电锤、电钻等电动工具代替了人工凿眼；气动或电动打钉枪则取代了手锤作业，能高效率地将钉子打入木制品上，射钉枪给铝合金门窗安装带来了方便；气动喷枪则代替了油漆工的涂刷等。施工机具使用不仅提高了工效，而且保证了建筑装饰施工质量。为了适应建筑装饰施工技术的发展需要，20 世纪末国家配套制定了《建筑装饰工程施工及验收规范》《建筑内部装修设计防火规范》《玻璃幕墙工程技术规范》等有关标准，使我国建筑装饰施工技术的质量标准有了科学依据，从而规范了建筑装饰行业的市场。

由此可见，建筑装饰施工技术将随着当代建筑发展的大潮而日趋复杂化和多元化，多风格、多功能并极尽高档豪华的建筑在全国各地涌现出来，如娱乐城、康体中心，特别是宾馆、酒店、商厦、度假村、旅游业之类的建筑均趋向多功能和装饰的尽善尽美，集休息、购物、游乐、观光、健身、商业业务、办公为一体，要求超豪华的装饰和所谓超值享受，提供完备的服务和舒适方便的起居条件及优雅宜人的共享空间，步入现代社会的世界，促使建筑装饰工程迅速发展，异彩纷呈，不断更新换代。建筑装饰施工不断采用现代新型材料，集材料、工艺、造型、色彩、美学为一体，逐步用干作业代替湿作业，高效率的装饰施工机具的使用，减少了大量的手工劳动；对一切工艺的操作及工序的处理，都严格按规范化的流程实施其操作工艺，已达到较高的专业水准。总之，现代建筑装饰施工行业正步入一个充满生机活力的激烈竞争的时代，具有十分广阔的市场前景。

二、门窗安装工程

（一）普通钢门窗的安装

钢门窗安装前，应熟悉施工图纸，查对产品的编号、规格、数量应当与施工图纸一致，了解钢门窗是单体式还是组合式，以及组合的方法。检查钢门窗的制作质量，外形应平整、方正、无翘曲变形、无漏焊或焊接裂缝等现象。对钢门窗的五金零配件的规格、数量配套情况进行清点核实。预留门窗洞的尺寸要依照钢门窗的规格并注意外墙装饰材料，如有外抹灰，洞口尺寸每边要适当放大 20mm 左右，有的要放大 49～50mm（如水磨石墙面）。

1. 钢门窗的安装

钢窗一般安装于墙体中线位置，与墙体的连接常用开脚扁钢，逐段固定窗框四周，并用水泥砂浆填满孔洞的方法。在多雨地区，窗框与墙体相交处，应用1∶2水泥砂浆嵌填。此外，有用一端带倒刺形的圆铁埋入墙内，也有预埋木砖的。

开始安装时，沿窗洞口垂直方向自顶层从上至下（如多层建筑房屋）用铅锤吊线，并做出标记，使上下窗框保持在一条垂直线上。水平方向同样应先拉一条水平线，以确定窗框下槛的统一高度；同时弹出钢窗边皮线，使得一排窗前后距离准确，特别是走廊的窗，尽量整齐。把窗框安装好后，先用木楔作临时固定，上下、左右、前后6个方向调整准确，用1∶2水泥砂浆填满孔洞，一般是3天后松动木楔，平均10℃以下气温应适当延长时间。

大面组合钢窗可在地面上先拼装好，为防止吊运过程中变形，可在钢窗外侧用木方或钢管加固。结构窗口外皮用木方与墙面顶紧，作为组合钢窗安装时的靠背支架。

安装好的钢窗必须加以保护，不许在窗芯放置脚手板或悬吊重物，否则会使钢门窗变形或松动。

钢门与墙体的连接方法，与钢窗相同。大钢门有的是将铰链焊牢于墙中预埋件上。如果装纱门，需另立门框相互焊牢。空腹薄壁钢门多用于工业建筑、辅助建筑和车库等，不用门框，而直接装于墙体上。

2. 钢门窗安装应注意的几个问题

（1）用水平尺、直尺检查塑钢门窗的平整度和对角线，务必平整方正，否则会给安装带来困难；

（2）查对钢窗的上下冒头和窗扇开启方向，以免装配错误；

（3）钢门窗的连接件、配件预先查对配套，以免影响安装速度和工程质量；

（4）钢窗的安装在抹灰前进行，有可能受后面的施工影响产生变形，注意检查校正；

（5）钢窗零配件在装玻璃前安装完毕，否则容易将窗玻璃损坏；

（6）注意钢门窗的门窗框与门窗扇搭接处的间隙密封。

3. 钢门窗安装质量要求及检验方法

（1）钢门窗及附件质量必须符合设计要求和有关标准的规定。

（2）钢门窗安装的位置、开启方向，必须符合设计要求。

（3）钢门窗安装必须牢固，预埋铁件的数量、位置、埋设连接方法必须符合设计要求。

（4）钢门窗安装质量要求及检验方法见表 2-7。

表 2-7　钢门窗安装质量要求及检验方法

序号	项次	质量等级	质量要求	检验方法
1	门窗扇安装	合格	关闭严密，开关灵活，无倒翘	观察和开闭检查
		优良	关闭严密，开关灵活，无阻滞、回弹和倒翘	
2	门窗附件安装	合格	附件齐全，安装牢固，启闭灵活适用	观察和手扳检查
		优良	附件齐全，位置正确，安装牢固、端正，启闭灵活适用	
3	门窗框与墙体间缝隙填嵌	合格	填嵌基本饱满密实，嵌填材料、方法基本符合设计要求	观察检查
		优良	填嵌饱满密实，嵌填材料、方法符合设计要求	

（二）铝合金门窗的安装施工

铝合金门窗是将经过表面处理的型材，通过下料、打孔、铣槽、攻丝、制窗等加工工艺而制成的门窗框料构件，然后再与连接件、密封件、开闭五金件一起组合装配而成。铝合金门窗较钢门窗轻 50%左右；与普通木门窗和钢门窗相比，其气密性、水密性和隔声性能均佳；使用中变形小；铝合金门窗的现场安装工作量较小，可提高施工速度。

1. 铝合金门窗安装（以铝合金门安装为例）

（1）安框　将刨好的门框在抹灰前立于门口处，用吊线锤吊直，然后卡方，以两条对角线相交为佳。安放在门口内适当位置（与外墙边线水平、与墙内预埋件对正，一般在墙中），用木楔将三边固定。在认定门框水平、垂直、无扭曲后，用射钉枪将射钉打入柱、墙、梁上，将连接件与框固定在墙、柱、梁上。框的下部要埋入地下，埋入深度为 30～150mm。

（2）塞缝　门框固定好后，复查平整度和垂直度，再扫清边框处浮土，洒水湿润基层，用 1∶2 水泥砂浆将门口与门框间的缝隙分层填实。待塞灰达到一定强度后，再拔去木楔，抹平表面。

（3）装扇　扇与框是按照同一门洞口尺寸制作的，在一般情况下都能安装上，但要求周边密封，开闭灵活，固定门可不另做扇，而是在靠地面处竖框之间安装踢脚板。

（4）装玻璃　按照门扇的内口实际尺寸合理计划用料，尽量少产生边角废料，裁割前可比实际尺寸少 3mm，以利安装。裁割后分类堆放，小面积安装，可随裁随安。安装时先撕去门框的保护胶纸，在型材安装玻璃部位支塞橡胶带，用玻璃吸手安平板玻璃，前后垫实，使缝隙一致，然后再塞入橡胶条密封，或用铝压条拧十字圆头螺丝固定。

(5) 打胶、清理 大片玻璃与框扇接缝处，要用玻璃胶筒打入玻璃胶，整个门安装好后，以干净抹布擦洗表面，清理干净后交付使用。

2. 铝合金窗安装施工注意事项

(1) 注意选用较合适的型材系列，减轻质量、减少花费，满足强度、耐腐蚀及密闭性要求。

(2) 制作框扇的型材表面不能有沾污、碰伤的痕迹，不能使用扭曲变形的型材。

(3) 施工前应检查门窗附件是否齐全，如尼龙密封条、滑轮等，以及工具是否齐全。

(4) 铝合金门窗的尺寸一定要准确。尤其是框扇之间的尺寸关系，并应保证框与洞口的安装缝隙，上下框距洞口边 15～18mm，注意窗台板的安装位置，两侧要留 20～30mm。

(5) 门窗锁与拉手等小五金在门窗扇入框后再组装，所使用的五金件要配套，以保证开闭灵活。

(6) 铝合金门窗安装在饰面前进行，注意其表面保护，除靠外墙处，一般都贴有保护胶纸，窗扇安装要在其他工程完工后进行。安装时要考虑窗头线（贴脸）及滴水板与框的连接，这些连接部位应在内部和外部装饰前或同时做上。

(7) 铝合金门窗安装后要平整、方正，安装门框时一定要吊锤线和对角线卡方，塞缝前要检查平整垂直度，待塞灰有强度后再拔去木楔，注意不要使灰浆溅在铝合金表面，溅上应及时擦除。

3. 铝合金门窗的安装质量要求及检验方法

(1) 铝合金门窗及其附件质量必须符合设计要求和有关标准的规定。

(2) 铝合金门窗安装的位置、开启方向，必须符合设计要求。

(3) 铝合金门窗安装必须牢固；预埋件的数量、位置、埋设连接方法必须符合设计要求。

(4) 铝合金门窗框与非不锈钢紧固件接触面之间必须做防腐处理；严禁用水泥砂浆作门窗框与墙体间的填塞材料。

(5) 铝合金门窗安装质量要求和检验方法见表 2-8。

表 2-8 铝合金门窗安装质量要求和检验方法

序号	项目	质量等级	质量要求	检验方法
1	平开门窗扇	合格	关闭严密，间隙基本均匀，开关灵活	观察和开闭检查
		优良	关闭严密，间隙均匀，开关灵活	
2	推拉门窗扇	合格	关闭严密，间隙基本均匀，扇与框搭接量不小于设计要求的 80%	观察和用深度尺检查
		优良	关闭严密，间隙均匀，扇与框搭接量符合设计要求	
3	弹簧门扇	合格	自动定位准确，开启角度为 90°±3°，关闭时间在 3～15s 范围之内	用秒表、角度尺检查
		优良	自动定位准确，开启角度为 90°±1.5°，关闭时间在 6～10s 范围之内	
4	门窗附件安装	合格	附件齐全，安装牢固，灵活适用，达到各自的功能，端正美观	观察、手扳和检查
		优良	附件齐全，安装位置正确、牢固、灵活适用，达到各自的功能，端正美观	
5	副框或门窗框与墙体间缝隙填嵌质量	合格	填嵌基本饱满密实，表面平整，填塞材料、方法基本符合设计要求	观察检查
		优良	填嵌饱满密实，表面平整、光滑、无裂缝，填塞材料、方法符合要求	
6	门窗外观质量	合格	表面洁净，无明显划痕、碰伤，基本无锈蚀，涂漆表面基本光滑、无气孔	观察检查
		优良	表面洁净，无划痕、碰伤，无锈蚀，涂漆表面光滑厚度均匀，无气孔	
7	密封质量	合格	关闭后各配合处无明显缝隙，不透气、透光	观察检查
		优良	关闭后各配合处无缝隙，不透气、透光	

三、吊 顶 工 程

（一）吊顶的类型

1. 整体式吊顶

整体式吊顶的主要特点是其饰面层为一个整体的抹灰面层。其结构形式主要有：灰板条吊顶，钢丝网吊顶，轻钢骨架吊顶和麻纸顶棚等。前两种结构由大小木龙骨、木板条加抹灰面层组成，轻钢骨架吊顶由轻钢骨架代替木龙骨。

2. 活动式吊顶

活动式吊顶一般采用铝合金龙骨或轻钢龙骨，吊顶龙骨既是承重构件，又是吊顶面层饰面板的盖缝压条，龙骨可外露也可半露。其饰面板是摆搁在龙骨上其构造如图 2-7 所示。由于这种吊顶一般不上人，所以悬吊体系较简单，如用镀锌铁丝悬吊，伸缩式吊杆悬吊等。

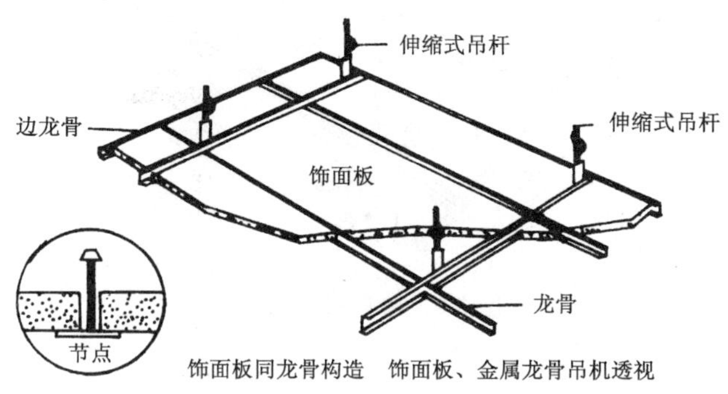

图 2-7　活动式装配吊顶构造

3. 隐蔽式吊顶

隐蔽式吊顶实际上与活动式吊顶属于同一类型。不过用以特指吊顶龙骨的底面不外露，吊顶表面装饰面板呈整体效果的吊顶。面板与龙骨的固定有 3 种方式：螺钉连接、胶粘剂连接和企口饰面板与龙骨的连接，如图 2-8。

4. 金属装饰板吊顶

金属装饰板吊顶是以各种金属条板、方板和金属格栅制成的吊顶板材，配合新颖的金属龙骨材料，组装成风格独特的吊顶形式。这种金属板材安装完毕即可达到装饰的目的。龙骨既是承重杆件又是固定板的卡具，因此不同的板条就应有相应的龙骨断面。这种龙骨是其他类型吊顶所未有的，容易满足多种功能的要求，如吸声、防火、装饰和色彩等。

5. 开敞式吊顶

开敞式吊顶俗称格栅式顶棚。这种吊顶虽然形成了一个顶棚，但其吊顶的表面却是开口的，使之具有了既遮又透的感觉。它的艺术效果是通过特定形状的单元体以及单元体的巧妙组合来实现的。吊顶的单体构件有的同室内灯光照明的布置结合起来，有的甚至全部用灯具组成吊顶。因此把艺术灯具与吊顶造型统一的形式往往是开敞式吊顶。

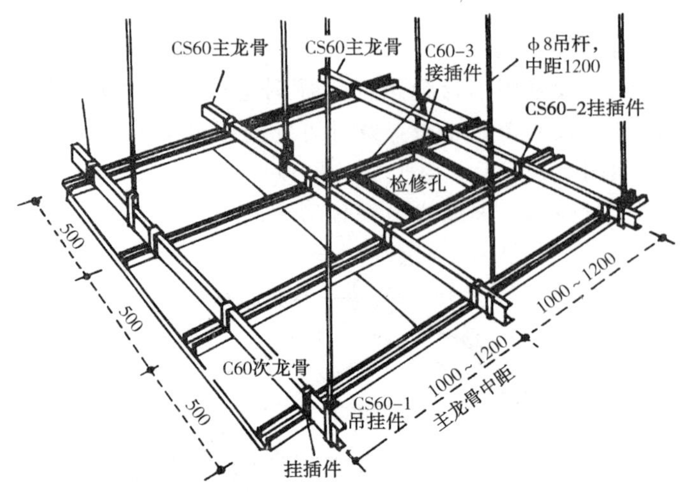

图 2-8　隐蔽式吊顶构造

（二）龙骨的安装施工

1. 轻钢吊顶龙骨安装施工

（1）轻钢吊顶龙骨的规格组成　主龙骨（大龙骨，是一个受均布荷载和集中荷载的连续梁），次龙骨（中、小龙骨，是构造龙骨，主要功能是同饰面板固定，并将面板荷载传递给主龙骨），连接件（连接件起连接主、次龙骨，组成一个整体骨架的作用。对于采用非标准图集的龙骨，通常用焊接或螺栓连接）。

（2）施工条件　屋面或楼面的防水层完工，并验收合格；墙面抹灰完工，地面湿作业也已完成；吊顶内各种管线及通风管道安装调试完；墙面预埋木砖及吊筋的数量、质量经检查符合要求。四周墙面弹好吊顶饰面板水平标高线。

（3）施工机具　常用工具有：划线笔、墨斗、角尺、卷尺、水平尺、三角尺及铁锤等；常用机具有：手电钻、电锤、砂轮机、自攻螺钉钻和射钉枪；还有专用机具：电动剪、小型无齿锯、电动螺丝刀等。

2. 轻钢吊顶龙骨安装施工要点

（1）放线　在墙面或柱面上弹吊水平标高线；在楼板下底面上弹龙骨布骨线和吊杆位置线。吊杆的间距按龙骨断面的抗弯截面模量及吊顶荷载综合确定的。

（2）固定吊杆　考虑强度是否满足要求，如选用标准图集，只要按标准图集所标注的尺寸规格选用即可；如用非标准图集的构件，则必须计算其抗拉强度等是否满足要求。吊杆与结构的固定，一般吊杆直接焊在预埋件上，或与预埋件用螺栓连接，预埋件埋在现浇混凝土楼板中或梁中，或者在吊点的位置用膨胀螺栓与吊杆焊接的办法。吊杆与龙骨的连接可以采用焊接，或采用吊挂件。龙骨的安装与调平，先将大龙骨与吊杆连接固定，固定时应用双螺帽在螺杆部位上下固定，然后按标高线调整大龙骨的标高，使之水平。大龙骨一般以一个房间为单元调平，中小龙骨一般按装饰板材的尺寸在大龙骨底部弹线，用挂件固定牢固，与主龙骨的垂直交叉点处用中龙骨挂件固定在主龙骨上。横撑的下料用中龙骨截取，安置在板材接缝处，要求横撑龙骨底面与纵向龙骨底面平齐。

3. 铝合金吊顶龙骨安装施工要点

（1）弹线定位　如果吊顶设计要求具有一定造型或图案，应先弹出顶棚对称轴线，再弹出主龙骨和吊点位置。吊点的间距大小与主龙骨断面的抗剪截面要素成正比，与吊顶高度成反比。一般吊杆间距，主龙骨间距应控制在1～1.2m。如果是用卡在龙骨上的铝合金板，龙骨宜与板垂直；如铝合金板用螺钉固定在龙骨上时，龙骨的安置要按板的形状设计。如果吊顶有不同标高，那么除了要在四周墙柱面上弹出标高线，还应在楼板上弹出变高处的位置线。然后再将角铝或其他封口材料固定在墙柱面，封口材料的底面应与标高线重合。角铝可用水泥钉或射钉固定。

（2）吊件的固定　铝合金龙骨吊顶的吊件，可使用膨胀螺栓或射钉固定角钢块，通过角钢块上的孔，将吊挂龙骨用的镀锌铁丝绑牢在吊件上。如果用角钢一类材料做吊杆，则龙骨大多也采用普通型钢，角钢吊杆可焊接在固定于墙或楼板中的膨胀螺栓上。

（3）安装与调平龙骨　主、次龙骨宜从同一方向同时开始安装，就位后，调平调直通过满拉纵横控制标高线，从一侧开始，边调整，边安装，最后精调至龙骨平直为止。边龙骨固定沿着墙柱面标高线，用水泥钉钉牢，也可用膨胀螺栓。遇有高低跨时，应先安装高跨再安装低跨。对于检修孔、上入孔等部位，在安装龙骨时，应留出位置，并将封边的横撑龙骨安好。

（三）装饰板吊顶的安装施工

1. 装饰石膏板吊顶安装施工

（1）搁置平放法　采用T型铝合金龙骨或轻钢龙骨时，将装饰石膏板搁置在由T型龙骨组成的各格栅上，即完成吊顶安装。

（2）螺钉固定法　当采用U型轻钢龙骨时，装饰石膏板可用镀锌自攻螺钉固定在U型龙骨上，孔眼用腻子补平，再用与板面颜色相同的色浆涂刷。

用木龙骨时，装饰石膏板可用镀锌圆钉或木螺钉与木龙骨钉牢。钉子与板边距离应不小于15mm，钉子间距为150mm左右，均匀布置。钉帽嵌入石膏板深度以0.5～1mm为宜，应涂刷防锈漆，钉眼用腻子补平，用与板面颜色相同的色浆涂刷。

(3) 粘接安装法　采用轻钢龙骨（UC型）组成的隐蔽式装配吊顶，用胶粘剂将装饰石膏板直接粘贴在龙骨上即可。胶粘剂应涂刷均匀，不得漏涂。

安装注意事项：石膏制品具有很强的吸湿性，不得露天存放，运输安装时应轻拿轻放，安装前要对板的型号、规格、厚度和平整度进行检查，对不符合要求的要修整或调换。考虑到龙骨结构小位移的可能，安装石膏板时，在板间应留出一定的空隙。

2. 金属装饰板吊顶安装施工

(1) 铝合金条板安装　安装前应复核龙骨的中心线或平面布置的弹线以及龙骨标高线，保证龙骨平直，板面平整。安装方法应根据龙骨及条板形式的不同而定。对于板厚在0.8mm以下，板宽在100mm以下的条板多采用卡固的方法，即将条板托起后，用力使其一侧压入到卡具龙骨的卡脚中，再顺着板的弹力将另一侧压入。对于板厚大于1mm的板材，或板宽大于100mm，多采用螺钉固定。在板条接长部位，为避免接缝过于明显，条板切割要整齐，对切口部位用锉刀修平，并用相同颜色的胶粘剂将接缝处粘合。

(2) 铝合金方板安装　根据吊顶的长宽边尺寸及方板的规格尺寸（常用的为500mm和600mm见方）确定吊顶骨架的结构尺寸及龙骨位置线，四周留边尺寸要对称和匀称。板块应按弹线从一个方向开始依次安装，当四周靠墙边缘部分不符合方格的模数时，可改用同色彩的条板或石膏板。

3. 镜面吊顶和玻璃吊顶施工

(1) 基层施工　安装镜面（玻璃）的木基层不仅要求其材质干燥，而且还应做防腐防潮处理。金属基层应涂刷防锈漆，对于镜面罩面板反光特强的特点，要求基层及整个骨架格外平整。但粘贴镜面的基层，其表面不宜太光滑，以保证粘结牢固。接缝处要用腻子填满刮平。

(2) 螺栓固定法　在吊顶基层上按镜面玻璃的尺寸进行分块弹线。一般从中间向两侧进行。先试安，确定基层上的孔位并打孔。再安装时，螺栓（铜或不锈钢制）用橡胶垫圈紧压玻璃，使各螺栓压力一致。

(3) 胶粘法　此法适用于金属镜面。粘结剂按设计要求选用，经试验合格后使用。镜面粘贴前应对基层表面打毛，并保持于净。先试装，然后在基层上和镜面后面满刷粘结剂，稍待干燥后将镜面压粘在试装部位。

(4) 镶框固定法　此法是将镜面安放在 T 型轻钢龙骨内，用压卡或油灰固定。安装前，先在框边四周涂抹 2mm 左右厚的底油灰，随后把镜面铺平压实，擦净底灰。镜面上面每边用不少于 2 个钢丝压卡固定，用油灰填实抹光。也可用压条固定镜面。

四、抹灰工程

（一）一般抹灰工程的基本做法

一般抹灰是指用石灰砂浆、水泥砂浆、麻刀灰、纸筋灰和石膏灰等材料进行分层和分等级的抹灰工程。按建筑物使用标准不同一般抹灰工程分为 3 级。

1. 普通抹灰

普通抹灰适用于简易住宅、大型设施和非居住性房屋以及建筑物中的储藏室、仓储式地下室等。做法是一底层和一面层、二遍成活或不分层一遍成活；分层赶平、修整，表面压光，且接槎平整。

2. 中级抹灰

中级抹灰适用于一般居住、公用和工业建筑以及高标准建筑物中的附属用房等。做法是一底层、一中层和一面层，三遍成活；阳角找方，设置标筋，分层赶平、修整、表面压光；要求表面洁净、线角顺直、接槎平整。二级施工环境气温宜在 0℃以上。

3. 高级抹灰

高级抹灰适用于大型公共建筑物、纪念性建筑物、高级住宅以及有特殊要求的高级建筑等。做法是一底层、数中层和一面层，多遍成活；阴阳角找方，设置标筋，分层赶平、修整、表面压光；要求表面光滑洁净、颜色均匀、线角平直、表面美观无抹纹。施工环境气温宜在 5℃以上。

（二）一般内墙抹灰

1. 找规矩

对普通和中级抹灰先用托线板检查墙面平整度和垂直读，根据检查结果决定抹灰厚度，一般最薄处不小于 7mm。

对高级抹灰先将房间规方。小房间以一面墙做基线，用方尺规方。如房间面积较大，则在地上先弹出十字线，并按墙面基层平整度在地面上弹出墙角中层抹灰面的准线。再在距墙角线约 100mm 处用线锤吊直，弹出垂直线。

2. 做灰饼和标筋

在距两边墙角 100～200 mm，距地面 1.5m 左右处，用 1∶3 水泥砂浆或 1∶3∶9 水泥混合砂浆各做一个 5cm×5cm 见方的灰饼。用托线板或线锤在此灰饼面挂垂直，在其上下的墙面上再各做一个灰饼，它们分别距顶棚、地面 150～200mm。其后用钉子钉在左右灰饼两外侧墙内，用尼龙线栓在钉上拉横线。以横线标高为准，每隔 1.2～1.5m 补做灰饼。

灰饼做好稍干后，用同类砂浆在上、中、下灰饼连线上做标筋，其截面形状同灰饼，也可做水平标筋。此标筋是在阴、阳角处采用 3m 长带垂球的阴（或阳）角尺搓动而形成上下标筋带成相同的阴、阳角。也就是说，阴、阳角都分别成为一条垂线。

3. 做护角

规范要求在室内墙面、柱面和门洞口的阳角处做护角。护角用 1∶2 水泥砂浆，砂浆收水稍干后用捋角器抹成小圆角。高度不低于 2 m，每侧宽度不小于 50mm。

4. 抹底、中层灰（刮糙）

待标筋有了一定强度后，洒水湿润墙面，然后抹上底灰，并用木抹子压实搓毛，底层要低于标筋。待底层干至六七成后可抹中层灰，其厚度以垫平标筋为准，但略高于标筋。其后用木杠按标筋刮平，如有不平，可补灰后再刮平。再用木抹子搓压密实。在灰浆凝固前应交叉画出斜痕，使其面层粘结更加牢固。在墙面阴角处，先用方尺上下核对方正（水平标筋则不做），再用阴角器上下搓动使四角方正。在墙面阳角处，先将靠尺在墙角的一面用线锤找直，然后在另一面顺靠尺抹砂浆。(护角也可用此法做)。

5. 抹墙裙、踢脚板

先按设计弹出上口水平线，用 1∶3 水泥砂浆或水泥混合砂浆抹底层，一天后用 1∶2 水泥砂浆抹面层，面层应原浆压光，比墙面抹灰层突出 3～5mm。用八字靠尺靠在线上用铁抹子切齐，修边清理。

6. 抹面层灰

待中层有六七成干时可做面层。一般应从阴角处开始。抹石膏面时，应在石膏灰浆内掺缓凝剂，使之在 15～20min 内凝结，且应分两遍进行。阴阳角应用阴、阳角抹子捋光。最好随抹随压实赶光。

7. 清理

抹灰工作完毕后，应将粘在门窗框、墙柱面上的灰浆及落地灰及时清除干净。

（三）一般外墙抹灰

1. 抹灰顺序

外墙抹灰应先上部后下部，先檐口再墙面，包括门窗周围、阳台、窗台、雨篷等。大面积外墙可分片同时施工，一次不能完成时应在阴阳角交接处或分格线处间断。

2. 找规矩、做灰饼和标筋

做法基本与内墙做法相同。但因外墙面积较大，竖向应先拉通线，再按每步架高度做竖向灰饼，且应做竖向和水平向标筋。门窗口上沿、窗台及柱子均应拉通线做灰饼和标筋。

3. 抹底层灰

外墙底层灰一般均采用水泥砂浆或水泥混合砂浆，抹底灰前先湿润墙面，且应用力将底灰挤入砖缝内，用木抹子压实搓毛。

4. 抹中层灰

方法同内墙抹灰。但应用木抹子搓平后，再用小竹帚扫毛或用铁抹子划毛。

弹分格线、嵌分格条：待中层灰六七成干时，按设计弹出分格线，掺107胶水泥浆粘贴分格条。水泥浆一般与墙面成45°抹在分格条侧。

5. 抹面层灰

方法同内墙抹灰。但抹灰厚度由分格条控制，一般比分格条略高，然后用木杠刮平，并清刷其上砂浆，以免起条时损坏墙面。

6. 拆除分格条、勾缝

面层抹好后即可拆除分格条，随即用素水泥浆把缝勾平。采用“隔夜条”时则须等面层达到一定强度后拆除。

7. 做滴水线

在窗台、雨篷、檐口等处应先抹立面，后抹顶面和底面。顶面应做流水坡度，底面应做滴水线或滴水槽。线和槽的深度和宽度一般不小于10mm，且整齐一致。窗台上抹灰层应伸入窗框下坎的裁口内，堵塞密实，以免雨水侵入。

（四）水泥、石灰类装饰抹灰

1. 扒拉石

扒拉石是一种用钉耙子对罩面层进行扒拉的施工方法，扒拉后的面层有一种细凿石材的质感。因为扒掉砾石的地方出现一个凹坑，而未有砾石的地方有一个凸出的水泥丘。扒拉石面层为水泥细石浆，细石以 3～5mm 绿豆砂为宜。一般采用贴分格条的办法，水泥细石浆稍稠，一次抹够厚度，找平后用铁抹子反复压实压平，并按设计要求四边留出 4～6cm 不扒拉作边框。扒拉时间以不粘钉耙为准。

2. 拉条灰

拉条灰是将带凹凸槽形模具在罩面层上下拉动，使墙面呈现规则的细条或粗条、半圆条、波形条、梯形条等。面层抹灰前按设计弹墨线，用纯水泥浆贴 10mm × 20mm 木条。或从上到下加钉一条 18 号铁线作滑道，让木模沿直线滑动。罩面砂浆按设计的条形采用不同的砂浆，操作时应按竖格连续作业，一次抹完，上下端灰口应齐平。

3. 假面砖

罩面层稍收水后，用靠尺板使铁梳子或铁辊由上向下划纹，纹深 1mm 左右。然后按面砖的宽度用铁钩子沿靠尺横向划沟，深度以露出垫层灰为准。面层抹灰是用水泥、石灰膏配一定量的矿物颜料制成彩色砂浆，配合比可参考表 2-9。

表 2-9 彩色砂浆参考配合比（体积比）

设计颜色	普通水泥	白水泥	石灰膏	颜料（按水泥量%）	细砂
土黄色	5		1	氧化铁红（0.2～0.3） 氧化铁黄（0.1～0.2）	9
咖啡色	5		1	氧化铁红（0.5）	9
淡黄色		5		铬黄（0.9）	9
浅桃色		5		铬黄（0.5）红珠（0.4）	白色细砂 9
淡绿色		5		氧化铬绿（2）	白色细砂 9
灰绿色	5		1	氧化铬绿（2）	白色细砂 9
白 色		5			白色细砂 9

抹面层灰前，先弹水平线，一般每步架高度内弹上、中、下三条水平通线，然后在中层灰上抹 1∶1 水泥垫层砂浆，厚 3mm，面层厚 3～4mm。

4. 搓毛灰

搓毛灰是在罩面灰初凝时用硬木抹子从上到下搓出一条细而直的纹路，

也可从水平方向搓出一条 L 形细纹路。杭州“楼外楼”餐馆外墙就是这种装饰。搓毛时，不允许干搓，如墙面太干应边洒水边搓毛。

5. 拉毛灰

拉毛灰是用铁抹子、硬棕毛刷子或白麻缠成的圆形刷子，把面层砂浆拉出一种天然石质感的饰面。拉毛灰有拉长毛、短毛、粗毛和细毛多种，其墙面吸音效果好。

面层为纸筋石灰时，应两人配合，一人先抹纸筋灰，另一人随即用硬棕毛刷垂直拍拉。面层厚度以拉毛长度而定，一般为 4～20mm。

面层为水泥石灰砂浆时，也是两人配合，但用白麻的圆形刷子拉毛，把砂浆一点一带，带出毛疙瘩来。

面层用水泥石灰加纸筋灰时，根据石灰膏和纸筋的掺入量分别拉粗毛（5%石灰膏和石灰膏重量 3%的纸筋）、中毛（10%～20%石灰膏和其重量 3%的纸筋）和细毛（25%～30%石灰膏和适量砂子）。拉粗、中毛时用铁抹子，拉细毛或中毛用棕毛刷。一般这种面层适用内墙。

另外，还可用专用刷子，在水泥石灰砂浆拉毛的墙面上，蘸 1∶1 水泥石灰浆刷出条筋。条筋比拉毛面凸出 2～3mm。

6. 洒毛灰

洒毛灰与拉毛灰工艺相似，是用茅草、高粱穗或竹条绑成的茅柴帚，蘸罩面砂浆，往中层砂浆面上洒，也有的在刷色的中层上，不均匀地洒上罩面灰浆，并用抹子轻轻压平，部分露出底色，形成云朵状饰面。面层灰一般用 1∶1 水泥砂浆。

7. 仿石抹灰

仿石抹灰（或仿假石）是在墙面上按设计要求大小分格，一般为矩形格。然后用竹丝帚人工扫出横竖毛纹或斑点，形成石的质感。

（五）石粒类装饰抹灰

1. 水刷石

也称汰石子。在中层砂浆六七成干（终凝）时，刮一道素水泥浆。面层水泥石粒浆抹在分格内后应从下往上分遍拍平拍实，并用直尺检查平整度。夏季时面层砂浆中宜加石灰膏，而彩色水刷石不宜加，以免泛灰。

当面层达六七成干时，就可喷水冲刷。喷刷分两遍进行，第一遍用软毛刷蘸水刷掉面层水泥露出石粒；第二遍由上至下喷水，使石粒露出 1/3～1/2粒径。如表面水泥浆已结硬，可用 5%稀盐酸溶液冲洗。喷刷后随即起出分格条，并用素水泥浆勾缝。

2. 干黏石

干黏石是在建筑物表面抹粘结石砂浆，即把彩色石碴甩在结层上，使石碴外露形成一种人造石料装饰。

抹粘结层前先刷一道素水泥浆，粘结层厚度按石碴粒径而定。其后待干湿度适宜时即可甩石碴。甩石操作时，一手拿盛料盘，一手拿木拍，先甩分格四周易干部位。甩撒密布均匀，再用铁抹子将石碴嵌入不少于 1/2 粒径为宜，要拍平拍实。未粘上的石碴用盛料盘接住，边甩边接。

机喷干黏石要注意喷头距墙面的距离和喷气压强（0.6～0.8MPa）。在抹粘结层前，先刷胶水溶液。粘结层分块分格喷抹，厚度 2～3mm。待干湿适宜时，用喷斗从左向右，自下而上喷粘石屑、石碴。

3. 斩假石

斩假石又名 7 剁斧石。是用剁斧、齿斧和各种凿子，把硬化的水泥白石屑浆细凿成一种天然石感的装饰抹灰。面层抹灰一般分两次进行，先薄涂一层砂浆，稍收水后再抹一遍砂浆与分格条齐平，用刮尺赶平，待收水后再用木抹子打磨压实。养护 2～3 天，注意不能受暴晒或冰冻。试斩以石子不脱落为准。

斩前应先弹顺线，相距约 10cm，按线向剁斩。如墙面太干应蘸水，使剁斩时墙面湿润。剁柱子时，2m 以上处从上往下剁，2m 下部分从下往上剁，一般以石屑剁去 1/4～1/3 为宜。

4. 拉假石

拉假石是斩假石的另一种做法。面层抹灰（1∶2.5 水泥白石屑浆）前先用 1∶2.5 水泥砂浆打底，并刷素水泥浆一道。面层厚 2～10mm，收水后用木抹子搓平，压子压光压实。水泥终凝后，用抓耙依着靠尺直抓，如图 2-9 所示。

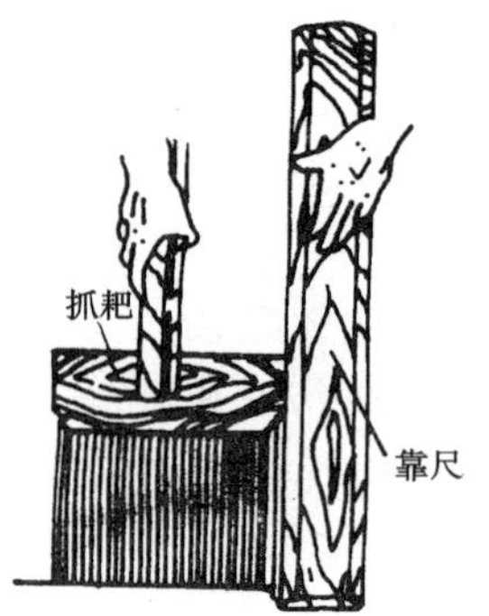

图 2-9 拉假石

5. 水磨石

水磨石面层是采用水泥碴浆，铺设在水泥砂浆或混凝土垫层上，硬化后经磨光、打蜡而成。一般应在墙面、顶棚粉刷后进行水磨石面层施工，先刷素水泥浆一道，做灰饼、标筋，然后抹底灰，并用木抹子搓实。待底灰达 1.2MPa 强度后，可在其上按设计要求弹线分格。

铺面层水泥石碴浆前，应在基层上刷一道与面层同色的水灰比为 0.4～0.5 的水泥浆做结合层，并随刷随铺。水泥石碴浆的施工配合比为 1∶1.5～1∶2，稠度为 6cm 左右，拌合前预留 1/5 的石子作为撒面用，留少量干灰作修补用。水泥石碴浆铺完后，立即在面层上均匀撒一层石碴，然后用钢抹子从嵌条向中间将石碴拍入面层中，再用滚筒纵横碾压平实，边压边在少石面层部位补撒石碴。当表面出浆后，再用钢抹子抹平。开磨时间应随水泥、色粉品种、气候情况及养护情况而定。并在开磨前应作试磨，以表面石碴不松动为准。一般开磨时间与温度的关系见表 2-10。水磨一般采用“三磨二浆水法”。头遍用 60～80 号粗金刚石，边磨边加水，磨匀磨平使全部分格条外露。磨后用水冲洗干净，再擦一遍同色水泥浆，以填补面层的孔隙。第二遍在擦浆养护 2 天后用 100～150 号金刚石进行，磨至表面平滑后，用水冲洗并擦浆。养护 2 天后第三遍用 180～240 号金刚石磨至表面光亮。高级水磨石面层应适当增加磨光遍数，并逐步提高磨石的号数，或采用油石来研磨。

涂草酸、打蜡是水磨石装饰施工很重要的一环，操作方法为：

（1）磨面用水冲洗干净后，经 3～4 天干燥，用 1∶3 草酸溶液擦洗，并可辅以 280 号油石研磨，至石子显露表面光滑，再用清水冲洗、擦干。

（2）蜡的配制：用 1kg 川蜡、5kg 煤油放在桶里熬至冒白烟（约 130℃），再加入 0.35kg 松香水，0.06kg 鱼油调制而成。

（3）将制成的蜡包在薄布内，在面层上薄涂一层，待干后，用包上细帆布的木块在磨石机上进行研磨，直至光滑亮洁为止。并用锯末满铺进行养护。

表 2-10　水磨石开磨时间与温度的关系

平均温度（℃）	开磨时间（d）	
	机械磨	人工磨
5～10	4～5	2～3
10～20	3～4	1.5～2.5
20～30	2～3	1～2

此外，切割分格是在现浇水磨石面层头遍磨光并上浆养护后，用大理石切割机按面层上弹出的分格线，切割出深 5mm 的分格缝，再嵌入 107 胶水泥色浆，经细磨、酸洗、上蜡而成。

五、饰 面 工 程

饰面装饰是指把各种装饰块材通过镶贴的方法或安装的方法装饰在建筑结构的表面，达到美化环境、保护结构和满足使用功能的作用。园林中常用的饰面工程有陶瓷类贴面，大理石、花岗石饰面，玻璃类饰面工程和罩面板装饰工程。

（一）陶瓷类贴面工程

1. 材料准备

对各种贴面砖都应按设计要求或设计图案进行挑选。对釉面砖和外墙面砖应挑选规格一致、形状方正、不缺损、不脱釉、颜色一致的砖块；并按1mm差距分类选出3个规格，分类堆放待用。对陶瓷锦砖则在挑选后作统一编号。对陶瓷壁画中的面砖应逐排逐列地编号，并标出上下指示，以免倒贴。应强调挑选检查应该是全数，而不是抽样。

2. 施工条件

应在建设单位和监理单位对主体结构“同意隐蔽”的书面认可后方可进行施工；施工层的上层楼面或屋面已完工，且不渗不漏；室内的墙、顶抹灰已完工；室外的雨水管安装不应与施工发生矛盾；水电管线应安装完毕并验收合格；门窗框及其他木制、钢制或铝合金的预埋件已预埋牢固、验收合格；室内墙面已弹好标准水平线；室外水平线应能绕整个外墙饰面交圈。

3. 施工方法

（1）*找平层施工*　底层灰分层抹，每层厚度小于7mm；中层精找平，抹灰厚度小于5mm。外墙面从顶到底一次测好垂直吊线，对外柱到顶的外墙，每个柱边角必须吊线并做双灰饼。在檐口、窗台、雨篷等处，抹灰时应留出流水坡和滴水线。找平层抹好后应及时浇水养护。

（2）*贴面砖预排*　排列方法有无缝镶贴、划块留缝镶贴和单块留缝镶贴等。排列方式分通缝和错缝两种，可密可疏，疏缝宽3～20mm。

（3）*釉面砖镶贴*　铺贴前面砖应充分浸水阴干。传统方法用1∶2水泥砂浆或掺入不大于水泥用量15%的石灰膏，这两种砂浆较软而称软贴法。砂浆较厚时会下坐，厚度以5～6mm为宜，最大不超过8mm。铺贴从阳角处开始，由下往上进行。铺贴完后应进行质量检查，用清水将釉面砖表面擦洗干净，然后用与釉面砖相同颜色的水泥浆擦嵌密实。

加用107胶水时，一般以水泥重量的3%为宜。这样能延长砂浆的使用时间，可减少砂浆厚度到2～3mm，最大至5mm。

（4）*外墙面砖镶贴*　7mm左右厚1∶3水泥砂浆打底划毛，养护1～2天就可以镶贴。面砖浸泡阴干后自上而下分层分段进行。先贴突出墙面的附墙柱、腰线等，并注意突出部分的流水坡度。可采用稠度适中的1∶2水泥砂浆或水泥石灰砂浆或拌胶粘剂的砂浆，镶贴时随时找平找方，贴完一皮后嵌分格条。分格条一般隔夜取出，拌胶粘剂的砂浆应在当天取出。

(二)大理石、花岗石饰面工程

1. 大理石与花岗石饰面板的主要性能

大理石是由石灰岩变质而成,其饰面板是由荒料经锯切、研磨、抛光及切割而成,其品种常以其成材的花纹、颜色及产地命名。大理石饰面板一般只适用于室内干燥环境中的墙地面装饰,如必须要用于室外时,应选坚实致密吸水率较小的石材,并在其表面涂刷有机硅等罩面材料加以保护。

花岗石是各类火成岩的统称。按其结晶颗粒大小可分为“伟晶”“粗晶”和“细晶”3种。一般采用晶粒较粗、结构较均匀的花岗石原材进行加工。根据加工方法的不同可分为4种板材:剁斧板材——表面粗糙、具有规则的条状斧纹;机刨板材——表面平整,具有平行刨纹;粗磨板材——表面平滑无光;磨光板材——表面平滑、色泽光亮如镜、晶粒显露。花岗石板材适用于重要建筑物、高级民用建筑的墙地面装饰,以及门头、台阶和一些纪念性建筑。

2. 饰面板的施工工艺

(1) *施工准备* 包括作施工大样图和排板图;选板与预拼;基体处理和测量放线。

(2) *饰面板安装的一般要求* 采用传统的湿作业安装天然石材常会出现返碱现象,为此要对石材进行防碱背涂处理;饰面板安装时应在找正吊直后,采取临时固定措施,以免灌注砂浆时板位移动;灌砂浆前,应浇水将饰面板背面和基体表面湿润,再分层灌注砂浆;施工缝应留在饰面板的水平接缝下50~100mm处;室内安装光面或镜面的饰面板,接缝应干接,室外安装这类板材可干接,也可在水平缝中垫硬塑料板条;夏季施工时,在室外的饰面板应防止暴晒,冬季施工时,应在整个施工过程和养护过程中防冻,砂浆的温度不能低于50℃。

3. 大理石饰面板安装

(1) *大规格板的安装方法* 按设计要求在基层结构内预埋铁,安装前将预埋铁环或预埋钢筋剔出墙面,然后焊接或绑扎ϕ6~ϕ8mm竖向钢筋,其间距按饰面板宽度设置。对预拼排号后的板材,按顺序进行钻孔打眼。打孔眼有直孔、斜孔、牛鼻子孔和三角形锯口等几种形式。对墙柱面安装饰面板时,用线锤从上至下吊线,考虑板厚和灌浆厚度或钢筋网所占厚度,先确定下面第一层板的安装位置并在墙上弹出标高。板材自下而上安装,为防止灌浆时板材的游走,外墙面可用脚手架的脚手杆为支撑,用斜木枋撑牢固定板面的横木枋;内墙用纸或熟石膏外贴于板缝处;柱面可用方木或角钢环箍等临时固定措施。一层板材灌浆凝固后，清理上口余浆，隔日再拔除上口木楔和有碍上层安装的石膏饼，再进行第二层板材的对号安装。安装完后，清理表面并适当抛光上蜡。

一般采用1∶3水泥砂浆，稠度为8～15cm，分层灌入。第一层灌完后1～2h确认无移动后进行第二层灌浆，高度100mm左右。第三层灌至板上口下50～100mm处，留空作为上层板材灌浆的接头。

(2) 粘贴法（适用薄板）

①基层处理 清洗基层表面油污等并湿润，对光滑表面尚须做凿毛处理，并校核平整度和垂直度。

②抹灰、弹线 用1∶2.5水泥砂浆分两次打底，找规矩，底灰厚约10mm，按中级抹灰检查和验收。待底灰七八成干后，用线锤在墙柱面和门窗边吊垂线，并确定饰面板距基层的距离（一般取30～40mm）。再根据垂线在地面上顺墙柱面弹出饰面板外轮廓线，即安装基准线。其后在墙柱面上弹出第一排标高线以及第一层板的下沿线。再根据面的实际尺寸和缝隙弹出分块线。

③镶贴 将湿润阴干的饰面板的背面均匀地抹上2～3mm厚107胶水泥浆或环氧树脂水泥浆、AH—03胶粘剂等，依照水平线，先镶贴底层两端的两块板，然后拉通线，按编号依次镶贴。每贴3层，用靠尺校核一遍。

4. 花岗石饰面板安装

花岗石饰面板安装传统方法安装方法与大理石板的相同。近年来，吸取国外先进经验，广泛采用了改进工艺，也称湿作业改进方法。操作要点如下：

(1) 板材钻孔打眼、安全属夹 在花岗石饰面板上下两侧面各钻2个孔径为5mm，深为18mm的直孔，孔位距板端1/4边长。再在板材背面中部钻2个135°斜孔，钻孔前，先用钢錾把孔位周围剔窝，再用台钻对板材背面打孔，打孔时应将板材固定在135°木架上，孔深5～8mm，要保证孔底距板材磨光面有9mm以上，孔径8mm，其后把金属夹安装在孔内，用JGN型胶固定，并与钢筋网连接牢固。

(2) 安装板材 按预拼位置将石材就位，安装方法同大理石板。然后用石膏固定，经确认无移位后，可浇灌细石混凝土。浇灌宜徐徐地把混凝土倒入，且不得碰动石板、石膏和木楔。均匀下料后用短钢筋轻捣至无气泡泛出。每层板材分3次浇捣，每次间隔1h左右，并检查石板有无松动、移位。第3次浇灌的细石混凝土至上口下5cm左右。

(3) 擦缝、打蜡 石板安装完后，清除所有石膏和余浆痕迹，用棉丝或抹布擦洗，并用与板材同色的水泥泥浆嵌缝。最后上蜡抛光。

对于细琢面花岗石饰面板的安装应做到以下几点：

① 按设计要求选材、编号并做好连接孔洞，在基层上做好钢筋网，在墙柱面上放好线。

② 安装时，先将抱角稳好，按墙面拉线顺直，确定分块尺寸和缝隙调整，然后开始安装。

③ 板材要用镀锌钢筋或经防锈处理过的钢筋与钢筋网连接，板材之间可采用扒钉或销钉连接。

④ 板材安装固定后，用 1∶2.5 水泥砂浆分层灌注，方法同“传统方法”。

（三）玻璃镜面饰面工程

1. 常用材料

（1）建筑玻璃的品种很多，其中用量最大的是普通平板玻璃，广泛应用于建筑物的门窗、隔断、温室、橱窗等。此外，还有磨砂玻璃、浮法玻璃、吸热玻璃、压花玻璃、钢化玻璃、夹丝玻璃、夹层玻璃等品种。

（2）在玻璃安装工程中，还要用到一些辅助材料。

①油灰　油灰的主要成分是大白，其次是熟桐油、清油（鱼油）等。大白要求干燥，不得受潮，油料内不得含有杂质，非干性油严禁使用。油灰应搓捻成细条而不断，抹后应具有附着力，使玻璃与窗槽连接严密。

②橡皮条　有成品供应，可按设计提出的要求选用。

③木压条及小圆钉　固定玻璃用。木压条由工地加工而成。

④回形卡子（钢弹簧）　由钢门窗生产厂配套供应。

2. 施工要点

（1）玻璃裁割　普通薄玻璃，应按设计要求和门窗实际尺寸进行裁割，一般玻璃实际尺寸要比门窗的实际尺寸缩小 3mm 左右，以便安装。在裁厚玻璃及压花玻璃时，应在所裁的地方涂一道煤油再裁割。裁夹丝玻璃方法与之相同，但玻璃裁刀向下用力要大而均匀，向上回时要在裁开的玻璃缝处压一木条再上回。裁窄条时，用刀头将划好的玻璃缝震开，再用钳子垫布把窄条玻璃钳下，以免损坏玻璃。

（2）玻璃安装　安装前应先将门窗槽内的胶渍、灰石颗粒、木屑等清理干净，然后用油灰刀抹打底灰，打底灰要均匀饱满，厚度以 1～3mm 为宜。安装玻璃时，用双手将玻璃轻轻压实，四周的打底灰要挤出槽口，四口按实并保持端正，然后用钉子固定，即可抹刮油灰。

木门窗一般使用 1/2～3/4 英寸[①]的小铁钉。钉钉子时钉帽要靠紧玻璃，但钉身不准靠玻璃，钉子垂直钉入以将玻璃卡牢、钉帽不显露在油灰外面为度。钉子的数量每边不少于一颗，如边长超过 40cm，则需两颗钉子，钉子间距不宜大于 20cm。钢门窗卡卡子时，必须使卡子槽口卡入玻璃边固定牢，如卡子未能埋入油灰中，则需将卡子长脚剪短再行安装。

在抹完打底灰安装玻璃后，也用木压条进行固定，木压条不宜用黄花松等易劈裂的木材制作，尺寸应符合要求，端部应做成 45°斜面。钉子应将钉帽锤扁后才钉入木压条中，钉时要注意随时使木压条贴紧玻璃。

安装好的玻璃应平整、牢固、不松动，油灰与玻璃及裁口粘贴牢固，四角成八字形，表面不得有裂缝、皱皮和麻面。如系木压条固定，木压条应互相紧密连接，与裁口紧贴且与裁口边缘齐平。玻璃装完后，应用软潮干布或棉纱擦试干净。

3. 玻璃镜面安装施工

（1）基层处理　在砌筑墙、柱时，先埋入木砖，其位置应与镜面的竖向尺寸和横向尺寸相对应，一般木砖间距以 500mm 为宜。基层的抹灰面上要刷热沥青或其他防水材料，也可在木衬板与玻璃之间夹一层防水层。目的是防止潮气使木衬板变形或使镜面镀层脱落。

（2）立筋　墙筋为 40mm×40mm 或 50mm×50mm 的小方木，用铁钉固定于木砖上。安装小块镜面多为勾双向立筋，安装大块镜面可以单向立筋，横、竖墙筋的位置与木砖一致，做到横平竖直，以便于衬板与镜面的固定。立筋应用长靠尺检查平整度。

（3）铺钉衬板　衬板为 15mm 厚木板或 5mm 胶合板，钉在墙筋上，钉头应没入板内。板与板的间隙应设在立筋处，板面应无翘曲、起皮，且平整清洁。

（4）镜面安装　镜面按设计尺寸和形状裁切好后，要进行固定。常用的方法有螺钉固定、嵌钉固定、粘结固定、托压固定和粘结支托固定 5 种。

①螺钉固定　适用于较小尺寸镜面的固定。墙面为混凝土基底时，应预埋木砖和锚塞，或设置木墙筋。再用 3～5 个平头或圆头螺钉，通过玻璃上的钻孔钉入墙筋。一般从下向上、从左至右地进行。有衬板时，可在衬板上按每块镜面的位置弹线，并按弹线安装。全部镜面固定后，用长靠尺找平，用螺丝调平。然后用玻璃胶嵌缝，要求胶缝密实。另外，紧固螺丝时易产生映像失真现象，故最好能与双面粘结的胶带并同。

---

① 1 英寸＝2.54cm

②嵌钉固定　是用嵌钉将镜面的4个角压紧在铺有防水层的衬板上，嵌钉应钉入墙筋。安装时，油毡可先用小木条临时固定，并在其上弹线。安装时应从下往上进行，安第一排时，嵌钉要临时固定，待第二排装好再拧紧。

③粘结固定　是将镜面玻璃用环氧树脂或玻璃胶粘贴于木衬板上。先在平整和洁净的木衬板上按镜面玻璃分块尺寸弹线，再用胶粘剂粘贴玻璃。用环氧树脂胶时，应涂刷均匀，不宜过厚，每次刷胶面积不宜过大，并随刷随贴，从镜面缝中挤出的胶浆要及时擦去，用打胶筒打玻璃胶时，胶点要均匀。粘贴应按弹线从下而上进行，上层的粘结应待下层粘接达一定强度后进行。

采用以上3种方法固定的镜面，还可在周边加框、起封。

④托压固定　是靠压条和边框镜面托压在墙上。压条和边框可采用木材和金属型材。固定时，从下而上，先用竖向压条固定最下层镜面，待安放上层镜面后再固定横向压条。木压条表面可做出装饰线，用钉子固定。由于钉子要从镜面玻璃缝间钉入，故两镜面间应在压条后留10mm左右缝宽。

大面积单块镜面多以此法固定，也可结合粘贴方法固定。

⑤粘结支托固定　对于连续砌墙式拼装和顶棚镜面粘结时，可使用此法。用于墙面时，每块30cm^{2}左右，用于顶棚时，应在60cm以下。在确认其底的强度、平滑度和干燥度符合要求后，装上支承五金件，并在基层涂镜面胶粘剂和玎和镜面垫块（木材或橡胶），把镜子压紧。在调整好五金件后，缝中填密封材。

六、涂料、刷浆、裱糊工程

（一）涂料工程

涂料由成膜物质（又称胶粘剂）、颜料、溶剂和各种添加剂组成。其中成膜物质是涂料的基础。

外墙涂料大致由主要成膜物质、次要成膜物质（包括着色颜料、体质颜料、防锈颜料）、辅助成膜物质（溶剂、稀释剂、催干剂、固化剂、增塑剂、防潮剂）和其他外加剂、分散剂等组成。根据涂料品种和用途的需要，可分别使用增稠剂、乳化剂、消泡剂、防霉剂、防老剂、润湿剂、防结皮剂、阻聚剂、阻燃剂、热稳定剂等助剂。

内墙涂料品种较多，主要有乳液涂料（乳胶漆）和水溶型涂料两类。乳液涂料除了乙-丙乳胶漆外，还有氯乙烯-偏二氯乙烯共聚乳液配制成的乳胶漆等。目前采用较多的水溶型涂料，主要有 106 涂料和 107 涂料。

地面涂料品种也较多，其主要成膜物质是合成树脂或高分子乳液加掺合材料。常用的辅助材料除颜料、助剂外，还要加入一些颗粒稍粗的填料，如硅砂、碳酸钙粉、木屑等。有时还加入石棉纤维、玻璃纤维作为涂层的增强材料。很多地面涂料还把水泥作为组份之一，以改善涂层与基层的粘结力、耐磨性、耐久性等。

由于各类涂料品种繁多，不可能对其施工方法一一叙述，下面根据涂料的材性特点分两个部分，着重从施工方法的共性上进行叙述。

1. 溶剂型涂料施工

溶剂型涂料以高分子合成树脂为主要成膜物质，以有机溶剂为稀释剂，是一种挥发性涂料。随着涂料中溶剂、稀料的挥发，成膜物质即形成涂层，可用于外墙和地面刷涂，有较好的硬度、光泽、耐水及耐老化的性能。

常用的溶剂型涂料有过氯乙烯涂料、苯乙烯焦油涂料、聚乙烯醇缩丁醛涂料、氯化橡胶涂料等。

溶剂型涂料的涂膜不透气，有疏水性，故被涂表面应充分干燥，含水率一般应在 6%以下。但氯化橡胶涂层有一定透气性，可在尚未干透的基层表面涂刷，一般以 2 遍为宜。

在涂刷前要除去基层表面的浮砂和尘污，对孔洞、裂缝或凹陷处，应用所用涂料的清漆加滑石粉或大白粉配腻子披刮平整，然后罩一遍清漆打底。

由于涂料成膜受气温影响小，一般在 0℃以上施工可保证施工质量。但为防止涂料中溶剂挥发过快，在过热的天气不宜施工。阴雨天也不得施工。

由于溶剂挥发的原因，刷涂时不宜往复多次涂刷，否则涂料变稠会给表面留下刷痕，且第一遍的漆膜会被重新溶解而影响涂层质量。

施工过程中注意防火，加强通风，操作人员要穿戴眼镜、口罩、手套、工作服等安全防护用品。

2. 水性涂料的施工

水性涂料分乳液涂料和水溶型涂料两大类。乳液涂料是将成膜物质的树脂及助剂以非常细小的颗粒分散在水中，是一种以水为介质的涂料；而水溶型涂料，则是指成膜物质的油或树脂经“改造”后能溶于水，是一种以水为溶剂的涂料。水性涂料以廉价的水代替有机溶剂，对节约能源，防止环境污染等有重要意义，因而成为国内外建筑涂料发展的一个重要方向。

乳胶漆是乳胶料中的重要产品，是由乳液涂料中加入各类填充料和助剂而得，常用的乳胶漆品种有乙-丙乳胶漆（醋酸乙烯-丙烯酸酯乳胶漆），乙-顺乳胶漆（醋酸乙烯-顺丁烯二丁酯乳胶漆）、氯-醋-丙乳胶漆（氯乙烯-醋酸乙烯、丙烯丁酯三元共聚乳液)，苯-丙乳胶漆（苯乙烯-丙烯酸酯乳胶漆）等多种，一般多用于室内。当各种乳液涂料中掺有云母粉、粗砂粒等粗填料，能形成有粗糙质感的涂层，则称为乳液厚涂料，如乙-丙厚涂料、苯-丙厚涂料、硅酸钾无机建筑厚涂料（JH—801）和硅溶胶无机建筑厚涂料（JH—802）等，常用于建筑外墙装饰。

乳胶漆和乳液厚涂料可在基层抹灰未干透的情况下涂刷，但应考虑到基层龄期，如京津地区混凝土龄期在1个月以上，新抹水泥砂浆的龄期在7天以上，如达不到龄期要求，涂层质量就没有保证。墙体的腻子应用107胶水泥腻子或白乳胶水泥腻子，而不能用石膏或大白腻子。为避免墙面基层吸水太快，施工前可稍加润湿，或满刷一遍按1∶3稀释的107胶水。涂料使用前，应将其充分搅拌均匀，以保证涂料厚薄及色泽均匀一致。如涂料过厚，可加自来水稀释，但严禁加入有机溶剂，故在施工中也切忌使用粘有有机溶剂或粘有油污的器具。

乳液涂料和乳胶漆一般用软毛刷或排笔涂刷，一般油漆施工用的棕刷毛较硬，易产生刷痕。由于本类涂料干燥较快（苯-丙涂料在20℃、乙-丙涂料在10℃时，4h后即可涂刷第二遍），故涂刷要迅速，同时保证横刷竖刷要有层次。涂刷以2遍为宜。

乳胶厚涂料有类似干粘石的立体效果，施工方法可刷涂、喷涂，也可滚涂，一遍即可。也可采用滚花工艺，其作业方法一种是在墙面上涂薄质涂料1～2遍，干后用刻花辊子滚上另色厚质涂料（如苯-丙印花涂料）；另一种是在墙面上涂上厚质涂料（如乙-丙花纹涂）接着用刻花辊筒滚成具有凹凸感的花纹图案。

为了保证乳液涂层的质量，必须严格掌握各种乳液涂料的下列最低施工温度，若低于规定温度将会影响涂料成膜。乙-顺和乙-丙乳胶漆的最低施工温度为15℃，乙-丙乳液厚涂料为12℃。

水性涂料的另一分支——水溶型涂料，目前工程上见得较多的是聚乙烯醇类水溶型涂料，如106涂料（聚乙烯水玻璃内墙涂料)，SJ—803内墙涂料（聚乙烯醇缩甲醛内墙涂）等。其施工要点如下：

墙面基层须清扫干净，被涂刷水性涂料的砂浆基层不宜用木抹子搓平，应用铁抹子压光，并用水刷子带出小麻面。墙面孔洞应用涂料加大白粉配腻子批嵌。这类涂料较易沉淀，涂刷前应充分拌匀，涂料变稠可加入涂料的基料稀释而不可加水稀释，否则会使涂层色彩不匀并易脱粉。涂刷的工具可用排笔，一般2遍成活。SJ—803内墙涂料粘度较大，施工时可往复多次涂刷，否则影响涂层的光滑平整。注意不能用铁质容器贮存这类涂料。以防涂料油缩及容器锈蚀。涂刷水性涂料所用的排笔、毛刷、浆桶等用毕后应立即用清水洗净，否则干后很难洗掉。

各类涂料在施工时，其适用范围，成膜温度，贮存方法等均应遵照该涂料产品说明书的规定。

（二）刷浆工程

1. 常用刷浆材料

常用的刷浆材料有大白粉、可赛银、干墙粉、石灰浆、水泥浆等。石灰浆属于一种低档饰面材料，饰面效果粗糙且又易蹭灰掉粉。为改善其性能，可在其中加入少量食盐和明矾。水泥浆作饰面也易粉化脱落，故常掺入聚合物制成聚合物水泥浆，一般在水泥浆中掺入107胶（为水泥量的20%），或掺入醋酯乙烯-顺丁烯二酸二丁酯共聚乳液即乙-顺乳液（为水泥量的20%～30%），水泥则用白色硅酸盐水泥，如用普通水泥可掺石灰膏以改变水泥的灰暗色调。从室外耐久性看，乙-顺乳液水泥浆要优于107胶水泥浆。

大白粉是由滑石、矾石或青石等精研成粉加水过淋而成，使用时应先将火碱、面粉调成火碱面胶对入大白粉浆料中。具体做法是：面粉0.25kg加水3kg，火碱60g用水稀释溶解后慢慢倒入面粉悬浊液中迅速搅拌，即成为浅黄色火碱面胶，然后加5kg清水稀释，并按一定比例与大白粉浆料混和。如用龙须菜作为大白粉浆料的胶料，则龙须菜须先在清水中浸泡4～8h，洗净砂粒，放入锅内煮沸溶解至糊状，然后过滤，冷却成冻状才可使用。

可赛银是由碳酸钙、滑石粉和颜料研磨再加5%干胶粉（铬素胶）配制而成。先调制成奶浆状，4h后掺30%水拌成稀浆过筛。使用时可掺入少许龙须菜胶，也可按1∶（1～4）与大白粉混用。

干墙粉在配制时，先用温水拌成奶浆状（1kg干墙粉加水1kg），待其中的胶溶化后再加水调成适当浓度，并用筛过滤。此类墙粉花色品种较多。常用刷浆材料配合比如表2-11、表2-12所示。

表2-11　水泥、石灰刷浆材料重量配合比　　kg

种　类	水泥	石灰	食盐	光油	氯化钙	石膏粉	硬脂酸铝粉
白水泥石灰浆（室外）	100	20～30	—	—	5	0.5	1
白水泥石灰浆（室外）	100	250	25	25	—	—	—
石灰浆（室内墙顶）	—	100	5	—	—	—	—

表 2-12 大白粉刷浆材料重量配合比

材料	火碱面胶 大白粉浆	龙须菜 大白粉浆	乳胶 大白粉浆	聚乙烯醇 大白粉浆
大白粉	100	100	100	100
面粉	2.5			
火碱	1			
龙须菜		3～4		
皮胶		1～2		
聚醋酸乙烯乳液			8～12	
偏磷酸钠			0.05～0.5	
羧甲基纤维素			0.1～0.2	0.1
聚乙烯醇				0.5～1
清水	150～180	150～180		
备注			羧甲基纤维素在60～80倍水中浸泡8～12h，成胶状后加入大白浆料	聚乙烯醇须放入水中加温溶解倒入浆料，再加纤维素

油粉浆，常用两种配比，即生石灰：桐油：食盐：血料：滑石粉＝100：30：5：5：（30～50）和生石灰：桐油：食盐：滑石粉：水泥＝100：10：10：75：40。前者用于室内，后者用于室外。

青色浆和红色浆均属外墙刷浆，其制法前者在石灰内加入适量青灰与水拌和，后者系用红土子溶于水，两者在使用时都在色浆中加入少量食盐及胶。

水溶性有机硅和乙醇溶性有机硅，为无色透明液体，喷（刷）一遍于建筑浆修的表层，有抗水防污、保护建筑饰面的效果。

2. 基层处理

刷浆前应将基层表面的污垢、油渍、灰砂等用铲刀刮净。表面缝隙、孔眼应根据刷浆材料不同，用不同腻子找补，待腻子干燥并打磨平滑后才可刷浆。新抹灰层较湿时，须先刷石灰浆一道，干后扫去浮着粉再进行刷浆。墙面过于光滑会影响浆的附着力，而产生脱皮、掉粉，对此应注意。

刷大白粉、可赛银要求墙面充分干燥，待抹灰面内碱质全部消除后才能施工（一般须经过一个夏天），否则浆面容易起泡。旧墙刷浆可先清扫后刷一遍龙须菜胶水，也可用水洗净，晾干后找补腻子、打磨平整，再刷浆。

刷浆用腻子配合比如下：

室外刷浆工程腻子（重量比）为乳胶：水泥：水＝1：5：1

室内刷浆工程腻子（重量比）为乳胶：滑石粉或大白粉：2%羧甲基纤维素溶液＝1：5：3.5。

3. 刷浆工程施工要点

刷浆工程的施工分刷涂、喷涂两种，刷涂工具有排笔、扁刷等，喷涂采用手压式或电动式喷浆机，效率较高，内墙刷浆，浆料一般分为普通、中级和高级3个等级，面层均为2遍浆，一般共刷3遍。外墙刷浆也常以2～3遍为宜。

刷浆时，第一遍横刷，晾干后找补腻子（刷石灰浆不用）并打磨平整，再竖向刷第二、第三遍。要轻刷快刷，接头处不重叠，不带刷痕。头遍浆宜稠，2、3遍浆可稍稀。刷涂时稠度宜小些，喷涂时稠度宜大些。刷浆过厚，或浆内胶量太多，常会脱皮，而胶量过少，又易掉粉，故应注意控制胶量。刷浆操作程序为先上后下、先顶棚后墙面。为防止浆料污染地面，可在地面满铺报纸或铺撒锯末保护。

刷浆、喷浆，都要做到颜色均匀、分色整齐，不漏刷、不透底，每个房间要一次做完，最后一遍的刷浆或喷浆完毕后，应加以保护，不得损伤。

（三）裱糊工程

裱糊是把墙纸用107胶、白胶或其他粘结剂裱贴在水泥砂浆墙面、混合砂浆墙面、混凝土墙面和石膏板墙面的一种装饰工艺。

1. 基层处理

被糊纸的墙面需具有一定的强度，墙面不松疏掉面，抹灰表面有麻点与凹坑时，须用腻子找平，做到没有飞刺、砂粒、凸包、麻坑。如裂缝较大，需经处理。阴阳角要垂直方整，墙面基本干燥，含水率不高于8%。

2. 胶粘剂调配

胶粘剂应集中调配，并通过400孔/cm筛子过滤。调配好的胶粘剂应当天用完。

3. 墙纸和贴墙布的粘贴

墙纸和贴墙布应按房间大小、产品类型及图案、规格尺寸进行选配，并分幅拼花裁切。裁切边缘应平直整齐，不得有纸毛、飞刺，并妥善卷好平放。

在纸面石膏板上做裱糊，板面应先用油性石膏腻子局部找平；在无纸面石膏板上做裱糊，板面应先满刮一遍石膏腻子。

墙面应采用整幅裱糊，并统一预排对花拼缝。不足一幅的应裱糊在较暗或不明显的部位，阴角处接缝应搭接，阳角处不得有接缝。

裱糊第一幅墙纸或墙布前，应弹垂直线，作为裱糊时的准线。

裱糊普通墙纸，应先将墙纸背面用水湿润，并在基层表面涂刷胶粘剂。裱糊时，墙纸正面宜用纸衬托进行。

裱糊塑料墙纸，应先将墙纸浸水湿润。裱糊时，基层表面和墙纸背面均涂刷胶粘剂。

裱糊玻璃纤维墙布，应先将墙布背面清理干净。裱糊时，应在基层表面涂刷胶粘剂。

裱糊墙纸、墙布压实后，应将挤出的胶粘剂及时揩净，表面不得有气泡、斑污等。

墙纸、墙布应与挂镜线、贴脸板和踢脚板紧接，不得有缝隙。

裱糊的主要工序见表 2-13。

表 2-13 裱糊的主要工序

项次	工序名称	抹灰混凝土面			石膏板面			木料面		
		普通壁纸	塑料壁纸	玻璃纤维墙布	普通壁纸	塑料壁纸	玻璃纤维墙布	普通壁纸	塑料壁纸	玻璃纤维墙布
1	清扫基层、填补缝隙、磨砂纸	+	+	+	+	+	+	+	+	+
2	接缝处糊条				+	+	+	+	+	+
3	找补腻子、磨砂纸				+	+	+	+	+	+
4	满刮腻子、磨平	+	+	+						
5	用 1∶1 聚乙烯醇缩甲醛胶水液湿润	+	+	+						
6	壁纸湿润	+	+		+	+		+	+	
7	基层涂刷胶粘剂	+	+	+	+	+	+	+	+	+
8	壁纸涂刷胶粘剂			+			+			+
9	裱糊	+	+	+	+	+	+	+	+	+
10	擦净挤出的胶水	+	+	+	+	+	+	+	+	+
11	清理修整	+	+	+	+	+	+	+	+	+

注：1. 表中“+”号表示应进行的工序。

2. 不同材料的基层相接处应糊条。石膏板缝要用专用石膏腻子和接缝纸带处理。

3. 混凝土表面和抹灰表面，必要时可增加满刮腻子数遍。

4. 南方潮湿地区混凝土表面和抹灰表面在裱糊前亦可用酚醛透明漆或光漆∶200 号溶剂汽油＝1∶3（重量比）湿润。

复习思考题

1. 园林改造利用有哪些作用？其施工原则是什么？
2. 土方调配应遵循哪些原则？调配区如何划分？
3. 试分析土壁塌方的原因和预防塌方的措施。
4. 影响填土压实的主要因素有哪些？怎样提高土方填埋与压筑的质量？
5. 简述园林土方工程中保证土石方平衡的措施。
6. 在桩基工程中如何对桩进行定位、管理和检验？
7. 通常预制桩的打桩施工应注意哪些方面？
8. 套管成孔灌注桩易产生的质量问题有哪些？如何处理？
9. 比较泥浆成孔灌注桩、干作业成孔灌注桩和套管成孔灌注桩的施工工艺。
10. 钢筋混凝土模板工程施工的基本要求和原则是什么？
11. 钢筋有哪些加工方法？这些方法分别应注意什么？
12. 说明钢筋的焊接和绑扎要领。
13. 简述混凝土的搅拌、浇筑与养护的施工要点。
14. 什么是预应力混凝土工程？它的施工方法主要有哪些？各有何特点？
15. 园林给水工程对水源的选择和确定有哪些要求？给水管网如何布置才能满足园林绿地的用水要求？
16. 园林排水系统的基本构成及相关构筑物的特点。如何确定排水管网的布置形式？
17. 简要说明配电线路的布置方式及其特点。
18. 园林绿地如何用电渲染、强化和突出园林的各种景观？
19. 什么是建筑装饰与装修，建筑装饰施工的任务是什么？建筑装饰施工有哪些作用？
20. 花岗石楼地面施工应注意什么？
21. 试述钢窗和铝合金门窗的安装过程，并指出安装时应注意哪些问题。
22. 大规格饰面板安装采用什么方法？饰面板与基层的连接固定应注意哪些问题？
23. 一般抹灰各层的作用是什么？各层的厚度一般为多少？为什么抹灰不能太厚也不能太薄？
24. 在裱糊工程中，怎样进行墙纸和贴墙布的粘贴？
25. 简要说明刷浆工程施工要点。
26. 分析比较溶剂型涂料施工和水性涂料施工异同。
27. 试述轻钢吊顶和铝合金吊顶龙骨安装的施工要点。

第三章　园林工程施工

【**本章提要**】施工是工程建设活动的主体，是设计图纸物化、实现设计方案的必然途径。园林工程的施工过程集中体现了技术复杂、技艺结合等特征。如设计意图的领会、技术措施的选择、园林景观的维护等。本章结合上述特点详细而又重点介绍园林工程建设中的广场园路工程、假山置石工程、水景工程、栽种工程这 4 种特色工程的基本知识、施工方法及施工技术等。

第一节　园路、广场工程的施工

一、园 路 工 程

（一）园路工程基础

园路，即园林道路，是园林绿地中供游人或车辆通行的交通设施。

1. 园路的功能

道路的功能是交通。园林绿地又赋予园路多种多样的功能和作用。

（1）交通和导游　首先，经过铺装的园路能耐践踏、碾压和磨损，可满足各种园务运输的需要，并为游人提供舒适、安全、方便的交通条件；其次，园林景区景点间的联系是依托园路进行的，为动态序列的展开指明了前进的方向，引导游人从一个景区进入另一个景区；第三，园路还为欣赏园景提供了连续的不同的视点，可以取得步移景换的效果。

（2）划分空间　园林功能分区的划分多是利用地形、建筑、水体或道路。对于地形起伏不大、建筑比重小的现代园林绿地，用道路围合、分隔不同景区则是主要方式。

（3）构成园景　作为园林景观接口之一，园路与山、水、植物、建筑等共同组成空间画面，构成园林艺术的统一体。如园路优美的曲线、多彩的铺装、精美的图案、强烈的光影效果，均可成景，有利于园林空间的塑造，丰富游人的视觉趣味。同时，通过和其他造园要素的密切配合，更有助于园林意境的创造和深化。不仅可以“因景设路”，而且能“因路得景”，路景浑然一体。

(4) 组织排水 铺装路面坚实、耐冲刷，在园林排水中作用很大。当路面低于绿地时，可以利用道路汇集两侧绿地径流，利用其纵向坡度或设于路面上的雨水口按预定方向将雨水排除；当路面高于绿地时，则可利用设于路侧的道路边沟汇集、排除雨水。

2. 园路的分类

(1) 按使用功能分

① 主路（主干道） 联系公园主要出入口、园内各功能分区（景区）、主要建筑物和主要广场，成为全园道路系统的骨架，是游览的主要路线，多呈环行布置。其宽度视公园性质和游人容量而定，一般为3.5～6.0m。至少可单向通行卡车、消防车等。

② 次路（次干道） 为主干道的分支，是贯穿各功能分区、联系重要景点和活动场所的道路。宽度一般为2.0～3.5m。能单向通行轻型机动车辆。

③ 小路（游步道） 各景区内连接各个景点、深入各个角落的游览小道。宽度在1.5m左右，考虑二人并行。

④ 小径 用于深入细部，做细致观察的小路。多布置在各种专类园中，如花卉专类园等。宽度一般为0.6～1.0m，主要考虑单人行走。

(2) 根据构造形式分

① 路堤型 也叫公路式。平道牙位于靠近道路边沿处，路面高于两侧地面（明沟），利用明沟排水。

② 路堑型 又称街道式。立道牙位于道路边沿，路面低于两侧地面，道路排水。

③ 特殊型 包括步石、汀步、蹬道、攀梯等。

(3) 按面层材料分

① 整体路面 包括现浇水泥混凝土路面和沥青混凝土路面。整体路面平整、耐压、耐磨，适用于通行车辆或人流集中的公园主路和出入口。

② 块料路面 包括各种天然块石、陶瓷砖及各种预制水泥混凝土块料路面等。块料路面种类繁多、质地多变、图案纹样和色彩丰富，适用于广场、游步道和通行轻型车辆的地段。

③ 碎料路面 用各种石片、砖瓦片、卵石等碎料作成的路面，可拼成

不同的精美图案，表现内容丰富，做工细致。主要用于庭院和各种游步小路。

此外，还有用砂石、各种三合土等组成的简易路面，多用于临时性或过渡性路面。

3. 园路的结构

(1) 纵横向坡度

① 纵向坡度　纵断面上每两个变坡点之间连接的坡度叫纵向坡度，即为道路沿其中心线方向的坡度。园路中，行车道路的纵坡一般为0.3%～8%，以保证路面水的排除与行车安全；游步道、特殊路段应不大于12%。

② 横向坡度　即道路垂直于其中心线方向的坡度。为方便排水，园路横坡一般≥1%；考虑行车安全和行走的舒适性，园路横坡通常≤4%。多为两面坡，弯道处因设超高而呈单向横坡。

路面的材料不同，则排水能力各异，其所要求的纵横坡度也不相同。见表3-1，在一般情况下干旱地区可取低值，多雨地区可取高值。

表3-1　各种类型路面的纵横坡度表

路面类型	纵坡（%）				横坡（%）	
	最小	最大		特殊	最小	最大
		游览大道	园路			
水泥混凝土路面	0.3	6.0	7.0	10.0	1.5	2.5
沥青混凝土路面	0.3	5.0	6.0	10.0	1.5	2.5
块石、砾石路面	0.4	6.0	8.0	11.0	2	3
拳石、卵石路面	0.5	7.0	8.0	7.0	3	4
粒料路面	0.5	6.0	8.0	8.0	2.5	3.5
改善土路面	0.5	6.0	6.0	8.0	2.5	4
游览小道	0.3	—	8.0	—	1.5	3
自行车道	0.3	3.0	—	—	1.5	2
广场、停车场	0.3	6.0	7.0	10.0	1.5	2.5
特别停车场	0.3	6.0	7.0	10.0	0.5	1

(2) 园路的典型结构　园路的结构设计是园路工程设计的一个主要内容。园路的结构是否合理对于能否保证正常使用、降低造价、节省道路维护费用关系重大。

园路一般由路面、路基和道牙等附属工程3部分组成。其中路面又分为面层、基层、结合层和垫层等。园路路面的结构形式具有多样性。园林中通行车辆较少，故其路面结构通常比公路及城市道路简单。园路结构的选择通

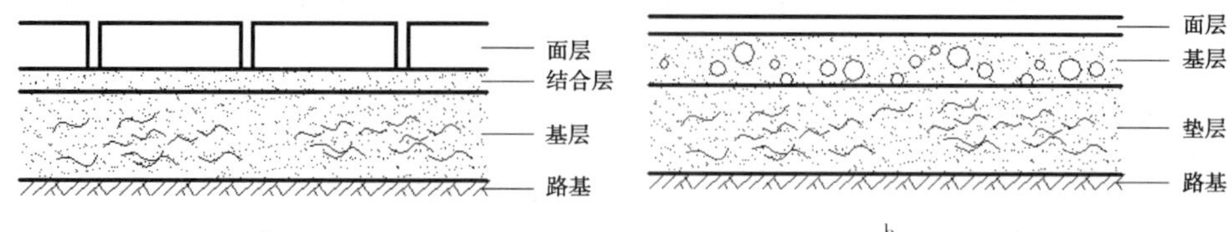

图 3-1　园路路面结构图式

a. 块料路面　b. 整体路面

常取决于园路的使用要求、材料类型、受力情况和自然因素的作用程度等。园林中，块料路面和整体路面的一般结构如图 3-1 所示。

路面各层的作用和设计要求如下：

① 面层　是路面最上面的一层。它直接承受人流、车辆和大气因素的作用和破坏性影响。因此，对面层的要求是坚固、平稳、耐磨、反光小，并具有一定的粗糙度和少尘性。

修筑面层常用的材料主要有：水泥混凝土、沥青混凝土、缸砖、各种石材、砖瓦、碎石掺土等。

② 基层　位于面层之下，土基之上。基层主要承受由面层传来的垂直荷载力，并把它扩散到垫层和土基中，故基层应有足够的强度和刚度。

由于基层不直接承受人车、气候因素的作用，因此对材料的其他要求比面层低，通常采用当地的碎（砾）石、灰土或各种工业废渣（如煤渣、粉煤灰、矿渣、石灰渣等）作为基层。

③ 结合层　在采用块料铺筑面层时，在面层与基层之间，为了粘接和找平而设置的一层。结合层材料一般选用 3～5cm 厚粗砂、水泥砂浆或水泥石灰混合砂浆。

④ 垫层　在土基与基层之间。其功能是改善土基的湿度和温度状况，以保证面层和基层的强度和刚度的稳定性，使不受冻胀翻浆的作用。垫层通常设在排水不良和有冰冻翻浆路段，起防水和隔温作用。

常用垫层材料有两类：一类是用松散材料，如砂、砾石、炉渣、片石或圆石等组成的透水性垫层；另一类是由整体性材料，如石灰土或炉渣石灰土组成的稳定性垫层。在园林中，也可采用加强基层的办法而省去此层。

⑤ 路基　即土基，是路面的基础。它不仅为路面提供一个平整的基面，还承受由路面传来的荷载，是保证路面强度和稳定性的重要条件。对于一般土壤，如黏土和砂性土，开挖后经过夯实，即可作为路基。在严寒地区，严重的过湿冻胀土或湿软土，宜采用 1∶9 或 2∶8 灰土加固路基，其厚度一般

为 15cm。

园路建设投资较大。在园路结构设计时应尽量使用当地材料，或选用建筑废料、工业废渣等，以节省资金。

路基强度是影响道路强度的最主要因素。具有良好强度和稳定性的路基，可以减薄路面的厚度，提高路面的使用品质，延长使用寿命，降低工程费用。而当路基不良时，也应当首先考虑增加基层或垫层的厚度，避免增加造价较高的面层的厚度。尤其是对于沥青类等柔性路面，道路强度几乎完全取决于下面各层和路基的强度，故对路基的强度要求更高。

总之，在确定园路的结构时，应充分考虑当地土壤、水文、气候条件，材料供应情况以及使用性质，遵循薄面、强基、稳基土的结构设计原则。

（二）园路工程施工

1. 园路施工程序

园路工程施工的工艺流程一般是：路基定点放线——挖路槽——铺筑基层——铺结合层——铺筑面层——安装道牙。

(1) *路基定点放线*　路基整好后，按路面设计的中心线在地面上每隔 20～50m 钉一中心桩；弯道平曲线上应在曲头、曲中和曲尾各钉一中心桩。园路多呈自由曲线，应加密中心桩。并在各中心桩上标明桩号，再以中心桩为准，根据路面宽度及弯道加宽值定边桩，最后放出路面的平曲线。

(2) *挖路槽*　按路面的设计宽度，在路基上每侧加宽 20～40cm 挖槽（放宽之 20～40cm 用于填筑路肩，对于路堤式路基，应取高值），路槽深度等于路面各层的总厚度，槽底的横坡应与路面设计横坡一致（包括弯道超高及其缓和段）。路槽挖好后，在槽底上洒水湿润，然后夯实。园路一般用蛙式夯夯压 2～3 遍即可，路槽整平度允许误差不大于 2cm。

(3) *铺筑基层*　根据设计要求准备基层材料并掌握其可松性。对于灰土基层，一般实厚为 15cm（即一步灰土），其虚铺厚度为 21～24 cm。交通量大路段或严寒冻胀地区基层厚度可适当增加，并注意要分层压实。为提高基层抗冻能力，基层材料可选用煤渣石灰土或矿渣石灰土（其配合比为煤渣或矿渣：石灰：土＝7：1：2）。

(4) *铺筑结合层*　当园路采用块料路面时，需设置此层使面层块料与基层结合并找平。

(5) *铺筑面层*　路面类型和面层材料不同，施工方法各异。但均需注意平整、牢固，有图案时应保证其位置、大小和形式与设计一致。

(6) *安装道牙*　设有道牙的路面，道牙基础应与路床同时挖填碾压，以保证与路面具有整体的均匀密实度。弯道处的道牙最好事先预制成弧形。道牙的结合层常用 2 cm 厚 M5 水泥砂浆，安装应平稳牢固。道牙间接缝宽为 1cm，用 M10 水泥砂浆勾缝。对于路堤式路基，道牙背后用 10cm 厚、15cm 宽的夯实白灰土路肩进行保护；园路两侧多为绿地，为便于植物的种植和生长，也常采用自然土路肩。

2. 常见类型园路的施工要点

由于面层材料及其铺砌形式的不同，形成了不同类型的园路。

主要是对色彩、表面质感、纹样及铺装目的等的不同选择倾向，使园路的类型丰富多彩，并分别适用不同的环境和场合。园路类型须因地制宜，合理选用。

园路的类型及使用性质不同，其施工方法和操作要求也不同。

(1) 现浇水泥混凝土路面的施工　现浇水泥混凝土路面是用水泥、粗细骨料（碎石、卵石、砂等）、水按一定的配合比拌匀后现场浇筑的路面。整体性好，耐压强度高，养护简单，便于清扫。在园林中，多用于主干道和车行道。为增加路面色彩变化可在拌和混凝土时掺入不溶于水的无机矿物颜料，而且在混凝土初凝之前还可以在表面进行纹样加工。

现浇水泥混凝土路面包括素混凝土、钢筋混凝土、预应力混凝土等路面。园路多是素混凝土路面，常简称混凝土路面。面层虽为刚性，为避免不均匀沉陷，仍要求路基土质均匀、含水量适中；基层用 200mm 厚水泥稳定沙砾，较路面两边各宽出 200mm，供施工时安装模板，并防止路面边缘渗水至土基而导致路面破坏；边模的安装要稳固，平面位置要准确，模板顶面用水准仪检查其标高，模板内侧涂刷肥皂液、废机油或其他润滑剂，以便利拆模；面层混凝土混合料中的粗集料宜选用岩浆岩或未风化的沉积岩碎石，最好不用石灰岩碎石，颗粒的最大粒径不超过面层厚度的 1/4～1/3，混合料的含砂率一般为 28％～33％，水灰比为 0.40～0.55；摊铺混合料时应考虑混凝土震捣后的沉降量，虚高可高出设计厚度约 10％，使震实后的面层标高同设计相符；混凝土混合料的震捣器具，应由平板震捣器、插入式震捣器和震捣梁配套作业；现浇水泥混凝土路面面层的接缝有胀缝和缩缝，胀缝为真缝，它垂直贯穿面层，宽度为 18～25mm，缝内填入木板或沥青，其间距常用 9～12m，胀缝常兼施工缝（工作缝）使用。缩缝为假缝，宽为 5～10mm，深度约为面层厚度的 1/3～1/4，其间距一般为 3～6 m，内填沥青；路表面抹光后常用棕刷或金属丝梳子刷毛或梳成深 1～2 mm 的横槽，用于防滑；面层养生常用湿麻袋、草垫或 20～30 mm 的湿砂覆盖，每天均匀洒水数次，使其保持湿润状态，至少延续 14 天，然后开放使用。

真空吸水工艺是一种混凝土路面施工的新技术。该技术利用真空负压的压力作用和脱水作用，提高了混凝土的密实度，降低了水灰比，从而改善了混凝土的物理力学性能，是解决混凝土和易性与强度的矛盾，缩短养生时间，提前开放交通的有效措施，同时，也能有效防止混凝土在施工期间的塑性开裂，可延长路面的使用寿命。其工艺过程参看图 3-2。

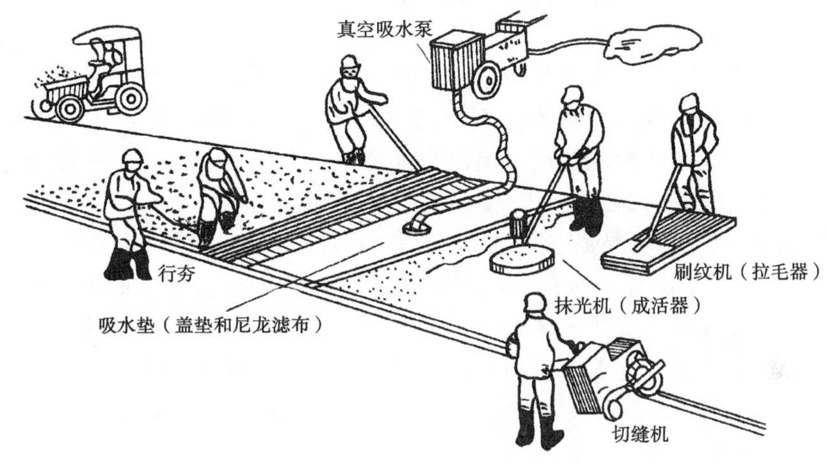

图 3-2　真空吸水法路面施工程序示意

(2) 预制砖路面的施工　面层材料可以是预制混凝土砖、黏土砖、缸砖等。基层材料有 40～60 mm 厚混凝土、100～150 mm 厚灰土等，如为一般游步道或休息场所，并且路基条件良好，可不设基层（缸砖除外）。结合层一般用 M2.5 混合砂浆、M5 水泥砂浆或 1∶3 白灰砂浆。砂浆摊铺宽度应大于铺装面 5～10 cm，砂浆厚度为 2～3 cm，便于结合和找平。缸砖的结合层须用水泥砂浆。对于较大尺寸的规则型块料，也可直接采用 3～5 cm 厚的粗砂作为结合层，施工更为方便，此时结合层仅起找平及防泥作用。铺贴面层块料时要安平放稳，用橡胶锤敲打时注意保护边角。发现不平时应重新拿起用砂浆找平，严禁向砖底局部填塞砂浆或支垫碎砖块等。接缝应平顺正直，遇有图案时需更加仔细。最后用 1∶10 干水泥砂扫缝，再泼水沉实。养生期为 5～7 天。

(3) 冰纹路面和乱石路面的施工　冰纹路面是用边缘挺括的石板模仿冰裂纹样铺砌的路面。石板间缝隙多用水泥砂浆勾成不规则折线状，有平缝和凹缝，以凹缝为佳。也可不勾缝，便于草皮长出而成冰裂纹嵌草路面。乱石路面是用天然块石大小相间铺筑的路面，采用水泥砂浆勾缝。石缝曲折自然，表面粗糙，风格粗犷、朴素。

块石冰纹路和乱石路需采用混凝土或灰土基层，结合层及勾缝则选用M5水泥砂浆。块石冰纹路勾缝时尽量取平直的折线，其宽度要均匀，并注意避免出现通直的长折线。大小“冰块”应自然分布。

乱石路的勾缝则是顺石缝自然勾抹。

勾缝时要避免砂浆污损石面，否则应及时刷洗干净。

(4) *卵石拼花路的施工*　是以卵石为主铺成各种图案的路面。通常是借助卵石的色彩、大小、形状和排列的变化以形成各种图案花纹，具有很强的装饰性，能起到增强景区特色、深化意境的作用。这种路面耐磨性好，防滑，富有江南园路的传统特点。但清扫困难，且卵石容易脱落。常用于花间小径、水旁、亭榭周围。

卵石路面多采用混凝土基层，厚度为100～150mm。在基层上先铺M7.5水泥砂浆3cm厚，再铺水泥素浆2cm厚，待素浆稍凝，即用备好的卵石一一插入素浆内，用抹子抹平。图案应按用竹条或铁丝预先绑扎成的轮廓框架进行放线施工。待水泥凝固后，用清水将石子表面上的水泥轻轻刷洗干净。第二天再用浓度30%的草酸（或10%盐酸溶液）洗刷石子表面，以使石子颜色清新鲜明。

施工操作时，石子的拣选需权衡后确定，镶嵌必须牢固平整。

(5) *混合路面的施工*　指不同的面层材料混合间铺的路面。

当不同厚度的块料混铺时，应先铺厚度大的块料，再铺厚度小的块料，并使小块铺料的顶面略高于大铺块1～2mm，以使砂浆沉降稳定后相互平整。

当用规则块料（如石材、大方砖或预制混凝土砖等）与卵石混铺时（如花街铺地、雕砖卵石路面等），要按设计图案先铺块料并用以控制路面标高和坡度，再在其空间摊铺水泥砂浆镶嵌卵石。注意及时清扫干净铺成面上的砂浆。

(6) *嵌草铺装地面的施工*　对于块料与植草混合布置的路面，常不设置基层。施工时，先在整平压实的路基上铺一层不含粗颗粒物的栽培壤土作垫层（厚度为100～150mm）。为便于找平和防泥，对于实心砌块（空心砌块则不必）可采用20～30mm厚粗砂作结合层且仅宽出块料20 mm以内，以减少对草块生长的影响；植草区（砌块缝中）填入肥沃种植土，土面低于砌块表面20～30mm。然后播种草籽或铺贴草块。

(7) *步石、汀步、台阶、磴道的施工*

步石：是置于陆地上的天然或人工踏步石。基础充分夯实后，可用粗砂作结合找平层，上铺大块毛石或 10cm 厚水泥混凝土板作基石，其上放置步石（不易平稳时，用 M7.5 水泥砂浆结合），步石为混凝土板时也可不设基石。步石顶面应基本平整。步石的底面不可露出地面，以给人自然、如从土出之感。

汀步：是设在水中的步石。块石汀步，基石埋于池底以下 20～40cm，支撑块石要平整，用 M10 水泥砂浆粘接固定。顶石用大块毛石，其顶面高于常水位 10～25cm，底面在水面以下。上下要注意重心稳定；整体式钢筋混凝土汀步，不论现浇或预制其配筋则需经过计算和验证，安放时踏步板表面保证呈水平。参见图 3-3。

步石、汀步块料可大可小，形状不同，高低不等，间距也可灵活变化（但不得大于 0.55m，荷叶式汀步净距不大于 0.40m），路线可直可曲。

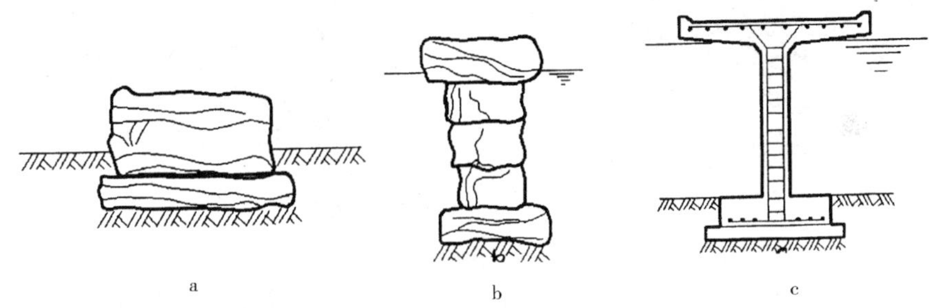

图 3-3 步石、汀步的结构

a. 步石 b. 块石汀步 c. 荷叶汀步

台阶：垫层常用碎石，其上设 4cm 厚混凝土找平层，基层用水泥混凝土筑成。借助基层形成台阶的主体及其排水坡度（1%），基层中可设钢丝网以加强其整体性。后续施工需注意保持此台阶主体边角的完整。当用水泥砂浆粘接块料制作台阶面层时，要仔细校正其位置和高程以及排水坡度。其构造参见图 3-4。

蹬道：在山岩上开凿台阶时应注意岩层及其风化情况，蹬道的踏面应粗糙防滑，并可不设排水坡度。两侧的铁索要系固在铁柱或钢筋混凝土柱上，柱杆埋入不少于其长度的 1/3，并用 M10 水泥砂浆灌注固结。施工时要采取适当安全措施并及时扫除碎石，保证人身安全。

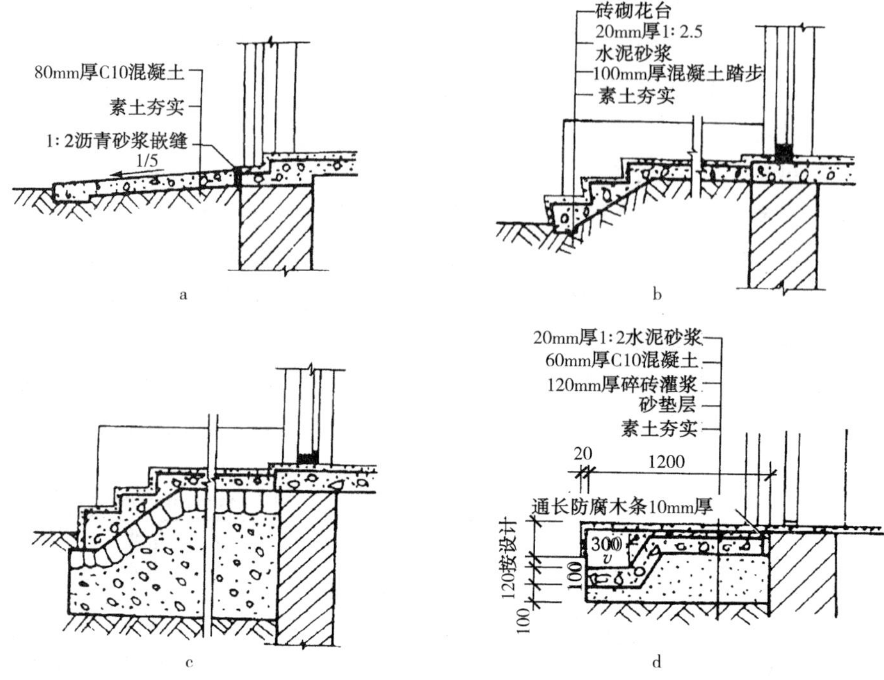

图 3-4 台阶的构造

a. 混凝土台面台阶 b. 砖砌花台面台阶 c. 水磨石台面台阶 d. 碎砖灌浆台阶

二、广场工程

（一）广场工程基础

广场是公共交通、人流集散、休息娱乐、商业或展示等活动的重要场所。园林广场较之城市广场内涵少一些，类型也主要是交通集散广场、游憩活动广场和纪念展示广场 3 种。

1. 广场的功能作用

(1) 广场可以看作是道路的扩展，具有交通的功能。

(2) 广场附近一般路网密度大，交通条件好。因此，广场通常处于人流集中和疏散的枢纽地位。

(3) 广场通常还是很多景物或设施理想的布置场所，如雕塑、花坛、水池、景石、建筑、树木以及园灯、椅凳等。

(4) 相对其他区域，广场一般空间较大，视野开阔，因而还是人们活动、休憩、赏景的重要场所。

2. 广场的形式及特点

按照平面布局方式，广场的形式可以分为：

（1）规则式 广场外形轮廓多为几何图形或由几何图形构成，庄重大方。

（2）自然式 广场的外形轮廓线条以自由曲线为主，自然灵活。一般规模较小，点缀若干坐凳，以提供休憩活动场地为主。

（3）组合式 轮廓线条直、曲结合，组合变化多。

按照主要功能的不同，广场可分为集散广场、交通广场、休息娱乐广场、纪念广场和商业广场等类型。

（二）广场工程施工

广场工程施工的程序和方法与园路工程基本相同。但是，由于广场上往往还存在着水池、花坛、草坪、树池、雨水口、检查井等地面景物和设施，受它们的影响，广场施工的程序和方法会有一些变化。

以下是广场施工过程中的注意事项和要求（其他可参考园路施工有关内容）。

（1）施工前，首先要明确先期修建的地下管线的种类、数量、位置、标高及埋深等情况，避免施工时造成破坏。

（2）复核广场的设计排水坡度和排水方向是否与广场周围现有地形地物吻合。

（3）施工过程中还要注意保护先期修建的地面和地上设施，如建筑物、水池、井口等。

（4）路基施工时，对于预留草坪、花坛、乔灌木种植地的区域，应暂时不开挖。填方区的堆填顺序应当是先深后浅，分层填筑、压实，直到设计标高。

（5）挖方过程中挖出的肥沃表土，应临时堆放在广场外边，以后再填入花坛、草坪、树池中。

（6）广场地面一般较为开阔，标高和坡度的误差、路基强度间的差异、基层厚度均匀性都会对广场地面质量造成较大的影响，因此，一定要保证场地内各处地面的标高精度和路基压实强度，土层松软时需进行加固。

（7）对于较小的种植池如树池，当采用灰土、三合土、泥结碎石等材料做基层并用机械施工时，为了便于操作以及保证连接部位的压实质量，可暂不考虑树池。但面层施工前应将树池内的基层挖除，并填入好土。

(8) 根据场地周边与建筑、园路、井口等的连接条件，在兼顾排水和通行的前提下确定边沿地带的连接方式。

(9) 面层若为现浇混凝土路面，应分块施工，每块的面积可控制在60～90m^2。块间设伸缩缝，并应避免与场地边沿呈较小的锐角。伸缩缝内用沥青棉纱等材料填塞。

第二节　假山、置石工程的施工

一、假山工程基础

(一) 假山的概念、作用、分类

1. 假山的概念

一般意义的假山实际上包括假山和置石两个部分。

假山：是以造景和游览为主要目的，并结合其他功能，以土、石等为材料，以自然界山林或山水景观为蓝本，用人工再造的山水景物的通称。假山通常体量较大而集中，可观可游，使人有置身于自然山林之感。

置石：是以单纯的观赏为主，结合一些功能作用，用山石材料作独立性或附属性的造景布置。主要表现山石的个体美或局部的组合而不具备完整的山形。置石一般体量较小而分散。

2. 假山的作用

假山和置石，在园林特别是中国古典园林中具有十分突出重要的作用。如作为自然山水园的主景和地形骨架；作为园林划分空间和组织空间的手段；运用山石小品作为点缀园林空间和陪衬建筑和植物的手段；用山石做驳岸、挡土墙、护坡、花台、排水设施等；用作自然式的家具或器设等。

3. 假山的分类

根据使用土、石材料的不同，假山可分为：

(1) 土山　指完全用土堆成的山。

(2) 土多石少的山　山石用于山脚和山道两侧，主要是固土护坡、加强山势，也兼造景作用。

(3) 土少石多的山　山形四周和山洞用石堆叠，山顶和山后则有较厚的土层。

(4) 石山　完全用石堆成的山，即岩山。

(二) 假山材料简介

人工堆叠假山使用的山石材料均取自自然山体。自然山石的岩层成分、产状、层理、位置、风化程度不同，岩石的形态外貌、色泽纹理、质感以及岩石间的连接状态也就不同。同时，它们与山体的整体形态特征也有着密切的联系。

常用的假山石料有湖石、黄石、青石、石笋及其他石品（图 3-5）。

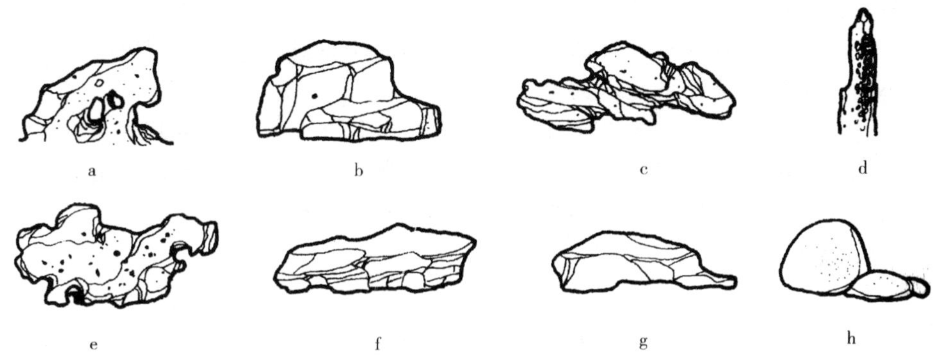

图 3-5　常用假山材料

a. 太湖石　b. 黄石　c. 英石　d. 石笋　e. 房山石
f. 青石　g. 黄蜡石　h. 石蛋

1. 湖石类

经水溶蚀过的石灰岩。在我国分布很广，只是因产地不同而在色泽、纹理和形态方面有些差别。

(1) 太湖石　指产于苏州所属太湖中的洞庭西山的湖石，也称为南太湖石。质坚而脆，因风浪或地下水的溶融作用，表面纹理纵横，脉络显隐。石面上遍多坳坎，俗称“弹子窝”，扣之有微声，还很自然地形成沟、缝、穴、洞。有时窝、洞相套，玲珑剔透，蔚为奇观，有如天然的雕塑品，观赏价值比较高。色泽以灰白和青灰为主。

(2) 房山石　产于北京房山大灰厂一带的山上，因之得名。新开采房山石因为表面被红色山土所渍满而呈土红色、橘红色或更淡一些的土黄色，日久以后表面带些灰黑色。质地不如南方的太湖石那样脆，但有一定的韧性。房山石也具有太湖石的涡、沟、环、洞的变化，因此，也有人称之为北太湖石。其容重比太湖石大，扣之无共鸣声，多密集的小孔穴而少有大洞。因此，外观比较沉实、浑厚、雄壮。这和太湖石外观轻巧、清秀、玲珑是有明显区别的。

(3) *英石* 岭南园林中有用这种山石掇山的，也常见于几案石品。原产广东省英德县一带。英石质坚而特别脆，用手指弹扣有较响的共鸣声。淡青灰色，有的间有白色脉络。这种山石多为中、小形体，很少见有大块的。现存广州市西关逢源大街8号名为“风云际会”的假山完全用英石掇成，别具一种风味。英石又分为白英、灰英和黑英3种。一般所见以灰英居多，白英和黑英均甚罕见，所以多用作特置或散点。

(4) *灵璧石* 原产安徽省灵璧县。石产土中，被赤泥渍满，须刮洗方显本色。中灰色，甚为清润，质脆，弹之有共鸣声。石面有坳坎的变化，石形也千变万化，但很少有宛转回折之势，需籍人工以全其美。这种山石可掇山石小品，更多的情况下是作为盆景石玩。

(5) *宣石* 产于安徽宁国市。其色犹如积雪覆于灰色石面上，也由于为赤土积渍，因此又带些赤黄色，非刷净不见其质，所以愈旧愈白。由于它有积雪一般的外貌，扬州个园用它作为冬山的材料，效果显著。

2. 黄石

一种橙黄色的细砂岩。产地很多，以江苏常熟虞山的自然景观最为著名。常州、苏州、镇江等地皆产此石。黄石形体顽夯，见棱见角，节理面近乎垂直，雄浑沉实。与湖石玲珑、清秀之风格迥然不同。黄石平整大方，立体感强，块钝而棱锐，具有强烈的光影效果。明代所建上海豫园的大假山、苏州耦园的假山和扬州个园的秋山均为黄石掇成的佳品。

3. 青石

即青灰色的细砂岩。北京西郊洪山口一带均有所产。青石的节理面不像黄石那样规整，不一定是相互垂直的纹理，也有交叉互织的斜纹。就形体而言多呈片状，故又有“青云片”之称。北京圆明园“武陵春色”的桃花洞、北海的濠濮涧和颐和园后湖某些局部都用这种青石为山。

4. 石笋

即外形修长如竹笋的一类山石的总称。这类山石产地颇广。石皆卧于山土中，采出后直立地上。园林中常作独立小景布置，如扬州个园的春山、北京紫竹院公园的江南竹韵等。

根据产地、产状和岩性的不同，常见的石笋状山石有白果笋、乌炭笋、慧剑、钟乳石笋等。

5. 其他石品

如木化石、松皮石、石珊瑚、黄蜡石和石蛋等。

木化石古老质朴，常作特置或对置。松皮石是一种暗土红的石质中杂有石灰岩的交织细片，石灰石部分经长期熔融或人工处理后脱落成空块洞，外观像松树皮突出斑驳一般。黄蜡石色黄，表面若有蜡质感，质地如卵石，多块料而少有长条形。广西南宁市盆景园即用黄蜡石掇成。石蛋即产于海边、江边或旧河床的大卵石，有砂岩及各种质地的。石蛋在岭南园林中运用比较广泛，如广州动物园的猴山、广州烈士陵园等均有大量采用。

（三）假山的布置

假山形态变化多、艺术性高。历史上成功的假山范例无不体现出作者深厚的自然美修养、造型能力和对山石结构的把握。

1. 自然山体的景观特征

假山的创造历来追求“虽由人作，宛自天开”的艺术效果，“做假成真”是假山创作的最高境界。因此，我们应当了解自然山体的形态机理特别是景观特性。

（1）坡、阜　年代久远的山体的形象。风化程度深，岩面为土层所覆盖而仅有有限的圆钝岩石露出土层。相对平缓的部分为坡，隆起的山头为阜。表现为土山景观，浑厚、圆钝。坡、阜土层深厚，在自然界往往被森林或草原所覆盖（图 3-6a）。

（2）岗、谷　为年代比较久远的山体的主要形象。风化程度较深。风化碎屑被雨水或风力所运移，裸露出大片圆钝岩石，称为岗，相对低洼的地方因承受了风化碎屑而显得平缓，称为谷。其间也常有林木和草莽的生长。岗、谷给人的形象感受是浑厚、圆峙、高亢（图 3-6b）。

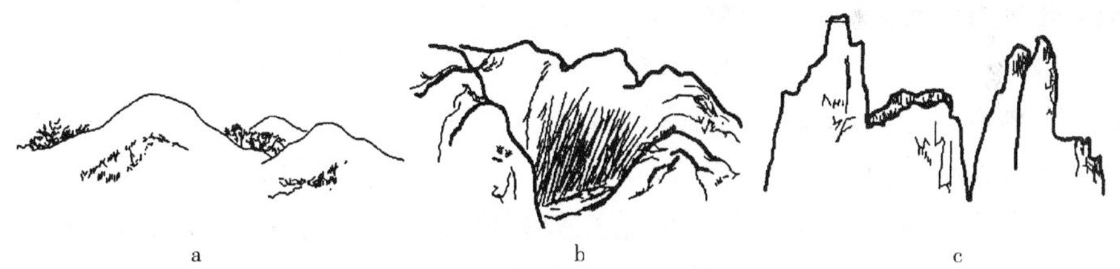

图 3-6　主要的自然地貌景观类型

a. 坡与阜　b. 岗与谷　c. 峰与壑

（3）峰、壑　风化程度浅，风化碎屑被冰川或风力所运移。尖耸的为峰，凹陷的为壑。峰、壑间风雨凄厉、气候恶劣、土层瘠薄，仅有零星的树木可以生长。峰、壑的景观特征是高峻、险要（图 3-6c）。

（4）崖、洞　在岗、谷或峰、壑间，因节理和断裂，时常出现有陡崖峭壁，危势凛凛。

在石灰岩地貌中，因受地下水的溶蚀作用，往往可形成曲折、幽邃的溶洞，洞内石笋耸立、钟乳倒挂，景观瑰丽多采。花岗岩和石英砂岩形成的山洞则多属崩塌型，内景较少。

2. 假山的布置

(1) 假山的景境意匠　自然山林高达千百米，绵延万里，空间宏大，而且自然山体千岩万壑、逶迤连绵，变化多端。因此，人工堆山不可避免地存在有空间上的矛盾，也不可能有什么固定的格式可供遵循。《园冶》一书有大量插图，独“掇山”一章无一幅插图。只因掇山有法无式，需因地而制宜。园林掇山应根据具体环境、空间大小和人们在观赏时的视觉心理活动特点采取不同的造型手法。

在开畅的空间掇园山，常采用营造一个山麓地带景观的方式。借助林木参天、树石杂然纷呈的局部山麓地带环境，使人联想到山林的宏大，置身其中，感到“若似乎处于大山之麓”。此种方式，较好地克服了人工堆山所面临的空间矛盾。

在较狭小的空间掇山，如厅山、书房山、峭壁山等，则应取立意高峻。因视距短，欲窥全貌，必须仰视，可使山势更显突兀惊人。

(2) 掇山的手法　通过对成功的假山范例的分析总结并参照古今的假山以及山水画理论，可归纳出以下几点掇山的具体手法：

①山水结合，相映成趣　水无山不流，山无水不活。山水结合可以取得刚柔并济、动静交呈的效果，避免“枯山”一座，应形成山还水抱之势。苏州环秀山庄山峦拱伏构成主体，弯月形水池环抱山体西、南两面，一条幽谷山涧贯穿山体再入池，堪称山水结合的典范。

②相地合宜，造山得体　在一个园址上，采用那些山水地貌组合单元，都必须结合相地、选址，因地制宜，统筹安排，才能做到“造山得体”。园址的形状大小、原地形地貌情况等均为假山布局应当考虑的重要因素。

③巧于因借，混假于真　就是充分利用环境条件造山。如果园之远近有自然山水相因，那就应当灵活地加以利用。如位于无锡惠山东鹿的寄畅园，就是借九龙山、惠山于园内作为远景，在真山前面造假山，如同一脉相贯。

④独立端严，次相辅弼　《园冶》提出“独立端严，次相辅弼”。宋代李成《山水诀》谓：“先立宾主之位，次定远近之形，然后穿凿景物，摆布高低。”其大意均是要主景突出，先立主体，再考虑如何搭配以次要景物突出主体景物。同时，还应当考虑假山本身的主从关系：先定主峰的位置和体量，然后再辅以次峰和配峰。

⑤三远变化，移步换景　宋代郭熙《林泉高致》言：“山有三远。自山

下而仰山巅谓之高远；自山前而窥山后谓之深远；自近山而望远山谓之平远。”三远中“深远”尤难，它要求在游览路线上能给人山体层层深厚的感觉。这就需要统一考虑山体的组合与游览路线的开辟两个方面，以达到“岩峦洞穴之莫穷，涧壑坡矶之俨是”的艺术境界。

⑥远观山势，近看石质　“势”指山水的形势，即山水的轮廓、组合与所体现的动势和性格特征。山的组合应有收有放，山渐开而势转，有起有伏，山欲动而势长。山外有山，形断意连。“质”即质感、质地，指山体的细部处理。这与石质、石性有关。如湖石多因溶蚀而沟纹大小交织，环洞层层相套，这就形成湖石外观圆润柔曲、玲珑剔透、涡洞相套、皴纹疏密的特点。而黄石是方解型节理，由于成岩过程的影响和风化的破坏，它的崩落是沿节理面而分解，形成大小不等、凸凹成层和不规则的多面体。掇山时应如画山水画时要讲究“皴法”一样，需因材而异、理通纹顺，符合自然之理。

⑦土石结合，树石相生　土山少势，岩山枯板。一般而言，大山多土，小山宜石。“土石二物，原不相离，石山离土，则草木不生，是童山矣。”李渔在《一家言》中讲到：“用以土代石之法，既减人工，又省物力，且有天然委曲之妙。混假山于真山中，其法莫妙于此。累高广之山，全用碎石，则如百衲僧衣，求一无缝处而不得，此其所以不耐观也。以土间之则可泯然无迹，且便于种树，树根盘固，与石比坚。”精辟地阐述了造山与土石的关系。

⑧寓情于石，情景交融　假山很重视内涵与外表的统一，常运用象形、比拟和激发联想的手法造景。所谓“片山有致，寸石生情”就是要求无论置石或掇山都讲究“弦外之音”。如扬州个园四季假山就是寓四时景色于山石景物的佳作。

(3) 假山的陪衬　假山的组合单元一般有峰、峦、坡、谷、绝壁、崖、洞、路、桥、平台和涧、瀑等。它们的大小和相互位置关系除与周围环境有关外，还取决于假山的体量。

假山无论大小，山势多赖主峰体现。次要的峰峦、丘壑的分布安排主要是为了衬托主峰，以使主峰显得高大、雄伟。

较大的假山，常将主峰置于后侧，其前以盘曲的蹬道、综错的台谷和低矮的峰峦等作陪衬，主峰自然显得高大。

较小的假山，则是将主峰置于前部，利用左右的峡谷、低矮的峰峦作陪衬，也可烘托主峰，使其显得高大。

山上忌建高大的亭。与其建在山顶，不如建在山腰，体量宜小。

山上不宜种植高大的落叶树，山顶可点缀一些枝条疏畅、叶形秀丽的花灌木如五针松、红枫、南天竹等。

二、假山的施工

（一）假山施工工具

假山施工主要是一种造型操作，一种手工技艺，因此，应当掌握常用的一些手工工具及其使用方法。如铁锤、铁铲、箩筐、镐、耙、灰桶、瓦刀、水管、木锤、杠、绳、竹刷、脚手架、撬棍、小抹子、毛竹片、钢筋夹、木撑、三角铁架、手拉葫芦等。

1. 铁锤

主要用于敲打山石或取山石的刹石和石皮。刹石用于垫石，石皮用于补缝。最常用的是单手锤，即两磅左右的小锤。石纹是石的表面纹理脉络，而石丝则是石质的丝路。石纹与石丝有时同向运动，有时又不一样。所以要认真观察一下所要敲打的山石，找准丝向，然后顺丝敲打，才能随心所欲。另外，在塞垫刹石时，一般避免用铁锤直接敲击，而是用锤柄敲打顶紧即可。

2. 竹刷

主要用于山石拼叠时水泥缝的扫刷，应该在水泥未完全凝固前进行。一般工序是，第一天傍晚做的缝，第二天一早上工即先刷缝（此外，也可在刚做完的缝口处用毛排刷沾清水洗涤）。

3. 粗棕绳

山石小搬运时可用粗绳结套。如一般常用的“元宝扣”，使用方便，结活扣而靠山石自重将绳紧压。山石基本到位后因“找面”而最后定位称为“走石”。走石用铁撬棍操作，前、后、左、右转动山石至理想位置。套绳的位置应选好，便于山石定位后取出。

4. 小抹子

常用“柳叶抹”，用于山石拼叠缝口处的水泥接缝。

5. 毛竹片、钢筋夹、撑棍和木刹

主要用于临时性支撑山石，以利于山石的拼接、叠合和做缝，待混凝土凝固后或山石稳固后再行拆除。

6. 脚手架与跳板

脚手架与跳板可用于山石拼叠的常规操作，也用于较大型的山洞或山石的券拱施工。

（二）假山施工机械

叠石造山作为一门传统的技艺，历史上都是以人抬肩扛的人力劳动方式进行的。现代的混凝土机械、运输机械和起吊机械可在很大程度上将工人从繁重的体力劳动中解脱出来。

小型堆山和置石用手拉葫芦就可完成大部分工程，而对于一些大型的叠石造山工程，吊装设备尤显重要，合适的起重机械设备可以完成所有的吊装工作。

（三）假山施工

园林工程的施工区别于其他工程的最大特点就是技艺并重，施工的过程也是再创造的过程。假山的施工最典型地体现了这一特点。

1. 准备石料

(1) *石料的选购* 根据假山设计意图及设计方案所确定的石材种类，由负责施工的假山师傅本人亲自到山石的产地进行选购。在产地现场，假山师傅通常需据所能提供的石料的品质、大小、形态等在想像中先行拼凑山形，设想出那些石料可用于假山的何种部位，并要通盘考虑山石的形状与用量。

石料有新、旧、半新半旧之分。采自山坡的石料，由于暴露于地面，经长期的风吹、日晒、雨淋，自然风化程度深，属旧石，用来叠石造山，易取得古朴、自然的良好效果。而从土中挖出的石料，表面有一层土锈，用这种石料堆山，需经长期风化剥蚀后，才能达到旧石的效果。有的石头一半露出地面，一半埋于地下，则为半新半旧之石。应尽量选购旧石，少用半新半旧之石，避免使用新石。

到山地选购石料还有通货石和单块峰石之别。通货石是指不分大小、好坏，混合出售的石头。选购通货石不必一味求大、求整，因为石料过大过整会影响假山的造型变化，不一定用得上。当然过碎、过小也不好，会产生过多的石缝而使人工痕迹更加明显。实际上叠石造山时，大多数情况下山石只有一个面是向外的，其他的石面被叠包到山体之中看不到。因此，对于那些稍有破损的山石也不必全部排除。总之，选购通货石的原则大体上是：大小搭配，形态多变，石质、石色、石纹力求基本统一。

单块峰石造型以单块成形。购买时以单块论价出售。单块峰石四面可观者为极品，三面可观者为上品，前后两面可观者为中品，一面可观者为末品。可根据假山山体的造型及峰石安置的位置，考虑选购一定数量的峰石。

(2) *石料的运输* 石料的运输，特别是湖石的运输，最重要的是防止石料被损坏。在装卸过程中，宁可慢一些，多费一些人力、物力，也要尽力保护好石料的石皮（自然石面）。

峰石的运输过程中更要注意保护。一般在运输车中放置黄砂或虚土，厚约 20cm 左右，而后将峰石仰卧于砂土之上，这样可以保证峰石的安全。

(3) *石料的分类*　石料运到工地后应分块平放在地面上，以供“相石”方便。然后再将石料分门别类，进行有秩序的排列放置。

① 形态良好的单块峰石，应放在离施工现场稍远并较为安全的地方，以防止其他石料在使用吊装的过程中与之发生碰撞而造成破坏。

② 其他石料可按其不同的形态、作用和施工造型的先后顺序合理放置。如拉底石靠前一些，中层稍后，封顶石可放在后面。同时，石色、石纹接近的放在一处，可用于大面的放在一处等。

③ 要使每一块石料的大面，即最具形态特征的一面朝上，以便施工时不需翻动就能辨认和取用。

④ 石料的排列要有次序。通常 2～3 块为一排，成竖向条形置于施工场地。条与条之间应留有 1.5m 宽的通道，便于搬运石料。

⑤ 从叠石造山大面（主要观赏面）的最佳观赏点到山石拼叠的施工场地之间，一定要保证其空间地面的平坦并无任何障碍物。其间的距离通常应为假山高度的 3.5 倍左右。观赏点又叫假山师傅的“定点”位置。假山师傅每堆叠一块石料，都要从堆叠山石处再退回到“定点”的位置上进行“相形”。这是保证叠石造山大面造型的一个重要步骤。

2. 放线

按设计图纸确定的位置与形状在地面上放出假山的外形形状。一般基础施工比假山的外形要宽，特别是在假山有较大幅度的外挑时，一定要根据假山的重心位置来确定基础的大小，需要放宽的幅度会更大。

3. 挖槽

北方地区堆叠假山一般是在假山范围内满拉底，基础也要满打。而南方通常是沿假山外轮廓及山洞位置设置基础，内部则多为填石，对基础的承重能力要求相对较低。因此，挖槽的范围与深度要根据设计图纸的要求进行。

4. 基础施工

最理想的假山基础是天然基岩，否则就需人工立基。基础的做法有以下几种：

(1) *桩基*　这是一种古老的基础做法，至今仍有实用价值，特别是在水中的假山和假山石驳岸。具体做法可参考驳岸桩基做法。

(2) *灰土基础*　北方园林中位于陆地上的假山多采用灰土基础。石灰为气硬性胶结材料，在北方灰土基础有较好的凝固条件。灰土凝固后具有不透水性，可有效防止土壤冻胀现象。灰土基础的宽度应比假山底面宽出 0.5m 左右，即“宽打窄用”。灰土比例常用 3∶7，厚度据假山高度确定。一般

2m 以下一步灰土，以后每增加 2m 基础增加一步。

（3）混凝土基础　现代假山多采用浆砌块石或混凝土基础。浆砌块石基础也叫毛石基础，适用于基底土壤坚实的场合，砌石时用 M5.0 水泥砂浆；混凝土基础（假山较高大时用钢筋混凝土）广泛适用于各种场合。对于水中假山，混凝土基础应与水池的底面混凝土同时浇注形成整体。

对于假山上种植有高大树木时，为了能使其根系从基底土壤中吸收水分，通常需在种植位置下基础留白。

如果山体是在平地上堆叠，则基础平面应低于周围地平面至少 20cm。山体堆叠成形后再回填土，既隐蔽了基础，又可沿山体边沿栽种花草，使山体与临近地面的过渡更加自然生动。

5. 拉底

即在基础上铺置最底层的自然山石。古代匠师把“拉底”看成叠山之本。因为拉底山石虽大部分在地面或水面以下，但仍有一小部分露出，为山景的一部分。而且假山空间的变化都立足于这一层，如果底层未打破整形的格局，则中层叠石也难于变化。

拉底山石不需形态特别好，但要求耐压、有足够的强度。通常用大块山石拉底，避免使用过度风化的山石。

从拉底施工开始，假山的造型和结构安全已成为施工活动的两大主要问题。拉底操作的施工要点如下：

（1）统筹向背　“向”即主要观赏面，“背”即次要观赏面或视线不可及的面。统筹向背，即根据假山的造景条件，特别是游览路线和风景透视线的关系，统筹确定假山的主次关系，根据主次关系安排假山组合的单元，从假山组合单元的要求来确定底石的位置和发展的体势。要精心处理主要视线方向的画面以作为主要朝向，然后再照顾到次要的朝向，对那些游人视线看不到的朝向，可简单处理。

（2）曲折错落　假山底脚的轮廓线一定要破平直为曲折，变规则为错落。在平面上要形成具有不同间距、不同转折半径、不同宽度、不同角度和不同支脉的变化，或为斜八字形，或为各式曲尺形等，为假山的虚实、明暗创造条件。

（3）断续相间　假山底石所构成的外观不是连绵不断的，要为中层做出“一脉即毕，余脉又起”的自然变化作准备。因此，在选材和用材方面要灵活运用，或因需要选择石块，或因石块特点确定其用处。石块的大小和方向要严格地按照皴纹的延展来决定。大小石材成不规则的相间关系进行安置。或小头向下渐向外挑，或相邻山石小头向上预留空挡以便往上卡接，或从外观上做出“下断上连”、“此断彼连”等各种变化。

(4) 紧连互咬 外观上的断续变化是为了造型，并不是排斥结构安全上的紧连互咬。为了稳固、安全，在结构上必须一块紧连一块，接口力求紧密，最好能互相咬住，做到“严丝合缝”。

(5) 垫平安稳 基石大多数都要求以大而水平的面向上，便于继续向上垒接。为了保持山石上面水平，经常需要在石块底部用“刹片”垫平，以保持重心稳定。

6. 中层施工

中层即底石以上、顶层以下的部分。由于这部分体量最大、触目最多、用材广泛、单元组合和结构变化多端，因此可以说是假山造型的主要部分。

(1) 叠石的过程 假山堆叠既是一个施工操作的过程，同时也是一个艺术创作的过程。假山的成败，一方面与设计方案有关，另一方面也更是对假山匠师艺术造型能力的一个检验。

叠石造山无论其规模大小，都是由一块块形态、大小不同的山石拼叠起来的。对假山师傅来说，造型技艺就是相石拼叠的技艺。“相石”就是假山师傅对山石材料的目视心记。相石拼叠的过程依次是：相石选石→想象拼叠→实际拼叠→造型相形，而后再从造型后的相形再回到上述相石拼叠的过程。每一块山石的拼叠施工过程都是这样，都需要把这一块山石的形态、纹理与整个假山的造型要求和纹理脉络变化联系起来。如此反复循环下去，直到整体的山体完成为止。

(2) 技术措施

① 压 “靠压不靠拓”是叠山的基本常识。山石拼叠无论大小，都是靠山石本身重量相互挤压而牢固的，水泥砂浆只是起到一种补强和找缝的作用。

② 刹 为了安置底面不平的山石，在找平山石顶面以后，在石块底下不平处垫以一至数块控制平稳和传递重力的垫片，北方假山师傅称为“刹”，江南假山师傅称为“垫片”或“重力石”。山石施工术语有“见缝打刹”之说。刹石要选用坚实的山石，在施工前就打成不同大小的斧头形片石，以备随时取用。

③ 填肚 假山外围每做好一层，最好立即用块石和灰浆填充其中，称为“填肚”，这样凝固后便可形成一个整体。

④ 搭角 石工操作有“搭角”的术语，这是指石与石之间的相互连接，特别是用山石发券时，只要能搭上角，便不会发生脱落倒塌的危险。

⑤ 防断 对于较瘦长的石料应注意山石的裂隙。如果石料间有夹砂层

或过于透漏，则容易断裂，这种山石在吊装过程中容易发生危险。此外，这类山石也不宜作为悬挑石用。

⑥ 忌磨　叠石施工“怕磨不怕压”。上层安石时，如果位置没有放准确，需要就地移动一下，则必须把整块石料悬空吊起，不可将石块在下层山石上磨转移动去调整位置，否则会带动下面石料同时移动，从而造成山体倾斜移动。

⑦ 铁活加固　用铁活加固山体，必须在山石本身重心稳定的前提下才能采用。铁活常用熟铁或钢筋制成。铁活要求用而不露，不易发现。传统假山常用的铁活加固设施有银锭扣、铁爬钉、铁扁担、马蹄形吊架、叉形吊架等。

⑧ 勾缝与胶结　明清时期的假山采用的胶结、勾缝材料有石灰砂浆(勾缝时再加粗墨调色)、桐油石灰、石灰纸筋、明矾石灰、糯米浆拌石灰等多种，湖石勾缝再加青煤，黄石勾缝后再刷铁屑盐卤等，使之与石色协调。现代掇山广泛使用1∶1水泥砂浆，用“柳叶抹”勾成明缝或暗缝。一般水平向勾明缝（平缝或凸缝），竖缝勾成暗缝（凹缝），有助于在结构上形成整体，外观上模仿自然山石缝隙。勾明缝务必不要过宽，最好不要超过2cm，如石缝过宽时，可用合适形状的石块填入后再勾缝。

(3) *造型艺术要求*　石不可杂，纹不可乱。石料通过拼叠组合，或使小石变成大石，或使石形造成山形，这就需要进行一定的艺术处理，以使石块之间浑然一体，做假成真。故在叠山过程中要注意以下几个方面：

① 同质　山石拼叠组合时，其品种、质地要一致。应当遵循自然山川岩石构成的规律。同一石壁上的山石在品种、质地上总是一样的。不同石料的石性特征不同，混用于一处，势必假像毕露，假气十足，无论怎样拼叠，也不会成为一个整体。

② 同色　即使是同一种石质，其色泽相差也很大。如湖石类中就有灰黑色、灰白色、褐黄色以及青色等色泽；黄石除深黄色、淡黄色外，还有暗红色和灰白色等。所以，叠石时石料不仅质地要相同，在色泽上也要力求一致。

③ 接形　将各种形状的山石外形互相组合拼叠起来，既有变化而又浑然一体，这就是“接形”。在叠石造山这门技艺中，造型的艺术性是第一位的。因此，选石及造型决不能一味追求石块外形有多大。但如果石料太小也不好，因为块形小，人工拼叠的石缝就多，接缝一多，山石拼叠不仅费时费力，而且外形上也显得过于破碎。

④ 合纹　形是山石的外轮廓，纹是指山石表面的内在纹理脉络。当山

石相互组合拼叠时，合纹就不仅是指山石原有的内在纹理脉络的沟通衔接，它实际上还包括山石拼叠时的外轮廓的接缝处理。也就是说，当石料处于单独状态时，外形的变化是外轮廓，而当石块与石块相互组合拼叠时，山石间的石缝对整体而言就成了山石的内在纹理脉络。这种以石形代石纹的山石拼叠技艺手法就叫做“合纹”。叠石造山特别强调以形就纹，以纹放形。因此，叠山施工中，横纹石块常采用横向叠置，层层向上堆叠，可形成流动、飘逸、险峻之势；竖纹拼叠的山体脉络多呈竖向运动，常用竖向的石缝来加强山体竖向纹理的挺拔和变化，山石造型气势挺拔，给人以刚劲有力的感觉。此外，还有环透拼叠、扭曲拼叠等合纹放形的手法。

⑤ 过渡　假山的施工，通常是在千百块石料的拼整组合过程中进行的。这千百块石料不可能在色泽、纹理、外形上都保持一致，必然会有所差异。因此，在叠石时应注意山体的不同部位间在色彩、外形、纹理等方面有所过渡，使其变化逐渐发生，可使山体具有整体性并自然生动。

7. 收顶

收顶即处理假山最顶层的山石。收顶用石体量宜大，以便能合凑收压而坚实稳固，同时要使用形态和轮廓均富有特征的山石，因为山顶的造型对整个假山而言具有画龙点睛的作用。假山收顶的方式一般取决于假山的类型：峦顶多用于土山或土多石少的山；平顶适用于石多土少的山；峰顶常用于岩山。

峦顶多采用圆丘状或因山岭走势而有些须伸展。

平顶则有平台式、亭台式等，可为游人提供一个赏景、活动的场所，其外围仍可堆叠山石以形成石峰、石崖等，但须坚固。

峰顶根据造型特征可分为5种：剑立式（挺拔高耸）、斧立式（稳重而又险峻）、斜劈式（险峻且具动势）、流云式（形如奇云横空，玲珑秀丽）、悬垂式（以奇制胜）。

8. 做脚

即在掇山基本完成之后，在紧贴拉底石的部位布置山石，以弥补拉底石因结构承重而造成的造型不足问题。做脚又称补脚，它虽然不承担山体的重压，却必须与主山的造型相适应，成为假山余脉的组成部分。布置的目的就是要使假山呈余脉延伸之势，表现如从土出之效果，同时烘托主山的山势和形态的变化。做脚的山石也应有断续、起伏之变化，要按照前述相石拼叠的过程而进行。其基石务必要深埋浅露，如从土出，如在水中。

（四）假山堆叠的传统技法

假山虽有峰、峦、洞、壑等各种单元组合的变化，但就山石相互之间的结合而言却可以概括为10多种基本形式。北方总结为“十字诀”，即安、连、接、斗、挎、拼、悬、剑、卡、垂。此外，还有挑、飘、戗等。江南则概括为“九字歌”，即叠、竖、垫、拼、挑、压、钩、挂、撑。这些山石结合的形式反映了我国历代假山匠师在掇山理石的长期实践中对操作技法进行提炼总结的成果。有必要指出，这些山石结体的基本形式都是从自然山石景观中归纳出来的。故不可把这些字、诀当作僵死的教条或公式去生搬硬套。

1. 安

安是安置山石的总称。放置一块山石叫做“安”一块山石。特别强调这块山石放下去要安稳。其中又分单安、双安和三安。双安指在两块不相连的山石上面安一块山石，下断上连，形成洞、岫等变化。三安则是于三石安一石，使之形成一体。见图3-7a。

2. 连

连指山石水平方向的衔接。“连”要求从假山的空间形象和组合单元来安排，在符合山石皴纹分布规律的前提下，造成前后左右参差错落的变化。见图3-7b。

3. 接

接指山石之间竖向的衔接。“接”首先要吻合山体的发展趋势和皴纹的变化，其次要善于利用山石本身的茬口，最好上下茬口互咬，同时不因相接而破坏石的美感。一般情况是竖纹与竖纹相接、横纹与横纹相接，这样较为符合自然之理。见图3-7c。

4. 斗

斗指置石成向上拱状，一石架空于两石之间。如自然岩石之环洞或下层崩落而形成的孔洞。是使叠石造成险峻之势的常用手法。见图3-7d。

5. 挎

如山石某一侧面过于平滞，可以旁挎一石以全其美，称为“挎”。挎石可利用茬口咬压或结合上层镇压来稳定。必要时加钢丝绕定。钢丝要藏在石的凹纹中或用其他方式掩饰。见图3-7e。

6. 拼

拼是对用多块小石拼合成一块大而完整之石的概称，因为拼合过程也往往包括其他类型的结体。此法一般用于石材较为缺乏的场合。见图3-8a。

图 3-7　山石堆叠技法（一）

a. 安　b. 连　c. 接　d. 斗　e. 挎

7. 悬

即在下层左右山石内倾而形成竖向洞口处，插进一块上大下小的长条形山石，上端被洞口卡住，下端便当空倒悬，险意顿生。这是对自然界呈竖纹分布的岩层经风化后沿节理面脱落所剩下的倒悬石体的一种模拟。见图 3-8b。

8. 剑

剑指以竖长形象取胜的山石直立如剑的做法，形势峭拔挺立。多用于各种石笋或其他竖长的山石。一般宜独立应用，自成画面，不宜混杂于他种山石之中，否则很不自然。见图 3-8c。

9. 卡

下层由左右两块山石对峙形成上大下小的楔口，再于楔口中插入上大下小的山石，这样便正好卡于楔口中而自稳。见图 3-8d。

10. 垂

从一块山石顶面偏侧部位的启口处，用另一山石倒垂下来的叠石技法称为“垂”。见图 3-8e。

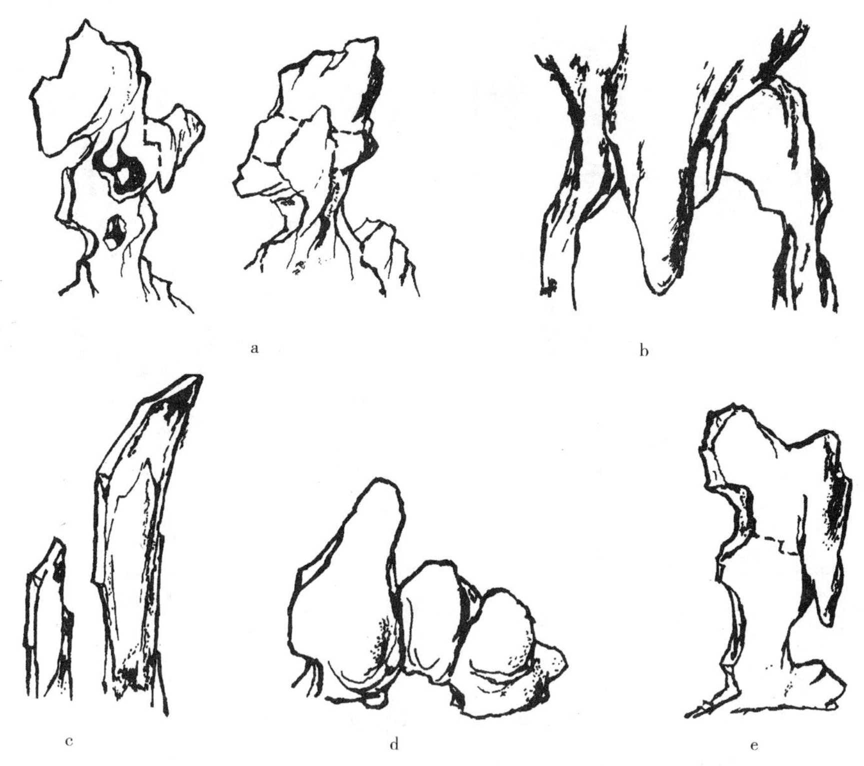

图 3-8 山石堆叠技法（二）

a. 拼 b. 悬 c. 剑 d. 卡 e. 垂

11. 挑与飘

挑即出挑，指上石籍下石支承而挑伸于下石之外侧，并用数倍重力镇压于山石内侧的做法。假山中之环、岫、洞、飞梁，特别是悬崖都是基于这种结体形式的。挑石头部如果轮廓线太单调，可于其上另接一石来弥补，这块石头即为“飘”。见图 3-9a。

12. 撑

指用斜撑的力量来稳固山石的做法。应用时要注意选取合适的支撑点，以便在外观上形成脉络相连的整体。见图 3-9b。

三、置 石 工 程

相对于掇山，置石用石数量较少，结构比较简单，布置的主要目的是造景，故山石间的组合关系显得更为重要，必须格局谨严，手法洗练。置石的

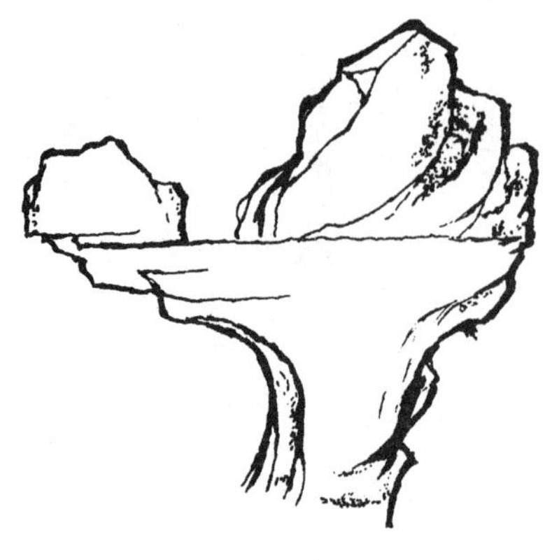
a

b

图 3-9　山石堆叠技法（三）

a. 挑　b. 撑

特点是以少胜多，以简胜繁，量虽少但对质的要求更高。

（一）置石的类型及手法

1. 特置

峰石单块布置，独立成景的一种置石方式，又称孤置。如杭州花港观鱼的绉云峰、苏州留园的冠云峰、上海豫园的玉玲珑、北京颐和园的青芝岫、广州海幢公园的猛虎回头和苏州狮子林的嬉狮石等都是山石特置的佳例。

特置山石一般体量较大、形态奇特、轮廓分明具有较高观赏价值。通常作为入口的对景或障景，也可置于廊间、亭侧、天井中间、漏窗后面、水边、路口或园路转折处等。

特置山石布置的要点在于相石立意，山石体量与环境协调，有前置框景和背景的衬托和利用植物或其他办法弥补山石的缺陷等。苏州网师园北门小院在正对着出园通道转折处，利用粉墙作背景安置了一块体量合宜的湖石，并陪衬以植物。由于利用了建筑的倒挂楣子作框景，从暗透明，犹如一幅生动的画面。

2. 对置

即沿建筑中轴线两侧作对称位置的山石布置。这在北京古典园林在中运用较多，如锣鼓巷可园主体建筑前面对称安置的房山石，颐和园仁寿殿前的山石布置等。

3. 散置

即用数块山石配合布置的一种方法，意在模拟自然山野坡上、沟中、水边等处岩石自然分布之状，又称“散点”。

散置对石材要求较低，但要组合好。常用于园门两侧、廊间、粉墙前、山坡上、小岛上、水池中或与其他景物结合造景。

散置山石的布置要点是有聚有散、有断有续、主次分明、高低曲折、顾盼呼应、疏密有致、层次丰富。概言之，即“攒三聚五”“散漫理之”。山石散置特别讲究石块间的呼应，即相互间动势的联系，正如明代画家龚贤在其《画诀》所说：“石必一丛数块，大石间小石，然后联络。面宜一向，即不一向亦宜大小顾盼。石小宜平，或在水中，或从土出，要有着落”。画理如此，理石亦然。

4. 群置

又称“大散点”。它在应用场合和布置手法上与散点基本相同，差异之处只在所处空间较大，以石堆代替单块山石，堆数也可增多。

5. 山石器设

用山石作室内外的家具或器设是我国园林中的传统做法。山石几案不仅有实用价值，而且又可与造景密切结合。特别是用于地形起伏的自然式地段，很容易与周围的环境取得协调，既节省木材又能耐久，无须搬进搬出，也不怕日晒雨淋。

山石几案适宜布置在林间空地或有树荫的地方，以免游人过于露晒。可独立布置，更可以与其他景物或设施结合布置，如挡土墙、花台、驳岸等。

几案用石不必过于方正，有一面稍平即可，但尺寸应比一般家具要大些，以与室外空间相称。平面布置安排也要有自然变化，不能过于对称。

（二）置石施工

1. 特置山石施工

特置山石在工程结构方面要求稳定和耐久。关键是掌握山石的重心线使山石本身保持重心的平衡。我国传统的做法是用石榫头固定（图 3-10a）。榫头长度一般为十几厘米到二十几厘米，但榫头直径宜大，榫肩 3cm 左右。必须保证石榫头在重心线上。基盘上的榫眼比石榫头的直径应略大 0.5cm，并比石榫头长度深 2～3cm。吊装山石前应在榫眼中浇灌少量素水泥浆或其他黏合材料，待石榫头插入时，黏合材料便可自然充满空隙。养护期间，加强管理，以免发生危险。

特置山石也可布置在台座中。即用石头或其他建筑材料砌成整形的台基，内盛土壤，台下有一定的排水设施，然后在台上布置山石。见图 3-10b。

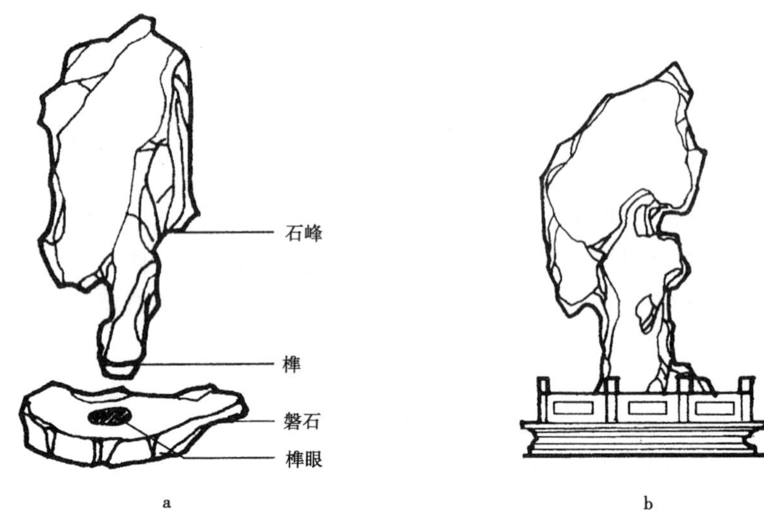

图 3-10　特置山石的基座

a. 自然基座（磐石座）　b. 整形基座（须弥石座）

2. 散置山石施工

石材选好后，按设计位置定位。首先结合一些临时支撑措施在地面进行试摆，试摆的目的是要观察、斟酌并最后确定每一块山石最理想的位置和朝向，观察时要兼顾各个方向，重点考虑主要观赏方向。方案确定后，最好能现场画一幅草图、做些记录或拍数码照片等，便于指导施工。埋石时，在满足造型要求的前提下应尽可能深埋浅露，既稳固又符合自然之理。

（三）置石与其他园林要素（地形、建筑、植物等）的结合

置石的体量小，加上材料本身的自然属性，使得置石应用的灵活性大、范围广。当三五块山石与园林中的一些景物或设施结合应用时，往往骤生灵秀，使画面生动自然起来。正所谓“寸石生情”。

1. 山石与地形的结合

将山石布置在山顶、山腰或山脚，仿自然山岩裸露之状，这实际上是散置的一种应用方式，即土山点石。若布置得法，则能在一定程度上加强山势，增添环境的自然野趣。因自然土山乃年久之山，所以土山点石宜用风化程度较深的岩石，如龟纹石等。

土山山顶多浑厚、圆润，故山顶置石一般宜用圆钝、顽夯之石。石可立、卧结合，但应以卧为主，注意控制立石高度。

置石于山腰，可丰富山腰坡度及轮廓线的变化，使“山势嶙蹭”。并能

护坡挡土，局部造成平台，便于种树。

山脚点石宜横卧。沉稳坐实、自然大方，俨然坡矶。

2. 山石与建筑的结合

这实际上是用山石来陪衬建筑的做法。用少量的山石在合宜的部位装点建筑，就仿佛把建筑坐落在自然的山岩上一样，所表现的实为大山之一隅。古典园林中，这类山石应用方式较为普遍。

（1）山石踏跺与蹲配　中国传统的建筑多建于台基之上。这样，出入口部位就需有台阶作为室内外上下的衔接部分。园林建筑常用自然山石做成的台阶，即为踏跺。石材形状扁平即可，不必非要长方。每级在 10～30cm，每级高度也不必相等。

布置在踏跺两侧的置石称为蹲配。其功能类似台阶侧面的垂带或门口的石狮、石鼓一类的装饰品，外形上却又自然灵活一些。体量大而高者为"蹲"，体量小而低者为"配"。两侧的蹲配各自可进行组合变化，但左右在构图关系上应均衡。

（2）抱角和镶隅　建筑的墙面多成直角转折。这些拐角的外角和内角的线条都比较单调、平滞。故常用山石来美化这些墙角。对于外墙角，山石呈环抱之势紧抱基角墙面，称为抱角；对于内墙角，则以山石镶嵌其中，称为镶隅。经过这样处理，本来是在建筑外面包了一些山石，却又似把建筑坐落在自然的山岩上一样。

山石抱角和镶隅的体量要与墙体所在的空间取得协调。选材应考虑如何使石与墙接触的部位，特别是可见的部位能吻合起来。

（3）粉壁置石　即以墙面作为背景，在墙面前基础种植部位作石景或山景布置，也称"壁山"。《园冶》论此有言："峭壁山者，靠壁理也，籍以粉壁为纸，以石为绘也。理者相石皴纹，仿古人笔意，植黄山松柏古梅美竹。收之园窗，宛然镜游也。"在江南园林的庭院中，这种布置随处可见。

（4）回廊转折处的廊间山石小品　园林中的廊为了争取空间的变化或使游人从不同角度去观赏景物，在平面上往往做成曲折回环的半壁廊。这样就会在廊与墙之间形成一些大小不一、形态各异的小天井式空隙地。这正是可以发挥山石小品"补白"的地方。使之在很小的空间里也有层次和深度的变化。同时可诱导游人按照设计的游览序列入游，丰富沿途的景色，使建筑空间小中见大，活泼自然。

（5）"尺幅窗"和"无心画"　园林景色为了使室内外互相渗透常用"漏窗透石景"。这种手法为清代杂家李渔所首创。他把内墙上原来挂山水画的位置开成漏窗，即"尺幅窗"。然后在窗外布置竹石小品之类，使景入画。

这样便以真景入画，较之画幅生动百倍，他称为“无心画”。以“尺幅窗”透取“无心画”是从暗处看明处，窗花有剪影的效果，加之石景以粉墙为背景，从早到晚，窗景因时而变。

(6) *云梯* 即以山石掇成的室外楼梯。是山石集使用功能与造景为一体的应用方式，既节约室内建筑面积，又可形成自然山石风景。布置时要注意与其他设施和景物结合，如与壁山、花台、山岫、峰石特置等相结合，忌孤立一座，暴露无遗。

3. 山石与植物的结合

山石花台，即把牡丹、芍药等花木布置在自然山石砌筑的台地中。这种方式在江南园林中应用极为普遍，盖因其排水条件良好，且观花方便又可随机应变、能够协助组织游览路线等。

花台的布置也颇有讲究。就花台的个体平面轮廓而言，应有曲折、进出之变化，大、小弯组合应用，自然多变。多个花台组合时要大小相间、若断若续、层次深厚。花台的立面轮廓也应有起伏变化，如结合“立峰”来处理等。此外，花台的断面和细部要有伸缩、虚实和藏露的变化。

树石相生，一柔一坚，最宜互相衬托。树石小景，乃形简意深之佳例，但要配合得法，所谓“松下之石宜拙，梅下之石宜古，竹下之石宜瘦”等之意。

四、塑　山

（一）塑山概述

1. 塑山及其特点

塑山即是在传统灰塑山石和假山的基础上运用水泥、混凝土、玻璃钢、有机树脂等现代材料和石灰、砖等传统材料通过人工塑造的假山。这种专门的技艺在广东园林中开发较早。如岭南四大名园（佛山梁园、顺德清晖园、番禺余荫山房、东莞可园）中都不乏灰塑假山的身影。目前，在全国各地有广泛应用。

塑山和塑石可省采石、运石之功，造型不受石材限制，体量可大可小，而且整体性好，此外塑山还具有施工期短和见效快的优点。其缺点在于近观质感稍差，并且混凝土硬化后表面有细小的裂纹，表面皴纹的变化不如自然山石丰富，寿命较短等（图 3-11、图 3-12）。

图 3-11　开封翰园碑林塑山（局部俯视图）

图 3-12　开封翰园碑林塑山（平视图）

2. 塑山分类

塑山根据其骨架材料的不同，可分为：

（1）砖骨架塑山　即以砖作为塑山的结构骨架。适用于小型塑山及塑石。

（2）钢骨架塑山　即以钢材作为塑山的结构骨架。适用于大型塑山、屋顶花园塑山等。

（二）塑山施工过程

1. 基础施工

对砖骨架塑山，塑山范围内基础满打灰土或碎石混凝土。基础的厚度按各处荷载大小据设计确定。

对钢骨架塑山，柱基础多用混凝土现浇，应当保证钢柱（或豫埋件）埋入的位置和深度。

2. 设置骨架

实践中骨架应用较为灵活，有时根据山形、荷载大小、骨架高度和环境条件的情况而采用混合骨架：钢骨架、钢骨架以及混凝土骨架并用的形式。

骨架多以内接的几何形体为桁架，以作为整个山体的支撑体系，并在此基础上进行山体外形的塑造。施工中应在主骨架的基础上加密支撑体系的框架密度，使框架的外形尽可能接近设计的山体形状。

砖骨架常用机砖，M5 水泥砂浆砌筑。钢骨架多用角钢、工字钢或槽钢，焊接或栓接，所有金属构件均应刷防锈漆两道。

3. 铺设钢丝网

钢丝网在塑山中主要起成形及挂泥的作用，主要用于钢骨架塑山。钢丝网要选择易于挂泥的材料。铺设之前先做分块钢架附在形体简单的钢骨架上并焊牢，变几何形体为凸凹的自然外形，其上再挂钢丝网。钢丝网根据设计造型用木锤及其他工具成型。

4. 打底与抹面

这是塑山造型成形的最后也是最重要的环节。骨架完成后，对于砖骨架，常用 M7.5 混合砂浆打底；对于钢骨架，则应先抹白水泥麻刀灰 2 遍，再堆抹 C20 豆石混凝土（坍落度为 0～2）打底。打底即是初步塑造，形成大的峰峦起伏的轮廓以及石纹、断层、洞穴、一线天、壁、台、岫等山石自然造型。然后于其上用 M15 水泥砂浆罩面塑造山石的自然皴纹。山石表面纹理的塑造需多次尝试，边塑边改，最终应使各个局部都能够显示出自然山石的质感。

5. 上色

最后，根据石色要求刷或喷涂非水溶性颜色（也可在抹面砂浆中添加颜料及石粉调配出所需的石色）。各种石色色浆的配合比可参考表 3-2。

表 3-2　色浆的配制

色浆颜色	水泥		颜料		107 胶
	类型	用量（g）	名称	用量（g）	
红色、紫砂色	普　通	500	铁红	20～40	适量
咖啡色	普　通	500	铁红	15	适量
			铬黄	20	
橙黄色	白水泥	500	铁红	25	适量
			铬黄	10	
黄　色	白水泥	500	铁红	10	适量
			铬黄	25	
苹果绿	白水泥	1000	铬黄	150	适量
			钴蓝	50	
青　色	普　通	500	铬绿	0.25	适量
	白水泥	1000	铬蓝	0.1	
灰黑色	普　通	500	碳黑适量		适量
白　色	白水泥	500	硫酸钡	25	适量
通用色	白水泥	350			适量
	普　通	150			

（三）塑山新工艺简介

1. GRC（短纤维强化水泥）塑山材料

传统塑山工艺施工技术难度大、皴纹不易逼真、材料自重大，并且易裂易褪色。为克服这些缺陷，近年园林科研工作者探索出一种新型的塑山材料——短纤维强化水泥（简称 GRC）。它是用脆性材料如水泥、砂、玻璃纤维等结合在一起而成的一种韧性较强的复合物，主要用来塑造假山、雕塑、喷泉瀑布等。

GRC 用于塑山的优点主要表现在：

（1）山石造型、皴纹逼真。

（2）材料自身重量轻，强度高，抗老化且耐水湿，易工厂化生产。施工方法简便、快捷、造价低，可在室内外及屋顶花园等处广泛使用。

（3）造型设计、施工工艺较好，可塑性大，可满足各种特殊造型要求。

GRC 塑山的工艺过程由组件成品的生产流程和山体的安装流程组成。

（1）组件成品的生产流程：原材料（低碱水泥、砂、水、添加剂）→搅拌、挤压→加入经过切割粉碎的玻璃纤维→混合后喷出→附着模具→压实→安装预埋件→脱模→表面处理→组件成品。

（2）山体的安装流程：构架制作→各组件成品的单元定位→焊接→焊点防锈→预埋管线→作缝→设施定位→面层处理→成品。

2. FRP 塑山材料

继 GRC 之后，目前还出现了另一种新型塑山材料——玻璃纤维强化树脂（简称 FRP），是用不饱和树脂及玻璃纤维结合而成的一种复合材料。其特点是刚度好、质轻、耐用、价廉、造型逼真，同时还可预制分割，方便运输，特别适用于大型、易地安装的塑山工程。

其施工程序为：

泥模制作→翻制石膏→玻璃钢制作→模件运输→基础和钢框架制作安装→玻璃钢预制件拼装→修补打磨→油漆→成品

（1）泥模制作　按设计要求放样制作泥模。一般在一定比例（多用 1∶15～1∶20）的小样基础上进行。泥模制作应在临时搭设的大棚内作业。

（2）翻制石膏　一般采用分割翻制，便于翻模和以后运输的方便。分块的大小和数量根据塑山的体量来确定，其大小以人工能搬动为好。每块按顺序标注记号。

（3）玻璃钢制作　玻璃钢原材料采用 191 号不饱和聚脂及固化体系，1 层纤维表面毡和 5 层玻璃布，以聚乙烯醇水溶液为脱模剂。要求玻璃钢表面硬度大于 34，厚度 4mm，并在玻璃钢背面粘配 ϕ8 的钢筋。制作时要预埋铁件以便安装固定用。

(4) 基础和钢框架制作安装 柱基础采用钢筋混凝土，其厚度不小于 80cm，双层双向 ϕ18 配筋，C20 预拌混凝土。框架柱梁可用槽钢焊接，柱距 1m× (1.5～2) m。必须确保整个框架的刚度和稳定。框架和基础用高强度螺栓固定。

(5) 玻璃钢预制件拼装 根据预制件大小及塑山高度，先绘出分层安装剖面图和分块立面图。要求每升高 1～2m 就要绘一幅分层水平剖面图，并标注每一块预制件 4 个角的坐标位置与编号，对变化特殊之处要增加控制点。然后按顺序由下向上逐层拼装，做好临时固定。全部拼装完毕后，由钢框架伸出的角钢悬挑固定。

(6) 打磨、油漆 拼装完毕后，接缝处用同类玻璃钢补缝、修饰、打磨，使其浑然一体。最后用水清洗，罩以土黄色玻璃钢油漆即成。

第三节 水景工程的施工

水景是园林绿地的重要组成部分。水景可以发挥多方面的造景作用和功能作用，如加强景深丰富空间层次、烘托气氛深化意境、降温吸尘改善环境、可以开展水上活动及养种水生动植物等。

一、水景工程的形式

(一) 湖

湖属于自然式静态水体。一般面积较大，岸线曲折多变，是开展水上活动及养种水生动植物的理想场所。

1. 湖的布置

(1) 湖址常选园地地势低洼处且土壤抗渗性好。

(2) 湖的面积根据园林性质、水源条件和湖体功能等综合考虑确定。

(3) 湖的总平面形状可以是方形、长方形或带状，最好是上述各种形状的组合。

(4) 山水依傍，相互衬托。使湖与山地、丘陵组合造景。湖光山影，利用地貌的起伏变化来加强水景的自然特征。

（5）岸线处理要具有艺术性，有自然的曲折变化。宜借助岛、半岛、堤、桥、汀步、矶石等形式进行空间分割，以产生收放、虚实的变化。

（6）湖岸形式多样，可根据周围环境性质和使用要求加以选择。如块石驳岸简洁大方，假山石驳岸灵活自然，仿竹桩驳岸自然多趣，草皮护坡亲切，块石护坡稳重等。

（7）必须设置溢水和泄水通道。常水位要兼顾安全、景观和游人近水心理。

2. 湖底施工

对于基址土壤抗渗性好、有天然水源保障条件的湖体，湖底一般不需做特殊处理，只要充分压实，相对密实度达90%以上即可。否则，湖底需做抗渗处理。

（1）开工前根据设计图纸结合现场调查资料（主要是基址土壤情况）确认湖底结构设计的合理性。

（2）施工前清除地基上面的杂物。压实基土时如遇杂填土或含水量过大或过小时应采取措施加以处理。

（3）对于灰土层湖底（图3-13a），灰、土比例常用3：7。土料含水量要

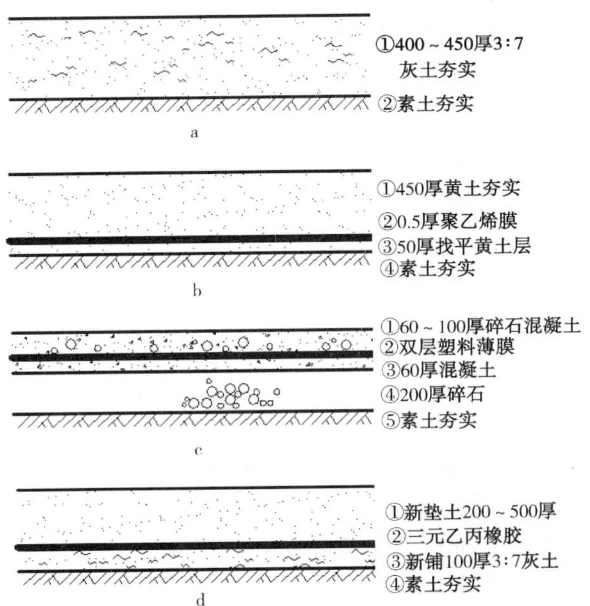

图 3-13 常用湖底做法

a. 灰土层湖底做法 b. 塑料薄膜湖底做法 c. 塑料薄膜防水层小湖底做法 d. 用水泡重新搞新池底做法

适当，并用16～20mm筛子过筛。生石灰粉可直接使用，如果是块灰闷制的熟石灰要用6～10mm筛子过筛。注意拌合均匀，最少翻拌2次。灰土层厚度大于200mm时要分层压实。

(4) 对于塑料薄膜湖底（图3-13b），应选用延展性强和抗老化能力高的塑料薄膜。铺贴时注意衔接部位要重叠0.5m以上。摊铺上层黄土时动作要轻，切勿损坏薄膜。

(5) 注意保护已建成设施。对施工过程中损坏的驳岸要进行整修，恢复原状。

（二）池

池也是静态水景，但不排除有时与喷水等的结合。与湖相比，池一般面积较小但形式多样：有规则大方的几何式，有灵巧雅致的自然式以及变化多样的综合式。此外池还常与建筑、雕塑、小品、山石、植物等组合造景。

1. 池的形式

(1) *池的平面形式* 池的平面形式可分为规则式和自然式两种，参见图3-14。应当根据环境特点加以选择和设计。

(2) *池壁的形式* 根据池壁压顶与地面高称的关系，池壁的形式可分为高于地面的池壁、与地面相平的池壁和沉床式池壁等。如图3-15。

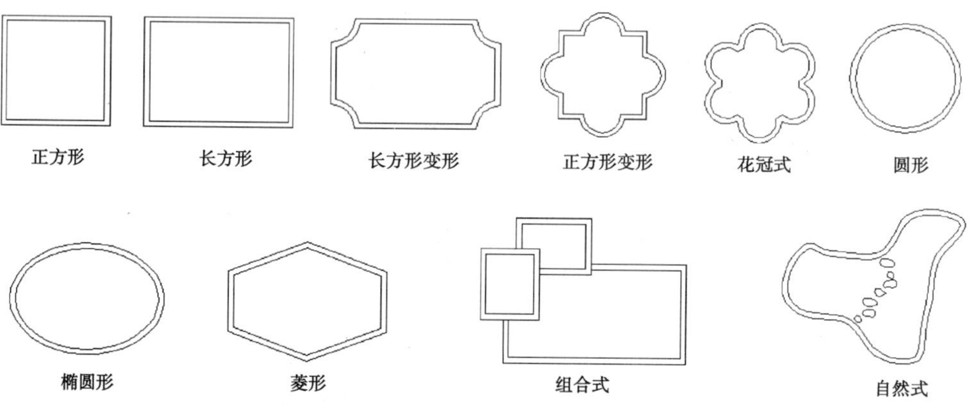

图3-14 水池的平面形式示例

(3) *池壁的压顶形式* 池壁的压顶可以处理成有无沿口和有沿口，有沿口还可以做成平顶、单坡顶、双坡顶、圆弧顶等形式，以进一步地丰富水池的平、立面变化。见图3-16。

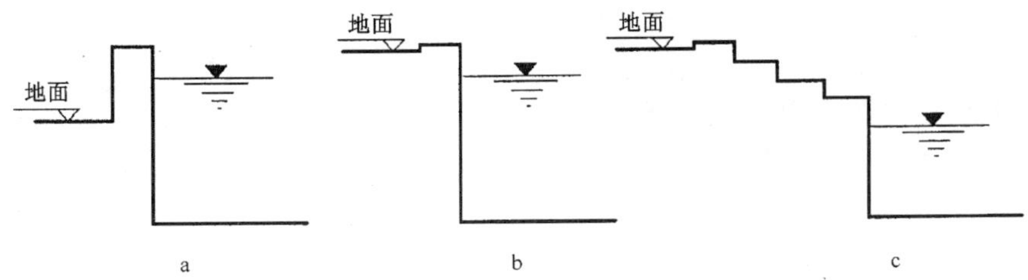

图 3-15 池壁的形式

a. 高于地面的池壁 b. 与地面相平的池壁 c. 沉床式池壁

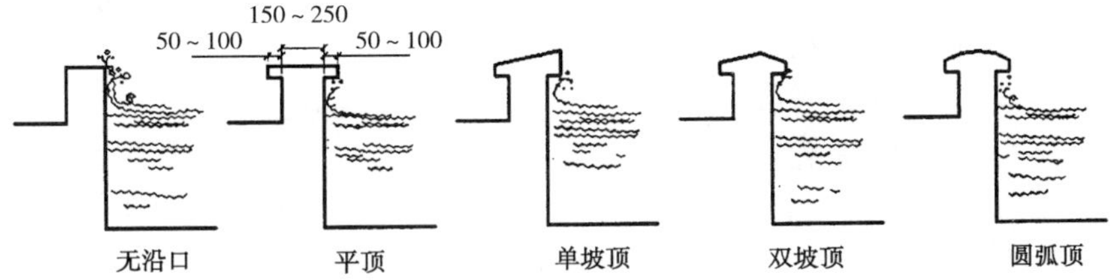

图 3-16 池壁的压顶形式

2. 池的布置要点

(1) 水池的平面形式及其体量应与环境相协调。轮廓要与广场走向、建筑外轮廓取得呼应与联系。要考虑前景、框景和背景的因素。池的造型应力求简洁大方而又具有个性特点。

(2) 池多玲珑小巧，因此其中或周围点缀的雕塑、小品等相应地在尺度上要相宜。

(3) 池的水深多在 0.6～0.8m 之间，有时也可浅至 0.3～0.4m。池底可用鹅卵石装饰，加上池水清浅，可造成浮光掠影、鱼翔浅底之意境。

(4) 无论何种形式的水池，池壁与地面的高差宜小，应控制在 0.45m 以内。自然形式的水池岸壁常采用块石、卵石饰面压顶或嵌置景石的方式。

(5) 可适当地点缀一些挺水植物和浮水植物如荷花、水生鸢尾、水葱、睡莲等。

3. 池的构造

池多采用人工水源，有供水、溢水、泄水的要求，加上对防止渗漏的要求较高，其构造和施工技术比湖要复杂。详见本节喷泉工程中喷水池的相关内容。

（三）溪

溪是自然界山涧小溪在园林中的一种艺术再现，是连续的曲折而长的带状水体。图 3-17 是溪的一般模式。

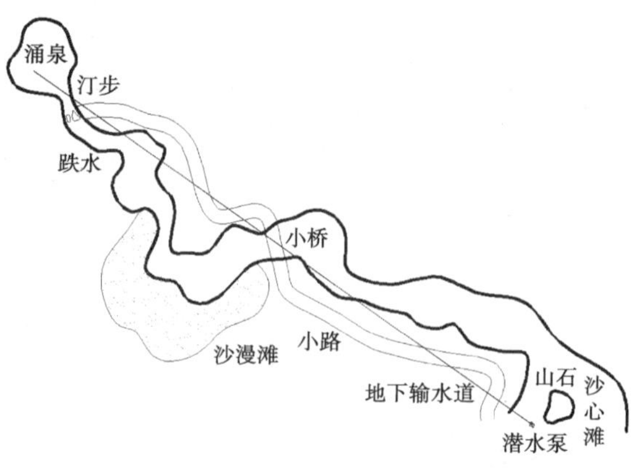

图 3-17　溪的一般模式

1. 溪的布置

(1) 一般需要结合地貌的起伏变化进行布置。其平面应有自然的曲折变化和宽狭变化，其纵向断面有陡缓不一和高低不等的变化。溪流的宽度通常在 1～2m，水深 5～10cm 左右。溪流的坡势依流势确定，一般急流处为 3%左右，缓流处为 0.5%～1%。

(2) 水流、水槽及沿岸的其他景物都应有一种节奏感，富于韵律的变化。

(3) 水的形式可以交替采用缓流、急流、跌水、小瀑布、池等形式。

(4) 溪中常布置有汀步、小桥、浅滩、点石等，沿水流安排时隐时现的小路。溪中宜栽种一些水生植物如鸢尾、石菖蒲、玉蝉花等，两侧则可配置一些低矮的花灌木如迎春、溲疏等。

(5) 溪的末端宜用一稍大的水池收尾，符合自然之理。

(6) 对于溪底，可选用大卵石、砾石、瓷砖、石料等铺砌处理，以美化景观。

2. 溪的施工要点

溪道通常应具有较强的防渗能力，因此一般采用混凝土结构（图 3-18）。

(1) 可用石灰粉按照设计图纸放出溪流（溪壁外沿）的外轮廓，作为挖方边界线。在转折点及变坡点处打上定位桩，桩上标明设计标高及挖深。

(2) 溪的深度一般不大，基槽断面既可采用梯形也可用直槽式。宜人工挖槽，挖至设计标高经夯实平整后铺碎石垫层，其厚度一般为 100～ 150mm。

(3) 在柔性防水材料（三元乙丙橡胶或油毡卷材）与碎石垫层之间需设置一厚约 25～50mm 的砂垫层，对防水层起衬垫保护作用。

(4) 溪流的岸壁常用卵石和自然山石装点。砌筑时主要考虑景观的自

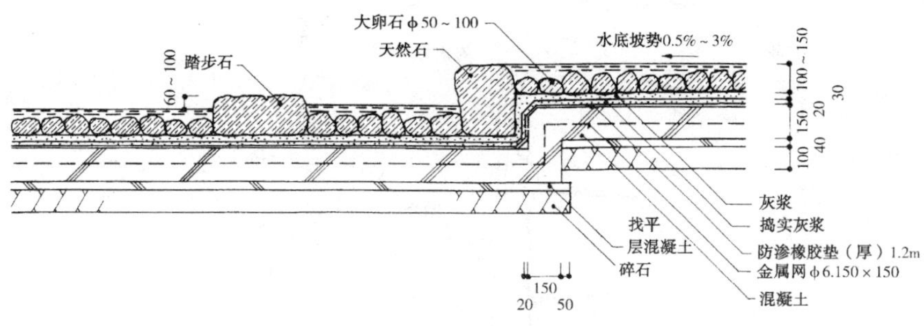

a

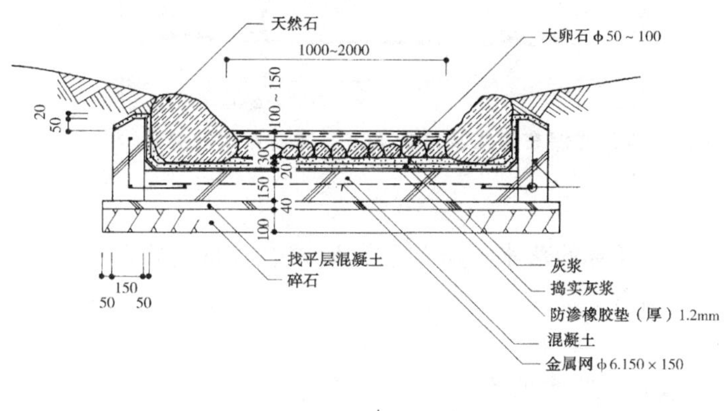

b

图 3-18　溪道结构图

a. 溪流纵剖面图　b. 溪流横剖面图

然，砂浆暴露要尽量少。起防渗作用的是其背后的混凝土层。

（5）要严格按照操作规范（如混凝土结构工程施工及验收规范、地下防水工程施工及验收规范等）进行施工。

（四）瀑布

天然瀑布是指因山壁或河床的垂直变化而造成的突然下落的水。人工瀑布是对天然瀑布的模仿，通过塑造相应的水流界面而造成落水景观。瀑布属动态水景，其水势造型有奔泻、旋流、激起等形态。

人工瀑布分为自然式和规则式，适用于不同场合。

1. 自然式瀑布

指水流界面由自然山石或塑山塑石组成、模拟天然瀑布的落水景观。

（1）构成　一般由背景、上游水源、落水口、瀑身、承水潭和溪流五部

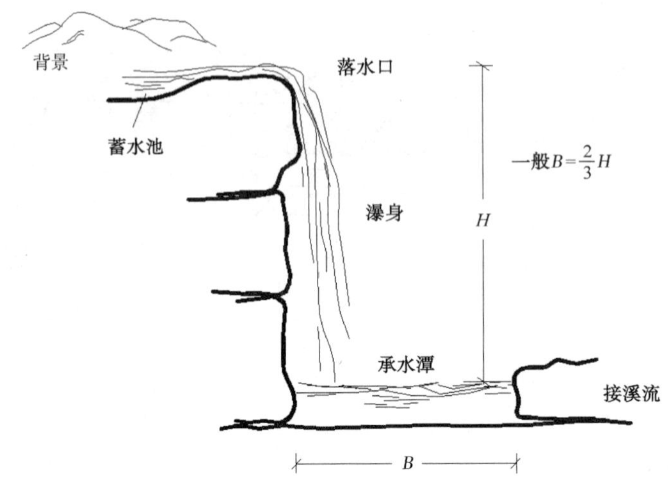

图 3-19　自然式瀑布模式及瀑身落差与潭面宽度的关系

分组成（图 3-19）。

(2) 落水形式　即瀑身的落水形态。常见形式有直落、段落、对落、滑落、幕落、雨落、乱落等。

(3) 布置要点

① 布置场合一般是在临水的绝壁处。

② 瀑布的上游应有深厚的背景，如可在蓄水池三面布置山石和树木造成山峦层次。否则，“无源”之水不符合自然之理。

③ 落水口的质地对瀑身影响较大。光滑时瀑身平展如透明薄纱；粗糙时瀑身有较多皱折；极粗糙时产生水花，瀑身呈白色。

④ 承水潭的宽度要根据瀑身高度来确定。过宽影响观赏效果；过窄水花易溅出，若欲使游人能“身临其境”，可设置自然矶石汀步以达目的。

⑤ 瀑布的气势取决于用水量。落差越大，用水量越多（表 3-3）。

表 3-3　瀑布用水量估算

瀑布落水高度（m）	堰顶蓄水池水深（mm）	用水量（L/s）	瀑布落水高度（m）	堰顶蓄水池水深（mm）	用水量（L/s）
0.30	6	3	3.00	19	7
0.90	9	4	4.50	22	8
1.50	13	5	7.50	25	10
2.10	16	6	>7.50	32	12

2. 规则式瀑布

指水流界面是由砖、石料或混凝土塑成的几何形状构筑物组成的落水景观。多布置在一个较大的水池中，以瀑布群的形式出现，池中常设置矩形汀步，任人行走。

(1) 落水形态与溢流沿形式　规则式瀑布的景观特征除了与瀑面宽度、落差大小、堰顶水深有关外，还取决于溢流沿的形式及水流界面的材质等(图 3-20)。

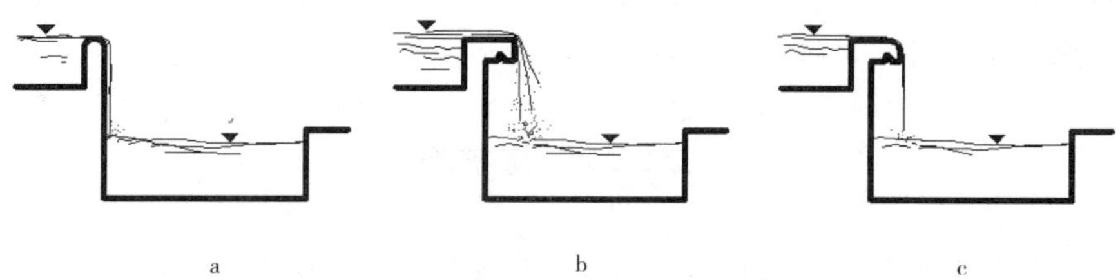

图 3-20　溢流沿形式及其落水形态

a. 圆池边　b. 方角溢流沿　c. 圆角溢流沿

① 圆池边　水流沿池壁从高水面平滑地下落到低水面。落水声音小，水流及池壁反射光线，可产生闪亮的装饰效果。

② 方角溢流沿　水流下落时产生不同的角度，形成瀑布的层次。落水声音大，有气势，并能产生大量水雾。

③ 圆角溢流沿　水流垂直下落，水流平稳，可形成一层透明反光的幕布。为加强“水幕”效果，可在落水口处加装不锈钢或青铜材料制作的唇堰。

(2) 布置要点

① 规则式瀑布宜布置在视线集中、空间较开敞的地方。地势若有高差变化则更为理想。

② 瀑布着重表现水的姿态、水声、水光，以水体的动态取得与环境的对比。

③ 水池平面轮廓多采用折线形式，便于与池中分布的瀑布池台（常为方形或长方形）产生协调。池壁高度宜小，最好采用沉床式或直接将水池置于低地中，有利于形成观赏瀑布的良好视域。

④ 瀑布池台应有高低、长短、宽窄的变化，参差错落，使硬质景观和落水均有一种韵律的变化。

⑤ 考虑游人近水、戏水的需要，池中应设置汀步。使池、瀑成为诱人的游乐场所。

⑥ 无论瀑布池台、池壁还是汀步，质地宜粗糙、硬朗，以便与瀑布的滑润、柔美产生对比变化。

3. 瀑布的施工要点

自然式瀑布实际上是山水的直接结合。其工程要素即是假山（或塑山塑石）、湖池、溪流等的配合布置，施工方法可参照有关内容。需要指出的是，整个水流路线必须做好防渗漏处理，将石隙封严堵死，以保证结构安全和瀑布的景观效果。此外，无论自然式瀑布还是规则式瀑布，均应采取适当措施控制堰顶蓄水池供水管的水流速度的影响。如在出水管口处加设挡水板或增加蓄水池深度等，以减少上游紊流对瀑身形态的干扰。

二、驳岸与护坡

驳岸和护坡是湖体的护岸设施，其主要作用在于防止土体坍塌、冲刷滑坡，维持水面的面积比例。若处理得法，也可发挥造景作用。

（一）驳岸与驳岸工程

1. 驳岸的分类与结构

驳岸是一面临水的挡土墙。其岸壁多为直墙，有明显的墙身。

（1）根据压顶材料的形态特征及应用方式分　驳岸可分为规则式、自然式和混合式。

① 规则式驳岸　岸线平直或呈几何线形，用整形的砖、石料或混凝土块压顶的驳岸属规则式。

② 自然式驳岸　岸线曲折多变，压顶常用自然山石材料或仿生形式。如假山石驳岸、仿树桩驳岸等。

③ 混合式驳岸　水体的护岸方式根据周围环境特征和其他要求分段采用规则式或自然式，就整个水体而言则为混合式驳岸。某些大型水体，周围环境情况多变如地形的平坦或起伏、建筑的布局或风格的变化、空间性质的变化等，因此，不同地段可因地制异选择相适宜的驳岸形式。

（2）根据结构形式分　驳岸可分为重力式、后倾式、插板式、板桩式、混合圬工式等。

① 重力式驳岸　主要依靠墙身自重来保证岸壁的稳定，抵抗墙后土体的压力（图 3-21a）。墙身的主材可以是混凝土或块石或砖等。

② 后倾式驳岸　是重力式驳岸的特殊形式，墙身后顷，受力合理，经济节省（图 3-21b）。

③ 插板式驳岸　由钢筋混凝土制成的支墩和插板组成。其特点是体积小，造价低（图 3-21c）。

④ 板桩式驳岸　由板桩垂直打入土中，板边用企口嵌组而成。分自由式和锚着式两种（图 3-21d）。对于自由式，桩的入土深度一般取水深的 2 倍，锚着式可浅一些。这种形式的驳岸施工时无须排水、挖基槽，因此适用于现有水体岸壁的加固处理。

⑤ 混合圬工式驳岸　由两部分组成，下部采用重力式块石小驳岸或板桩，上部采用块石护等（图 3-21e）。

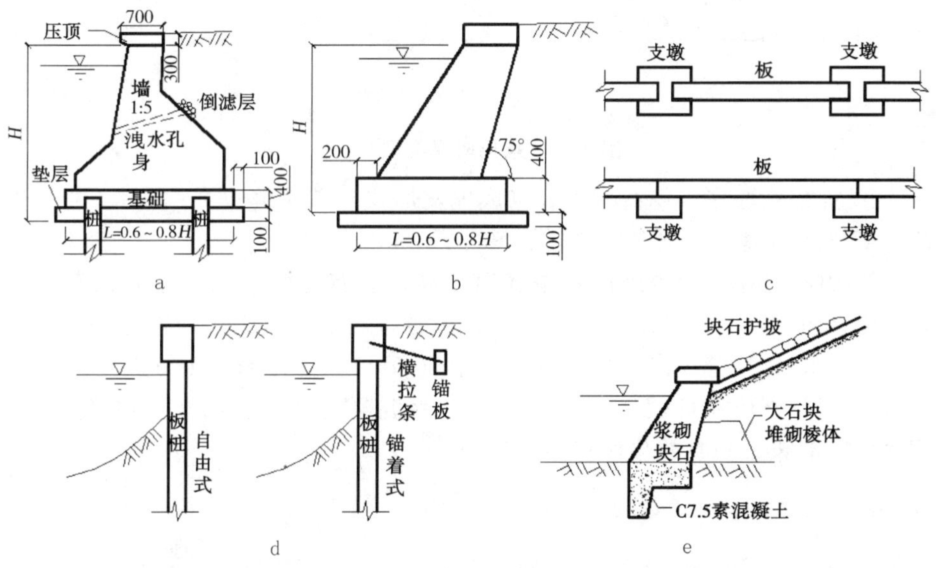

图 3-21　驳岸的结构形式

若湖底有淤泥层或流沙层，为控制沉陷和防止不均匀沉陷，常采用桩基对驳岸基础进行加固。桩基的材料可以是混凝土或灰土或木材（柏木或杉木）等。

（3）常见驳岸类型　就实际应用而言，最能反映驳岸造型要求和景观特点的是驳岸工程的墙身主材和压顶材料。

① 假山石驳岸　墙身常用毛石或砖或混凝土砌筑，一般隐于常水位以下，岸顶布置自然山石，是最具园林特点的驳岸类型（图 3-22a）。

② 卵石驳岸　常水位以上用大卵石堆砌或将较小的卵石贴于混凝土上，风格朴素自然（图 3-22b）。

③ 条石驳岸　岸墙以及压顶用整形花岗岩条石砌筑，坚固耐用、整洁大方，但造价较高（图 3-22c）。

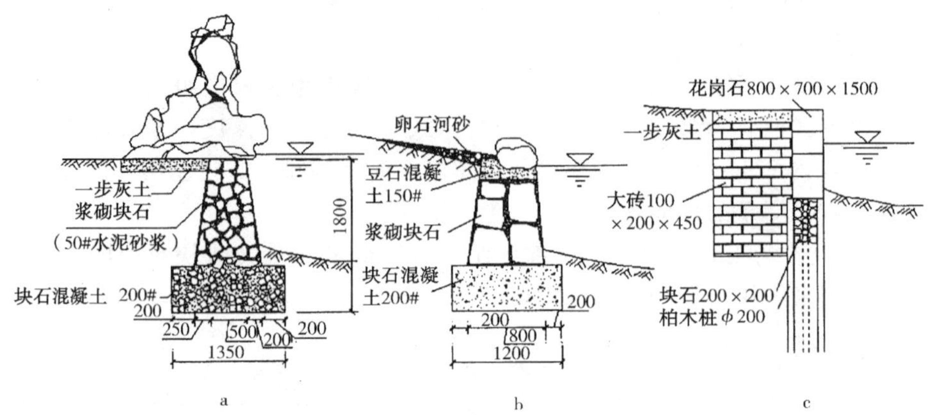

图 3-22　常见驳岸类型（一）

④ 虎皮石驳岸　墙身用毛石砌成虎皮形式，砂浆缝宽 2～3cm，可用凸缝、平缝或凹缝。压顶多用整形块料（图 3-23a）。

⑤ 竹桩驳岸　南方地区冬季气温较高，没有冻胀破坏，加上又盛产毛竹，因此可用毛竹建造驳岸。竹桩驳岸由竹桩和竹片笆组成，竹桩间距一般为 600mm，竹片笆纵向搭接长度不少于 300mm 且位于竹桩处（图 3-23b）。

⑥ 混凝土仿树桩驳岸　常水位以上用混凝土塑成仿松皮木桩等形式，别致而富韵味，观赏效果好（图 3-23c）。

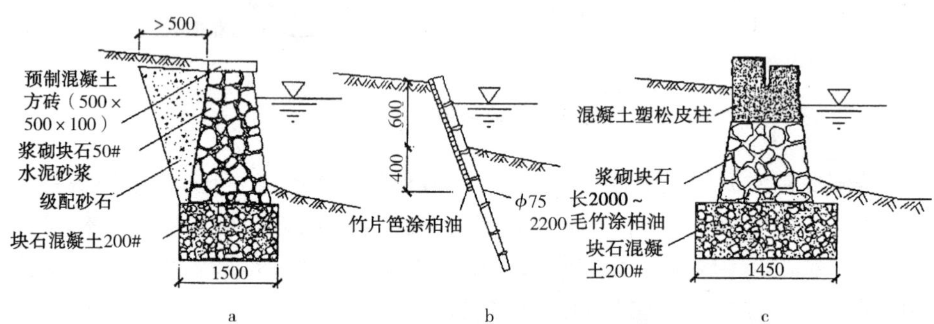

图 3-23　常见驳岸类型（二）

实际上除竹桩驳岸外，大多数驳岸的墙身通常采用浆砌块石。对于这类砖、石驳岸，为了适应气温变化造成的热胀冷缩，其结构上应当设置伸缩缝。一般每隔 10～25m 设置一道，缝宽 20～30mm，内嵌木板条或沥青油毡等。

2. 驳岸施工

驳岸的施工在挖湖施工后、湖底施工前进行。

(1) *放线* 依据设计图上水体常水位线确定驳岸的平面位置，并在基础两侧各加宽 20cm 放线。

(2) *挖槽* 常采用人工开挖。对需要放坡及支撑的地段，要按照规定放坡、加支撑。挖槽不宜在雨季进行。雨季施工宜分段、分片完成，施工期间若基槽内因降雨积水，应在排净后挖除淤泥垫以好土。

(3) *夯实地基* 基槽开挖完成后进行夯实。遇到松软土层时，需增铺 14～15cm 厚灰土一层予以加固。

(4) *浇筑基础* 驳岸的基础类型中，块石混凝土最为常见。施工时石块要垒紧，不得仅列置于槽边，然后浇注 M15～M20 水泥砂浆。灌浆务必饱满，要渗满石间空隙。

(5) *砌筑岸墙* 浆砌块石用 M5 水泥砂浆，要砂浆饱满勾缝严密。伸缩缝的表面应略低于墙面，用砂浆勾缝掩饰。若驳岸高差变化较大，还应做沉降缝，常采用局部增设伸缩缝的方法兼作沉降缝。

(6) *砌筑压顶* 施工方法应按设计要求和压顶方式确定，要精心处理好常水位以上部分。用大卵石压顶时要保证石与混凝土的结合密实牢固，混凝土表面再用 20～30mm 厚 1∶2 水泥砂浆抹缝处理。

(二) 护坡与护坡工程

护坡与驳岸的功能基本相同，都是为了保护岸坡的稳定，防止滑坡、雨水径流冲刷和风浪的拍击。其区别在于护坡没有驳岸那样近乎垂直的岸墙，而是在土坡上采用合适的方式直接铺筑各种材料对坡面加以保护。当岸壁坡角在土壤的自然安息角以内、周围地形自然起伏时，可考虑利用植被护坡如植草护坡、种植灌木护坡等。否则，需要采取土工措施保护岸坡，并满足其他功能要求。

1. 护坡的类型与结构

(1) *编柳抛石护坡* 是将块石抛置于绕柳橛十字交叉编织的柳条框格内的护坡方法。柳条发芽后便成为较好的护坡设施。富有自然野趣（图 3-24a）。

(2) *铺石护坡* 如图 3-24b、c、d。即在整理好的岸坡上密铺块石，最好选用比重大、吸水率小的石块。石块的直径为 18～25cm，长、宽比宜为 1∶2。

铺石护坡应有足够的透水性以减少土壤从护坡上面流失。因此，需在块

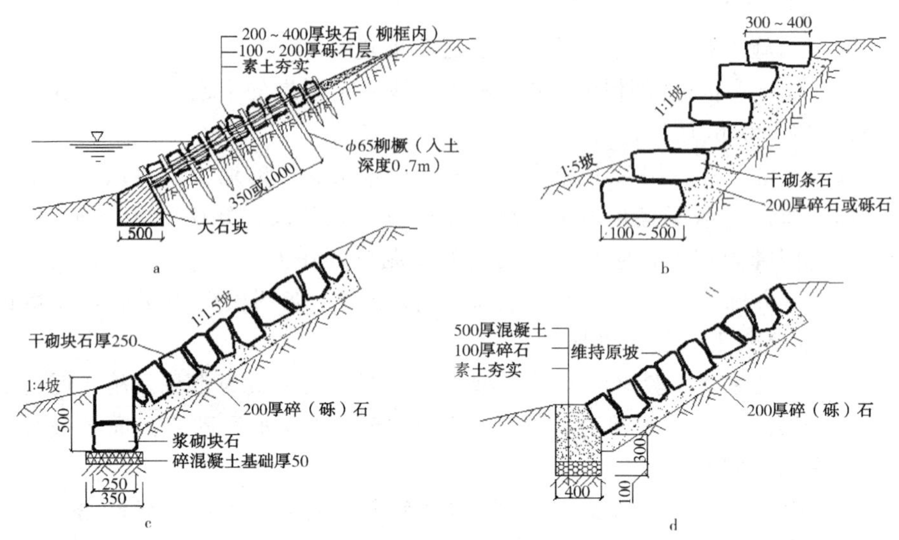

图 3-24　护坡方法

石下面设倒滤层垫底（厚 10～25cm），并在护坡坡角设挡板。水的流速较小时，可用砾石或直接用粗砂作倒滤层。若流速较大，则应以碎石作垫层。水深在 2m 以上时，护坡被水淹没部分可考虑采用双层铺石。此外，当护坡块石用砂浆勾缝时（干砌则不用），还需要设置伸缩缝和泄水孔。伸缩缝间距 20～25m，泄水孔间距 5～20m。

2. 护坡施工

以铺石护坡为例，其施工的程序和要点如下：

（1）*放线挖槽*　按设计放出护坡的上、下边线。若岸坡地面坡度和标高不合设计要求，则需开挖基槽，经平整后夯实。如果水体土方施工时已整理出设计的坡面，则经简单平整后夯实即可。

（2）*砌坡脚石、铺倒滤层*　先砌坡脚石，其基础可用混凝土或碎石。大石块（或预制混凝土块）坡脚用 M5～M7.5 水泥砂浆砌筑。混凝土也可现浇。无论哪种方式的坡脚，关键是要保证其顶面的标高。铺倒滤层时，要注意摊铺厚度，一般下厚上薄，如从 20cm 逐渐过渡为 10cm 等。

（3）*铺砌块石*　由于是在坡面上施工，倒滤层碎料容易滑移而造成厚薄不均，因此施工前应拉绳网控制，以便随时矫正。从坡脚处起，由下而上铺砌块石。石块要呈品字形排列，彼此贴紧。用铁锤随时打掉过于突出的棱角，石块间用碎石填满、垫平，不得有虚角。

（4）勾缝　一般而言，块石干砌较为自然，石逢内还可长草。为更好地防止冲刷、提高护坡的稳定性等，也可用 M7.5 水泥砂浆进行勾缝（凸缝或凹缝）。

三、喷泉工程

（一）喷泉工程概述

1. 喷泉的概念与作用

喷泉是利用压力水喷出后形成各种水势造型、用于观赏的动态水景。

喷泉对环境具有较强的装饰作用，常用于城市广场、公共建筑或作为建筑、园林的小品，广泛应用于室内外空间。此外，喷泉还可以改善局部空间的空气湿度、减少尘埃，其喷出的细小水珠与空气分子撞击后还能产生大量对人体有益的负氧离子，增进人们的身心健康。

2. 喷泉的类型与环境

（1）喷泉的类型　主要根据喷水的造型特点，喷泉可分为以下几类：

① 普通装饰性喷泉　指喷水型是由各种固定花型图案组成的喷泉。

② 雕塑喷泉　其喷水型与柱式、雕塑等共同组成景观。

③ 水雕塑喷泉　指利用机械或设施塑造出各种大型水柱姿态的喷泉。

④ 自控喷泉　利用各种电子技术，按预定设计程序控制水、光、音、色，形成具有旋律和节奏变化的综合动态水景。

（2）喷泉的环境　喷泉应与环境协调。这包括两个方面：

①选择喷泉的布置位置　首先，要根据喷泉的主题、形式选择合宜的布置位置，通常需要视线集中、视野开阔。多数情况下，喷泉应位于建筑、广场的轴线焦点或端点处。有时也可根据环境特点布置喷泉小景，自由、灵活地装扮室内外空间。其次，喷泉最好安置在避风的环境中，以减少风力对水型的影响及水量损失。

②布置喷泉周围的环境　确定喷泉周围其他景物和设施的形式、体量和布置方式时同样应当考虑喷泉的主题和形式。要达到能够利用环境渲染和烘托喷泉主景的效果。喷水池的大小比例以及喷水的形式和规模也应当根据喷泉所在的空间尺度来确定。

对喷泉而言，视域良好时其合适视距是喷水高度的 3.0～3.3 倍，为景物宽度的 1.2 倍。

3. 喷泉的水源与给排水方式

喷泉用水只要无色、无味、无有害杂质即可，因此除自来水外，其他如冷却设备和空调系统的废水也可作为喷泉的水源。

喷泉的给排水方式有以下 4 种。

(1) 自来水直供　对于流量小于 2～3L/s 的小型喷泉，可直接利用自来水及其水压，喷出后排入城市雨水管网。

(2) 加压直供　为保证喷水具有稳定的高度和射程，自来水需经过特设的水泵房加压。使用后仍排入城市雨水管网。

(3) 循环供水　主要为了节约用水，大型喷泉通常需要利用离心泵或潜水泵实现循环供水。

(4) 利用高位天然水源　在有条件时，可以利用高位的天然水源供水，用毕排除。

4. 喷泉水型的基本形式

根据喷头类型及其组合应用方式的不同，喷水的形式多种多样。基本形式见表 3-4。大中型喷泉，通常是将数种基本形式配合使用，共同构成丰富多彩的水态。

表 3-4　喷泉水型的基本形式

序号	名称	喷泉水型	序号	名称	喷泉水型
①	单射型			b. 向内编织	
②	水幕型			c. 篱笆型	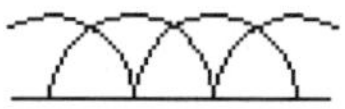
③	拱顶型		⑦	屋顶型	
④	向心型		⑧	喇叭型	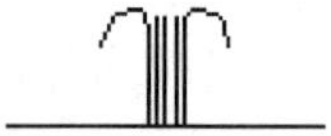
⑤	圆柱型		⑨	圆弧型	
⑥	编织型 a. 向外编织				

（续）

序号	名称	喷泉水型	序号	名称	喷泉水型
⑩	蘑菇型（涌泉型）		⑯	孔雀型	
⑪	吸力型		⑰	多层花型	
⑫	旋转型		⑱	牵牛花型	
⑬	喷雾型		⑲	半球型	
⑭	撒水型		⑳	蒲公英型	
⑮	扇　型				

5. 喷泉工作程序

喷泉的工作程序：水源通过水泵将水压送至供水管，进入分水槽或分水箱，再经过控制阀门到喷嘴喷出（图 3-25）。因降雨或补充供水过量，多余水将进入溢水口通过溢水管排走。维修或清污时，打开泄水阀门，水从带格栅沉泥井进入泄水管排出。

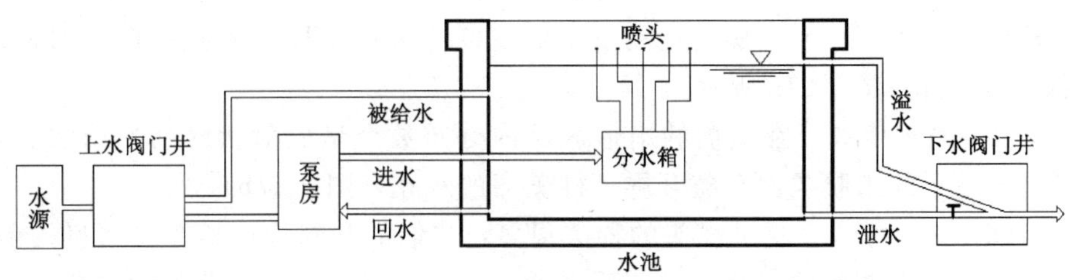

图 3-25 喷泉工作程序示意

（二）喷泉工程的组成

喷泉工程的组成因喷泉的类型和规模不同而不同。喷头、管道、水泵、控制系统、喷水池、附属构筑物（如阀门井、泵房等）等是大多数喷泉的组成要素。

1. 喷头

喷头是喷泉的一个主要组成部分。它的作用是把具有一定压力的水，经过喷嘴的造型作用，在水面上空喷射出各种预想的、绚丽的水花。喷头的形式、结构、材料、外观及工艺质量等对喷水景观具有较大的影响。

制作喷头的材料应当耐磨、不易锈蚀、不易变形。常用青铜或黄铜制作喷头。近年也有用铸造尼龙制作的喷头，耐磨、自润滑性好、加工容易、轻便、成本低，但易老化、寿命短、零件尺寸不易严格控制等，因此主要用于低压喷头。

喷头的种类较多，而且新形式不断出现。常用喷头可归纳为以下几种类型：

（1）单射流喷头　是压力水喷出的最基本的形式，也是喷泉中应用最广的一种喷头。可单独使用，组合使用时能形成多种样式的花型。其形式和基本水姿如图 3-26a。

（2）喷雾喷头　这种喷头内部装有一个螺旋状导流板，使水流螺旋运动，喷出后细小的水流弥漫成雾状水滴。在阳光与水珠、水珠与人眼之间的连线夹角为 40°36″～42°18″时，可形成缤纷瑰丽的彩虹景观。其构造见图 3-26b。

（3）环形喷头　出水口为环状断面，使水型成中空外实且集中而不分散的环形水柱。气势粗犷、雄伟。其构造见图 3-26c。

（4）旋转喷头　利用压力由喷嘴出时的反作用力或用其他动力带动回转器转动，使喷嘴不断地旋转运动。水形成各种扭曲线形，飘逸荡漾，婀娜多姿。其构造如图 3-27a 所示。

（5）扇形喷头　在喷嘴的扇形区域内分布数个呈放射状排列的出水孔，可喷出扇形的水膜或像孔雀开屏一样美丽的水花（图 3-27b）。

（6）变形喷头　这种喷头的种类很多，它们的共同特点是在出水口的前面有一个可以调节的形状各异的反射器。当水流经过时反射器起到水花造型的作用，从而形成各种均匀的水膜，如半球形、牵牛花形、扶桑花形等（图 3-27c）。

（7）吸力喷头　它利用压力水喷出时在喷嘴的喷口附近形成的负压区，

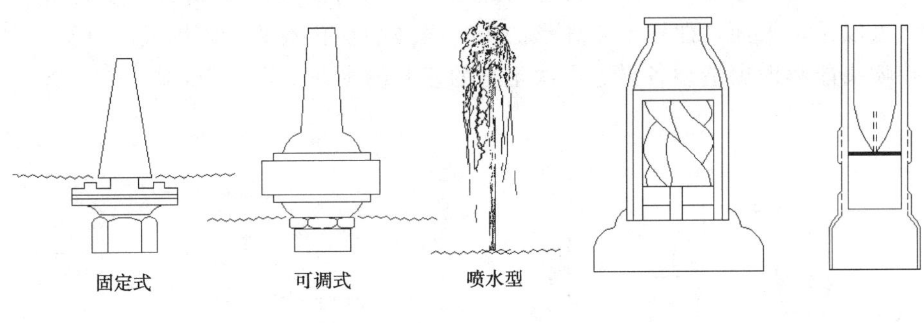

图 3-26 喷头类型（一）

a. 单射流喷头 b. 喷雾喷头 c. 环形喷头

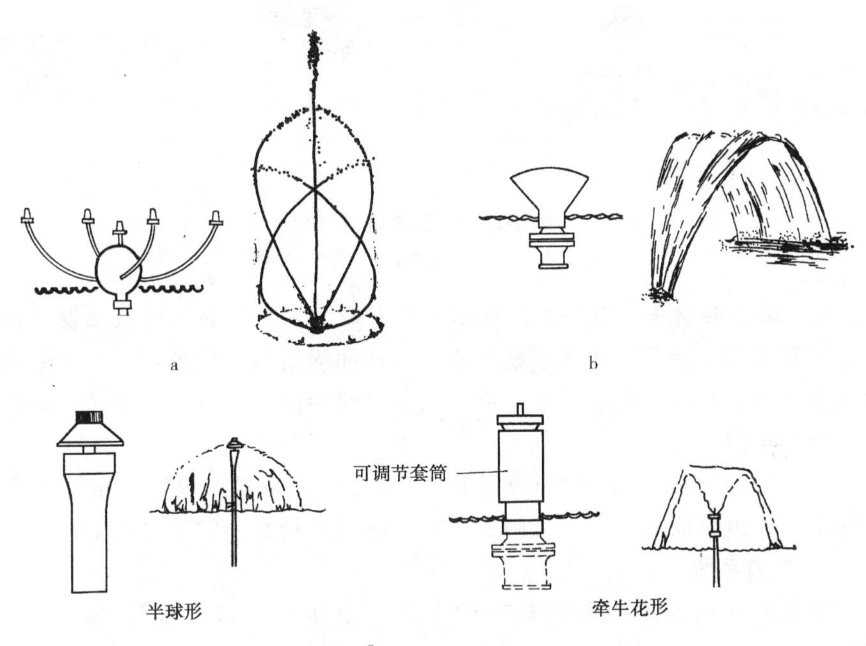

图 3-27 喷头类型（二）

a. 旋转喷头 b. 扇形喷头 c. 变形喷头

在压差的作用下把空气和水吸入喷嘴外的套筒内，与喷嘴内喷出的水混合后一并喷出。其水柱的体积膨大，同时因混入大量细小的空气泡而形成白色不透明的水柱。它能充分反射阳光，特别在夜晚彩灯的照射下会更加光彩夺目。吸力喷头可分为吸水喷头、加气喷头和吸水加气喷头 3 种（图 3-28a）。

(8) 多孔喷头　这种喷头可以是由多个单射流喷嘴组成的一个大喷头，也可以是由平面、曲面或半球形的带有很多细小孔眼的壳体构成的喷头。多孔喷头能喷射出造型各异、层次丰富的盛开的水花（图 3-28b）。

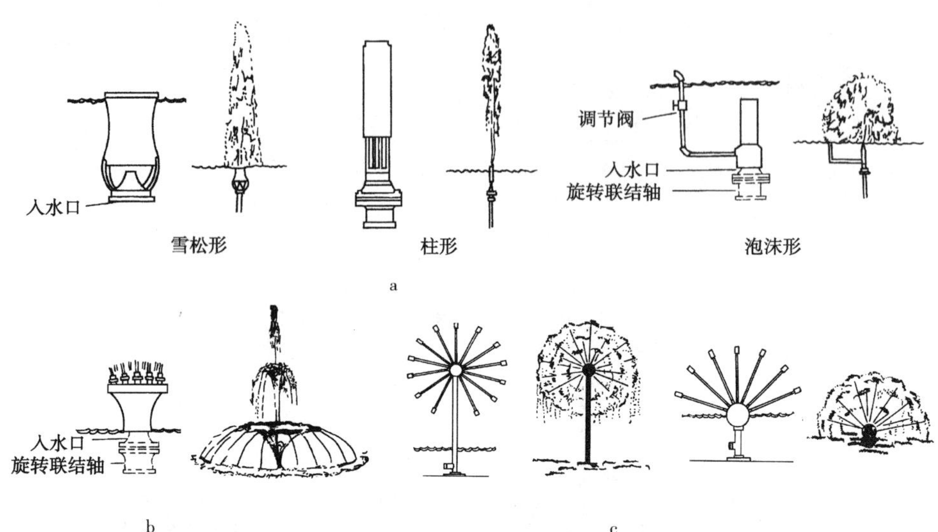

图 3-28　喷头类型（三）

a. 吸力喷头　b. 多孔喷头　c. 蒲公英喷头

(9) 蒲公英喷头　它是在圆球形壳体上安装多个同心放射状短管，并在每个短管端部安装一个半球形变形喷头。从而喷射出像蒲公英一样美丽的球形或半球形水花，新颖、典雅。此种喷头可单独使用，也常几个喷头高低错落地布置（图 3-28c）。

(10) 组合喷头　指由两种或两种以上、形体各异的喷嘴，根据水花造型的需要，组合而成的一个大喷头。它能够形成较复杂的喷水花型。

2. 管道系统

喷泉的管道系统一般包括补给水管、循环水管和排水管（参见图 3-25）。

(1) 补给水管　作用是供给和补充水池用水，维持水池水位稳定。一般与市政供水管网相接。

(2) 循环水管　包括供水管、回水管、配水管和分水箱。供水管是喷头与分水箱（或配水管）之间的连接管道；回水管是离心泵泵体与池水之间的连接管道，其管口常置于水池中带过滤隔栅的回水井内；分水箱是布置在供水管路上的调节设施，其作用是使喷头组内各喷头具有同等的水压。

(3) 排水管　可分为溢水管和泄水管。溢水管是水池余水排出的通道，其管口标高与水池设计水位相同。余水的出路或者是市政雨水管网或者用于绿地灌溉及其他用途；泄水管是用于清空池水的管路，当冰冻季节来临喷泉需要停止工作时或者水池清污、池内设备维修时，打开泄水管路上的阀门即可清空池水。

3. 水泵

循环供水的喷泉需要布设水泵。潜水泵直接布置在水池中；离心泵则需要安装在特设的泵房内。水泵的性能因子较多，其中最重要的是水泵的扬程和流量。

4. 控制系统

喷泉的控制系统主要是指控制喷水流量、水压以及喷水造型变化和照明效果的各种控制设施、设备。包括各种手控阀门、组成自控喷泉的电气设施及其电磁阀等。

手控阀门常安装在喷泉的供水管路上，通过人工调节喷头或喷头组的流量与水压。

自控喷泉主要有时控喷泉、声控喷泉（或音乐喷泉）和程控喷泉。时控喷泉多是由时间继电器发出指令，控制电磁阀的启闭和喷头水路的通断，从而使喷水型和照明随时间变化而变化；声控喷泉是利用声音信号、声-电转换装置、中继电路和电磁阀来控制喷水造型变化的，可以形成随声音或音乐节奏进行变化的喷水型和照明效果；程控喷泉是利用电脑程序作为控制信号源进行喷水型塑造和照明效果变换的，可以产生更复杂、更为随意的喷水景观效果。图 3-29 是音乐喷泉控制系统示意图。

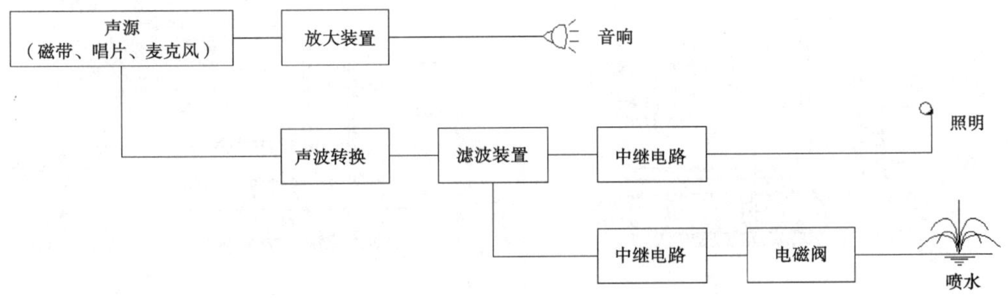

图 3-29　音乐喷泉控制系统示意

5. 喷水池

喷水池是喷泉工程的重要组成部分。它在喷泉的结构组成和景观效果中均占有十分重要的地位。

(1) 喷水池的形式与大小 喷水池是池的一种，其形式已如前所述。需要指出的是，喷水池的形式与体量要与喷水一起考虑。水池的体量除了应当与环境空间协调外，其大小还受喷水高度的影响，喷高越大，所需水池越大。一般水池半径应为最大喷高的 1～1.3 倍，以防水滴被风吹落池外。喷水池的水深也要满足池中管路、水泵、照明设备等的基本要求。

(2) 喷水池的结构与构造

① 喷水池的结构形式 根据水池构造材料的不同，喷水池的结构形式可分为砖砌结构喷水池、毛石砌结构喷水池和钢筋混凝土结构喷水池。

当水池较小，池水较浅，池壁高度小于 1m，对防水要求不太高时，可以采用砖、石结构（图 3-30a、b）。这类水池施工简便、造价低。

当水池较大，或设于室内、屋顶花园或其他防水要求较高的场合时，应当选用钢筋混凝土结构喷水池（图 3-30c）。它的防水性能好、结构稳固、使用期长。

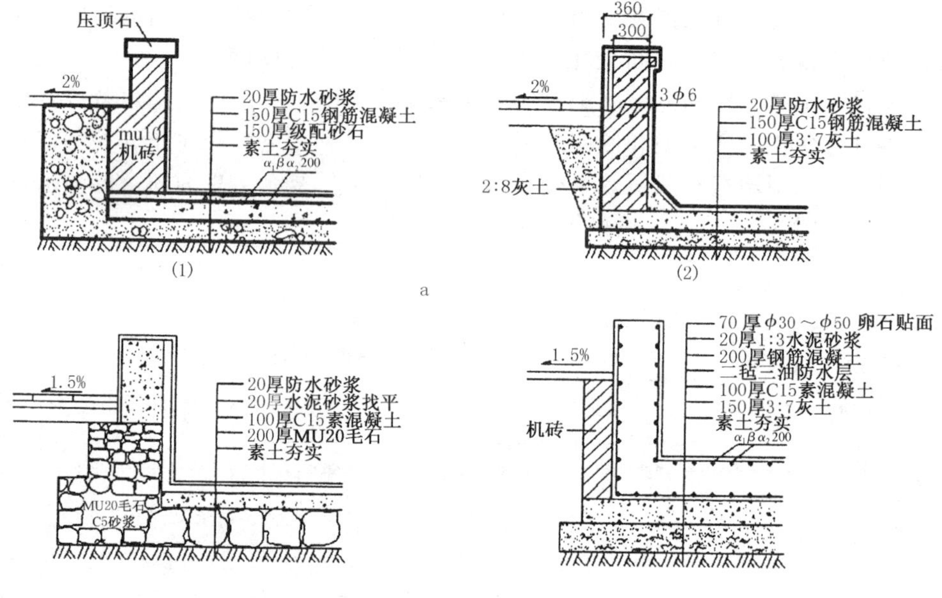

图 3-30 喷水池结构

a. 砖砌结构 b. 毛石砌结构 c. 钢筋混凝土结构

② 伸缩缝做法 室内喷泉或室外小型喷泉，受气候影响小，一般不需做伸缩缝。而室外大型水池则需每隔 25m 设一条伸缩缝，以使水池在胀缩变化和不均匀下沉时能具有良好的防水性。其沟造做法示例见图 3-31a、b。

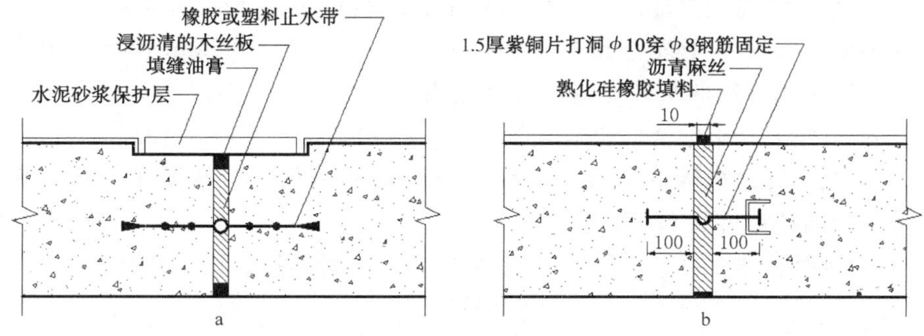

图 3-31 伸缩缝示意

③ 池壁穿管 喷泉的管道有时需要穿过池壁或池底，而且有些管道还会发生工作震动现象，因此为了保护水池与管道和防止漏水，必须安装止水环及采取其他措施（图 3-32）。

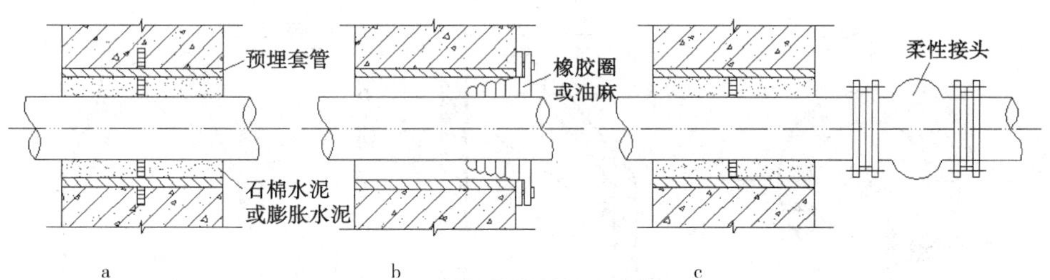

图 3-32 管道穿越池壁的构造做法

a. 刚性套管 b. 柔性套管 c. 柔性管接头

（3）钢筋混凝土结构喷水池的施工要点

① 基槽挖好、整平夯实后开始浇灌混凝土垫层前，应检查基土情况。若基土稍湿而松软时，可在其上铺 10cm 厚砾石层并加以夯实。

② 混凝土垫层浇完隔 1～2 天后放线浇注底板（即池底）。上下层钢筋之间要用铁撑固定，以防混凝土浇、捣过程中发生移位。

③ 底板应一次连续浇完，不留施工缝。底板厚度在 20cm 以内时可用平板振动器，否则应采用插入式振动器。池壁为现浇混凝土时，底板与池壁连接处的施工缝可留在距底板顶面 20cm 处。施工缝可留成台阶形、凹槽形、加金属止水片或遇水膨胀橡胶带等。

④ 水池施工所用的水泥标号不宜低于 425 号，并优先选用普通硅酸盐水泥。混凝土含砂率宜为 35%～40%，灰砂比为 1∶2～1∶2.5，水灰比≤0.6。

⑤ 在池壁混凝土浇注前，应先将施工缝处的混凝土表面凿毛，清除浮粒和杂物用水冲洗干净，保持湿润。再铺上一层 20～25mm 厚水泥砂浆，水泥砂浆所用材料的灰砂比应与混凝土相同。

⑥ 池壁混凝土的浇注也应连续进行，一次浇完，不留施工缝。

⑦ 池壁有密集管群穿过、预埋件或钢筋稠密处浇筑混凝土有困难时，可采用相同抗渗等级的细石混凝土浇筑。

⑧ 混凝土凝结后应立即进行养护，充分保持湿润。养护期不少于 14 天。

6. 附属构筑物

（1）阀门井

① 给水阀门井　通常设置在临近喷泉的给水管道上，内装截止阀，用于控制补给水量。一般为砖砌圆形，由井底、井身和井盖组成。其构造见图 3-33。

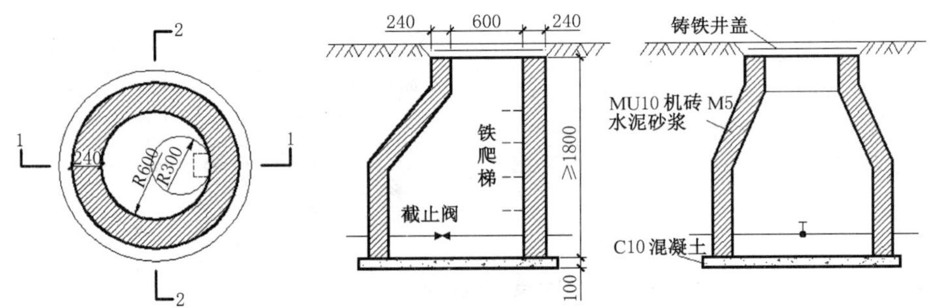

图 3-33　给水阀门井构造

② 排水阀门井　用于泄水管、溢水管与附近排水管网的连接。泄水管上安装闸阀，溢水管接于阀后。其构造同给水阀门井。

（2）泵房　泵房是安装水泵等设备的专用构筑物。潜水泵直接布置在水池中，采用清水离心泵循环供水的喷泉，必须把水泵置于泵房中。

泵房的形式按照泵房与地面的相对位置可分为地上式泵房、地下式泵房和半地下式泵房 3 种。

地上式泵房多用砖混结构，简单经济、管理方便但有碍观瞻，可与管理用房结合使用。地下式泵房一般采用砖混结构和钢筋混凝土结构，其优点是不影响景观，但造价较高，有时排水困难，并且需做防水处理。

泵房内安装的设备常有水泵、电机、供电和电气控制设备、管线系统等，图 3-34。

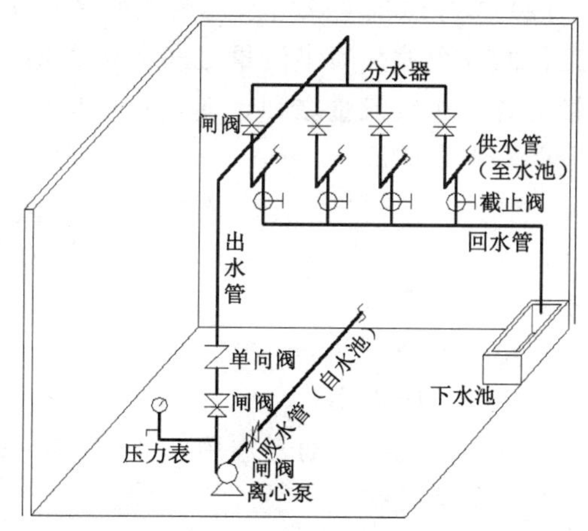

图 3-34 泵房管线系统示意

（三）喷泉的设计

1. 喷泉设计的内容

（1）喷泉的平面布置设计 规划设计喷泉所属各部分的平面位置、形式、体量等。确定周围其他景物设施种类、形式及其平面布置，对临近区域地面处理的要求。说明喷泉与环境的关系，并进行景观功能的分析。

（2）喷水设计 包括各立面喷水型的组合造型轮廓、变化方案及其程序设计、喷头选择、喷头的平面布置。

（3）喷水池设计 包括水池的造型设计与结构设计。

（4）管道布置 通过水力计算确定各段管道的管径，根据管道的使用性质和要求进行布置。确定降低水头损失的措施。

（5）喷泉照明设计 结合喷水设计，确定喷泉照明的色调、照射时间方案、灯具布置位置、控制方式等。

（6）设备选型 选择水泵、电机、控制设备、照明灯具、电缆、配电箱等的型号、规格等。选型时要遵循科学合理、经济实用的原则。

2. 喷泉的水力计算

喷泉水力计算的目的是为了确定各喷头流量、总流量、所需水压等，并在此基础上计算所需管径、水泵扬程及流量，从而为管径选择和水泵选型提供依据。水力计算是保证实现喷水造型必不可少的。

（1）单喷头流量计算 可采用下列公式：

$$q = uf\sqrt{2gH} \times 10^{-3}$$

式中：q—— 出流量（L/s）；

u—— 流量系数（一般在 0.62～0.94）；

f—— 喷嘴断面积（mm^2）；

g—— 重力加速度（m/s^2）；

H—— 喷头入口水压。

（2）工作组流量及喷泉总流量计算　工作组流量即某一时间工作组内同时工作的各个喷头喷出流量之和的最大值，即 $Q=q_1+q_2+\cdots+q_n$；喷泉总流量为各工作组流量之和，即 $Q_{总}=Q_1+Q_2+\cdots+Q_n$。

（3）计算管径

$$D=\sqrt{\frac{4Q}{\pi v}}$$

式中：D—— 管径；

Q—— 管段流量；

π—— 圆周率；

v—— 流速，通常选用 0.5～0.6m/s。

（4）求总扬程

总扬程＝净扬程＋损失扬程

净扬程＝吸水高度＋扬水高度

损失扬程——一般喷泉可粗略地取净扬程的 10%～30%。

影响喷泉设计的因素较多，单纯靠设计和计算很难达到预期效果。因此，有时需要通过试验加以校正，最后运转时还必须经过一系列的调整甚至局部修改，才能达到目的。

3. 喷泉管道系统布置要点

（1）在小型喷泉中，管道可直接埋于土中。在大型喷泉中如管道多而复杂时，应将主要管道敷设在能够通行人的渠道中。非主要管道可直接敷设在结构物中，或置于水池内。

（2）为了随时补充池内水量损失、保持水池的水位并且便于管理，补给水管上的控制阀门宜采用浮球阀或液位继电器。

（3）在寒冷地区，为了防止冬季冰冻破坏，所有管道均应有一定排水坡度。一般不小于 2%，以便在冬季将管内的水全部排除。

（4）连接喷头的水管不能有急剧的变化。如有变化，必须使管径逐渐由大变小，并且在喷头前必须有一段适当长度的直管，一般不小于喷嘴直径的 20～50 倍，以减少紊流对喷水的影响。

（5）当一工作组内喷头数量不多时，可不设分水箱而将各配水管直接与主管相连，但应注意连接方式使水压分配尽量符合要求（如喷头呈环形布置的工作组，可在配水管与主管之间增设十字形供水管）。特别是在利用潜水泵供水、池水深度不大时，这种做法更为普遍。

4. 彩色喷泉的灯光布置

（1）照明方式　分为水上照明和水下照明 2 种。

水上照明：灯具多安装于临近的建筑或灯杆上。其特点是水面照度分布均匀，但容易产生眩光。

水下照明：灯具多淹没于水中。虽然单灯的照明范围有限，但其突出优点是水面波纹清晰，光影闪烁强烈，是喷泉照明的主要方式。

(2) 布光位置与投射方向　喷泉照明灯具通常布置在水面下 5～10cm 处喷嘴的附近。灯光的投射方向取决于设计意图：一般以喷水柱前端的 1/5～1/4 部位作为照射的目标，或者以喷水下落到水面稍上的部位作为照射目标。见图 3-35。

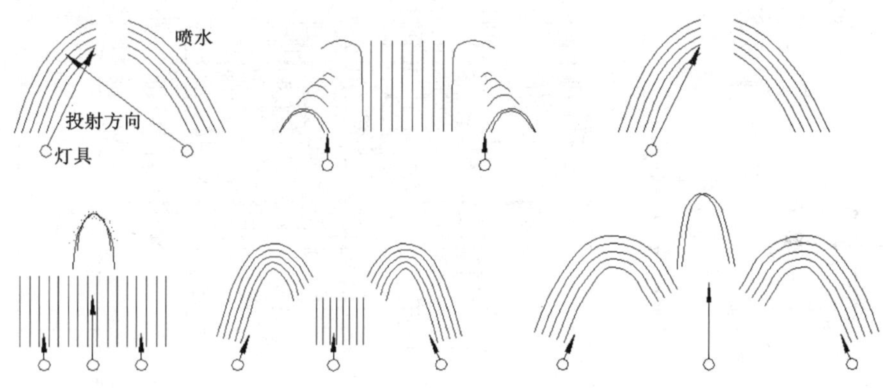

图 3-35　喷泉照明的布光位置与投射方向

(3) 灯光的配色　选择灯光颜色以及确定灯具排列位置距离时，要注意防止多种色彩叠加后得到白色光，造成色彩的局部消失。相对于观看方向，灯光布置在喷头的后面比布置在前面色彩要鲜艳得多，因此常将透射比较低的色灯（如绿色、钴蓝色等）布置在喷头的后面，把透射比较高的色灯（如黄色、琥珀色等）安装于近游客一侧。

5. 喷泉设计实例

北京某饭店喷泉工程。

(1) 水池与喷水造型　水池位于大楼和大门之间的小广场上。因视野不够开阔，故喷泉造景宜小中见大。水池设计成直径 14m 的类似马蹄形，内池直径 8m，池壁用花岗岩砌筑。后部左右两侧对称点缀两个“L 形”花池(图 3-36)。

在内池的正中间交错布置三排冰塔水柱，最大高度 2.9m，沿半圆周设有 83 个直流水柱喷向池中心。落入内池的水流沿池壁溢入外池形成壁流。

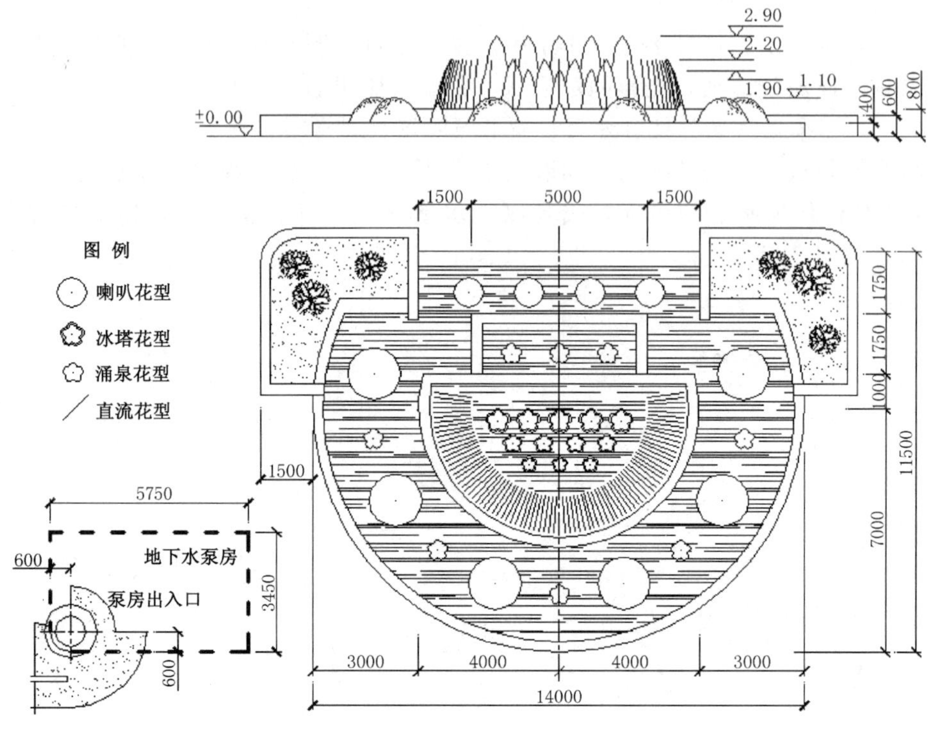

图 3-36　某饭店喷泉工程平面、立面图

外池沿圆周交替布置了不易溅水的喇叭形和涌泉形水柱。此外，在内池后边、内外池之间增设一矩形小水池，内设涌泉水柱。在水池内设置有三色（红、黄、绿）水下彩灯。

(2) 运行控制　根据水流变换要求和喷头所需的水压要求，将所有喷头分成 6 组，每组设专用管道供水，分别用 6 个电磁阀控制水流。每个电磁阀只有开、关 2 个工位，利用可编程序控制开关变化。随着水流的变换，水下彩灯也相应明灭变化。

(3) 主要工艺设备　根据水景工程的造型设计要求，选用的喷头总数为 113 个，水下彩灯 57 盏，卧式离心泵 2 台，泵房（地下式）排水用潜污泵 1 台，电磁阀 6 个（表 3-5)。该喷泉工程的循环总流量约 300L/s，耗电总功率 62kW。图 3-37 为该喷泉工程的管道、设备平面布置图。

表 3-5　主要工艺设备

编号	名称	规格	数量	编号	名称	规格	数量
1	喇叭喷头	φ50	6	16	水泵吸水口	/	2
2	喇叭喷头	φ40	4	17	水泵泄水口	φ100	1
3	涌泉喷头	φ25	8	18	水泵溢水口	φ100	1
4	冰塔喷头	φ75	5	19	水　泵	10Sh—19	1
5	冰塔喷头	φ50	4	20	水　泵	10Sh—19A	1
6	冰塔喷头	φ40	3	21	潜污泵	/	1
7	可调直流喷头	φ15	83	22	电磁阀	φ100	1
8	水下彩灯（黄）	P200W	6	23	电磁阀	φ150	1
9	水下彩灯（绿）	P200W	6	24	电磁阀	φ150	1
10	水下彩灯（黄）	P200W	5	25	电磁阀	φ100	1
11	水下彩灯（绿）	P200W	4	26	电磁阀	φ150	1
12	水下彩灯（红）	P200W	8	27	电磁阀	φ150	1
13	水下彩灯（黄）	P200W	8	28	闸　阀	φ50	1
14	浮球阀	DN50	1	29	闸　阀	φ100	1
15	水泵排水口	DN32	1				

注：φ单位 mm。

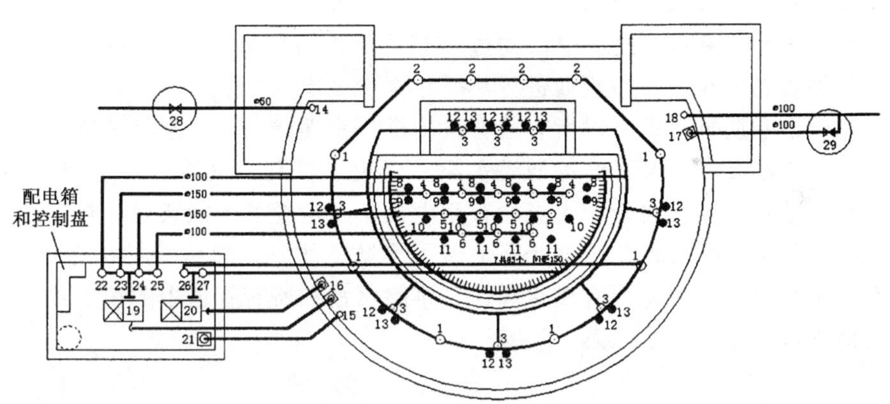

图 3-37　某饭店喷泉工程平面布置图

（四）喷泉的日常管理

喷泉的日常管理工作非常重要。特别是布置在重要场合作为核心景观的大型喷泉，日常管理的正轨化是非常必要的。通过加强管理、及时维护能够保证喷泉经常处于良好的工作状态、延长设备的使用寿命和维持喷水景观。喷泉的日常管理制度和内容因喷泉的类型、规模、供水方式、设备选型及布置场合等情况而异。以下简单说明较为常见的普通装饰性喷泉的管理工作。

1. 管理制度

制定制度并按制度进行管理是做好管理工作的前提。喷泉的管理制度主要包括工作制度、喷泉运行制度和设备设施维护制度等。

(1) *岗位工作制度和喷泉运行制度* 规定管理人员的岗位职责和喷泉的运行方式。喷泉运行制度要切合实际，制定时应当考虑季节、气候、生活习惯、游人状况、社会需要以及运行费用等因素。

(2) *设备设施维护制度* 根据设备类型及喷泉的运行制度制定相应的检查项目及检查方式，并作好记录。

2. 喷泉日常管理工作的主要内容

(1) *喷泉的运行管理* 启动前应事先查看喷水池的有关情况，如水位、喷头、照明灯具等是否正常，有无影响喷泉启动和喷水的其他异常情况。然后检查泵房或控制室的设备设施情况。一切正常后按预定的启动顺序启动各用电组。关闭喷泉时同样也要按预定顺序依次关闭各组控制开关。喷泉运行过程中要定期查看喷泉工作状况和设备的运行状况。注意天气的变化特别是风速和风向，超过设计风速时，应及时关闭喷泉。

(2) *清污、换水* 池水中污物过多时，不仅污染环境、影响喷泉景观，也会威胁设备安全。一般定期进行，一年至少 2 次（9 月、3 月），北方地区也可结合泄水防冻进行。对所有设备设施进行全面清洁，特别是过滤装置。

(3) *设备检修* 水下设备如潜水泵、管道、灯具、电缆等要定期检修，一般结合清污、换水进行。重点检查用电设备及电缆的绝缘状态是否良好。

(4) *冬季防冻* 北方冬季严寒地区，为防止水池、管线等的冻胀破坏，应在封冻前泄水。打开所有泄水阀门，排除水池和所有管道中的积水并维持所有泄水阀门处于开启状态。

第四节 栽种工程的施工

一、栽种工程概述

栽种工程是造园的主要工程。在园林绿地的景观构成和生态功能中，园林植物的地位是主体性的。栽种工程就是按照设计要求，种树、栽花、铺草并使其成活，尽快发挥效益。

（一）园林栽种的特点

园林栽种是利用植物形成环境、改善环境、美化环境和保护环境，构成人类的生活乃至生存空间。

植物材料的生命特征给园林栽种工程的施工带来了不利的一面。但是，植物特有的萌芽、开花、结果、落叶等季相变化以及植物种类的多样性又是任何人工材料所不能及的，这成为人类对植物孜孜追求的一个重要因素。

树木的生长度（生长程度）依树种、树龄、当地条件、人为影响等而定。各有关植物学科的发展为我们认识植物生长规律提供了条件，这也为我们确定栽种时期、选择栽种的技术措施提供了理论依据。

（二）影响移植成活的因素

移植时植物根部受到的不同程度损伤造成植株地上部分和地下部分生理作用失去平衡，常造成移植失败。其中最主要的是水分失衡。水的叶面蒸腾量通常占蒸腾总量的90%以上。故移植施工时应少伤根，适当疏剪枝叶，以有利成活。

植物吸收水分主要依靠须根顶端的根毛进行。移植前若经过多次断根处理，促使根茎附近原土内须根发达，移植时携带充足的根土，则有利成活。

根的再生能力是靠消耗树干和树冠下部枝叶中储存物质产生的。所以，最好在储存物质多的时期进行移植。

因此，植物移植的成活率大小取决于植株根部有无再生力、树体内储存物质的多寡、断根次数、移植时及移植后的技术措施是否适当等因素。

（三）移植时间

虽然在技术和资金的大力支持下，终年均可进行移植，但在植物生命活动最微弱或近乎休眠状态（多在冬天）移植，最能保证成活。

在寒冷地区以春季移植比较适宜。气候较温暖的地区，移植期选择秋或初冬季节较好。

华北地区大部分落叶树通常适合在3月上中旬至4月中下旬。常绿树、竹类和草皮等，在7月中旬左右进行雨季栽植。秋季落叶后可选择耐寒、耐旱的树种，用大规格苗木进行栽植。这样可以减轻春季植树的工作量。一般常绿树和果树不宜秋天栽植。

华东地区落叶树的种植，一般在 2 月中旬至 3 月下旬，在 11 月上旬至 12 月中下旬也可以。早春开花的树木应该在 11～12 月种植。常绿阔叶树以 3 月下旬最宜。雨季（6～7 月）、秋、冬季（9～10 月）进行栽植也可以。香樟、柑橘等以春季种植为好。针叶树春、秋都可以栽种，但以秋季为好。竹子的栽种期一般在 9～10 月。

东北及西北北部严寒地区，在秋季树木落叶后、土地封冻前，种植更易成活。冬季采用带冻土移植大树，其成活率也很高。

由于某些工程的特殊需要或拆迁，也常常在非植树季节移栽树木，这就需要采取特殊处理措施。随着科学技术的发展，大容器育苗和移植机械的推出，终年栽种已成现实。

（四）栽种对环境的要求

植物的生命现象与环境息息相关。其中，环境的温度、光照、土壤条件最为重要。

植物学、栽培学等学科的理论和实践证明：

（1）当日平均温度等于或略低于树木生物学最低温度时，栽种的成活率高。

（2）在阴天或遮光情况，可提高栽种成活率。

（3）适宜栽种的土壤条件

① 适宜植物生长的最佳土壤是：矿物质 45%、有机质 5%、空气 20%、水 30%（体积比）。

② 矿物质是由大小不同的土壤颗粒组成的。栽种树木的土质类型最佳重量百分比是：黏土 15%、砂黏土 15%、砂土 70%；而栽种草类的土质类型最佳重量百分比是：黏土 10%、黏砂土 10%、砂土 80%。

③ 土壤最好成团粒结构，适宜植物生长的团粒大小为 1～5mm，小于 0.01mm 的孔隙，根毛不能侵入。

④ 土壤含水率适宜。土质不同时，植物相应永久枯萎点的含水量是：砂土 0.88%～1.11%，壤土 2.7%～3.6%，砂黏土 5.6%～6.9%，黏土 9.9%～12.4%，重黏土 13.0%～16.6%。

⑤ 栽种地应有足够的土壤厚度并且养分充足。

二、乔灌木栽植施工

（一）施工现场定点、放线

即根据设计图纸在现场通过测量定出苗木栽植位置和株行距。根据树木栽植方式的不同，定点放线的方法也不同。

1. 自然式配置乔、灌木的放线

（1）坐标定点法（或方格网法）　先根据植物配置的疏密度按一定比例在设计图上打好方格网，并将其测放到施工现场。再根据树木在图纸方格网中的位置测设到地面上，进行定位。

（2）仪器测放　用经纬仪或小平板仪依据地面上原有测量基点或现场的建筑物、道路将树群或孤植树按照设计图上的位置依次定出各株的位置。

（3）目测法　对于设计图上无固定点的绿化种植，如灌木丛、树群等可用上述两种方法划出树丛、树群栽植范围，其中每株树木的栽植位置和排列可根据设计要求在所定范围内用目测法进行定点。不过，定点的同时应该注意植株的生态要求并注意自然美观。

2. 规则式种植的放线

对于成片整齐式的种植，可用仪器和皮尺定点放线。先用仪器根据地面上某一固定设施的平面位置定出行位（最好利用位于某行两端的植株的位置进行确定），再用皮尺依据株距定出株位。

对于行道树，通常是以道牙或道路中心线为依据，用皮尺、测绳等，按照设计的株距，每隔 10 株钉一木桩作为定位和栽植的依据。定点时如遇电杆、井口、管道、涵洞、变压器等障碍物应躲开，不应拘泥于设计尺寸，而应当满足与相应设施的最小水平及垂直净距的有关规定。

（二）起苗、运苗与假植

1. 起苗

起苗前 1～3 天对圃地适当浇水使泥土松软，有利挖掘，对裸根起苗来说也便于多带宿土。

起苗的方法有两种：裸根起苗和带土球起苗。

（1）裸根起苗　此法适用于处于休眠状态的落叶乔木、灌木和藤本。此法简便、省力，但起苗时应该尽量保护根系，多留宿土。对于不能及时运走的苗木，为避免风吹日晒，应埋土假植，土要湿润。

(2) 带土球起苗　即将苗木的根部带土削成球状，经包装后起出。土球要削光滑，包装要严，草绳打紧，底部封严不漏土。此法土球内须根完好，水分不易散失，但费工费料。主要用于常绿树、名贵树木和较大的灌木。土球直径：乔木按其胸径的 10 倍确定，灌木则按其苗高的 1/3。

2. 运苗

“随起、随运、随栽”是提高苗木成活率的有力措施。条件允许时，要尽量做到傍晚起苗，夜间运苗，早晨栽植。

在装车、运输、卸苗过程中，始终要注意保护苗木的树冠、根系和土球的完好。

落叶乔木装车时，要排列整齐，根部向前，树梢向后。灌木可直立装车。远距离运输裸根苗木时，常把树木的根部浸入事先调制好的泥浆中蘸后，用蒲包、稻草或草席等物包装，再用苫布或湿草袋盖好根部，防止失水。

对于带土球苗木，2m 以下的可以立放。2m 以上的应斜放，土球向前，树干向后，土球应放稳，垫牢挤严。

苗木运输途中，要经常检查苫布是否掀起，及时洒水湿润根部并选择荫凉处停车休息。

3. 假植

苗木运到现场后，如不能及时栽植或未栽完时，应进行假植。

裸根苗木可以平放地面，覆土或盖湿草即可，也可在距离栽植地较近的荫凉背风处，事先挖好宽 1.5～2m、深 0.4m 的假植沟，将苗木放入假植沟，码放整齐，并逐层覆土将根部埋严。如假植时间较长，则应适量浇水，保持土壤湿润。

带土球苗木如 1～2 天内栽不完时，要集中放好，使树直立，将土球垫稳、码严，周围用土培好。如时间较长，同样应适量喷水，以增加空气湿度，保持土球湿润。

（三）挖穴

在栽苗之前应以所定的灰点为中心沿四周向下挖坑，坑之形状和大小依土球形状、规格及根系情况而定。带土球的应比土球大 16～20cm，栽裸根苗木的坑应保证根系充分舒展。坑的深度一般比土球高度深 10～20cm。坑的形状一般为圆形，但上下口大小必须一致。

挖穴时如发现土质差或瓦砾多，应加大穴径，清除瓦砾垃圾，并换填新土。

（四）栽植技术

1. 栽植前的修剪

在栽植前对苗木进行修剪，可以减少水分散失、保持树势平衡，有利于树木成活。

修剪量依树种不同而异。对于常绿针叶树以及用于植篱的灌木，只剪去病枯枝、受伤枝即可；对较大的落叶乔木，尤其是生长势较强，容易抽出新枝的树木如杨、柳、槐等可进行强修剪，树冠可剪去 1/2 以上；对于花灌木及生长较缓慢的树木可进行疏枝，短截去全部叶或部分叶，去除病枯枝、过密枝，对于过长的枝条可剪去 1/3～1/2。

修剪时要注意分枝点的高度。行道树一般在 2.5m 高处截干，剪去侧枝。灌木可保留 3～5 个分枝，并注意保持自然树形。

栽植前还应对根系进行适当修剪，主要是将断根、劈裂根、病虫根和过长根剪去。剪口应平而光滑，并最好能及时涂抹防腐剂。

2. 散苗方法

将苗木按设计规定从假植地分运到种植坑的工序称为散苗。对散苗的基本要求是：要爱护苗木，散苗速度要与栽苗速度相适应，根据设计意图对苗木规格做统筹安排，对假植地剩余苗木随时用土掩埋保护。

3. 栽植技术

(1) 栽植方法

① 栽植裸根苗木　一人用手将树干扶直，放入坑中，另一人将坑边的好土填入。填土至一半时，用手将苗木向上提起使根与土密接、根系舒展，然后将土踏实，继续填入好土，直到与地平或略高于地面为止，再踏实，筑土堰并拍牢踩实。

② 栽植带土球苗木　注意坑径与土球规格是否相适应（一般坑径比土球直径大 0.3～0.5m），不足时要修整。土球放入前在坑底填筑一小土丘，以利填土与土球密接。填土前去除土球包扎物。填土应分层压实，但不要损坏土球。

(2) 栽植的要求

① 栽植的位置应符合设计要求。

② 裸根苗木的栽植深度应比原根颈土痕深 5～10cm；带土球苗木比土球顶部深 2～3cm；灌木则与原根颈土痕平齐。

③ 要注意树冠朝向：大苗要按其原来的阴阳面栽植，并且要尽可能将树冠丰满完整的一面朝主要观赏方向。

④ 对于树干弯曲的苗木，其弯口应朝向当地主导风向；如为行列式栽植时，应弯向行内并与前后对齐。

⑤ 行列式栽植，应先在两端或四角栽上标准株，然后瞄准栽植中间各株。

⑥ 对不符合规格和质量要求的苗木要予以更换。

（五）养护管理

养护是保证成活的关键环节，必须予以足够的重视。

1. 立支柱

较大苗木为防止被风吹倒，应立支柱支撑。沿海多台风地区，一般埋设水泥柱固定高大乔木。支柱一般采用木杆或竹竿，长度以能支撑树高的1/3～1/2处即可。支柱下端打入土中20～30cm。立支柱的方式有单支式、双支式和三支式3种。支法有斜支和立支。支柱的方位应与当地主导风向相适应。支柱与树干间应垫以草绳，并将两者捆紧（图3-38）。

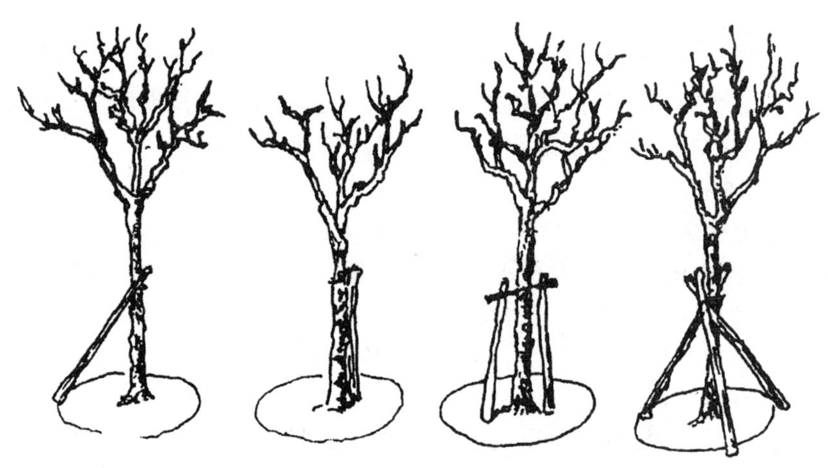

图3-38 立支柱的方法

2. 浇水

栽植后24h内须浇透水一遍。隔2～3天后浇第二遍透水，隔7天后浇第三遍水。以后14天浇一次，直至成活。

3. 扶正、中耕和封堰

扶正：在浇完第一遍水后的次日，检查苗木是否歪斜，发现后及时扶正，并用细土将堰内缝隙填严，将苗木固定好。

中耕：在浇前3遍水之间，待水分渗透后，用小锄或铁耙等工具将土堰内的表土锄松，以利保墒。

封堰：即铲去土堰，填入堰内，一般在浇完 3 遍水后进行。封堰有利保墒，防止风吹摇动。

三、大树移植施工

大树移植，在城市园林绿化建设中具有重要的意义。有些重点工程，往往要求在较短的时间内就要体现绿化美化的效果。因而需要移植相当数量的大树。一些新建项目如公园、小游园、宾馆、饭店、重点大工程等，都经常考虑采用大树移植的方法，以使绿化尽快见效。此外，移植大树还能充分挖掘苗源（如郊区天然林的树木、闲散地上的树木以及建设用地范围内的树木等），使树木得以更有效地利用。

此处所谓大树，是指干径在 10cm 以上，高度在 4m 以上的大乔木，但对具体的树种来说，也可有不同的规格。

（一）移植时间的选择

（1）移植大树的最佳时间是早春。

（2）春季树木已开始发芽而树叶还没有全部长成以前，树木的蒸腾还未达到最旺盛时期，此时进行带土球的移植，缩短土球暴露在空气中的时间，栽植后进行精心的养护管理也能确保大树的成活。

（3）夏季树木蒸腾量大，此时移植大树不易成活。但在北方的雨季和南方的霉雨期，由于空气湿度较大，因而有利于移植，可带土球移植一些针叶树种。

（4）深秋及冬季，从树木开始落叶到气温不低于－15℃这一段时间，也可移植大树。但在严寒的北方需要对移植的树木进行土面保护。

（5）南方地区尤其在一些气温较高、湿度较大的地区，一年四季均可移植，落叶树还可裸根移植。

（6）我国幅员辽阔，气候差异大。各地具体的移植时间和方法措施，应根据当地的气候条件以及移植树种而有所选择。

（二）移植前的准备

1. 大树预掘

预掘的目的是促进树木的须根生长，利于移植后成活。预掘的方法有：

（1）多次移植　此法适用于专门培养大树的苗圃中。速生树种的苗木可以在头几年每隔 1～2 年移植一次，待胸径达 6cm 以上时，可每隔 3～4 年再移植一次。而慢生树种待其胸径达 3cm 以上时，每隔 3～4 年移植一次，长到 6cm 以上时，则隔 5～8 年移植一次。这样树苗经过多次移植，大部分的须根都聚生在一定的范围内，因而再移植时，就可缩小土球的尺寸和减少对根部的损伤。每隔 3～4 年再移植一次。

（2）预先断根法（回根法）　此法适用于一些野生大树或一些具有较高观赏价值的树木。一般是在移植前 1～3 年的春季或秋季，以树干为中心，2.5～3 倍胸径为半径或以较小于移植时土球尺寸为半径划一个圆或方形，再在相对的两面向外挖 30～40cm 的沟（沟深视根系分布而定，一般为 50～80cm），对较粗的根应当用锋利的锯或剪，与沟内壁平齐切断，然后用沃土（最好是砂壤土或壤土）填平，分层踩实，定期浇水，这样便会在沟中长出许多须根。为防止被风吹倒，可加支木支撑。翌年春季或秋季再以同样的方法挖掘另外相对的两面，至第三年时，沟中可长满须根，这时便可移走。

（3）根部环状剥皮法　同上法挖沟，但不切断大根，而采取环状剥皮的方法，剥皮的宽度为 10～15cm，这样也能促进须根生长。因大根未断，树身稳固，可不加支撑。

2. 大树修剪

（1）修剪枝叶　为大树修剪的主要方式。凡病枯枝、过密交叉枝、徒长枝、干扰枝均应剪去。修剪量根据季节、气候、绿化要求等确定。

（2）摘叶　较为细致费工，适用于少量名贵树种。

此外，根据树木的生长习性、特点和要求还可分别进行摘心、剥芽、摘花摘果等。

3. 定向、支柱

定向是在树干上标记出南北方向，使其在移植后能按原方位栽植。为防止挖掘时树身倒伏引起工伤事故及损坏树木，在挖掘前应立支柱支护。

（三）大树移植方法

主要是根据土球包装方式的不同，大树移植的方法可分为：

1. 软材包装法移植

适用于胸径 10～15cm 的树木或稍大一些的常绿乔木。主要使用草绳和蒲包进行包装，材料用量参看表 3-6。采用圆形土球，土球直径常为树木胸径的 7～10 倍。具体规格可参考表 3-7。

表 3-6　草绳和蒲包混合包装材料使用量

土球规格（cm）（土球直径×土球高度）	蒲　包	草　绳
200×150	13 个	直径 2cm，长 1350m
150×100	5.5 个	直径 2cm，长 300m
100×80	4 个	直径 1.6cm，长 175m
80×60	2 个	直径 1.3cm，长 100m

表 3-7　土球规格

树木胸径（cm）	土球规格		
	土球直径（cm）	土球高度（cm）	留底直径
10～12	胸径的 8～10 倍	60～70	土球直径的 1/3
13～15	胸径的 7～10 倍	70～80	

（1）挖掘土球　挖掘前，先用草绳将分枝点低的树冠围拢，其松紧程度以不折断树枝又不影响操作为宜。铲除树干周围的浮土，以树干为中心，比规定的土球大 3～5cm 划一圆，然后顺此圆圈往外挖沟，沟宽 60～80cm，深度以高于土球高度 10～15cm 为宜。

（2）修整土球　修整时要用锋利的铁锨，遇到较粗的根时应使用锯或剪将其切断，不要用铁锨硬扎，以防土球松散。当土球修整到 1/2 深度时，逐步向里收底，直到缩小到土球直径的 1/3 为止。最后将土球表面修整平滑即可。

（3）包装土球　其方法、顺序是：①修好土球后，立即用草绳（预先浸水湿润）打上腰箍（图 3-39a）。腰箍应紧缠土球，其宽度一般为 20cm。②用蒲包或蒲包片将土球包严并用草绳将腰部捆好。③打花箍：即将双股草绳的一头拴在树干上，另一头绕过土球底部，顺序缠绕并拉紧捆牢，草绳的间隔在 8～10cm，土质不好的，还可以密些。打好的花箍在土球外面呈网状。④在土球的腰部密捆 10 道左右的草绳，并用花扣将其固定在花箍上（图 3-39b）。⑤最后将树推倒，用蒲包将土球底部堵严，用草绳捆好即成。

2. 木箱包装法移植

此法适用于树木胸径超过 15cm，土球直径超过 1.3m 的大树的移植。

（1）准备工作

① 确定土台尺寸　根据树种及其大小确定土台的挖掘尺寸。一般取树木胸径的 7～10 倍作为土台边长，具体尺寸可参考表 3-8。

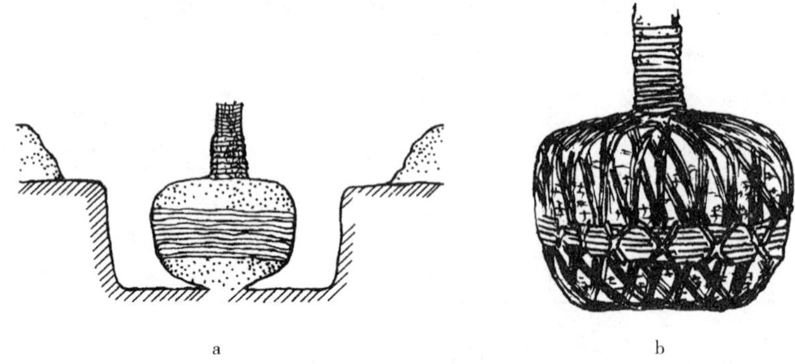

图 3-39 土球的包装

a. 缠好腰箍的土球 b. 包装好的土球

表 3-8 土台规格

树木胸径（cm）	15～18	19～24	25～27	28～30
木箱规格（m）（上边长×高）	1.5×0.6	1.8×0.7	2.0×0.7	2.2×0.8

② 准备工具、材料 施工前应当准备好挖掘土台、包装土台等操作所用的工具和材料。具体见表 3-9 和 3-10。

表 3-9 木箱包装法移植所需工具

工具名称		规格要求	用 途
铁 锹		圆口锋利	开沟刨土
小平铲		短把、口宽、15cm 左右	修土球掏底
平 铲		平口锋利	修土球掏底
镐	大尖镐	一头尖、一头平	刨硬土
	小尖镐	一头尖、一头平	掏 底
钢丝绳机		钢丝绳要有足够长度，2 根	
紧线器			收紧箱板
铁 棍		钢性要好	转动紧线器用
铁 锤			钉铁皮
扳 手			维修器械
小锄头		短把、锋利	掏 底
手 锯		大、小各 1 把	断 根
修枝剪			剪 根

表 3-10　木箱包装法移植所需材料

<table>
<tr><th colspan="2">材料</th><th>规格要求</th><th>用　途</th></tr>
<tr><td rowspan="2">木
板</td><td>大号</td><td>上板长 2m，宽 0.2m，厚 0.03m
底板长 1.75m，宽 0.3m，厚 0.05m
边板上缘长 1.85m，下缘长 1.7m，宽 0.7m，厚 0.05m</td><td rowspan="2">移植土球，规格可视土球大小而定</td></tr>
<tr><td>小号</td><td>上板长 1.65m，宽 0.3m，厚 0.05m
底板长 1.45m，宽 0.3m，厚 0.05m
边板上缘长 1.5m，下缘长 1.4m，宽 0.65m，厚 0.05m</td></tr>
<tr><td colspan="2">方木</td><td>10cm 见方</td><td>支撑</td></tr>
<tr><td colspan="2">木墩</td><td>直径 0.2m，长 0.25m，要求料直、坚硬</td><td>掏底时支撑土球</td></tr>
<tr><td colspan="2">铁钉</td><td>长 5cm 左右，每棵树约 400 根</td><td>固定箱板</td></tr>
<tr><td colspan="2">铁皮</td><td>厚 0.1cm，宽 3cm，长 50～75cm，每距 5cm 打眼，每棵树约需 36～48 条</td><td>连接箱板</td></tr>
<tr><td colspan="2">蒲包</td><td></td><td>填补漏洞</td></tr>
</table>

(2) 挖掘包装

① 划线挖沟　以树干为中心，以比确定的土台尺寸大 10cm，划一正方形作为土台的外形轮廓线。沿此线向外开沟挖掘，沟宽 0.6～0.8m，沟深挖至土台高度即可。

② 修整土台　将土台四周修理平整，使土台每边比箱板长 5cm，并注意使土台侧壁中间略微突出，以使上完箱板后，箱板能紧贴土台。

③ 安装箱板　修好土台后，立即安装箱板（箱板的组成、形式如图 3-40 所示）。方法是：先将箱板沿土台的四壁放好，使每块箱板中心对准树干，箱板上边略低于土台 1～2cm 作为吊运时的下沉系数。箱板端部在土台的角上要相互错开，使土台露出一部分（图 3-41）。接着用蒲包片将土台四角包好，两头压在箱板下。然后在木箱的上下套好两道钢丝绳。每根钢丝绳的两头装好紧线器，两道钢丝绳上的紧线器必须安装在两个相反方向的箱板中央部位，以便收紧时受力均匀（图 3-42）。紧线器在收紧时，必须两边同时进行。箱板被收紧后即可在四角钉上铁皮 8～0 道。

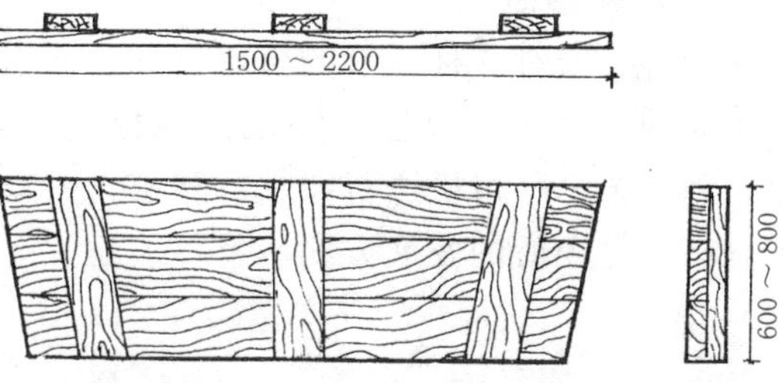

图 3-40　箱　板

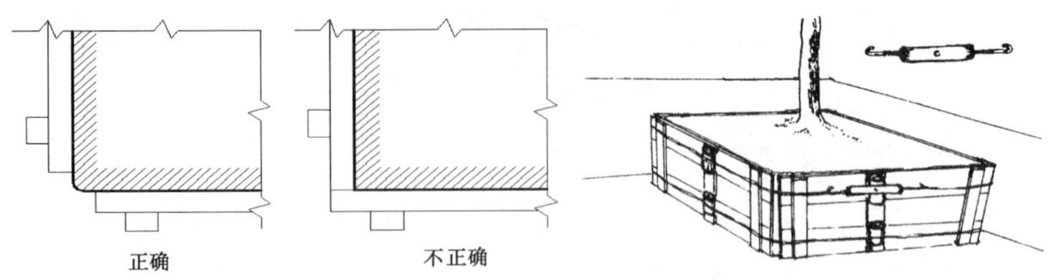

图 3-41　箱板端部安装部位

图 3-42　套好钢丝绳安好紧线器准备收紧

④ 支稳掏底、安装底板　铁皮钉好后，用 3 根杉木（长约 4～5m）将树支撑稳定后，即可进行掏底：首先在沟内沿着箱板下挖 30cm，将沟土清理干净，用特制的小板镐和小平铲在相对的两边同时掏挖土台的下部。当掏挖的宽度与底板的宽度相符时，在两边开始安装底板（在上底板前，应预先在底板两端各钉两条铁皮）。先将底板的一头钉在箱板上，垫好木墩，另一头用油压千斤顶顶起，使底板与土台底部紧贴。钉好铁皮，撤下千斤顶，支好木墩。两边底板都钉好后即可继续向里掏底（图 3-43）。要注意每次掏挖的宽度与底板的宽度一致，不可多掏。在上底板前如发现底土有脱落或松动，要用蒲包等物填塞好后再装底板。

⑤安装上板　底板全部钉好后即可钉状上板。钉状上板前，土台上面应满铺一层蒲包片。上板一般2～4 块，其方向与底板应垂直交叉。木箱整体包装示意图见图 3-44。

3. 机械移植

近年发展有一种新型的植树机械，即树木移植机或树铲。主要用来移植带土球的树木，可以连续完成挖栽植坑、起树、运输、栽植等全部移植作业。利用树木移植机进行树木的移植，劳动强度低，安全高效，树木的成活率也高，是今后的发展方向。

图 3-43　从两边掏底

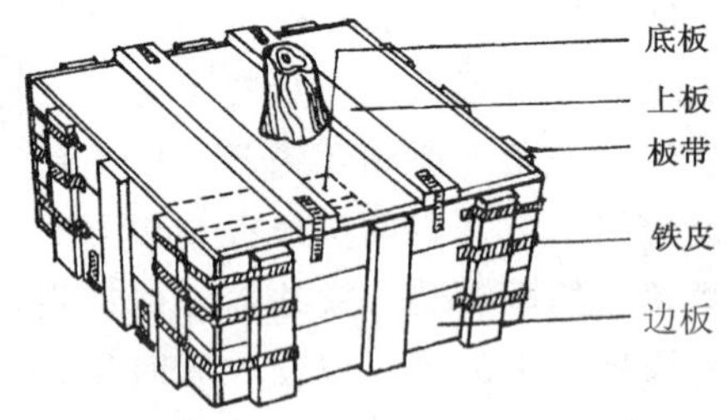

图 3-44　木箱整体包装示意

（四）吊运大树

除机械法移植外，树木的吊运是大树移植工作中一个重要的环节。吊运工作是否成功，直接影响树木的成活、施工质量以及树形的完整等。

1. 吊装

(1) 起重机吊装　目前我国常用的是汽车式吊车，其优点是机动灵活，操作简便。吊装方法如下：

① 木箱包装的吊装　用 2 根 7.5～10mm 的钢索把木箱两头围起，钢索的位置在距木箱两头约 20～30cm 的地方，把 4 个结在一起，挂在起重机的吊钩上，并在吊钩和树干之间系一根绳索，使树木不致被拉倒。还要在树干上系 1～2 根绳索，以便在吊装时用人力来控制树木的位置，保护树冠。绳索与树干绑结处要垫上柔软材料，以免损伤树皮。见图 3-45a。

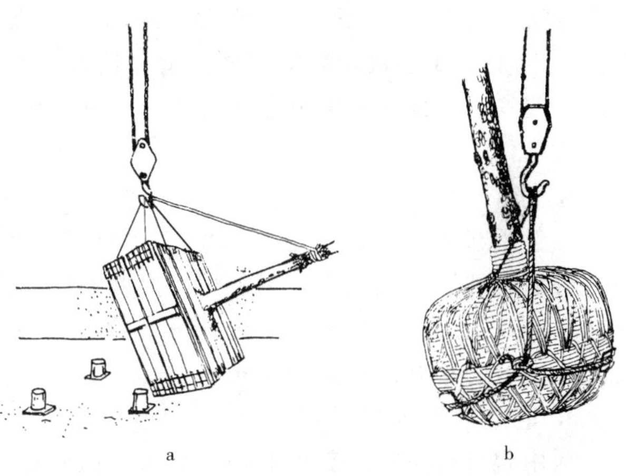

图 3-45　大树的吊装

a. 木箱的吊装　b. 土球的吊装

② 土球的吊装　对于用软材料包装或带冻土球的树木，吊装的绳索应使用粗麻绳。先将麻绳的一头留出 1m 多长结扣固定，成一套环，将麻绳绕在土球下部 2/5 处，将另一头穿过套环拉紧后扣在吊钩上。另外用一麻绳一头绑在树干下部，另一头也扣在吊钩上，即可起吊。见图 3-45b。

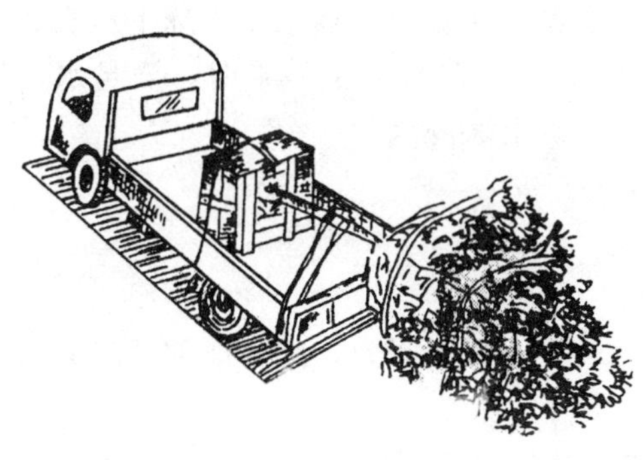

图 3-46　装车方法

(2) 滑车吊装　在树旁用杉镐搭一木架（杉镐的粗细根据所起运树木的大小而定），把滑车（手拉葫芦）挂在架顶，利用滑车将树木吊起后，设法使运输车辆靠近，以装运树木。

2. 运输

装车时要土块在前，树冠向后。土块下垫一木板，用绳子将土球固定在车厢两侧。树干包上柔软材料放在木架上用绳绑紧（图 3-46）。

通常一辆汽车只装一株树。运输前要先调查行车道路情况。行驶过程中应有一押运员站在车尾，保护树木的安全和及时处理途中出现的其他情况。

（五）定植大树

1. 准备工作

在定植前首先需对场地进行清理和平整并按设计图纸定点放线。然后挖掘移植坑，其尺寸应比土块稍大，通常四周加大 30～40cm，深度加大 20cm。坑上下要一致，坑壁直而光滑，坑底平整，中间堆一 20cm 宽土埂。一般需要换土（泥土和黄砂各半并混合）和施肥，以保证大树的成活和良好的生长条件。

2. 卸车

一般用起重机卸放于定植坑旁。首先用钢丝绳从土球下两块垫木中间穿过，将绳头挂于吊车钩上，另外用一大麻绳垫草拴于树干分枝点下方，另一端挂在吊车钩上以保持平衡。土球吊起后，速将汽车开走，然后移动吊杆把土球降到事先选好的位置或栽植坑中。

3. 定植

利用起重机将树木就位时，应有人掌握好定植方向。要考虑树姿和附近环境的配合，并应尽量符合原来的朝向。

当树木栽植方向确定后，立即在坑内垫一土台，若树干与地面不垂直，则可根据需要把土台修成一定坡度。在土球落地前，迅速拆去中间底板或包装蒲包，然后将土球放于土台上，拆除其他底板，填土于土球下压实。起边板，逐层填土压实，如坑深超过 40cm，应在填压至一半时，浇足水，等水全部渗入土中后再继续填土。最后，筑土堰浇水。

（六）定植后的管理

1. 养护管理

养护工作对大树能否成活至关重要。养护不力，则可能前功尽弃。大树定植后要做好下列工作：

（1）*支撑*　对冠幅较大的树木，栽后要立即支撑。可采用三角木撑，必要时搭设钢架支撑。

（2）浇水　栽后立即浇透水一遍，3天内浇第二遍水。以后根据天气和墒情确定浇水时机。

（3）包扎树干　为防止水分蒸腾过大，常用草绳将树干全部包扎起来并早晚各喷水湿润一次。

（4）搭设荫棚　为防止夏季过于强烈的日晒，可搭荫棚或挂草帘遮荫。

（5）根系保护　在北方的树木，特别是带冻土块移植的树木，定植坑内需进行土面保温。方法是在坑面铺20cm厚的泥炭土，再在上面铺50cm后的雪或15cm后的腐殖土或20～25cm后的树叶。

（6）施肥　移植后的大树为防止早衰和枯黄，以至于遭受病虫害侵袭，应2～3年于春季或秋季施肥一次。

2. 组织管理

树木定植后，养护工作应安排专人负责，要求经常观察树木的状况并及时进行记录。此外，应当在移植过程中及定植后，通过及时记载并分析与大树有关的信息情况，建立起大树移植档案，以便摸索、总结出科学的大树移植方法。需要记载和记录的资料包括：大树挖掘地点及其地势和土壤、树木的高度及胸径冠幅、移植前发育情况、挖掘时间及天气情况、采用何种移植方法、土球土台规格、根系情况、栽植地点及环境情况、栽植坑规格、换土施肥情况、栽植后养护措施、发芽生长等各个阶段的发育情况等。

四、草坪的栽植施工

铺栽法是利用植株进行繁殖、形成草坪的一种方式，是建植草坪的一种重要方法。它的突出优点是成坪迅速、管理简便。主要适用于匍匐性强的草种。

（一）植草施工工艺流程

植草地处理（平整、施肥、耕翻、改良土壤、除草、布置排灌设施）→栽植前的准备工作（选择草源、铲草皮、运输）→植草（铺栽、滚压）→管护（灌水、施肥、修剪、表施土壤、除杂草、打孔通气）。

（二）植草地的处理

1. 平整、施肥、耕翻、改良土壤

虽然草坪根系50%分布在地表以下20cm的范围内，但为了使草坪保持优良的质量，减少管理费用，土层厚度不宜小于40cm。若小于30cm，应当加厚土层。

(1) 清除杂物　土壤中的石砾、瓦块影响草坪生长，应当全部清除。可用 10mm×10mm 网过筛以确保除净。

(2) 初步平整、施基肥和耕翻　对土地进行挖高垫低，使地面基本平整，撒施基肥后普遍进行一次耕翻。

(3) 更换劣土与最后平整　在耕翻过程中，如发现局部地段土质不良或杂土过多，则要换土。若土壤黏重如红壤和黄棕壤土，也可混入 40%～60%砂土进行改良以增加透水透气性。在换土或耕翻后，应灌一次透水或滚压 2 遍，然后做最后平整。

2. 除草

整地时要把地块内现有的杂草除掉，还要喷撒除草剂以防止杂草的再度滋生。可选用“草甘膦”等灭生性的内吸传导型除草剂（成分量 0.2～0.4ml/m^2），使用 2 周后即可开始种草。

3. 布置排灌设施

若草坪地形过于平坦或地下水位过高或聚水过多以及某些运动场草坪，需要设置暗管或明沟排水。草坪灌溉多采用喷灌系统。在场地最后整平前，应将排灌管网埋设完毕。

（三）栽植前的准备工作

1. 选择草源

草源地距离宜近，便于运输。草生长势强、无病虫害。若采用密铺法施工，还要求草的密度高，草源充足。

2. 铲草皮

先把草皮切成平行条状，然后按需要横切成块。草块的尺寸一般采用 45cm×30cm、60cm×30cm、30cm×12cm 等，草块的厚度为 3～5cm。

3. 运输

装卸时要轻拿轻放，以保留较多的根土和草块完整，草块最好层层叠放。运输过程中车厢不宜用苫布覆盖，否则会影响通风和散热，可以通过经常洒水的方法进行保湿。卸草地点应洒水湿润，堆放期间要注意及时覆盖。

（四）植草方法

1. 密铺

即草皮紧连，不留缝隙的铺栽方法。但草块间要相互错缝。铺后用滚筒或木夯压紧、压平，使草块与土壤紧结无空隙。在要求快速形成草坪时常使

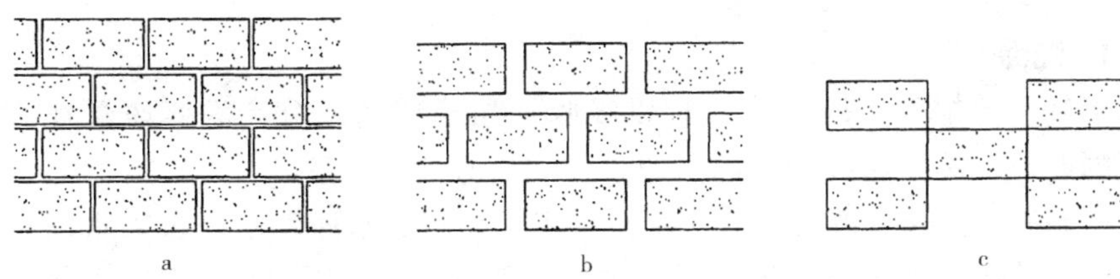

图 3-47　草皮的铺栽方法

a. 密铺　b. 间铺　c. 点铺

用此法。草皮的用量与草坪面积相同（100％），见图 3-47a。

2. 间铺

铺栽时，各块草皮相互之间留有一定宽度的缝隙（图 3-47b）。缝的宽度为 4～6cm。若草块规格为 45cm×30cm，留缝宽度 4cm，则所需草皮占草坪总面积的 80％。

3. 点铺

又称方格型花纹铺栽（图 3-47c）。此法虽然成坪慢，但节省草皮（50％）。

间铺或点铺施工时，应按草块厚度将铺草皮之处挖低一些，以使草皮与四周的土面相平。

此外，间铺或点铺后，同样需要压实，使草块与土密接。可采用滚压或踩压的方法。

4. 铺设草坪植生带

这是一种新型的草坪建植方法。其突出优点是施工速度快、覆盖率高、无杂草、适应性强等。草坪植生带是用再生棉经一系列工艺加工制成的有一定拉力、透水性良好、极薄的无纺布，并选择适当的草种与肥料、黏合剂按一定的数量、比例通过机器撒在无纺布上，其上再覆盖一层无纺布，经过滚压黏合成卷制成。它可以在工厂中采用自动化生产设备连续制造，成卷入库。一般每卷 $50m^2$ 或 $100m^2$，幅宽 1m 左右。

将草坪植生带摊开平铺在经过整理的地面上，覆盖 2mm 厚肥土。出苗前每天至少早、晚各喷水一次，地表始终保持湿润，特别要防止时湿时干、大水冲灌和践踏。一般 10～15 天（有的草种 3～5 天）即可发芽，1～2 个月就可形成草坪。

（五）草坪栽植后的管护

1. 浇灌

草坪草的根系一般较浅，难以吸收深层土壤的水分，需要经常补充水分。因此建造草坪时必须考虑水源，建成后必须合理灌溉。

（1）水源　没有被污染的井水、河水、湖水、水库存水、自来水以及中水（即生活污水和废水经过集流、净化处理后可再利用的水）等都可作为灌溉水源。

（2）灌水方法　实践中常用的方法有地面漫灌和喷灌。

漫灌简单易行，投资省，但水浪费严重且灌水不均，不能用于坡度大的草坪。

喷灌高效节水，可使用于地形复杂的地段，便于自动化作业，劳动强度低。但建造成本较高。

（3）灌水时间

① 返青到雨季前　随着气温的上升，蒸腾量大，需水量增加，是一年中最关键的灌水时期。根据土壤保水性能的强弱和雨季来临的早晚可灌水2～4次。

② 雨季　这一时期空气湿度较大，草的蒸腾量减小，而土壤含水量已提高到足以满足草坪生长需要的水平。因此，可基本停止灌水。

③ 雨季后至枯黄前　这一时期降水量减少，蒸腾量较大，而草坪仍处于生命活动较旺盛阶段。要适当增加灌水次数（一般不少于4～5次）。

安排2次季节性灌水即返青水和封冻水也是非常合理的。此外，确定灌水次数和时间还要考虑草种和气候条件的不同。

（4）灌水量　每次浇灌的水量要根据土壤质地、生长期、草种等因素确定。以喷灌方式而言，概括地说可以湿透根系层、不发生地面径流为原则。

2. 施肥

草坪草主要是进行叶片生长，无须开花结果，因此建成后的草坪主要是追施氮肥。寒季型草种的追肥时间最好在早春和秋季：第一次在返青后，起促进生长的作用；第二次在9～10月。在这期间可停止追肥。暖季型草种第一次追肥是在晚春，生长季节每月或每2个月追肥一次可增加枝叶密度，最后一次追肥北方地区不能晚于8月中旬，南方地区不应晚于9月中旬。施肥量可参考表3-11。

表 3-11　不同草种的施肥量

喜肥程度	施肥量［g/（月·m^2）］（按纯氮计）	草　　种
最低	0～2	野牛草
低	1～3	紫羊茅、加拿大早熟禾
中等	2～5	结缕草、黑麦草、普通早熟禾
高	3～8	草地早熟禾、剪股颖、狗牙根

3. 修剪

修剪是草坪养护的重点。适当的修剪可使草坪保持良好密度、促进分蘖、控制杂草、减少病害，使草坪平整美观。

修剪频度因草种和季节而异。修剪的时机，可按照草的高度是否达到规定剪留高度的 1.5～2 倍加以确定。各种草种的最适剪留高度参见表 3-12。

表 3-12　草坪的最适剪留高度

相对修剪程度	剪留高度（cm）	草　　种
极低	0.5～1.3	匍匐剪股颖、绒毛剪股颖
低	1.3～2.5	狗牙根、细叶结缕草、细弱剪股颖
中等	2.5～5.1	野牛草、紫羊茅、草地早熟禾、黑麦草、结缕草、假俭草
高	3.5～7.5	苇状羊茅、普通早熟禾
较高	7.5～10.2	加拿大早熟禾

通常使用剪草机修剪草坪，其形式有人力剪草机、侧挂式割草机、手扶式及驾驶式机动剪草机、大型滚刀式剪草机。可根据草坪面积大小和设备条件选用。

4. 除杂草

杂草与目的草不仅争水、争肥、争阳光，而且会严重影响草坪质量。因此除杂草是草坪养护管理中必不可少的一环。

防、除杂草的最根本方法是合理的水肥支持，以促进目的草的生长势，增强与杂草的竞争能力，并通过适时修剪，抑制杂草的发生。一旦发生杂草侵害，除用人工“挑除”外，对阔叶杂草还可用化学除草剂（如 2，4-D 类除草剂）清除。而禾本科和莎草科的杂草必须在数量少时人工挖除，数量过多时只能依靠目的草的生物学竞争来抑制它们。其实，生长均匀的禾本科杂草也是草坪草，没有必要清除它们。

5. 松土通气

长期使用后的草坪土壤变紧实、根系絮结，从而影响土层中水、气比例，减弱草坪生长势。因此，应当进行松土耕作，增加土壤透水透气性。

目前用于疏松草坪土壤的机具有梳理表层枯草的垂直刈割机、划破草皮层的划破犁、开挖地下暗管的鼠道犁以及各种实心和空心打孔机。

6. 覆土

覆土的作用是保护草的越冬芽、平整地面、改良土壤结构增加土壤透水透气性。覆土材料应以细沙为主，适当配以有机肥和缓效化肥如过磷酸钙和磷酸二氢氨。一般每次覆土的厚度不得超过 0.5cm。覆土作业可采用谷物播种机或手扶式撒播机，也可手工作业。撒完后用拖网耙平，再用滚筒式镇压器碾平。

五、草坪的种植施工

播种法是建植草坪的另一种重要方法。其优点是草坪均匀、整齐且投资少。适用于结籽量大且种子容易采集的草种。

（一）种植前的准备工作

1. 坪床处理

与铺栽法基本相同，但土壤更需精细，表层土壤颗粒不宜大于 0.5cm。播种前可对坪床进行灌水，这对种子的萌发有利。

2. 种子处理

种子质量直接影响草坪的质量。播种前最好能够对种子质量进行检验。种子质量包括纯度和发芽率。一般要求纯度在 90%以上，发芽率不低于 50%。

此外，为了促进某些种子打破休眠、克服种皮不透性，提高种子发芽率，达到苗全、苗齐、苗壮的目的，播种前可对种子进行适当处理。如细叶苔草的种子可用流水冲洗数十小时；结缕草种子用 0.5%的氢氧化钠溶液浸泡 48h 后再用清水洗净；野牛草种子用机械方法搓掉硬壳等。

（二）种植方法

1. 直接播种

人工播种有条播和撒播之分。条播是在整好的场地上开沟，沟深 5～10cm，沟距 15cm，用等量的细土或砂与种子拌匀撒入沟内；不开沟为撒播，播种人应做回纹式或纵横向后退撒播。如图 3-48。

为使种子均匀分布，最好选择无风时播种。人工播种时可借助于手摇撒

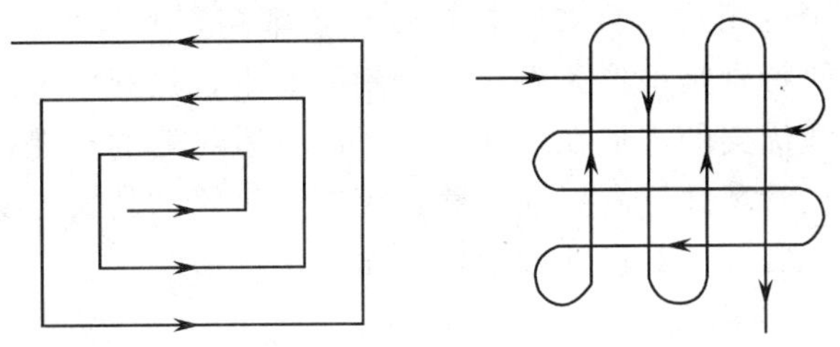

图 3-48 人工播种顺序示意

播器或手推撒播器。也有采用谷物播种机进行机械播种。

播种后一定要覆土镇压，用圆形或丁齿滚筒镇压都很有效。必要时还可覆盖草席或遮阳网予以保护，有利出苗并能防止雨水冲刷。

2. 喷浆播种

是采用机械播种的新方法。即借助机械力量将草籽、肥料、保湿剂、除草剂、颜料、泥炭（或纸浆）、高分子化合物和水的混合泥浆液直接喷吐到已经平整的场地或陡坡上，经过养护育成草坪。此法的突出优点在于工作效率高（$32m^2/h$），附着力和均匀度好，能进行陡坡绿化且种子不会流失。特别适合公路、铁路等的护坡草坪建植。

（三）种植后的管护

播种草坪的管护与栽植草坪基本相同。出苗前必须保证土壤湿度，坪面要一直保持湿润。灌水原则是少量多次。从播种到几乎全部种子萌发大约需要 10～14 天，在这期间，保证水分供应充足是草坪建植成功的最关键因素。

六、绿地喷灌工程施工

传统的绿地灌溉方式是漫灌或“拉胶皮管”等较为落后的方式，它们的劳动强度大、水的浪费严重、效率较低。喷灌则是一种更先进的灌水方式。

（一）喷灌工程概述

绿地喷灌是一种模拟天然降水而对植物提供的控制性灌水。

1. 喷灌的特点

喷灌与其他灌水方式相比有诸多的优点：它近似于天然降水，对植物全株进行灌溉，可以洗去枝叶上的灰尘，加强叶面的透气性和光合作用；水的利用率高，比地面灌水节水 50％以上；保持水土，喷灌以它不形成径流的设计原则有助于达到这一重要目标；劳动效率高，省工、省时；适应性强，喷灌对土壤性能特别是地形条件没有苛刻的要求；景观效果好，喷灌喷头良好的雾化效果和优美的水形在绿地中可形成一道靓丽的景观；能增加空气湿度；便于自动化管理并提高绿地的养护管理质量等。其缺点主要是受气候影响明显、前期投资大、对设计和管理工作要求严格。

2. 喷灌系统的构成

喷灌系统通常由喷头、管材和管件、控制设备、过滤装置、加压设备及水源等所构成。利用市政供水的中小型绿地的喷灌系统一般无须设置过滤装置和加压设备。

(1) 喷头　喷头是喷灌系统中的重要设备。一般由喷体、喷芯、喷嘴、滤网、弹簧和止溢阀等部分组成。它的作用是将有压水流破碎成细小的水滴，按照一定的分布规律喷洒在绿地上。

① 按非工作状态分类

外露式喷头（图 3-49）：指非工作状态下暴露在地面以上的喷头。这类喷头构造简单、价格便宜、使用方便，对供水压力要求不高，但其射程、射角及覆盖角度不便调节且有碍园林景观。因此一般用在资金不足或喷灌技术要求不高的场合。

地埋式喷头（图 3-50）：是指非工作状态下埋藏在地面以下的喷头。工作时，这类喷头的喷芯部分在水压的作用下伸出地面，然后按照一定的方式喷洒；当关闭水源，水压消失，喷芯在弹簧的作用下又缩回地面。地埋式喷头构造复杂、工作压力较高，其最大优点是不影响园林景观效果、不妨碍活动，射程、射角及覆盖角度等喷洒性能易于调节，雾化效果好，适合于不规则区域的喷灌，能够更好地满足园林绿地和运动场草坪的专业化喷灌要求。

② 按工作状态分类

固定式喷头（图 3-50）：指工作时喷芯处于静止状态的喷头。这种喷头也称为散射式喷头，工作时有压水流从预设的线状孔口喷出，同时覆盖整个喷洒区域。固定式喷头结构简单、工作可靠、使用方便，是庭院和小规模绿地喷灌系统的首选产品。

旋转式喷头（图 3-50）：是指工作时边喷洒边旋转的喷头。多数情况下这类喷头的射程、射角和覆盖角度可以调节。这类喷头对工作压力的要求较高、喷洒半径较大。旋转式喷头的结构形式很多，可分为摇臂式、叶轮式、反作用式、全射流式等。采用旋转式喷头的喷灌系统有时需要配置加压设备。

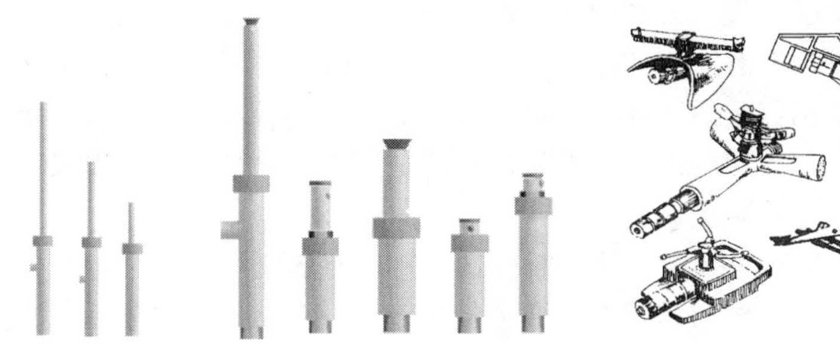

图 3-49 喷灌喷头（外露式） 图 3-50 喷灌喷头（地埋式）

③ 按射程分类

近射程喷头：指射程小于 8m 的喷头。这类喷头的工作压力低，只要设计合理，市政或局部管网压力就能满足其工作要求。

中射程喷头：指射程为 8～20m 的喷头。这类喷头适合于较大面积园林绿地的喷灌。

远射程喷头：指射程大于 20m 的喷头。这类喷头工作压力较高，一般需要配置加压设备，以保证正常的工作压力和雾化效果。多用于大面积观赏绿地和运动场草坪的喷灌。

(2) 管材和管件 在喷灌行业里，聚氯乙烯（PVC）、聚乙烯（PE）和聚丙烯（PP）等塑料管正在逐渐取代其他材质的管道，成为喷灌系统主要的管材。

① 聚氯乙烯（PVC）管 分为硬质聚氯乙烯管和软质聚氯乙烯管，公称外径在 20～200mm。

② 聚乙烯（PE）管 管材分为高密度聚乙烯（HDPE）、低密度聚乙烯（LDPE）管材。前者性能好但价格昂贵，使用较少。后者力学强度较低但抗冲击性好，适合在较复杂的地形敷设，是绿地喷灌系统中常使用的聚乙烯管材。

③ 聚丙烯（PP）管 耐热性能优良。适用于移动或半移动喷灌系统场合，由于太阳的直射，暴露在外的管道需要一定的耐热性。

(3) 控制设备 控制设备构成了绿地喷灌系统的指挥体系，其技术含量和完备程度决定着喷灌系统的自动化程度和技术水平。根据控制设备的功能与作用的不同，可将控制设备分为状态性控制设备（如闸阀、球阀、快速连接阀、电磁阀与水力阀等）、安全性控制设备（如减压阀、调压孔板、逆止阀、空气阀、水锤消除阀和自动泄水阀等）和指令性控制设备（包括各种控制器、遥控器、传感器、气象站和中央控制系统等)。

(4) 控制电缆　即传输控制信号的电缆，它由缆芯（多为铜质)、绝缘层和保护层构成。根据保护层不同，控制电缆可分为铠装控制电缆、塑料护套控制电缆和橡胶护套控制电缆。根据铠装形式的不同，铠装控制电缆又可分为钢带铠装和钢丝铠装两类。

(5) 过滤设备　当水中含有泥砂、固体悬浮物、有机物等杂质时，为了防止堵塞喷灌系统管道、阀门和喷头，必须使用过滤设备。绿地喷灌系统常用的过滤设备有离心过滤器、砂石过滤器、网式过滤器和叠片过滤器。

(6) 加压设备　当使用地下水或地表水作为喷灌用水，或者当市政管网水压不能满足喷灌的要求时，需要使用加压设备为喷灌系统供水，以保证喷头所需工作压力。常用的加压设备主要是各类水泵，如离心泵、井用泵、小型潜水泵等。

3. 喷灌系统的类型

(1) 按管道敷设方式分类

① 移动式喷灌系统　此种形式要求灌溉区有天然地表水源（江、河、湖、池、沼等)，其动力（电动机或汽、柴油发动机)、水泵、管道和喷头等是可以移动的。由于不需要埋设管道等设备，所以投资较经济，机动性强，但管理工作强度大。适用于天然水源充裕的地区，尤其是水网地区的园林绿地、苗圃、花圃的灌溉。

② 固定式喷灌系统　泵站固定，干支管均埋于地下的布置方式，喷头固定于竖管上，也可临时安装。

固定式喷灌系统的设备费用较高。但操作方便，节约劳力，便于实现自动化和遥控操作。适用于需要经常灌溉和灌溉期较长的草坪、大型花坛、花圃、庭院绿地等。

③ 半固定式喷灌系统　其泵站和干管固定，支管和喷头可移动，优缺点介于上述二者之间。应视具体情况酌情采用，也可混合使用。

(2) 按供水方式分类

① 自压型喷灌系统　指水源的压力能够满足喷灌系统的要求，无需进行加压的喷灌系统。自压型喷灌系统常见于以市政或局域管网为喷灌水源的场合，多用于小规模园林绿地的喷灌。

② 加压型喷灌系统　当喷灌系统是以江、河、湖、溪、井等作为水源，或水压不能满足喷灌系统设计要求时，需要在喷灌系统中设置加压设备，以保证喷头有足够的工作压力。

（二）喷灌系统设计

1. 规划设计基本资料

规划设计前必须收集有关资料，了解与喷灌系统规划设计相关的自然条件和人文条件，并进行调查、分析。

（1）自然条件　包括喷灌区域的地形（如形状、坡度、高称等）、土壤（如质地、结构、容重和田间持水量等）、当地水源（如总量、流量、水质和水压等）和气象条件（平均风速和主风向）等。

（2）人文因素　影响喷灌系统规划设计的人文因素包括喷灌区域的种植状况、喷灌系统的期望投资和期望年限。

2. 喷灌系统的设计

绿地喷灌系统规划设计的主要内容及方法如下。

（1）基本资料收集

（2）喷灌用水分析　植物需水量受植物种类、气象、土壤等多种因素的影响，规划设计时应根据当地或临近地区有关资料或试验观察结果确定。

（3）喷灌系统选型　规划设计时，应根据喷灌区域的地形地貌、水源条件、可投入资金数量、期望使用年限等具体情况，选择不同类型的喷灌系统。

（4）喷头选型与布置　这是绿地喷灌系统规划设计的一个重要内容。喷头的性能和布置形式不但关系到喷灌系统的技术要素，也直接影响着喷灌系统的工程造价和运行费用。

① 技术要求　喷头选型与布置，首先应该满足技术方面的要求，包括喷灌强度、喷灌均匀度和水滴打击强度等。

喷灌强度：土壤允许喷灌强度就是在短时间里不形成地表径流的最大喷灌强度。超过时会造成水资源浪费，同时，土壤的结构也受到破坏。土壤允许喷灌强度与土壤质地和地面坡度有关（表 3-13 和表 3-14）。

喷头选型时，首先根据土壤质地和地面坡度，确定土壤允许喷灌强度，然后再按照喷头布置形式推算单喷头喷灌强度。

喷灌均匀度：是指在喷灌面积上水量分布的均匀程度。影响喷灌均匀度的因素有喷嘴结构、喷芯旋转均匀性、单喷头水量分布、喷头布置形式、布置间距、地面坡度和风速风向等。在设计风速下，喷灌均匀系数不应低于 75％。

表 3-13　各类土壤的允许喷灌强度

土壤质地	允许喷灌强度（mm/h）
砂　土	20
砂壤土	15
壤　土	12
黏壤土	10
黏　土	8

表 3-14　坡地允许喷灌强度降低值

地面坡度（%）	允许喷灌强度降低（%）
<5	10
5～8	20
9～12	40
13～20	60
>20	75

水滴打击强度：是指单位受水面积内水滴对植物或土壤的打击动能。它与水滴大小、降落速度和密集程度有关。为避免破坏土壤团粒结构造成板结或损害植物，水滴打击强度不宜过大。

工程造价和运行费用：喷头的射程、设计出水量、喷灌强度、工作压力和布置间距均会直接或间接地影响管网造价和运行管理费用。所以，在加压喷灌系统的规划设计中，选用喷头时应对不同的方案进行比较。

② 喷头选型　根据喷灌区域的地形、土壤、植物、气象和水源等条件，选择喷头的类型和性能，以满足规划设计的要求。

喷头类型：喷头的射程是主要的影响因素。

面积狭小的喷灌区域适合采用近射程喷头，这类喷头多为固定式的散射喷头，具有良好的水形和雾化效果；喷灌区域的面积较大时，使用中、远射程喷头，有利于降低喷灌工程的综合造价。

对自压型喷灌系统，应根据供水压力的大小选择喷头类型；对于加压型喷灌系统，喷头工作压力的选择也应适当，其大小会分别影响工程造价和运行费用。喷头选定后，需要通过水力计算确定管网的水头损失，核算供水压力能否满足设计要求。

如果喷灌区域地貌复杂、构筑物较多，且不同植物的需水量相差较大，采用近射程喷头可以较好地控制喷洒范围，满足不同植物的需水要求；反之，如果绿地空旷、种植单一，采用中、远射程喷头可以降低工程造价。

喷洒范围：喷灌区域的几何尺寸和喷头的安装位置是选择喷头的喷洒范围的主要依据。如果喷灌区域是狭长的绿带，应首先考虑使用矩形喷洒范围的喷头。安装在绿地边界的喷头，最好选择可调角度或特殊角度的喷头，以便使喷洒范围与绿地形状吻合，避免漏喷或出界。

工作压力：规划设计中，考虑到电压波动或水压波动，为了保证喷灌系统运行的安全可靠，确定喷头的设计压力时应在喷头的最小工作压力的 1.1 倍至喷头的最大工作压力的 0.9 倍之间。

喷灌强度：喷灌强度是喷头的重要性能参数，喷头选型时应根据土壤质地和喷头的布置形式加以确定，使其组合喷灌强度在土壤允许喷灌强度以内。

射程、射角和出水量：射程的确定应考虑供水压力、管网造价和运行费用；喷洒射角的大小则取决于地面坡度、喷头的安装位置和当地在喷灌季节的平均风速；当射程一定时，对于自压型喷灌系统，喷头的出水量小有利于降低管材费用。对于加压型喷灌系统，小出水量的喷头则有利于降低喷灌系统的运行费用。

③ 喷头布置　布置喷头时应结合绿化设计图进行，充分考虑地形地貌、绿化种植和园林设施对喷洒效果的影响，做到科学合理。

喷灌区域：分闭边界和开边界两类。闭边界就是喷灌区域有明确的外边界，如道路、隔墙和建筑物基础等。大多数园林绿化喷灌区域属于闭边界喷灌区域；开边界就是喷灌区域没有明确的外边界标志，只是在不同的区域里，喷灌技术的要求有所不同，如高尔夫球场等喷灌区域。高尔夫球场的果岭和发球台对灌水要求较高，球道次之，以外区域可更低。

布置顺序：在闭边界喷灌区域，布置喷头的步骤是：首先在边界的转折点上布置喷头（图 3-51a）。然后在转折点之间的边界上，按照一定的间距布置喷头，要求喷头的间距尽量相等（图 3-51b）。最后在边界之间的区域里布置喷头，要求喷头的密度尽量相等（图 3-51c）。

在开边界喷灌区域，布置喷头应首先从喷灌技术要求较高的区域开始，再向喷灌技术要求较低的区域延伸。

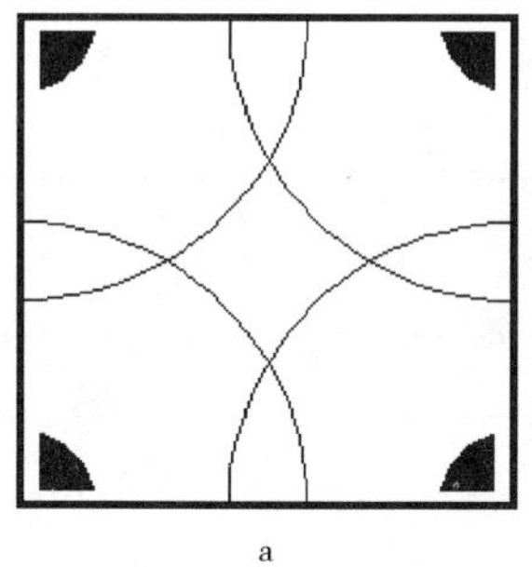
a

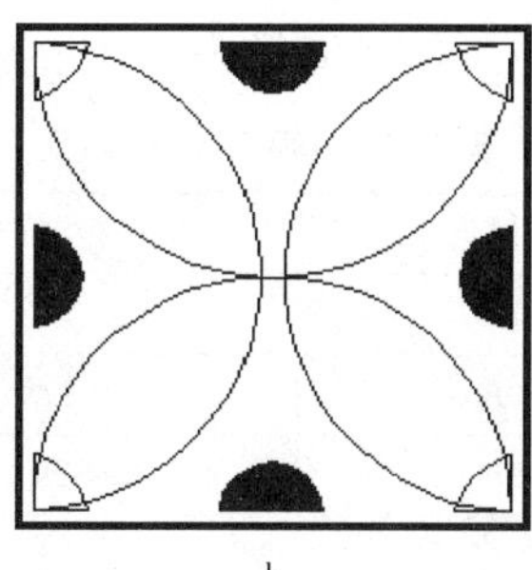
b

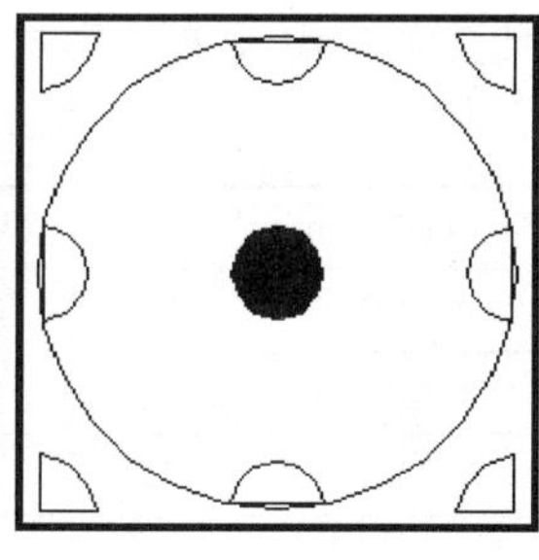
c

图 3-51　喷头布置顺序

a. 在转折点上布置喷头　b. 沿边界布置喷头　c. 在区域内布置喷头

组合形式：即各喷头相对位置的安排，一般用相邻几个喷头的平面位置组成的图形表示（表 3-15）。多数情况下，采用三角形布置有利于提高组合喷灌均匀度和节水。

表 3-15 常用喷头布置形式

名称	喷头组合图	喷洒方式	喷头间距（L），支管间距（b）与喷头射程（R）的关系	有效控制面积（S）	适　用
正方形	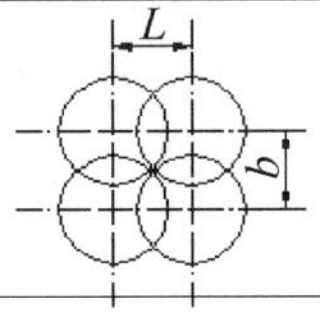 L b	全圆	$L=b=1.42R$	$S=2R^2$	在风向改变频繁的地方效果较好
正三角形	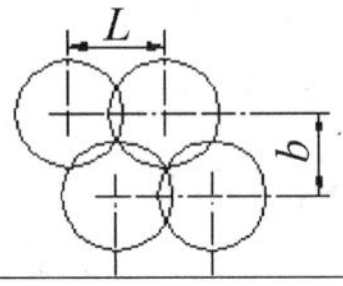 L b	全圆	$L=1.73R$ $b=1.5R$	$S=2.6R^2$	在无风情况下喷灌均匀度最好
矩形	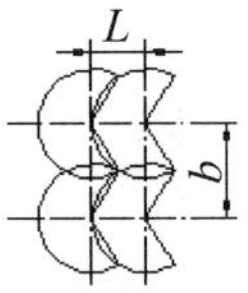 L b	扇形	$L=R$ $b=1.73R$	$S=1.73R^2$	较前两种节省管材
等腰三角形	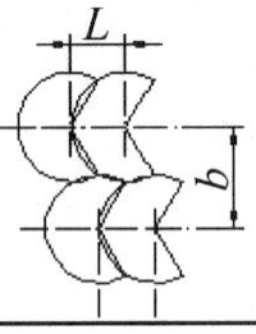 L b	扇形	$L=R$ $b=1.87R$	$S=1.865R^2$	较前两种节省管材

组合间距：是指相邻两个喷头之间的距离，通常用喷头射程 R 的倍数表示。由于风会破坏喷洒水形、改变喷头的覆盖区域，故确定喷头的组合间距时必须考虑风速的影响。其参考值见表 3-16。

表 3-16 喷头组合间距

设计风速（m/s）	垂直风向	平行风向	无主风向
0.3～1.6	$1.1R$	$1.3R$	$1.2R$
1.6～3.3	$1.0R$	$1.2R$	$1.1R$
3.4～5.4	$0.9R$	$1.1R$	$1.0R$

技术要素核算：在获得的所选喷头水量分布资料（生产厂家提供或实测取得）的基础上，根据喷头的布置形式和组合间距，核算喷灌系统的喷灌强度和喷灌均匀度。若与设计数值不符，则重新进行喷头选型和布置工作，直

到满足设计要求为止。

（5）轮灌区划分　轮灌区是指受单一阀门控制、且同步工作的喷头和相应管网构成的局部喷灌系统。轮灌区划分是指根据水源的供水能力将喷灌区域划分为相对独立的工作区域以便轮流灌溉。划分轮灌区还便于分区进行控制性供水以满足不同植物的需水要求，也有助于降低喷灌系统工程造价和运行费用。

① 划分原则　首先是最大轮灌区的需水量必须小于或等于水源的设计供水量 $Q_{供}$；其次轮灌区数量应适中。若过少（即单个轮灌区面积过大）会使管道成本较高，过多则会给喷灌系统的运行管理带来不便；再者，各轮灌区的需水量应该接近，以使供水设备和干管能够在比较稳定的情况下工作；最后，还应当将需水量相同的植物划分在同一个轮灌区里，以便在绿地养护时对需水量相同的植物实施等量灌水。

② 划分步骤

计算出水总量 Q：喷灌系统中所有喷头出水量的总和。

计算轮灌区数量 N：

$N=\dfrac{Q}{Q_{供}}+1$，取整数即为该喷灌系统的最小轮灌区数。

（6）管网设计　包括管网布置和管径计算两个内容。

① 管网布置

布置原则：管网布置形式取决于喷灌区域的地形、坡度、喷灌季节的主风向和平均风速、水源位置等。当考虑因素之间发生矛盾时，要分清主次，合理布置。一般情况下，依据以下原则：力求管道总长度最短，以便降低工程造价，减小水锤危害；尽量沿轮灌区的几何轴线布置管道，力求最佳的水力条件；在同一个轮灌区里，任意两个喷头之间的设计工作压差应小于20%，以求较高的喷灌均匀度；在有地面坡度的场合，干管应尽量顺坡布置，支管最好与等高线平行；当存在主风向时，干管应尽量与主风向平行；充分考虑地块形状，力争使支管长度一致，规格统一；尽量将阀门井、泄水井布置在绿地周边区域，以便于使用和检修；干、支管均向泄水井找坡，确保管网冬季泄水。

布置形式：喷灌管网布置形式有两种：丰字形（图 3-52a、b）和梳子形（图 3-52c）。规划设计时根据水源位置选择适宜的形式。

② 管径选择　轮灌区划分和管网布置工作完成之后，各轮灌区的设计供水量和轮灌区内各级管道的设计流量已经确定。干管中的流量因轮灌区的不同而异，一般选用其中的最大流量作为设计流量，并根据这个流量来确定

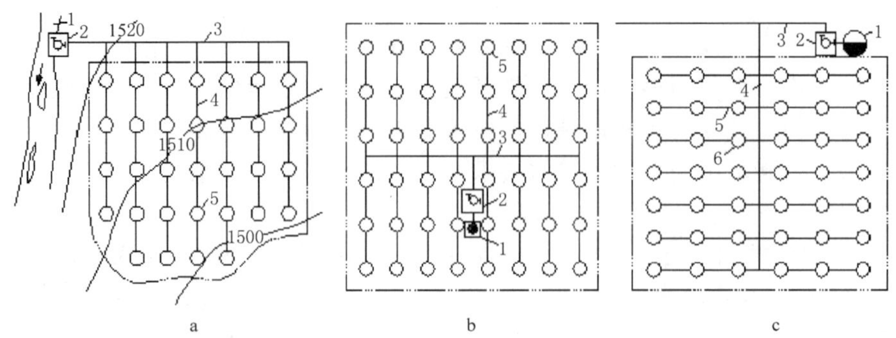

图 3-52　喷灌管网布置形式

a. 1. 井　2. 泵站　3. 干管　4. 支管　5. 喷头

b. 1. 蓄水池　2. 泵站　3. 干管　4. 分干管　5. 喷头

c. 1. 河渠　2. 泵站　3. 干管　4、5. 支管　6. 喷头

管道的管径。

喷灌管网选择管径的原则是在满足下一级管道流量和水压的前提下，管道的年费用最小。管道的年费用包括投资成本（常用折旧费表示）和运行费用。

对于一般规模的绿地喷灌系统，如采用塑料管材，可以利用下面公式确定管径：

$$D = 22.36\sqrt{\frac{Q}{V}}$$

式中：D——管道的公称外径（mm）；

Q——设计流量（m^3/h）；

v——设计流速（m/s）。

上式的适用条件是：设计流量 $Q=0.5\sim200m^3/h$，设计流速 $v=1.0\sim2.5$ m/s。同时，当管径≤50mm 时，管道中的设计流速不要超过表 3-17 规定的数值。

表 3-17　管道的最大流速

公称外径（mm）	15	20	25	32	40	50
最大流速（m/s）	0.9	1.0	1.2	1.5	1.8	2.1

另外，从喷灌系统运行安全的角度考虑，无论多大管径的管道，其中的水流速度不宜超过 2.5 m/s。

(7) 灌水制度　轮灌区划分和管网设计工作完成之后，必须制定一个合理的灌水制度，以保证植物适时适量地获得需要的水分。灌水制度的内容包括轮灌区的启动时间、启动次数和每次启动的喷洒历时。

① 启动时间　根据种植类型和天气情况等，选择喷灌系统的启动时间。既要及时补充植物所需水分，又要避免过量供水。可以根据土壤及植物的颜色和物理外貌等来判断。当地的介绍和经验也是很好的参考。

② 启动次数　取决于土壤、植物、气象等因素。喷灌系统在一年中的启动次数可按下式确定：

$$n=\frac{M}{m}$$

式中：n——一年中喷灌系统的启动次数；

M——设计灌溉定额（即单位绿地面积在一年中的需水总量）(mm)；

m——设计灌水定额（指一次灌水的水层深度）(mm)。

③ 喷洒历时　每个轮灌区的喷洒历时可以依据设计灌水定额、喷头的出水量和喷头的组合间距大小来计算。

(8) *安全措施*　绿地喷灌系统的安全措施主要包括防止回流、水锤防护和管网的冬季防冻等。

① 防止回流　对于以饮用水（如市政管网）作为喷灌水源的自压型喷灌系统，必须采取有效的措施防止喷灌系统中的非洁净水倒流，污染饮用水源。防止回流的方法是在干管上或支管始端安装各类逆止阀。

② 水锤防护　在有压管道中，由于某种外界因素，流量发生急剧变化，引起流速急剧增减，导致水压产生迅速交替的变化，这种水力现象称为水锤。引起水锤的外界因素有闸阀的突然启闭和水泵的启动与停机，其中以事故停泵产生的水锤危害最大。水锤引起的水压变化有时可达正常工作水压的几十倍甚至几百倍，这种大幅度的水压波动现象，具有很大的破坏性，往往造成闸阀破坏、管道接头断开、管道变形甚至管道爆裂等重大事故。

在规划设计时选择较小的流速，在管道上安装减压阀以及运行时适当延长闸阀的启闭历时等可有效地防止发生水锤危害。

③ 冬季防冻　入冬前或冬灌后将喷灌系统管道内的水泄出，是防冻的有效办法。常用的泄水方法有自动泄水、手动泄水和空压机泄水。

自动泄水是通过在局部管网最低处安装自动泄水阀，安装完成后一般不需维护管理。但其非冰冻季节的泄水会造成水的浪费。

手动泄水是在冰冻季节，通过人工操作启闭泄水阀的一种节水型防冻措施，操作简便、可靠。

空压机泄水是借助空压机提供的气压排除管内积水的泄水防冻方法。特别适用于喷灌区域地形复杂或者因为绿地覆土较浅，难以靠管线找坡的方法实现泄水的场合。采用空压机泄水，虽然管理维护不太方便，但敷设管道时可不必考虑泄水坡度，并且可减少喷灌系统中泄水井的数量，有助于简化施工程序、降低工程造价。

（三）喷灌工程施工

绿地喷灌系统的工作压力较高，隐蔽工程较多，工程质量要求严格。

1. 施工准备

现场条件准备工作的要求是施工场地范围内绿化地坪、大树调整、建构筑物的土建工程、水源、电源、临建设施应基本到位。还应掌握喷灌区域内埋深小于1m的各种地下管线和设施的分布情况。其他参阅第十章园林工程施工监理有关内容。

2. 施工放样

施工放样应尊重设计意图，尊重客观实际。

对每一块独立的喷灌区域，放样时应先确定喷头位置，再确定管道位置。

对于闭边界区域，喷头定位时应遵循点、线、面的原则。首先确定边界上拐点的喷头位置，再确定位于拐点之间沿边界的喷头位置，最后确定喷灌区域内部位于非边界的喷头位置。

3. 沟槽开挖

喷灌管道沟槽断面较小，同时也为了防止对地下隐蔽设施的损坏，一般不采用机械方法。

沟槽应尽可能挖得窄些，只在各接头处挖成较大的坑。断面形式可取矩形或梯形。沟槽宽度一般可按管道外径加0.4m确定；沟槽深度应满足地埋式喷头安装高度及管网泄水的要求，一般情况下，绿地中管顶埋深为0.5m，普通道路下为1.2m（不足1m时，需在管道外加钢套管或采取其他措施）；冻层深度一般不影响喷灌系统管道的埋深，防冻的关键是做好入冬前的泄水工作。为此，沟槽开挖时应根据设计要求保证槽床至少有0.2%的坡度，坡向指向指定的泄水点。挖好的管槽底面应平整、压实，具有均匀的密实度。

4. 管道安装

管道安装是绿地喷灌工程中的主要施工项目。管材供货长度一般为4m或6m，现场安装工作量较大。管道安装用工约占总用工量的一半。

（1）管道连接　管道材质不同，其连接方法也不同。目前，喷灌系统中普遍采用的是硬聚氯乙烯（PVC）管。

硬聚氯乙烯管的连接方式有冷接法和热接法。其中冷接法无需加热设备，便于现场操作，故广泛用于绿地喷灌工程。根据密封原理和操作方法的不同，冷接法又分为以下 3 种：

① 胶合承插法　适用于管径小于 160 mm 管道的连接，是目前绿地喷灌系统中应用最广泛的一种形式（图 3-53a、b）。本方法适用于工厂已事先加工成 TS 接头的管材和管件的连接，简便、迅速。

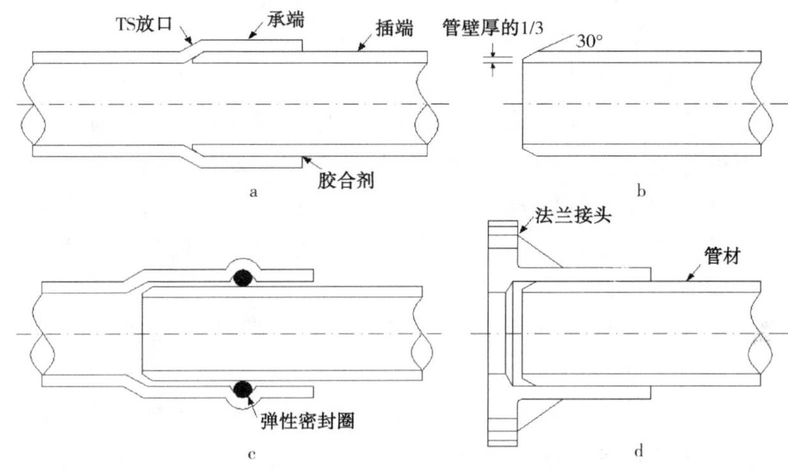

图 3-53　硬聚氯乙烯（PVC）管连接方法

② 弹性密封圈承插法　这种方法便于解决管道因温度变化出现的伸缩问题，适用于管径为 63～315mm 的管道连接（图 3-53c）。

③ 法兰连接　一般用于硬聚氯乙烯管与金属管件和设备等连接（图 3-53d）。法兰接头与硬聚氯乙烯管之间的连接方法同胶合承插法。

（2）管道加固　指用水泥砂浆或混凝土支墩对管道的某些部位进行压实或支撑固定，以减小喷灌系统在启动、关闭或运行时，产生的水锤和震动作用，增加管网系统的安全性。一般在水压试验和泄水试验合格后实施。对于地埋管道，加固位置通常是：弯头、三通、变径、堵头以及间隔一定距离的直线管段。

5. 水压试验和泄水试验

管道安装完成后，应分别进行水压试验和泄水试验。水压试验的目的在于检验管道及其接口的耐压强度和密实性，泄水试验的目的是检验管网系统是否有合理的坡降，能否满足冬季泄水的要求。

（1）水压试验　试验内容包括严密试验和强度试验。

① 严密试验　将管道内的水压加到0.35 MPa，保持2h。检查各部位是否有渗漏或其他不正常现象。在1h内压力下降幅度小于5%，表明管道严密试验合格。

② 强度试验　严密试验合格后再次缓慢加压至强度试验压力（一般为设计工作压力的1.5倍，并且不得大于管道的额定工作压力，不得小于0.5 MPa），保持2h。观察各部位是否有渗漏或其他不正常现象。在1h内压力下降幅度小于5%，且管道无变形，表明管道强度试验合格。

水压试验合格后，应立即泄水，进行泄水试验。

(2) 泄水试验　泄水时应打开所有的手动泄水阀，截断立管堵头，以免管道中出现负压，影响泄水效果。只要管道中无满管积水现象即为合格。一般采用抽查的方法检验。抽查的位置应选地势较低处，并远离泄水点。检查管道中有无满管积水情况的较好方法是排烟法：将烟雾从立管排入管道，观察临近的立管有无烟雾排出，以此判断两根立管之间的横管是否满管积水。

6. 土方回填

管道安装完毕并经水压及泄水试验合格后，可进行管槽回填。分两步进行：

(1) 部分回填　部分回填是指管道以上约100mm范围内的回填。一般采用砂土或筛过的原土回填，管道两侧分层踩实，禁止用石块或砖砾等杂物单侧回填。对于聚乙烯管（PE软管），填土前应先对管道压力充水至接近其工作压力，以防止回填过程中管道挤压变形。

(2) 全部回填　全部回填采用符合要求的原土，分层轻夯或踩实。一次填土100～150mm，直至高出地面100mm左右。填土到位后对整个管槽进行水夯，以免绿化工程完成后出现局部下陷，影响绿化效果。

7. 设备安装

(1) 首部安装　水泵和电机设备的安装施工必须严格遵守操作规程，确保施工质量。其操作要点主要是：安装人员应具备设备安装的必要知识和实际操作能力，了解设备性能和特点；核实预埋螺栓的位置与高程；安装位置、高度必须符合设计要求；对直联机组，电机与水泵必须同轴。对非直联卧式机组，电机与水泵轴线必须平行；电器设备应由具有低压电气安装资格的专业人员按电气接线图的要求进行安装。

(2) 喷头安装　喷头安装施工应注意以下几点：

① 喷头安装前，应彻底冲洗管道系统，以免管道中的杂物堵塞喷头。

② 喷头的安装高度以喷头顶部与草坪根部或灌木的修剪高度平齐为宜。

③ 在平地或坡度不大的场合，喷头的安装轴线与地面垂直；如果地形

坡度大于 20°，喷头的安装轴线应取铅垂线与地面垂线所形成的夹角的平分线方向，以最大限度保证组合喷灌均匀度。

④ 为避免喷头将来自顶部的压力直接传给横管，造成管道断裂或喷头损坏，最好使用铰接杆或 PE 管连接管道和喷头。

8. 工程验收

(1) 中间验收 绿地喷灌系统的隐蔽工程必须进行中间验收。中间验收的施工内容主要包括：管道与设备的地基和基础；金属管道的防腐处理和附属构筑物的防水处理；沟槽的位置、断面和坡度；管道及控制电缆的规格与材质；水压试验与泄水试验等。

(2) 竣工验收 竣工验收的主要项目有：供水设备工作的稳定性；过滤设备工作的稳定性及反冲洗效果；喷头平面布置与间距；喷灌强度和喷灌均匀度；控制井壁稳定性、井底泄水能力和井盖标高；控制系统工作稳定性；管网的泄水能力和进、排气能力等。

（四）喷灌系统的日常管理

1. 喷灌系统日常管理工作的重要意义

喷灌系统建成后，管理工作就显得格外重要。如果忽视喷灌系统的日常管理，不但达不到预期的节水效果，影响灌水，还可能因管理不善导致喷灌系统在短期内报废，造成很大的经济损失。只有对喷灌系统实施严格、科学和规范的管理，才能在满足喷灌系统使用要求的前提下，实现节水的初衷，延长工程使用年限，降低系统的运行成本，最大限度地发挥喷灌的作用。

2. 管理人员与管理制度

(1) 管理人员 专职管理人员首先应当熟知喷灌设备的性能和特点，掌握喷灌系统的使用和维护方法，具备常见故障的判断和维修能力。有条件时，管理人员最好能够参与喷灌系统的工程施工，接受承建方提供的现场业务培训，熟悉喷灌工程的规划设计和施工情况。

绿地喷灌系统管理人员的主要任务是负责系统的日常管理和设备维护。系统运行时，巡视喷灌区域，观察喷头的喷洒效果，异常情况出现时能够得到及时处理。

(2) 管理制度 规章制度是管理工作的依据。喷灌系统管理的规章制度包括运行制度、设备保管和使用制度、设备维修保养制度、用水计划和轮灌制度，以及管理人员奖惩制度等。

应当建立喷灌系统的运行档案，主要记录：正进行灌水作业的轮灌区编号、启闭时间、运行历时、工作压力、量测仪表读数、实际耗电量、运行中的故障与排除情况等。

制定管理制度时应当参照《喷灌工程技术管理规程》《泵站技术管理规范》等国家有关技术规范。

3. 喷灌系统日常管理工作的主要内容

对于喷灌工程而言，日常管理工作主要是对系统设备运行和维护的管理。

(1) 首部设备的管理 水泵和电机是加压型喷灌系统首部的主要设备。

① 启动前，检查和准备工作的主要内容有：查看水泵和电机的连接与固定是否良好，各部位的螺丝是否有松动现象；水泵底阀淹没深度是否符合规定；离心泵开机前要灌满清水，深水泵、潜水泵在启动前要往泵里灌一些清水或专用液润滑轴承；出水管路上有闸阀的离心泵，开机前要关闭闸阀，以降低启动电流，避免烧毁电机；电机应空载或轻载启动，待电流表指针开始回降才可投入运行等。

② 运行过程中，应做好安全运行监测工作。必须配置量测仪表、继电保护器及调压器等。监测和检查的内容主要是：水泵和电机运转时的声音和气味是否正常；水泵的出水量和转速是否正常；水泵和吸水管有没有漏水和进气；水泵和电机的温度是否正常；电机的电流和电压是否正常；水源水位是否满足水泵要求等。

③ 停机后，主要应做好以下工作：停机时先关启动器，后拉电闸；设有闸阀的离心泵，停机前应该先缓慢关闭闸阀再停机，以减少震动；长期停机或冬季使用水泵后，应该打开泵壳下面的放水塞，把水放尽，防止锈坏或冻裂泵壳；润滑机油需 1 个月更换 1 次；经常注意检查，发现问题及时排除，不准带病运行。

(2) 管道系统的管理 水锤防护和事故维修是管道系统运行管理和维护工作的主要内容。

① 水锤防护的主要措施

A. 启动水泵前应打开待喷灌轮灌组的控制闸阀，使喷头处于排气状态，但水泵出水管上的总闸阀应关闭，待水泵启动后达到额定转速时再缓慢打开（注意：只有缓慢开阀才能防止水锤发生），向喷灌管网供水。

B. 当第一轮灌组灌完，需第二组工作时，应先开启第二组控制闸阀，再关闭第一组闸阀。严禁在第二组闸阀未开启的情况下，突然关闭第一组闸阀，以免产生水锤造成炸管。

C. 当管网停止运行时，应先停机后缓慢关闭总闸阀；为了防止因水泵启动或事故停泵产生的水锤，应该在水泵出水管或管网上其他适当位置设置进（排）气阀、安全阀、逆止阀。

② 管道维修　由于施工质量因素、外来机械损伤或水锤破坏等原因，管道系统可能出现接口漏水或脱落、管道破裂等现象，需要及时给予修复。

(3) 喷头的管理　应该熟悉喷头的性能、特点；检查喷头的转动部件是否灵活；检查安装喷头的竖管角度是否合理，是否稳固；观察喷头在设计工作压力下射程、雾化程度、水量分布是否符合设计要求，连接部分是否漏水等，出现故障要及时维修。

(4) 阀门的管理　喷灌系统常用的阀门包括各种闸阀、球阀、减压阀、逆止阀、空气阀、水锤消除阀、自动泄水阀以及程控型喷灌系统的电磁阀等。

必须确认使用的是合格产品，特别是控制阀和安全阀。

春季首次运行前，应巡视所有的阀门井、关闭所有的泄水阀。

灌溉季节过后，应对系统中所有阀门保养一次，上油、涂漆，防止锈蚀。

复习思考题

1. 园路工程的功能有哪些？常见园路有哪几类？
2. 简述园路典型结构。
3. 园路广场工程施工程序和各类型园路施工要点是什么？
4. 常用假山工程的材料有哪些？其布置手法有哪些？
5. 简述假山工程施工的要点和各工序的技术特点。
6. 传统假山施工的表现形式包括哪些方式？简述其特点。
7. 各类置石施工的技术要点有哪些？
8. 水景工程有哪些形式？各自的施工特点、要求是什么？
9. 喷泉工程的组成和施工程序有哪些内容？其设计与施工要点是什么？
10. 喷泉日常管理的内容有哪些？
11. 园林栽种工程的特点是什么？影响栽植成活生长的环境因子有哪些？
12. 栽植工程中的定点放线应注意些什么？
13. 起苗、运苗、假植的技术要点有哪些？
14. 栽植技术包括哪些内容？大树移植包括哪几道工序，各工序的技术要点是什么？
15. 栽植工程的养护管理包括哪些内容？简述各自的技术要点。
16. 草坪栽种施工的要求有哪些？草坪喷灌的设计，施工和管理的要求各是什么？

第四章　园林工程施工组织设计

【本章提要】本章讲述了园林工程施工组织设计的概念、作用、分类；园林工程施工组织设计的编制依据、程序、编制的主要内容；园林工程施工组织设计的编制方法等内容。

第一节　园林工程施工组织设计概述

一、园林工程施工组织设计的概念

园林工程建设不是单纯的种植工程，而是一项与土木、建筑及艺术等其他行业协同工作的综合性工程，精心做好施工组织设计比其他工程建设更具意义，因而是施工准备的核心。

施工组织设计是以施工工程为对象进行编制，用以指导其建设全过程各项施工活动的技术、经济、组织、协调和控制的综合性文件。

二、园林工程施工组织设计的作用

（1）园林工程施工组织设计是对拟建工程施工的全过程实行科学管理的重要手段。

通过施工组织设计的编制，可以全面考虑拟建工程的各种具体施工条件，扬长避短地拟定合理的施工方案，确定施工顺序、施工方法、劳动组织和技术经济的组织措施，合理地统筹安排拟定施工进度计划，保证拟建工程按期完成；

（2）为拟建工程的设计方案在经济上的合理性，在技术上的科学性和在实施工程上的可能性进行论证提供依据；可以合理地确定临时设施的数量、规模和用途；以及临时设施、材料和机具在施工场地上的布置方案。

通过施工组织设计的编制，可以预计施工过程中可能发生的各种情况，事先做好准备、预防，为实施施工准备工作计划提供依据；可以把拟建工程的设计与施工、技术与经济、前方与后方和全部施工安排与具体工程的施工组织工作更紧密地结合起来；可以直接把阶段与阶段、过程与过程之间的关系更好地协调起来。根据实践经验，对于一个拟建工程来说，如果施工组织设计编制得合理，能正确反映客观实际，符合建设单位和设计单位的要求，并且在施工过程中认真地贯彻执行，就可以保证拟建工程施工的顺利进行，取得好、快、省和安全的效果，早日发挥基本建设投资的经济效益和社会效益。

三、园林施工组织设计的分类

园林工程施工组织设计按照施工项目规模不同，施工组织设计可分为：施工组织总设计、单项（位）工程施工组织设计和分部（项）工程施工设计。

（一）建设项目施工组织总设计

建设工程施工组织总设计是以一个园林建设项目为对象进行编制，用以指导其建设全过程中，各项全局性施工活动的技术、经济、组织、协调和控制的综合性文件。它是整个施工项目的战略部署，其编制范围广，内容比较概括。在工程初步设计或扩大初步设计批准、明确承包范围后，由施工项目总承包单位的总工程师主持，会同建设单位、设计单位和承包单位的负责工程师共同编制，它是编制单项（位）工程施工组织设计或年度施工规划的依据。

（二）单项（位）工程施工组织设计

单项（位）工程施工组织设计是以一个园林施工中的分项工程为对象进行编制的文件。它是建设项目施工组织总设计或年度施工规划的具体化，其编制内容更详细。它是在项目施工图纸完成后，在项目经理组织下，由项目工程师负责编制。作为编制分部（项）工程施工设计或季（月）度施工作计划的依据。

（三）分部（项）工程施工设计

分部（项）工程施工设计是以一个分部（项）工程或冬雨期施工项目为对象进行编制，用以指导其各项作业活动的文件。它是单项（位）工程施工组织设计和承包单位季（月）度施工计划的具体化，其编制内容更具体，是在编制单项（位）工程施工组织设计同时，由项目主管技术人员负责编制、作为指导该项目专业工程施工的依据。

四、园林施工组织设计的原则

园林工程施工组织设计是施工企业和施工项目经理部的施工管理活动的重要技术经济文件。其目的是为确保园林工程顺利完成。

（1）认真执行园林工程自身的建设程序。

（2）搞好项目排队，确保重点，统筹安排。

（3）遵循施工工艺及其技术规律，合理地安排施工程序和施工顺序。

（4）采用流水施工方法和网络计划技术，组织有节奏、均衡、连续的施工。

（5）尽量采用国内外先进的施工技术和科学管理方法。

（6）科学合理地布置施工平面图。

五、园林工程施工组织设计的方法

（一）园林工程施工组织总设计的方法（图 4-1）

（二）单项目（位）工程施工组织设计方法（图 4-2）

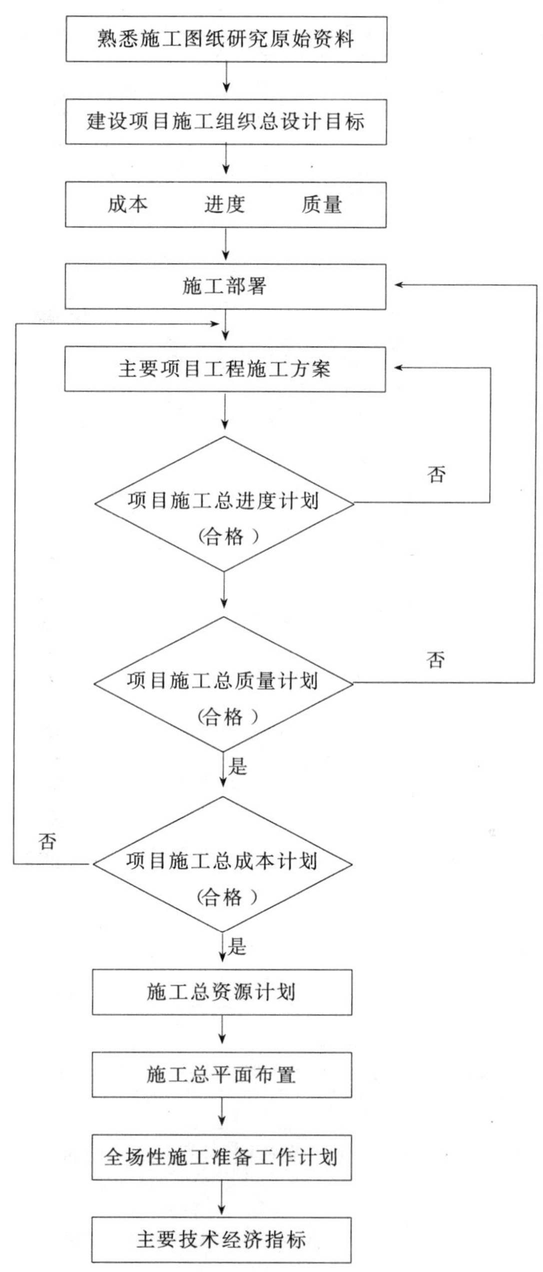

图 4-1　园林建设项目施工组织总设计方法

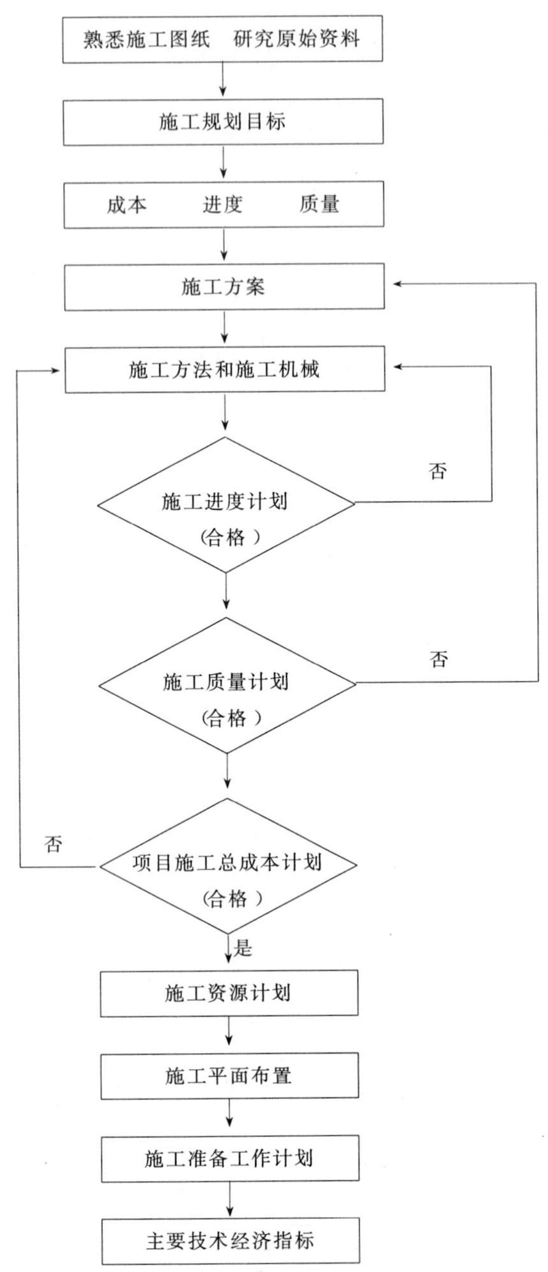

图 4-2　单项（位）工程施工组织设计方法

第二节　园林工程施工组织总设计编制程序

一、园林工程施工组织总设计编制的依据

（一）园林建设工程施工组织总设计编制的依据（表4-1）

表4-1　园林工程施工组织总设计编制依据

编制依据	主要内容
1. 园林建设项目基础文件	（1）建设项目可行性研究报告及其批准文件 （2）建设项目规划红线范围和用地批准文件 （3）建设项目勘察设计任务书、图纸和说明书 （4）建设项目初步设计或技术设计批准文件，以及设计图纸和说明书 （5）建设项目总概算、修正总概算或设计总概算 （6）建设项目施工招标文件和工程承包合同文件
2. 工程建设政策、法规和规范资料	（1）关于工程建设报建程序有关规定 （2）关于动迁工作有关规定 （3）关于园林工程项目实行施工监理有关规定 （4）关于园林建设管理机构资质管理的有关规定 （5）关于工程造价管理有关规定 （6）关于工程设计、施工和验收有关规定
3. 建设地区原始调查资料	（1）地区气象资料 （2）工程地形、工程地质和水文地质资料 （3）土地利用情况 （4）地区交通运输能力和价格资料 （5）地区绿化材料、建筑材料、构配件和半成品供应状况资料 （6）地区供水、供电、供热和电讯能力和价格资料 （7）地区园林施工企业状况资料 （8）施工现场地上、地下的现状，如水、电、电讯、煤气管线等状况
4. 类似施工项目经验资料	（1）类似施工项目成本控制资料 （2）类似施工项目工期控制资料 （3）类似施工项目质量控制资料 （4）类似施工项目技术新成果资料 （5）类似施工项目管理新经验资料

（二）园林工程施工组织总设计编制程序（图 4-3）

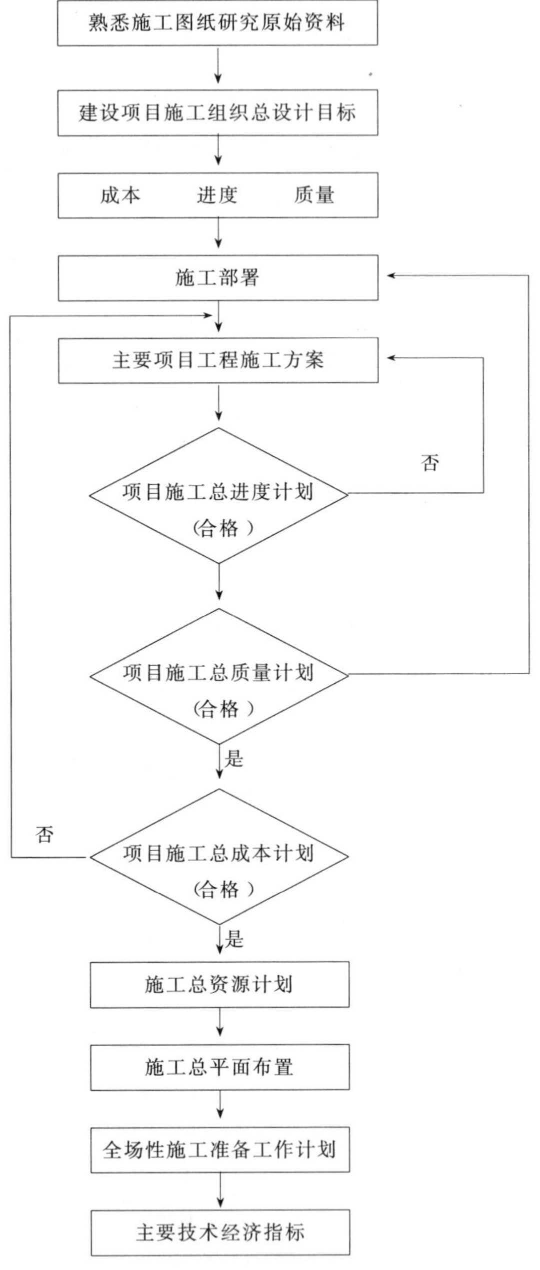

图 4-3　园林工程施工组织总设计编制程序

二、园林工程施工组织总设计编制的内容

1. 工程概况

（1）工程构成状况　主要内容：建设项目名称、性质和建设地点；占地总面积和建设总规模；每个单项工程占地面积。

（2）建设项目的建设、设计和施工承包单位　主要内容：建设项目的建设、勘察、设计、总承包和分包商的名称，以及业主委托的施工监理单位名称及其组织状况。

（3）施工组织总设计目标　主要内容：建设项目施工总成本、总工期和总质量等级，以及每个单项工程施工成本、工期和工程质量等级要求。

（4）建设地区自然条件状况　主要内容：气象、工程地形和工程地质、工程水文地质及其以及历史上曾发生的地震级别及其危害程度。

（5）建设地区技术经济状况　主要内容：地方园林绿化施工企业及其施工工程的状况；主要材料和设备供应状况；地方绿化、建筑材料品种及其供应状况；地方交通运输方式及其服务能力状况；地方供水、供电、供热和电讯服务能力状况；社会劳动力和生活服务设施状况；以及承包商的信誉、能力、素质和经济效益状况；地区园林绿化新技术、新工艺的运用状况。

（6）施工工程施工条件　主要内容：主要材料、特殊材料和设备供应条件；工程施工图纸供应的阶段划分和时间安排；以及提供施工现场的标准和时间安排。

2. 施工部署

（1）工程管理组织　明确工程管理组织目标、组织内容和组织结构模式，建立统一的工程指挥系统。组建综合或专业工作队组，合理划分每个承包单位的施工区域，明确主导施工项目和穿插施工项目及其建设期限。

（2）认真做好施工部署

①安排好为全场性服务的施工设计　应优先安排好为全场性服务或直接影响工程施工的经济效果的施工设计，如现场供水、供电、供热、通讯、道路和场地平整，以及各项生产性和生活性施工设施。

②合理确定单项工程开竣工时间　根据每个独立交工系统以及与其相关的辅助工程、附属工程完成期限，合理地确定每个单项工程的开竣工时间，保证先后投产或交付使用的交工系统都能够正常运行。

（3）主要项目施工方案　根据工程施工图纸、工程承包合同和施工部署要求，分别选择主要景区、景点的绿化、建筑物和构筑物的施工方案，施工

方案内容包括：确定施工起点流向、施工程序、施工顺序和施工方法。

3. 全场性施工准备工作计划

根据施工工程的施工部署、施工总进度计划、施工资料计划和施工总平面布置的要求，编制施工准备工作计划。其表格形式见表 4-2。

（1）按照总平面图要求，做好现场控制网测量；

（2）认真做好土地征用、居民迁移和现场障碍物拆除工作；

（3）组织所采用新结构、新材料、新技术的试验工作；

（4）按照施工设施计划要求，优先落实大型施工设计工程，同时做好现场“四通一清”工作；

（5）根据施工项目资源计划要求，落实绿化材料、建筑材料、构配件、加工品（包括植物材料）、施工机具和设备。

（6）认真做好工人上岗前的技术培训工作。

表 4-2　主要施工准备工作计划表

序号	准备工作名称	准备工作内容	主办单位	协办单位	完成日期	负责人

4. 施工总进度计划

根据施工部署要求，合理确定每个独立交工系统及单项工程控制工期，并使它们相互之间最大限度地进行衔接，编制出施工总进度计划。在条件允许的情况下，可多搞几个方案进行比较、论证，以采用最佳计划。

（1）*确定施工总进度表达形式*　施工总进度计划属于控制性计划，用图表形式表达。园林建设项目施工进度常用横道表表达（表 4-3）。

表 4-3　施工进度横道表

工程编号	工程起止日期												
	1 月			2 月			3 月			4 月			……
	1－10	11－20	21－31	1－10	11－20	21－28	1－10	11－20	21－31	1－10	11－20	21－30	
①													
②													
③													
…													

工程编号：①整理地形工程；②绿化工程；③假山工程；……

(2) 编制施工总进度计划

①根据独立交工系统的先后次序，明确划分施工项目的施工阶段；按照施工部署要求，合理确定各阶段及其单项工程开竣工时间。

②按照施工阶段顺序，列出每个施工阶段内部的所有单项工程，并将它们分别分解至单位工程和分部工程。

③计算每个单项工程、单位工程和分部工程的工程量。

④根据施工部署和施工方案，合理确定每个单项工程、单位工程和分部工程的施工持续时间。

⑤科学地安排各分部工程之间衔接关系，并绘制成控制性的施工网络计划（见图 4-4）或横道计划。

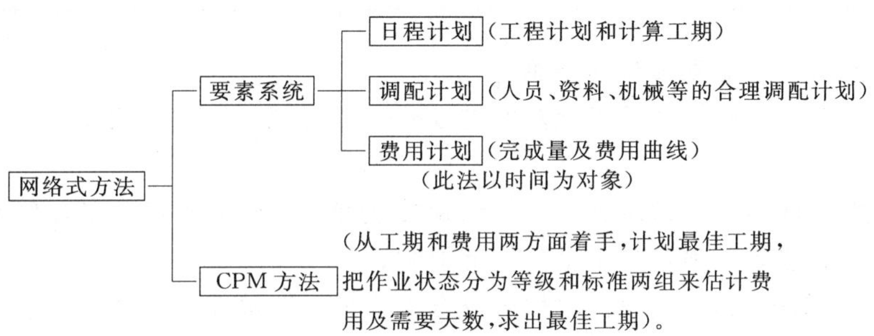

图 4-4 施工网络计划方法的表示图

网络计划图表示方法如图 4-5 所示。

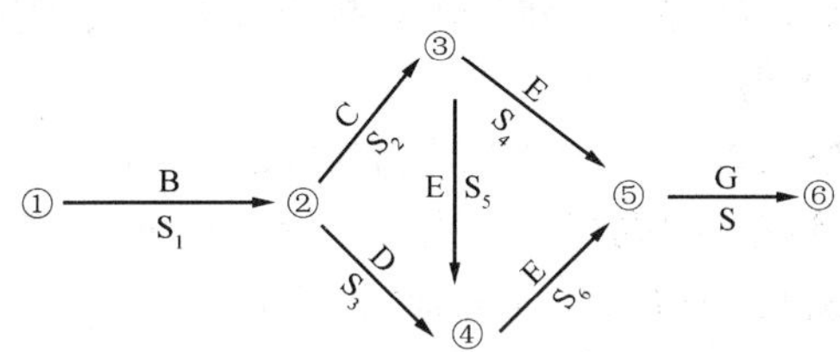

图 4-5 施工网络计划图表示方法

——→表示施工作业 施工作业开始

○ $\xrightarrow[\text{5（作业天数）}]{\text{A（作业名称）}}$ ○施工作业结束

○中填号数后，则表示施工作业的流程

在网状图的基础上，编制施工作业一览表，以上图为例，其施工作业见表 4-4 所示。

施工网络计划明确了各作业时间的相互关系、作业顺序、施工时间和重点作业等，以弥补工程进度表的不足。

⑥在安排施工进度计划时，要认真遵循编制施工组织设计的基础原则。

⑦可对施工总进度初始方案进行优化设计，以有效地缩短建设总工期。

表 4-4　施工作业一览表

<table>
<tr><th>施工作业</th><th>先行作业</th><th>后续作业</th><th>需要天数</th></tr>
<tr><td>A</td><td>—</td><td>B、C、D</td><td>3</td></tr>
<tr><td>B</td><td>A</td><td>E、F</td><td>4</td></tr>
<tr><td>C</td><td>A</td><td>F</td><td>9</td></tr>
<tr><td>D</td><td>A</td><td>G</td><td>4</td></tr>
<tr><td>E</td><td>B、C</td><td>G</td><td>3</td></tr>
<tr><td>F</td><td rowspan="2">D、E、F</td><td>G</td><td>4</td></tr>
<tr><td>G</td><td>—</td><td>5</td></tr>
</table>

(3) 制定施工总进度保证措施

①组织保证措施　从组织上落实进度控制责任制，建立进度控制协调制度。

②技术保证措施　编制施工进度计划实施细则；建立多级网络计划和施工作业周计划体系；强化施工工程进度控制。

③经济保证措施　确保按时供应资金；奖励工期提前有功者；经批准紧急工程可采用较高的计件单价；保证施工资源正常供应。

④合同保证措施　全面履行工程承包合同；及时协调各分包单位施工进度；按时提取工程款；尽量减少建设单位提出工程进度索赔的机会。

5. 施工总质量计划

施工总质量计划是以一个建设项目为对象进行编制，用以控制其施工全过程各项施工活动质量标准的综合性技术文件。应充分掌握设计图纸、施工说明书、特殊施工说明书等文件上的质量指标，制定各工种施工的质量标准，制定各工种的作业标准、操作规程、作业顺序等，并分别对各工种的工人进行培训及教育。

(1) 施工总质量计划内容

①工程设计质量要求和特点；

②工程施工质量总目标及其分解；

③确定施工质量控制点；

④制定施工质量保证措施；

⑤建立施工质量体系，并应与国际质量认证系统接轨。

(2) 施工总质量计划的制定步骤

①明确工程设计质量要求和特点　通过熟悉施工图纸和工程承包合同，

明确设计单位和建设单位对建设项目及其推荐工程的施工质量要求；再经过项目质量影响因素分析，明确建设项目质量特点及其质量计划重点。

②确定施工质量总目标 根据建设项目施工图纸和工程承包合同要求，以及国家颁布的相关工程质量评定和验收标准，确定建设项目施工质量总目标：优良或合格。

③确定并分解单项工程施工质量目标 根据建设项目施工质量总目标要求，确定每个单项工程施工质量目标，然后将该质量目标分解至单位工程质量目标和分部工程质量目标，即确定出每个分部工程施工质量等级：优良或合格。

④确定施工质量控制点 根据单位工程和分部工程施工质量等级要求，以及国家颁布的相关工程质量评定与验收标准、施工规范和规程有关要求，选定各工种的质量特性（以土方工程为例，表 4-5），确定各个分部（项）工程质量标准和作业标准；对于影响分部（项）工程质量的关键部位或环节，要设置施工质量控制点，以便加强对其进行质量控制。

表 4-5 土方工程的质量特性

物理特性（施工前）		力学特性（施工中）		地基土壤的承载力（施工后）	
质量特性试验	质量特性	试 验	质量特性	试验	
(1) 颗粒度 (2) 液 限 (3) 塑 限 (4) 现场含水量	颗粒度 液 限 塑 限 含水量	(1)最大干燥密度 (2)最优含水量 (3)捣固密实度	捣固 捣固 捣固	(1) 贯入指数 (2) 浸水 CBR (3) 承载力指数	各种贯入试验 CBR 平板荷载试验

⑤制定施工质量保证措施

组织保证措施：建立施工项目的施工质量体系，明确分工职责和质量监督制度，落实施工质量控制责任。

技术保证措施：编制施工项目施工质量计划实施细则，完善施工质量控制点和控制标准，强化施工质量事前、事中和事后的全过程控制。

经济保证措施：保证资金正常供应；奖励施工质量优秀的有功者，惩罚施工质量低劣的操作者，确保施工安全和施工资源正常供应。

合同保证措施：全面履行工程承包合同，严格控制施工质量，及时了解及处理分包单位施工质量，热情接受施工监理，尽量减少建设单位提出工程质量索赔的机会。

⑥建立施工质量认证体系

6. 施工总成本计划

施工总成本计划是以一个园林工程项目为对象进行编制，用以控制其施工全过程各项施工活动成本额度的综合性技术文件。由于园林工程施工的内容多，牵涉到的工种亦多，计算标准成本很困难，但随着园林事业的发展，以及不断进行的体制改革和规章制度的日益完善，促使园林工程事业日趋现代化，因而园林工程事业也会和其他部门一样，朝制定标准成本的方向努力。

（1）施工成本分类

①施工预算成本　施工预算成本是工程的成本计划，是根据项目施工图纸、工程预算定额和相应取费标准所确定的工程费用总和，也称建设预算成本。制定工程预算书是进行成本管理的基础，它是根据设计书、图表、施工说明书、图纸等实行预算及成本计算（表 4-6）。

表 4-6　施工预算成本管理表

<table>
<tr><td colspan="2">预算成本计算</td><td colspan="2">施工计划成本计算</td><td colspan="2">施工实际成本计算</td></tr>
<tr><td>基本计算</td><td rowspan="2">估算成本</td><td>不同工种计算</td><td>不同因素计算</td><td colspan="2" rowspan="2">预算成本与完成工程成本
实行预算报告
比较研究</td></tr>
<tr><td>确定预算</td><td>直接工程费
×××作业
×××作业
间接工程费
一般管理费</td><td>材料费
劳务费
转包费

经　费</td></tr>
<tr><td colspan="2">编制实行预算书</td><td colspan="2">执行预算</td><td>中途分析实行预算差异</td><td></td></tr>
<tr><td colspan="2">计划</td><td colspan="2">实施</td><td>调整</td><td>评价</td></tr>
</table>

②施工计划成本　施工计划成本是在预算成本基础上，经过充分挖掘潜力、采取有效技术组织措施和加强经济核算努力下，按企业内部定额，预先确定的工程项目计划费用总和，也称项目成本。

③施工实际成本　施工实际成本是在项目施工过程中实际发生，并按一定成本核算对象和成本项目归集的施工费用支出总和。施工预算成本与施工实际成本的差额，称为工程成本降低额；成本降低额与预算成本比率，称为成本降低率。施工管理人员应找出成本差异发生的原因，在控制成本的同时，及时采取正确的施工措施。一般说来，在比较成本时应保证工程数量与成本都必须准确。该指标可以考核建设工程施工总成本降低水平或单项工程施工成本降低水平（表 4-7）。

（2）施工成本构成　施工成本由直接费和间接费构成。

（3）编制施工总成本计划步骤

①确定单项工程施工成本计划

表 4-7　成本差异分析表

工种区分	施工预算成本			施工实际成本			成本差异		摘要
	数量	单价	金额	数量	单价	金额	增	减	
××									成本差异大的作业
××									
××									
合计									

收集和审查有关编制依据：包括上级主管部门要求降低成本计划和有关指标；施工单位各项经营管理计划和技术组织措施方案；人工、材料和机械等消耗定额和各项费用开支标准；历年有关工程成本的计划、实际和分析资料。

做好单项工程施工成本预测：通常先按量、本、利分析法，预测工程成本降低趋势，并确定出预期成本目标，然后采用因素分析法，逐项测算经营管理计划和技术组织措施方案的降低成本经济效果和总效果。当措施的经济总效果大于或等于预算工程成本目标时，就可开始编制单项工程施工成本计划。

编制单项工程施工成本计划：首先由工程技术部门编制项目技术组织措施计划，然后由财务部门编制项目施工经济管理计划，最后由计划部门会同财务部门进行汇总，编制出单项工程施工成本计划，即项目成本计划表。工程预算成本减去计划（降低）成本的差额，就是该项目工程成本指标。

②编制工程施工总成本计划　根据园林工程施工部署要求，首先要确定每个施工阶段的各个单项工程施工成本计划，并编制每个施工阶段组成的项目施工成本计划，再将各个施工阶段的施工成本计划汇在一起，就成为该园林工程施工总成本计划，同时也求得该工程计划成本总指标。

③制定园林施工总成本保证措施

技术保证措施：园林工程中大量是园林植物，种类各异，来源不同，必须精心优选各类植物材料、各种建筑材料、设备的质量和价格，合理确定其供货单位；优化施工部署和施工方案以节约成本；按合理工期组织施工，尽量减少赶工费用。

经济保证措施：经常对比计划费用与实际费用差额，分析其产生原因，并采取改善措施，及时奖励降低成本有功人员。

组织保证措施：建立健全项目施工成本控制组织，完善其职责分工和有关规章制度，落实项目成本控制者的责任。

合同保证措施：按项目承包合同条款支付工程款；全面履行合同，减少建设单位索赔条件和机会；正确处理施工中已发生的工程赔偿事项，尽量减少或避免工程合同纠纷。

7. 施工总资源计划

(1) 劳动力需要量计划　施工劳动力需要量计划是编制施工设施和组织工人进场的主要依据。它是施工管理人员实施管理的重要一环，劳动力需要量计划是根据施工总进度计划、概（预）算定额和有关经验资料，分别确定出每个单项工程专业工种、工人数和进场时间，然后逐项汇总直至确定出整个工程劳动力需要量计划。这是一项政策性很强的工作。在管理过程中要执行《劳动法》《劳动安全卫生法》等法律法规。工程的劳动力可实行招聘制，并要订立相关合同，合同双方都要遵守劳动合同，认真地履行各自的权利与义务。一般园林工程施工的劳务费平均约占承包总额的30％～40％。

(2) 主要材料需要量计划　主要材料需要量计划，是组织施工材料和部分原材料加工、订货、运输、确定堆场和仓库的依据。它是根据施工图纸、施工部署和施工总进度计划而编制的。然而，园林施工中的特殊材料如掇山、置石的材料需要根据设计所要求的体态、体量、色泽、质地等经过相石、采石、运输等环节，故需事先作好需要量计划。

(3) 施工机具和设备需要量计划　施工机具和设备需要量计划是确定施工机具和设备进场、施工用电量和选择施工用临时变压器的依据。它可根据施工部署、施工方案、工程量而确定，一般而言，园林施工中的大型施工机械不多见，但在地形改造利用、土方工程、水景施工中所用的一些中、小机械设备也不容忽视。

8. 施工总平面布置的原则

(1) 施工总平面布置的原则

①在满足施工需要的前提下，尽量减少施工用地，不占或少占农田，施工现场布置要紧凑合理，保护好施工现场的古树名木、原有树木、文物等。

②合理布置各项施工设施，科学规划施工道路，尽量降低运输费用。

③科学确定施工区域和场地面积，尽量减少专业工种之间交叉作业。

④尽量利用永久性建筑物、构筑物或现有设施为施工服务，降低施工设施建造费用，尽量采用装配式设施，提高其安装速度。

⑤各项施工设施布置都要满足有利于施工、方便生活、安全防火和环境保护等要求。

(2) 施工总平面布置的依据

①园林工程总平面图、竖向布置图和地下设施布置图。

②园林工程施工部署和主要项目施工方案。

③园林工程施工总进度计划、施工总质量计划和施工总成本计划。

④园林工程施工总资源计划和施工设计计划。

⑤园林工程施工用地范围和水、电源位置，以及项目安全施工和防火标准。

(3) 施工总平面布置内容

①园林工程施工用地范围内地形和等高线；全部地上、地下已有和拟建的道路、广场、河湖水面、山丘、绿地及其他设施位置的标高和尺寸。

②标明园林植物种植的位置、各种构筑物和其他基础设施的坐标网。

③为整个工程施工服务的施工设施布置，包括生产性施工设施和生活性施工设施两类。

④建设项目必备的安全、防火和环境保护设施布置。

(4) 编制工程施工设施需要量计划

①确定工程施工的生产性设施　生产性施工设施包括：工地加工设施、工地运输设施、工地储存设施、工地供水设施、工地供电设施和工地通讯设施 6 种。通常要根据整个园林工程及其每个单项工程施工需要，统筹兼顾、优化组合、科学合理地确定每种生产性施工设施的建造量和标准，编制出工程施工的生产性施工需要量计划。

②确定工程施工的生活性设计　生活性施工设施包括：行政管理用房屋、居住用房屋和文化福利用房屋 3 种。通常要根据整个建设项目及其每个单项工程施工需要，统筹兼顾、科学合理地确定每种生活性施工设施的建造量和标准，编制出工程施工的生活性施工设施需要量计划。

③确定工程施工设施需要量计划核心部分，必须是以上两项“需要量计划”之和，然后在其前面写明“编制依据”，在其后面写明“实施要求”。这样便形成了“工程施工设施需要量计划”。

(5) 施工总平面图设计步骤

①确定仓库和堆场位置，特别注意植物材料的假植地点应选在背风、背阴处。

②确定材料加工场地位置。

③确定场内运输道路位置。

④确定生活用施工设施位置。

⑤确定水、电管网和动力设施位置。

⑥评价施工总平面图指标。

为了优化施工工程，应从多个施工总平面图方案中根据下列评价指标：

施工占地总面积、土地利用率、施工设施建造费用、施工道路总长度和施工管网总长度。并在分析计算基础上，对每个可行方案进行综合评价。

9. 主要技术经济指标

为了评价每个工程施工组织总设计各个可行方案的优劣，以便从中确定一个最优方案，通常采用以下技术经济指标进行方案评价。

（1）工程施工工期。

（2）工程施工总成本和利润。

（3）工程施工总质量。

（4）工程施工安全。

（5）工程施工效率。

（6）工程施工其他评价指标。

第三节 园林工程施工组织设计的编制

一、园林工程的流水施工组织

生产实践已经证明，在所有的生产领域中，流水作业法是组织产品生产的理想方法；流水施工也是园林工程施工的最有效的科学组织方法。

（一）流水施工的作用

流水施工在工艺划分，时间排列和空间布置上的统筹安排，必然会给相应的园林工程带来显著的经济效果，具体可归纳为以下几点：

（1）由于流水施工的连续性，减少了专业工作的间隔时间，达到了缩短工期的目的，可使拟建工程项目尽早竣工，交付使用，发挥投资效益；

（2）便于改善劳动组织，改进操作方法和施工机具，有利于提高劳动生产率；

（3）专业化的生产可提高工人的技术水平，使工程质量相应提高；

（4）可使工人技术水平和劳动生产率得到提高，从而可以减少用工量和施工暂设建造量，降低工程成本，提高利润水平；

（5）可以保证施工机械和劳动力得到充分、合理的利用；

（6）由于工期短、效率高、用人少、资源消耗均衡，可以减少现场管理费和物资消耗，实现合理储存与供应，有利于提高工程施工的综合经济效益。

（二）流水施工的分级

根据流水施工组织的范围划分，流水施工通常可分为：

1. 分项工程流水施工

亦称细部流水施工。它是在一专业工种内部组织起来的流水施工。在项目施工进度计划表上，它是一条标有施工段或工作队编号的水平进度指示线段或斜向进度指示线段。

2. 分部工程流水施工

亦称专业流水施工。它是在一个分部工程内部、各分项工程之间组织起来的流水施工。在项目施工进度计划表上，它由一组标有施工段或工作队编号的水平进度指示线段或斜向进度指示线段表示。

3. 单位工程流水施工

亦称综合流水施工。它是在一个单位工程内部、各分部工程之间组织起来流水施工，在项目施工进度计划表上，它是若干组分部工程的进度指示线段，并由此构成一张单位工程施工进度计划。

4. 群体工程流水施工

亦称大流水施工。它是在若干单位工程之间组织起来的流水施工。反映在项目进度计划上，是一张项目总进度计划。

（三）流水组织施工主要参数

在组织拟建工程项目流水施工时，用以表达流水施工在工艺流程、空间布置和时间排列等方面开展状态的参数，称为流水参数。它主要包括工艺参数、空间参数、时间参数等三类。

1. 工艺参数

在组织流水施工时，用以表达流水施工在施工工艺上的开展顺序及其特征的参数；具体地说是指在组织流水施工时，将拟建工程项目的整个建造过程分解为施工过程的种类、性质、数目的总称。

2. 空间参数

在组织流水施工时，用以表达流水施工在空间布置上所处状态的参数，称为空间参数。

3. 时间参数

在组织流水施工时，用以表达施工在时间排列上所处状态的参数，称为时间参数。

二、条 形 图 法

条形图法也称横道图、横线图。它简单实用，易于掌握，在绿化工程施工中得到了广泛应用。常见的有作业顺序表和详细进度表两种。

编制条形图进度计划要确定工程量、施工顺序、最佳工期以及工序或工作的天数、搭接关系等。

（一）作业顺序表

表 4-8 是某绿地铺草工程的作业顺序表，表右边表示作业量的比率，左边则是按施工顺序标明的工程或工序。它清楚地反映了各工序的实际情况，对作业量的完成率一目了然，便于实际操作。但工种间的关键工程不明确，不适合较复杂的施工管理。

表 4-8　铺草作业顺序表

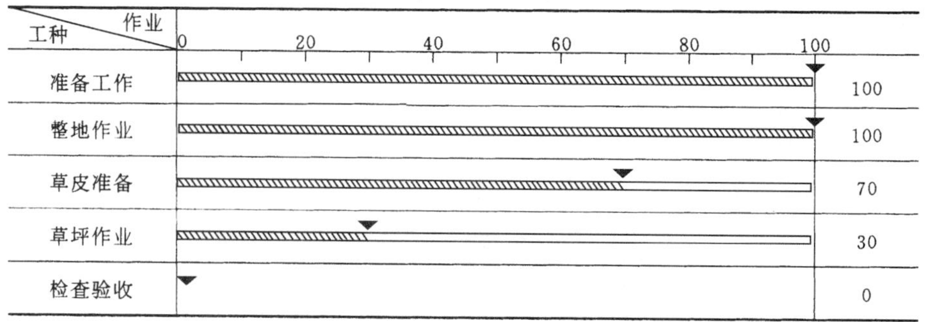

工种 \ 作业	0　20　40　60　80　100	
准备工作		100
整地作业		100
草皮准备		70
草坪作业		30
检查验收		0

（二）详细进度表

详细进度表是最普遍、应用最广的条形图进度计划表，经常所说的横道图就是指施工详细进度表（表 4-9）。

根据表 4-9，说明详细进度表的编制方法如下：

（1）确定工序（或工程项目、工种）　一般要按施工顺序，作业搭接客观次序排列，可组织平行作业，但最好不安排交叉作业。项目不得疏漏也不得重复。

（2）根据工程量和相关定额及必须的劳动力，加以综合分析，制定各工序（或工种、项目）的工期。确定工期时可视实际情况酌加机动时间，但要满足工程总工期要求。

表 4-9 施工详细进度表

工种	单位	数量	开工日	完工日	4 月					
					5	10	15	20	25	30
准备作业	组	1	4 月 1 日	4 月 5 日						
定　　点	组	1	4 月 1 日	4 月 1 日						
土山工程	m^3	5000	4 月 10 日	4 月 15 日						
栽植工程	株	450	4 月 15 日	4 月 24 日						
草坪种植	m^3	900	4 月 24 日	4 月 28 日						
收尾工作	队	1	4 月 28 日	4 月 30 日						

（3）用线框在相应栏目内按时间起止期绘成图表，需要清晰准确。

（4）清绘完毕后，要认真检查，看是否满足总工期需要。图中能否清楚看出时间进度和应完成的任务指标等。

2. 条形图的应用

利用条形图表示施工详细进度计划就是要对施工进度合理控制，并根据计划随时检查施工过程，达到保证顺利施工，降低施工费用，符合总工期的目的。

表 4-10 是某护岸工程的横道图施工进度计划。原计划工期 20 天，由于各工种相互衔接，施工组织严密，因而各工序均提前完成，节约工期 2 天。在第 10 天清点时，原定刚开工的铺石工序实际上已完成了工程量的 1/3。

表 4-10 护岸横道施工进度计划

序号	工　种	单位	数量	所需天数	1	2	3	4	5	6	7	8	9	10	11	12	13	14	15	16	17	18	19	20
1	地基确定	队	1	1																				
2	材料供应	队	1	2																				
3	开　槽	m^3	1000	5																				
4	倒滤层	m^3	200	3																				
5	铺　石	m^3	3000	6																				
6	沟　缝			2																				
7	验　收	队	1	2																				

——第 10 天检查时间线　　▭ 预定工期

…· 第 18 天完工时间线　　▨ 第 10 天完工

■ 第 10～18 天完工

由此例可知，条形图控制施工进度简单实用，一目了然，适用于小型园林绿地工程。由于条形图法对工程的分析以及重点工序的确定与管理等诸多方面的局限性，限制了它在更广阔的领域中应用。为此，对复杂庞大的工程项目必须采用更先进的计划技术——网络计划技术。

三、网 络 图 法

（一）网络图法概述

1. 网络图法的概念

网络图法又叫统筹法。它是以网络图为基础，用来指导施工的全新的计划管理的方法。其基本原理是将某一工程划分为多个工序或项目，按各工序或项目间的逻辑关系，分析后找出“关键”线路后，编制成网络图，用以调整控制计划。以求得计划的最佳方案。并以形成的最佳方案对工程施工进行全面监测和指导，以求获得最大的经济效益。网络图是此法的基础。

2. 网络图的组成与表示方法

网络图有“单代号”网络图和“双代号”网络图之分。网络图主要是由工序、事件和线路三部分组成。其中每道工序均用一根箭线和一个或两个节点表示。用一个节点的就是“单代号”网络图，见图 4-6a，其箭线表示工序前进的方向。用两个节点表示的叫“双代号”网络图，见图 4-6b、c。箭线两端点编号用以表明该箭线所表示的工序前进的方向。

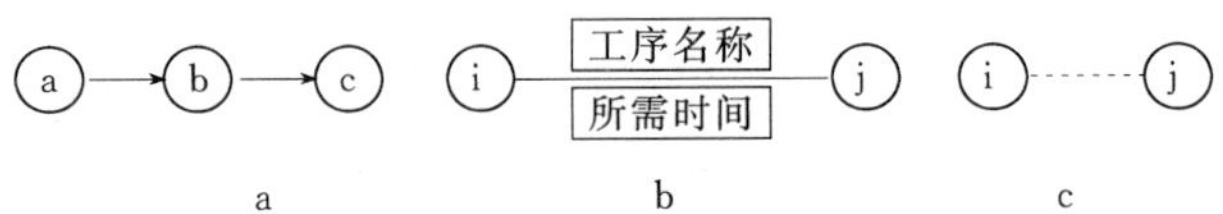

a b c

图 4-6 网络图工序表示

a. 单代号网络图工序表示 b. 双代号网络图工序表示 c. 虚工序表示

（1）网络图的组成 由工序，事件和线路三部分组成。用箭线和节点表示。

①工序 是指某项目按实际需要划分的既费时间又耗资源的分项目，用一条箭线和两个节点表示。凡消耗时间或消耗资源的工序称实际工序；既不耗损时间也不耗损资源的工序，称虚工序，它仅表示相邻工序间的逻辑关系，用一根虚箭线表示，如图 4-7b。箭线的前端称头，后端称尾，头的方

向说明工序结束，尾的方向说明工序开始。箭线的上方填写工序名称，下方填写该工序所需的时间。

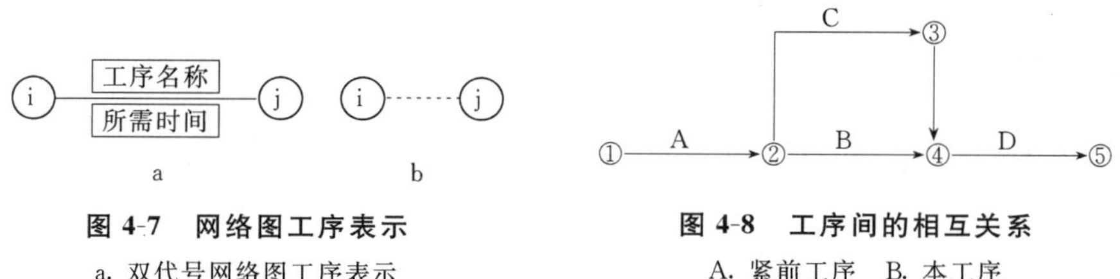

图 4-7 网络图工序表示

a. 双代号网络图工序表示

b. 虚工序表示（i<j）

图 4-8 工序间的相互关系

A. 紧前工序 B. 本工序

C. 平行工序 D. 紧后工序

如果将某工序称为本工序，那么紧靠其前的工序就称为紧前工序，而紧靠后面的工序则称为紧后工序，与之平行的称平行工序（图 4-8）。

②事件 即结合点，工序间交接点，用圆圈表示。网络图中，第一个结合点（节点）叫起始点，表面某工序的开始：最后一个节点叫结束节点，表明该工序的完成。由本工序至起始点间的所有工序称先行工序，本工序至结束节点间所有工序称后续工序。

③线路 关键线路是指网络图从起始节点开始沿箭线方向直至结束节点的全路线，其他称非关键线路。关键线路上的工序均称关键工序，关键工序应做重点管理。

3. 网络图逻辑关系表示方法

工程施工中，各工序间存在着相互的依赖和制约关系，即指逻辑关系。清楚分析工序间的逻辑关系是绘制网络的首要条件。因此，弄清本工序、紧前工序、紧后工序、平行工序等逻辑关系，才能清晰绘制出正确的网络图。

(1)“单代号”网络图工作逻辑关系表示方法 “单代号”网络图工作逻辑关系比较简单，表示方法也简单。图 4-9 是“单代号”网络图工作逻辑关系表示方法示意图。

描 述	图 示
A 工作完成后进行 B 工作	 A → B
B、C 工作完成后进行 D 工作	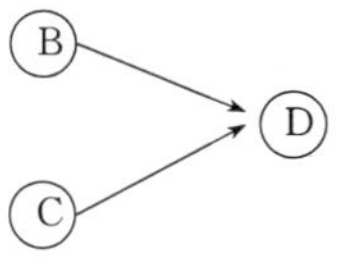 B → D C → D

（续）

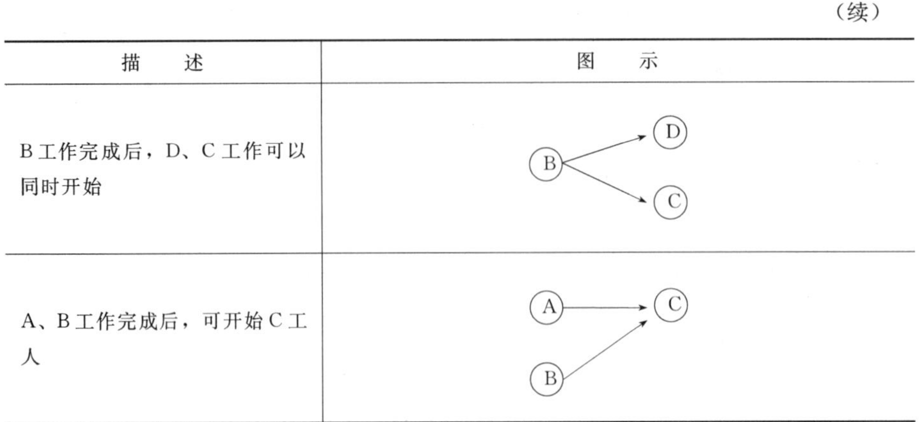

描　　述	图　　示
B工作完成后，D、C工作可以同时开始	
A、B工作完成后，可开始C工人	

图 4-9　“单代号”网络图工作逻辑关系表示方法

（2）“双代号”网络图工序逻辑关系表示方法　图 4-10 是“双代号”网络图工序间逻辑关系表示方法。从图中可以看出，该工程可以划分为 7 个工序，由 A 开始，A 完成后 B、C 动工；完成后开始 D、E；F 要开始必须待 C、D 完工后；G 要动工则等 E、F 结束后。就 F 而言，A、B、C、D 均为其紧前工序；E 为其平行工序；G 为其紧后工序。

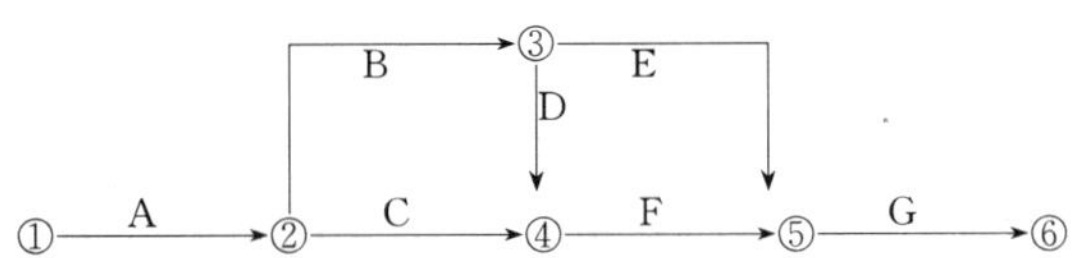

图 4-10　“双代号”工序的逻辑关系图

（二）网络图的编制

1. 网络图编制的原则

（1）“单代号”网络图编制的基本原则

①在网络图的开始和结束增加虚拟的起始节点和终点节点。这是为了保证单代号网络计划有一个起点和一个终点，这也是单代号网络图所特有的；

②网络图中不允许出现循环回路；

③网络图中不允许出现有重复编号的工作，一个编号只能代表一项工作；

④在网络图中除起点节点和终点节点外，不允许出现其他没有内向箭线

的工作节点和没有外向箭线的工作节点；

⑤为了计算方便，网络图的编号应是后继节点编好大于前导节点编好。

（2）“双代号”网络图编制的原则

①同一对结合点之间，不能有两条以上的箭线。网络图中进入节点的箭线允许有多条，但同一结合点进来的箭线则只能有一条。图 4-11a 中②—③有三根箭线，应表示三道工序，但无法弄清其中 D、C、D 中属哪道工序，因而造成混乱。为此，需增加虚工序，分清逻辑工序关系，故图 4-11b 是正确的。

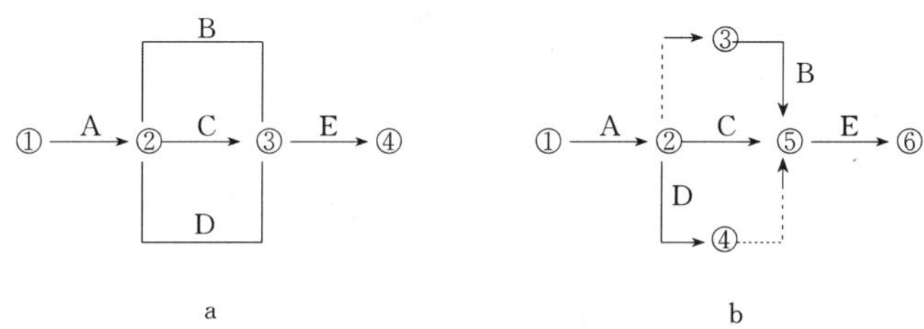

图 4-11 同一节点进来的不同逻辑关系示意

a. 错误 b. 正确

②网络图中不允许出现循环回路。循环回路如图 4-12a 中的③—④—⑤，这在实际施工中是不存在的，因而是错误的，应按施工顺序更正如图 4-12b 所示，是正确的。

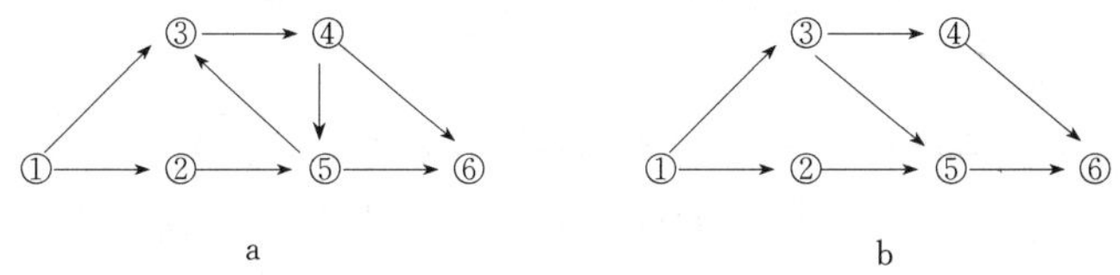

图 4-12 网络图线路示意

a. 错误 b. 正确

③网络图中不得出现双向箭线和无箭头线段。如图 4-13 所示画法。

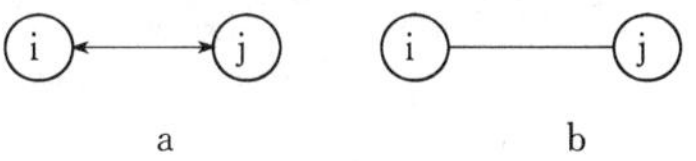

图 4-13 双向箭头和无箭头线段示意

a. 双向箭头线 b. 无箭头线段

④一个网络图中只许有一个起点和一个终点，也不允许无箭尾节点或无箭头节点的箭线。因此，图 4-14a 和图 4-15 均是错误的。

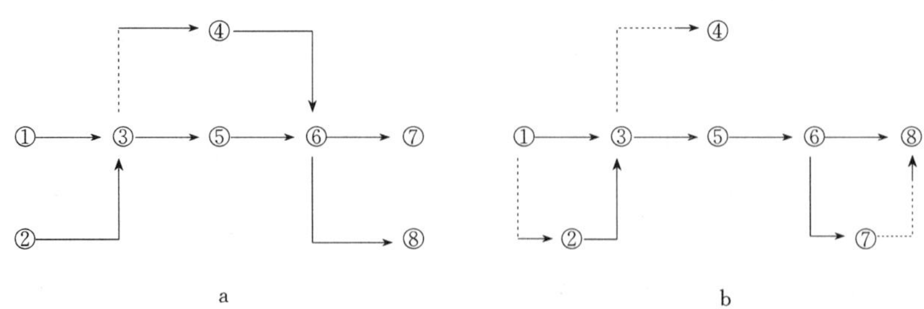

图 4-14　多个起始点和终点示意

a. 错误　b. 正确

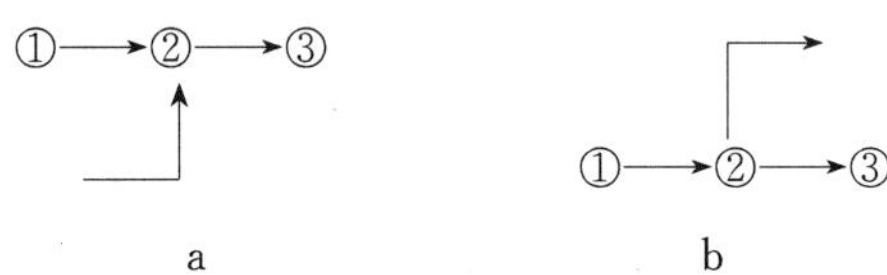

图 4-15　无箭尾节点和无箭头节点图

a. 无箭尾节点　b. 无箭头节点

2. 网络图编制的方法步骤

（1）“单代号”网络图的编制方法步骤

①列出工作一览表及各工作的直接前导、后继工作名称，根据工作计划中各工作在工艺上、组织上的逻辑关系，确定其直接前导、后继工作名称。

②根据上述关系，先绘制草图，然后对一些不必要的交叉进行整理后绘出简化网络图。

（2）“双代号”网络图的编制方法步骤　编制“双代号”网络图应首先弄清楚 3 个基本内容：第一是拟计划的工程由哪些工序组成；第二各工序之间的搭接关系如何；第三是要完成每个工序需要多少时间。然后按照以下步骤编制：

①分析工程，按每个工序的紧前工序通过矩阵图推出其紧后工序；

②根据紧前工序和紧后工序推算出各工序的开始节点和结束节点，方法是：

无紧前工序的工序其开始节点号为零；

由紧前工序的工序其开始节点号为紧前工序的起始节点取最大值加 1；

无紧后工序的工序其节点是各工序结束点的最大值加 1；

有紧后工序的工序其结束点号为紧后工序开始节点号的最小值。

③根据节点号绘出网络图；

④用初绘的网络图与相关图表进行对照检查。

3. 网络图的编制

(1)“单代号”网络图编制 下面举例对上述步骤加以说明。

①工作名称及其紧前、紧后工作见表 4-11。

②首先设一个起点节点，然后根据所列紧前、紧后关系，从左向右进行绘制，最后设一个终点节点并绘出初图（图 4-16)。

③进行整理并编号。其编号原则同双代号网络图。整理后的单代号网络图见图 4-17。

表 4-11 工作名称及紧前、紧后工作表

工作名称	紧前工作	紧后工作
A	—	B、E、C
B	A	D、E
C	A	G
D	B	F、D
E	A、B	F
F	D、E	G
G	D、F、C	—

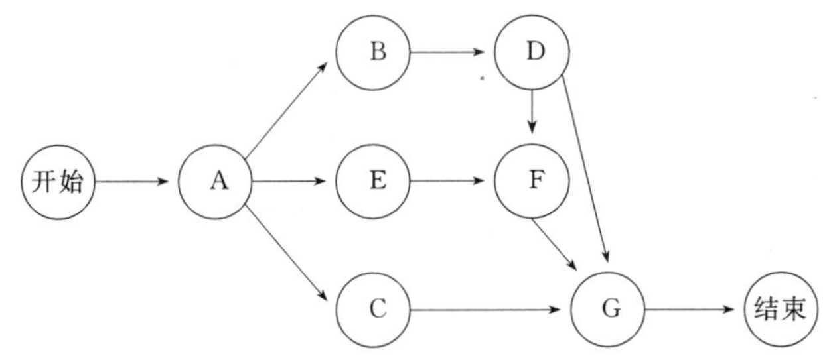

图 4-16 “单代号”网络图初图

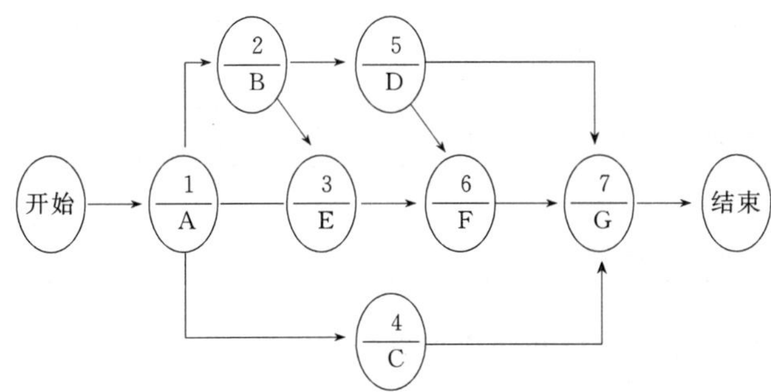

图 4-17 “单代号”网络图

(2) “双代号”网络图的编制　例如某工程各工序之间的关系见表 4-12，要求绘制网络图。

表 4-12　某工程各工序间的关系

工序名称	A	B	C	D	E	F	G
紧前工序	—	A	A	A	B	B·C	D·E·F
工序时间（天）	3	4	9	4	3	4	5

①由紧前工序确定其紧后工序，先绘矩阵图，以横坐标为紧前工序，纵坐标为紧后工序，如图 4-18 所示。

	A	B	C	D	E	F	G
A							
B	*						
C	*						
D	*						
E							
F							
G					*	*	*

图 4-18　矩阵图

②计算各工序的起始点和结束点，并列表（表 4-13）。

表 4-13　各工序的起始点和结束点

工序名称	A	B	C	D	E	F	G
紧前工序	—	A	A	A	B	B·C	D·E·F
紧后工序	B·C·D	E·F	F	G	G	G	—
开始节点	0	1	1	1	2	2	3
结束节点	1	2	2	3	3	3	4

③根据各工序的起始节点和结束节点绘制网络图，如图 4-19。

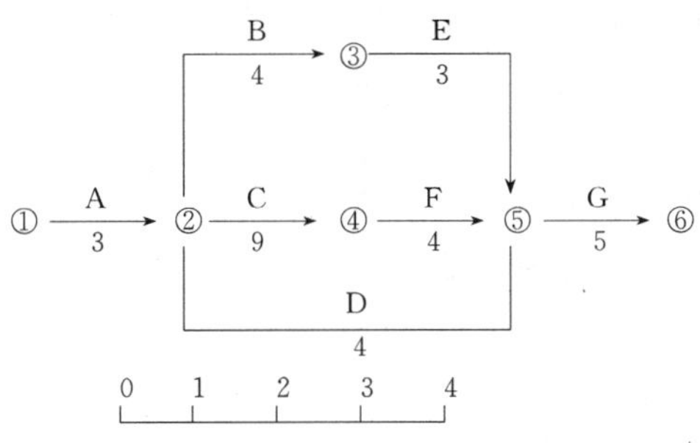

图 4-19　“双代号”网络图

（三）网络图的应用

1. “单代号”网络图应用

“单代号”网络图应用比较简便，这里不再叙述。

2. “双代号”网络图应用

(1) 工序时差的应用

①工序时差是指各工序可以机动利用的空余时间，它反映各工序可挖掘的潜力，一般分为工序总时差和工序单时差两种。总时差是网络图中全部工序可机动利用的总空余时间，单时差是在不影响紧后工序的条件下，可利用的部分空余时间。通过工序时差的分析，目的是找出关键线路与相应的关键工序，然后再对关键线路进行重点管理，以及对整个施工进度进行全面控制。工序时差的应用着重在以下几个方面：

当工序面和资源允许时，适当增加劳动力加强关键工序，以求缩短关键线路的持续时间。

②如果总时差满足，可视实际需要划分更细的工序，争取利用平行工序，增加搭接时间，亦可缩短施工周期。

③若劳动资源保持一定水平，在工序时差允许的情况下周密组织各工序的开工和竣工时间，使有效的力量集中于关键工序中。

(2) 工期优化　工期优化指计算工期大于指定工期时，如何缩短计划计算工期以达到指定工期的目的。那么，在编制中应通过什么途径、什么方法、采取什么有效措施缩短工期呢？以下方法值得参考：

①认真分析施工图，确定不同的工种，再根据工种划分工序，合理排出工序顺序，即弄清彼此间逻辑关系；

②各工序的工作量要适当，对关键工序或内容复杂的工序必须简化，减少不必要的工作量；

③可适当利用非关键工序的时差，加强重点工序管理，对工程质量和安全影响不大的工序应尽量缩短其需要时间；

④多利用平行作业和交叉作业；

⑤先进技术、新材料的应用，提高效率；

⑥搞好劳动保护，指定奖励措施，充分挖掘劳动潜力；

⑦根据需要合理加班加点或加强夜间施工；

⑧请求纵向的领导组织支持和加强横向的协作关系；

⑨严格的劳动纪律和质量监控。

(3) 成本—时间优化　成本—时间优化是指在满足指定工期的条件下，检查各工序所需要时间与多需要成本费用的关系，从而求得计划工程总费用最低、工期最佳的方法，也称 CPM 法。

从上述计划项目时间优化所采用的方法可见，要加快施工进度，缩短工期，一般需要增加劳动力、设备或采用更先进的技术措施，这无疑会提高施工成本。因而，实际中将不论施工费用多少，都难以再缩短工期的时点叫赶工时间；在正常施工条件下按指定工期完成施工的时间叫标准时间。前者的相应费用称赶工费用，后者的费用称标准费用。

图 4-20 是时间—成本曲线图，图中反映出工期与施工成本的关系。由于标准时间和标准费用所确立的交点叫标准点；赶工时间与赶工费用的交点叫赶工点；连接赶工点和标准点所得的直线叫成本坡度，它反映的是随施工工期缩短成本递增的变化状况。

$$成本坡度=\frac{赶工费用-标准费用}{标准时间-赶工时间}$$

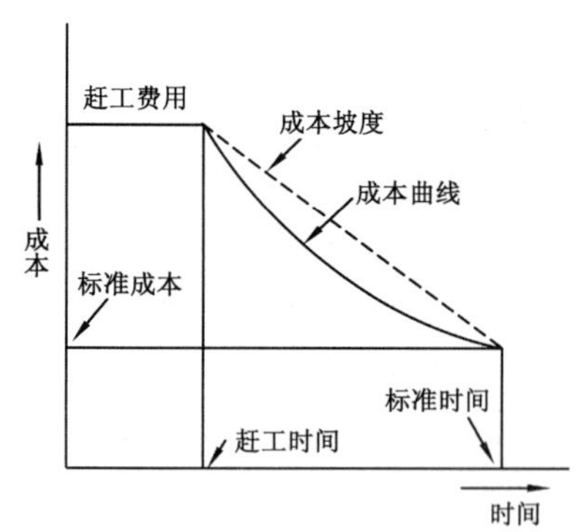

图 4-20　时间—成本曲线

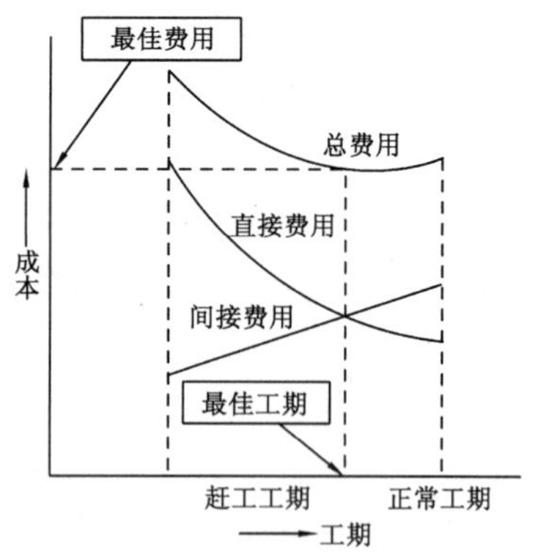

图 4-21　工期与费用曲线

要正确进行时间—成本 CPM 的优化组合，需要了解成本费用的构成，这是 CPM（critical path method）与日程计划的差别所在。

某项工程的费用常由直接费用和间接费用两大类组成，直接费用是直接用于工程的费用，例如人工、材料消耗、能源消耗、设备折旧及技术改造费用等；间接费用是指与工程有关的施工组织和技术性经营管理等的全部费用，如现场管理费、办公费、物资储存保管和损失费、未完结工程的维护费和贷款利息等。时间—成本优化的目的就是要使直接费用和间接费用累加后总费用为最小，并以此费用确定工期，即为工程施工最佳工期。图 4-20 和图 4-21 是最佳工期与总费用的关系曲线。

复习思考题

1. 园林工程施工组织的作用、分类和原则是什么？
2. 试述园林工程施工准备工作。
3. 园林工程施工组织设计的主要内容是什么？
4. 针对某一园林工程，画出一张施工现场平面布置图。
5. 什么叫条形图法？它有什么优点和缺点？
6. 什么是网络图法？编制双代号网络图的原则有哪些？
7. 举例说明“双代号”网络图的应用。

第五章　园林工程招投标管理

【本章提要】 本章讲述了园林工程项目施工承包制度；园林工程施工项目招标的条件、方式和程序；招标文件的制作；投标的机构和投标前准备工作、投标标书的编制和报送；以及园林工程施工的开标、评标、决标等内容。重点在于招、投标文件的编制和管理。

第一节　园林工程施工承包制度

一、园林工程施工承包的概念和内容

（一）园林工程施工承包的概念

园林工程施工承包是一种商业行为，是商品经济发展到一定程度的产物。园林工程施工承包的含义是指在园林工程建设市场上，作为供者的园林企业（承包商），对作为需求者的建设单位（业主）作出承诺，负责按对方的要求完成某一园林工程建设的全部或其中一部分工作，并按商定的价格取得相应的报酬。在交易过程中，承发包双方之间存在着经济上、法律上的权利、义务与责任的各项关系，依法通过合同予以明确。双方都必须认真按合同规定办事。

（二）园林工程施工承包的内容

一个园林工程建议被接受后，它的整个建设过程可以分为可行性研究、勘察、设计、材料和设备采购、工程施工和竣工验收等阶段。工程承包的内容，就其总体来说，就是建设过程各个阶段的全部工作，对一个承包商来说，承包活动可以是建设过程的全部工作，也可以是某一阶段的全部或一部分工作。其中可行性研究、勘察、设计等内容，在国内一般由专门设立的单位完成。近年，由于学习引进国外园林工程承包危险，也有按国际惯例由施

工单位完成的。

1. 可行性研究

可行性研究是在建设前期对园林工程的一种考察和鉴定，是基本建设程序的组成部分。其任务是：根据城市规划和城市绿地系统规划的要求，对园林工程在技术、工程、环境效益、社会效益和经济效益上是否合理和可行，进行全面分析、论证，作多方案比较，作出评价，为投资决策提供可靠的依据。

可行性研究作为投资决策和筹措资金的依据，投资决策机构和资金供应机构要进行评估。大型的园林建设工程可以委托资深的园林设计研究单位或组织专家评审组进行评估。

2. 工程勘察

园林工程勘察的任务是查明工程建设地点的地形地貌、地层土壤特性、地质构造、水文气象条件等自然地质条件，作出鉴定和综合评价，为工程设计和施工提供科学、可靠的依据。

工程勘察工作结束后，应按规定编写报告，绘制各种图表。

3. 设计

设计工作包括下列内容：(1) 总体规划设计；(2) 初步设计；(3) 施工图设计；(4) 设计概（预）算设计（包括概预算编制）工作由专业设计机构承担。

4. 材料和设备的采购供应

大型的园林建设工程所需各项材料、设备、设施，可由工程建设单位通过招标，选择物资供应商承包；其他园林建设工程可由工程承包商自行采购。

5. 工程施工

工程施工是园林工程建设计划实施的决定性阶段。主要内容有 3 个方面：

(1) *施工现场准备工作* 即通常所说“四通一平”和施工临时用房及仓库等临时设施。

(2) *建筑安装工程* 指园林工程中的永久性房屋建设、构筑物的土建工程和设备、设施的安装施工，是园林工程招标承包的内容之一。包括园林工程设施和设备安装，游戏、娱乐和服务设施的安装，建筑供热、供气系统的安装等。

(3) *栽种工程* 是园林工程的重要内容之一，包括整理绿化用地、筛土、换土和施肥等前期工作，和花草树木的栽、种、伐、移和管理养护等。

6. 提供劳务

提供劳务是指应发包人的要求，为完成某项园林工程提供有组织的劳动力。广义的提供劳务也包括劳务合作和技术服务。

7. 职工培训

为了使新建工程建成后能顺利投入生产、交付使用，在建设期间就须培训合格的、配套的管理人员和技术工人。如温室管理、大型游艺设施的使用维护等工作，对工人的业务技术有特别的要求，需要提前培训。在实行建设全过程承包的情况下，此项任务由统包单位负责委托适当的分包单位完成。

8. 工程项目管理

园林工程项目管理的服务对象可以是业主，也可以是承包商。其总任务可以概括为有效地利用有限的资金和资源，以确保工程项目总目标完满地实现。管理的具体内容，则可因服务对象而有所不同。

为业主服务的工程项目管理，代表业主同设计、施工各方打交道。主要工作是：在设计阶段选择设计单位，提出设计要求，估算和控制投资额，安排和控制设计进度等；在施工阶段准备招标文件，组织招标，选择施工承包单位，安排施工合同并监督检查其执行，直至竣工验收。

为承包商服务的项目管理，主要工作是：选择施工方法和施工机械；制定施工进度计划和施工组织设计；拟订投标报价方案；与建设单位及专业分包单位洽商合同条款；组织材料供应和建设施工；进行质量控制和成本管理；结算工程款以及办理索赔等。

工程项目管理一般由专业咨询机构承担，在我国也有由工程总承包公司承担的。

二、园林工程施工承包方式

工程承包方式指工程承发包双方之间经济关系的形式。受承包内容和具体环境的影响，承包方式有多种多样。目前在建设业中常用的方式可见图5-1。

（一）按承包范围即承包内容划分承包方式

1. 建设全过程承包

建设全过程承包也叫“统包”，或“一揽子承包”。采用这种承包方式，业主只要提出使用要求和竣工期限，承包商即可对项目建议书、可行性研究、勘察设计、设施设备询价与选购、材料选择与订货、工程施工、职工培

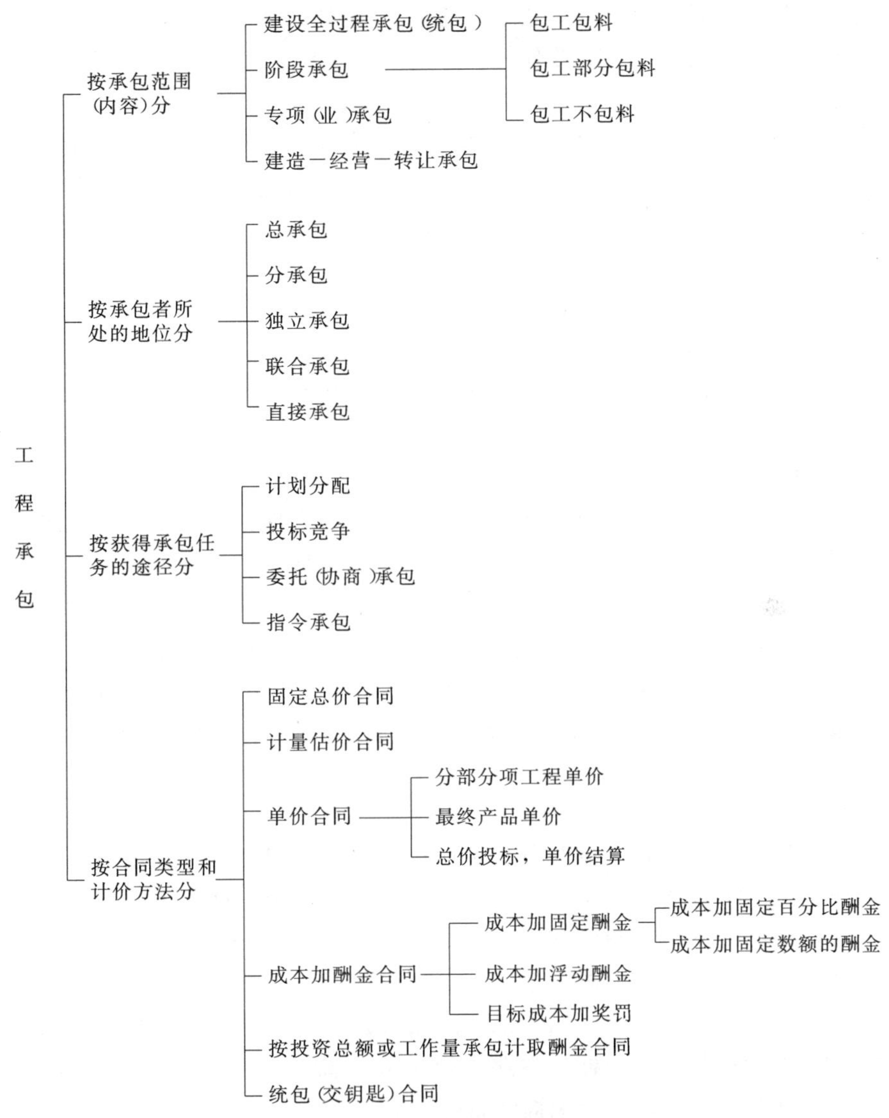

图 5-1　园林工程项目施工承包的分类

训、直至竣工，实行全面的总承包，并负责对各项分包任务进行综合管理协调和监督工作。为了有利于建设和使用的衔接，必要时也可以吸收业主的部分力量，在承包公司的统一组织下，参加工程建设的有关工作。

2. 阶段承包

阶段承包的内容是建设过程中某一阶段或某几个阶段的工作。例如可行性研究、勘察设计、施工等。在施工阶段，还可依承包内容的不同，细分为3种方式：包工包料、包工部分包料和包工不包料。

3. 专项承包

专项承包的内容是园林建设过程中某一阶段的某一专门项目，由于专业性较强，多由有关的专业承包商承包，故称专业承包。例如假山工程、喷泉工程、雕塑工程等的设计和施工。

（二）按承包者所处地位划分承包方式

在工程承包中，一个工程往往有不止一个承包人。不同承包人之间、承包人与业主之间的关系不同，地位不同，也就形成不同的承包方式。常见的有5种。

1. 总承包

一个园林工程建设全过程或其中某个阶段的全部工作，由一个承包商负责组织实施。这个承包商可以将若干专业性工作交给不同的专业承包商去完成，并统一协调和监督他们的工作。在一般情况下，业主仅同这个承包商发生直接关系，而不同各专业承包商发生直接关系。这样的承包方式叫做总承包。承担这种任务的单位叫做总承包商，或简称总包，通常有咨询公司，工程承包公司，勘察设计机构，园林施工企业以及设计施工一体化的大公司等。

2. 分承包

分承包简称分包，是相对总承包而言的，即承包商不与业主发生直接关系，而是从总承包商分包某一分项工程，例如：塑山、铺草坪等。或某种专业工程，例如：钢结构制作和安装、异型玻璃制作和安装、喷泉设备安装、雕塑制作等，在现场上由总承包商统筹安排其活动，并对总承包商负责。分包商通常为专业工程公司，如喷泉喷灌设备公司、装饰工程公司等。现行的分包方式主要有两种：一种是由业主指定分包商，与总包商签订分包合同；一种是总承包商自行选择分包商签订分包合同。

3. 独立承包

独立承包是指承包商依靠自身的力量完成承包任务，而不实行分包的承包方式。通常适用于中小规模，没有特殊技术和设备要求的园林工程。

4. 联合承包

联合承包是相对于独立承包而言的承包方式，即由两个以上承包商联合起来承包一项园林工程任务，由参加联合的各承包商推定代表，统一与业主签订合同，共同对业主负责，并协调他们之间的关系。但参加联合的各承包商仍是各自独立经营的企业，只是在共同承包的工程上，根据预先达成的协议，承包各自的义务和分享共同的收益，包括投入资金数额、工人和管理人员的派遣、机构设备和临时设施的费用分摊、利润的分享以及风险的分担等。

5. 直接承包

直接承包就是在同一工程上，不同的承包商分别与业主签订承包合同，各自直接对业主负责。各承包商之间不存在总分包关系，现场上的协调工作可由业主自己去做，或委托一个承包商牵头去做，也可聘请专门的项目经理来管理。

（三）按获得承包任务的途径划分承包方式

1. 计划分配

由中央或地方政府的计划部门分配工程任务，设计、施工商与业主签订承包合同。

2. 投标竞争

通过投标竞争，优胜者获得工程任务，与业主签订承包合同。这是目前通行的获得承包任务的主要方式。

3. 委托承包

委托承包也称协商承包，即不须经过投标竞争，而由业主与承包商协商，签订委托其承包某项工程任务的合同。

4. 指令承包

指令承包是由政府主管部门依法指定工程承包商。这是一种具有强制性的行政措施，仅适用于某些特殊的园林工程项目。

（四）按合同类型和计价方法划分承包方式

工程项目的条件和承包内容的不同，往往要求不同类型的合同和包价计算方法。因此，在实践中，合同类型和计价方法就成为划分承包方式的重要依据。

1. 固定总价合同

固定总价合同就是按商定的总价承包工程。它的特点是以设计图纸和工程说明书为依据，明确承包内容和计算包价，并一笔包死。在合同执行过程中，除非业主要求变更原定的承包内容，承包商一般不得要求变更包价。这种方式对业主比较简便，因此为一般业主所欢迎。对承包商来说，如果设计图纸和说明书相当详细，能据以此比较精确地估算造价，签订合同时考虑得也比较周全，不致有太大的风险，也是一种比较简便的承包方式。如果图纸和说明书不够详细，未知数比较多，或者遇到材料突然涨价以及恶劣的气候等意外情况，承包商须承担应变的风险；为此，往往加大不可预见费用，因而不利于降低造价，最终是对业主不利。这种承包方式通常仅适用于规模较小、技术不太复杂的园林工程。

2. 计量估价合同

计量估价合同以工程量清单和单价表为计算包价的依据。通常由业主委托设计单位或专业估算师提出工程量清单，列出分部分项工程量，例如挖土若干立方米，混凝土若干立方米，栽草坪若干平米等等，由承包商填报单价，再算出总造价。因为工程量是统一计算出来的，承包商只要经过复核并填上适当的单价就能得出总造价，承担风险较小；发包人也只要审核单价是否合理即可，对双方都方便。目前国际上采用这种承包方式的较多，我国大型的合资或外资的园林建设工程也大多采用这种方式。

3. 单价合同

在没有施工详图就需开工、或虽有施工图而对工程的某些条件尚不完全清楚的情况下，即不能比较精确地计算工程量，又要避免凭运气而使业主和承包商任何一方承担过大的风险，采用单价合同是比较适宜的。在实践中，这种承包方式可细分为3种：

（1）*按分部分项工程单价承包*　即由业主开列分部、分项工程名称和计量单位，例如挖土每立方米、混凝土每立方米、栽草坪每平方米等，多由承包商逐项填报单价；也可以由业主先提出单价，再由承包商认可或提出修订的意见后作为正式报价，经双方磋商确定承包单价，然后签订合同，并根据实际完成的工程数量，按此价结算工程价款。这种承包方式主要适用于没有施工图、工程量不明即须开工的紧急工程。

（2）*按最终产品单价承包*　就是按每吨山石、每平方米道路、每平方米草坪等最终产品的单价承包。其报价方式与按分部分项工程单价承包相同。

（3）*按总价投标和决标，按单价结算工程价款*　这种承包方式适用于设计已达到一定的深度，能据以估算出分部、分项工程数量的近似值，但由于某些情况不完全清楚，在实际工作中可能出现较大变化的工程。为了使承包双方都避免由此而来的风险，承包商可以按估算的工程量和一定的单价算出总报价，业主也以总价和单价为评标、决标的主要依据，并签订单价承包合同。随后，双方即按实际完成的工程数量与合同单价结算工程价款。

4. 成本加酬金合同

这种承包方式的基本特点是按工程实际发生的成本（包括人工费、材料费、施工机械使用费、其他直接费和施工管理费以及各项独立费，但不包括承包企业的总管理费和应缴所得税），加上商定的总管理费和利润，来确定工程总造价。这种承包方式主要适用于开工前对工程内容尚不十分清楚的情况，例如边设计边施工的紧急工程。

（1）成本加固定酬金　工程成本实报实销，但酬金是事先商定的一个固定数目。计算式为：

$$C = C_a + F$$

式中：C——总造价；

C_a——实际发生的工程成本；

F——酬金，通常按估算的工程成本的一定百分比确定，数额是固定不变的。

这种承包方式虽然不能鼓励承包商关心降低成本，但从尽快取得酬金出发，承包商将会关心缩短工期，这是其可取之处。为了鼓励承包商更好地工作，也有在固定酬金之外，再根据工程质量、工期和降低成本情况另加奖金的。在这种情况下，奖金所占比例的上限可大于固定酬金，以充分发挥奖励的积极作用。

（2）成本加浮动酬金　这种承包方式要事先商定工程成本和酬金的预期水平。如果实际成本恰好等于预期水平，工程造价就是成本加固定酬金；如果实际成本低于预期水平，则增加酬金；如果实际成本高于预期水平，则减少酬金。这种情况可用算式表示如下：

如果 $C=C_o$，$C=C_a+F$

如果 $C_a<C_o$，则 $C=C_a+F+\Delta F$

如果 $C_a>C_o$，则 $C=C_a+F-\Delta F$

式中：C_o——预期成本；

ΔF——酬金增减部分，可以是一个百分数，也可以是一个固定的绝对数。

采用这种承包方式，通常规定，当实际成本超支而减少酬金时，以原定的固定酬金数额为减少的最高限度。在最坏的情况下，承包商将得不到任何酬金，但不必承担赔偿超支的责任。

从理论上讲，这种承包方式即对承发包双方都没有太多风险，又能促使承包商关心降低成本和缩短工期；但在实际中估算预期成本比较困难，所以要求当事双方具有丰富的经验并掌握充分的信息。

（3）目标成本加奖罚　在仅有初步设计和工程说明书即迫切要求开工的情况下，可根据粗略估算的工程量和适当的单价表编制概算，作为目标成本；随着详细设计逐步具体化，工程量和目标成本并超过事先商定的界限（例如5%），则减少酬金，如果实际成本低于目标成本（包有一个幅度界限），则加给酬金。用算式表示如下：

$$C=C_a+P_1C_o+P_2\ (C_o-C_a)$$

式中：C_o——目标成本；

P_1——基本酬金百分数；

P_2——奖罚百分数。

此外，还可另加工期奖罚。

这种承包方式可以促使承包商关心降低成本和缩短工期，而且目标成本是随设计的进展而加以调整才确定下来的，故业主和承包商双方都不会承包多大风险，这是其可取之处。当然，这要求承包商和业主都须具有比较丰富的经验和掌握充分的信息。

5. 按投资总额或承包工作量计取酬金的合同

这种承包方式主要适用于可行性研究、勘察设计等项承包业务，即按概算投资额的一定百分比计算设计费，按完成勘察工作量的一定百分比计算勘察费等，这些都要在合同中作出明确规定。

6. 统包合同

统包合同即工程全过程的承包合同。达成统包合同与确定包价的一般步骤是：

第一步，业主委托承包商作拟建项目的可行性研究；承包商在提出可行性研究报告的同时，提出初步设计和工程概算所需的时间和费用。

第二步，业主委托承包商作初步设计并着手施工现场的准备工作。

第三步，业主委托承包商作施工图设计并着手组织施工。

每一步都要签订合同，规定支付给承包商的报酬数额。由于设计是逐步深入，概预算是逐步完善的，而且业主要根据前一步工作的结果决定是否进行下一步工作，所以不大可能采用固定总价合同、计量估价合同或单价合同等承包方式。在实践中以采用成本加酬金合同者为多，至于采用哪一种成本加酬金合同，则根据实际情况由业主和承包商双方协商确定。

三、承包商应具备的基本条件

（一）承包商分类

从事建设工程承包经营活动的企业，国际上通称承包商。承包商按承包工程能力可分为工程总承包商、施工承包商和专项分包商 3 类。

1. 工程总承包商

指从事工程建设项目全过程承包活动的智力密集型承包商。他应当具备的能力是：工程勘察设计，工程施工管理，材料设备采购，工程技术开发应用及工程建设咨询等。

2. 施工承包商

指从事工程施工阶段承包活动的承包商。他应当具备的能力是：工程施工与施工管理。

3. 专项分包商

指从事工程施工阶段专项分包和承包限额以下小型工程活动的承包商。他应当具备的能力是：在工程总承包企业和施工承包企业的管理下进行专项工程分包，对限额以下小型工程实行施工与施工管理。

（二）承包商资质

承包商资质即承包商的资格和素质，是作为工程承包商必须具备的基本条件。按现行规定，我国以建设业绩、人员素质、管理水平、资金数量、技术装备等为主要标志，将不同类别、不同专业的建设施工商划分为 2～4 个资质等级，并规定相应的承包工程范围。

与园林建设工程相关的企业资质标准有：《工程总承包企业资质等级标准》《市政建设工程施工企业资质等级标准》《古建筑工程施工企业资质等级标准》《城市园林绿化企业资质标准》等。

第二节 园林工程施工的招标

一、园林工程施工招投标概述

招投标是一种商品交易行为，它包括招标和投标两方面的内容。工程招投标是国际上广泛采用的达成建设工程交易的主要方式。它的特点是由惟一的买主（或卖主）设定标底，招请若干个卖主（或买主）通过秘密报价进行竞争，从中选择优胜者与之达成交易协议，随后按协议实现标底。

实行招标的目的是为计划兴建的工程项目选择适当的承包单位，将全部工程或其中某一部分工作委托这个（些）单位负责完成。承包商则通过投标竞争，决定自己的施工生产任务和服务销售对象，使产品得到社会的承认，从而完成施工生产计划并实现盈利计划。为此，承包商必须具备一定的条件，才有可能在投标竞争中获胜，为招标单位所选中。这些条件主要是：一定的技术、经济实力和施工管理经验，足能胜任承包的任务；效率高；价格合理；信誉良好。

招投标的原则是鼓励竞争，防止垄断。为了规范招标投标活动，保护国家利益、社会公共利益和招投标活动当事人的合法权益，提高经济效益，保证项目质量，《中华人民共和国招标投标法》已由第九届全国人大第十一次会议通过，自2000年1月1日起施行。

二、园林工程施工招投标的项目

园林工程施工招投标项目主要有工程的勘察、设计、施工、监理以及工程建设的重要设备、材料等的采购，包括：

(1) 大型基础设施、公用事业等关系社会利益、公众安全的项目；

(2) 全部或部分使用国有资金或国家融资的项目；

(3) 使用国际组织或外国政府贷款、援助资金的项目。

三、园林工程施工招标应具备的条件

(一) 业主招标应具备的条件

(1) 业主是法人或依法成立的其他组织；

(2) 业主有与招标工程有相适应的资金或资金已落实以及技术管理人员；

(3) 业主有组织编制招标文件的能力；

(4) 业主有审查投标单位资质的能力；

(5) 业主有组织开标、评标、定标的能力。

业主不具备上述2～5项条件的，须委托具有相应资质的咨询、监理等单位代理招标。

(二) 招标的项目应具备的条件

(1) 概算已经批准；

(2) 项目已正式列入国家、部门或地方的年度固定资产投资计划；

(3) 建设用地的征用工作已经完成；

(4) 有能够满足施工需要的施工图纸及技术资料；

(5) 建设资金和主要材料、设备的来源已经落实；

(6) 已经项目所在地规划部门批准，施工现场已经完成“四通一清”或一并列入施工项目招标范围。

施工招标可采用的项目工程招标、分项工程特殊专业工程招标等方法。但不得对分项工程的分部、分项工程进行招标。

四、园林工程施工招标方式

园林工程的招标方式分为公开招标和邀请招标两种。

(一) 公开招标

公开招标是指招标人以招标公告的方式，邀请不特定的法人或者其他组织投标。采用这种形式，可由招标单位通过国家指定的报刊、信息网络或其他媒介发布，招标公告应当载明招标人的名称和地址、招标项目的性质、数量、实施地点和时间以及获取招标文件的办法等事项。不受地区限制，各承包商凡是对此感兴趣者，一律机会均等。通过对按国家对投标人的资格条件的预审后的投标人，都可积极参加投标活动。招标单位则可在众多的承包商中优选出理想的施工承包商为中标单位。招标人也可根据工程本身要求，在招标公告中，要求潜在投标人提供有关资质证明文件和业绩情况。

公开招标的优点，是可以给一切有法人资格的承包商以平等竞争机会参加投标。招标单位有较大的选择范围，有助于开展竞争，打破垄断，能促使承包商努力提高工程（或服务）质量，缩短工期和降低造价。但是，业主审查投标者资格及其标书的工作量比较大，招标费用支出也多。

(二) 邀请招标

邀请招标是指招标人以投标邀请书的方式，邀请特定的法人或其他组织投标。邀请招标应当向 3 个以上具备承担招标工程的能力、资信良好特定的承包商发出投标邀请书。同样在邀请书中应当载明招标人的名称、招标项目的性质、数量、实施地点和时间以及获取招标文件的办法等事宜。国务院发展计划部门确定的国家重点工程和省、自治区、直辖市人民政府确定的地方重点工程不公开招标。但经相应各级政府批准，可以进行邀请招标。

采用邀请招标的方式，由于被邀请参加竞争的投标者为数有限，不仅可以节省招标费用，而且能提高每个投标者的中标几率，所以对招投标双方都有利。不过，这种招标方式限制了竞争范围，把许多可能的竞争者排除在外，被认为不完全符合自由竞争、机会均等的原则。因此，只有在下述情况下可以考虑邀请招标：

（1）由于工程性质特殊，要求有专门经验的技术人员和熟练技工以及专用技术设备，只有少数承包商能够胜任。

（2）公开招标使招标单位或投标单位支出的费用过多，与工程投资不成比例。

（3）公开招标的结果未能产生中标单位。

（4）由于工期紧迫或保密的要求等其他原因，而不宜公开招标。

五、园林工程施工招标程序

工程施工招标一般程序如图 5-2 所示。其具体工作有：

1. 向政府招标投标提出招标申请

申请主要内容是：①园林工程业主的资质；②招标工程是否具备了条件；③招标拟采用的方式；④对投标的承包商的资质要求；⑤初步拟定的招标工作日程等。

2. 建立招标班子，开展招标工作

招标机构工作人员组成，一般由分管园林工程招标的机构，统一安排和部署招标工作。招标机构工作人员组成，一般由分管园林工程或基建的领导同志负责，由工程技术、预算、物资供应、财务、质量等部门派人组成，具体人数可根据招标工程的规模和工作繁简而定。工作人员必须懂业务、懂管理和作风正派，在招标过程中必须保守机密，不得泄露标底。

招标工作机构的主要任务是：根据招标项目的特点和需要，编制招标文件。负责向招标管理机构办理招标文件的审批手续；组织或委托标底的编制，按规定报有关单位审查，报招投标管理机构审定；发布招标公告或邀请书，对投标单位进行资质审查，发放招标文件、图纸和技术资料，组织潜在投标人踏勘项目现场并答疑；提出评标委员会名单，向招标投标管理机构核准；发出中标通知；退还押金；组织签订承包合同和其他该办理的事项。

3. 编制招标文件

招标文件是招标行动的指南，也是投标企业必须遵循的准则，招标文件应当包括招标项目的技术要求、对投标人资格审查标准、投标报价要求和评标标准等所有实质性要求以及拟签订合同的主要条款如招标项目需要划分标

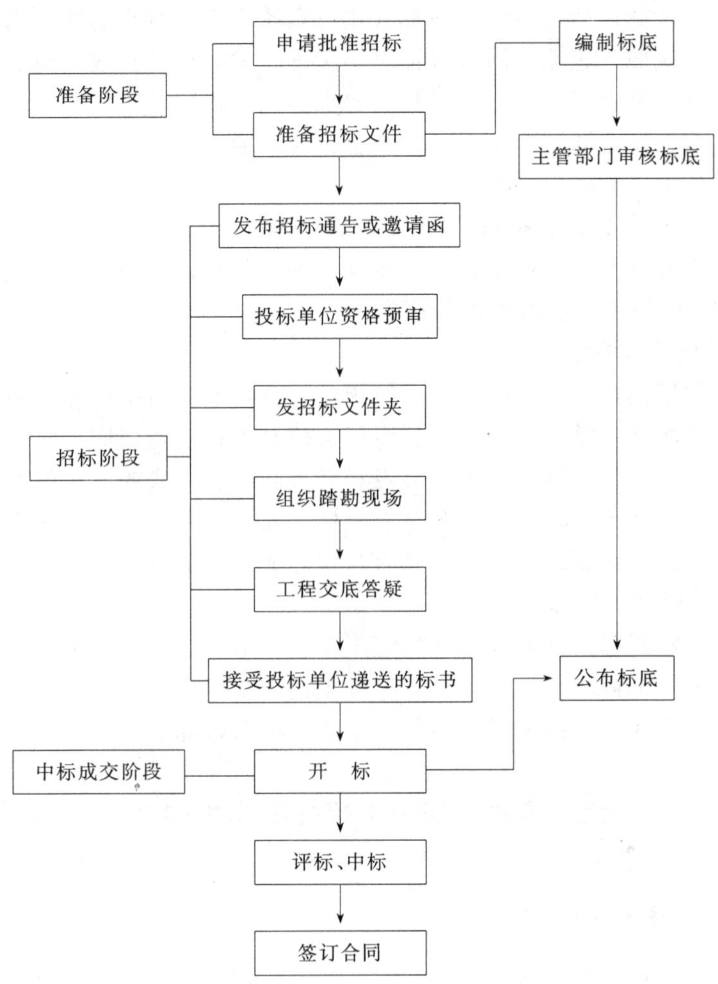

图 5-2　工程施工一般招标程序

段，则应在标书文件中载明。

4. 标底的编制和审定

5. 发布招标公告或招标邀请书

6. 投标申请

投标人应具备承担招标项目的能力，具有符合规定的投标人的资格条件。

7. 审查投标人的资质

在投标申请截止后对申请的投标人进行资质审查。审查的主要内容包括投标人的营业执照，企业资质等级证书、工程技术人员和管理人员、拥有的施工机械设备等是否符合承担本工程的要求。同时还应考察其承担过的同类工程质量、工期及合同履约情况。审查合格后，通知其参加投标，不合格的通知其停止参加工程招标活动。

8. 分发招标文件，包括设计图纸和技术资料

向资质审查合格的投标企业分发招标文件（包括设计图纸和有关技术资料等），同时向招标单位交纳投标保证金。

9. 踏勘现场及答疑

招标文件发出之后，招标单位应按规定日程，按时组织投标人踏勘施工现场，介绍现场准备情况。还应召开专门会议对工程进行交底，解答投标企业对招标文件、设计图纸等提出的疑点和有关问题。交底或答疑的问题，应以纪要或补充文件形式，书面通知所有投标企业，以便投标企业在编制标书时掌握同一标准。纪要或补充文件具有与招标文件同等效力。

10. 接受标书（投标）

投标人应按招标文件的要求认真组织编制标书，标书编好密封后，按招标文件规定的投标截止日期前，送达招标单位。招标单位应逐一验收，出具收条，并妥善保存，开标前任何单位和个人不准启封标书。

六、园林工程施工招标工作机构

（一）工作机构的基本职能

（1）确定工程的发包范围。

（2）确定承包方式和承包内容。

（3）选择发包方式。

（4）确定标底。

（5）决标并签订合同或协议。

（6）发布招标及资格预审通告邀请投标函。

（7）编制和发送招标文件。

（8）审查投标者资格。

（9）组织勘察现场和解答投标单位提出的问题。

（10）开标、审核标书并或协议。

(11) 谈判签订合同或协议。

(二) 招标工作机构的组成

招标工作机构通常由三类人员组成：

(1) 决策人，即主管部门任命的业主或其授权代表。

(2) 专业技术人员，包括风景园林师、建筑师、结构、设备、工艺等专业工程师和估算师等。他们的职能是向决策人提供咨询意见和进行招标的具体事务工作。

(3) 一般工作人员。

(三) 我国招标工作机构主要的形式

(1) 由业主的基本建设主管部门或实行建设项目法人责任制的业主单位负责有关的全部工作。

(2) 专业咨询机构受业主委托，承办招标的技术性的事务性工作，决策仍由业主作出。

第三节　园林工程施工项目招投标底和招标文件的编制

一、施工项目招、投标标底概述

(一) 标底的概念和作用

标底是招标工程的预期价格。一是使业主预先明确自己在拟建工程上应承担的财务义务；二是给上级主管部门提供核实投资规模的依据；三是作为衡量投标报价的准绳，也是评标的主要尺度之一。工程施工招标必须编制标底。标底必须报经招标办事机构审定。标底一经审定应密封保存至开标时，所有接触过标底的人员均有保密责任，不得泄露。

(二) 编制标底应遵循的原则

(1) 根据设计图纸及有关资料、招标文件，参照国家规定的技术、标准定额及规范，确定工程量和编制标底。

（2）标底价格应由成本、利润、税金组成，一般应控制在批准的总概算（或修正概算）及投资包干的限额内。

（3）标底价格作为业主的期望计划，应力求与市场的实际变化吻合，要有利于竞争和保证工程质量。

（4）标底价格应考虑人工、材料、机械台班等价格变动因素，还应包括施工不可预见费和措施费等。工程要求优良的，还应增加相应费用。

（5）一个工程只能编制一个标底。

（三）标底的编制方法

标底的编制方法与工程概、预算的编制方法基本相同，但应根据招标工程的具体情况，尽可能考虑下列因素，并确切反映在标底中：

（1）根据不同的承包方式，考虑适当的包干系数。

（2）根据现场条件及工期要求，考虑必要的技术措施费。

（3）对业主提供的以暂估价计算但可按实调整的材料、设备，要列出数量和估价清单。

（4）主要材料数量可在定额用量基础上加以调整，使其反映实际情况。

（四）标底的编制方法

1. 以施工图预算为基础

根据设计图纸的技术说明，按预算规定的分部划分工程子目，逐项计算出工程量，再套用定额单价确定直接费，然后按规定的系数计算间接费、独立费、计划利润以及不可预见费等，从而计算出工程预期总造价，即标底。

2. 以概算为基础

根据扩大初步设计和概算定额计算工程造价。概算定额是在预算定额基础上将某些次要子目归并于主要工程子目之中，并综合计算其单价。用这种方法编制标底可以减少计算工作量，提高编制工作效率，且有助于避免重复和漏项。

3. 以最终成品单位造价包干为基础

这种方法主要适用于采用统一标准设计的大量兴建的工程，例如通用住宅、市政管线等。一般住宅工程按每平方米建筑面积实行造价包干；园林工程中的植草工程、喷灌工程也可按每平方米面积实行造价包干。具体工程的标底即以此为基础，并考虑现场条件、工期要求等因素来确定。

二、园林工程施工招标文件

招标文件是作为园林工程需求者的业主向可能的承包商详细阐明工程建设意图的一系列文件，也是投标人编制投标书的主要客观依据。通常包括下列基本内容：

（一）工程综合说明

其主要内容为：工程名称、规模、地址、发包范围、设计单位、场地和地基土质条件（可附工程地质勘察报告和土壤检测报告）、给排水、供电、道路及通讯情况以及工期要求等。

（二）设计图纸和技术说明书

1. 设计图纸要求

（1）目的在于使投标人了解工程的具体内容和技术要求，能据此拟定施工方案和进度计划。

（2）设计图纸的深度可随招标阶段相应的设计阶段而有所不同。

①园林工程初步设计阶段招标，应提供总平面图，园林用地竖向设计图，给排水管线图，供电设计图，种植设计总平面图，园林建筑物、构筑物和小品单体平面、立面、剖面图和主要结构图，以及装修、设备的做法说明等。

②施工图阶段招标，则应提供全部施工图纸（可不包括大样）。

2. 技术说明书应满足下列要求

（1）必须对工程的要求做出清楚而详尽的说明，使各投标单位能有共同的理解，能比较有把握地估算出造价。

（2）明确招标工程适用的施工验收技术规范，保修期及保修期内承包单位应负的责任。

（3）明确承包商应提供的其他服务，诸如监督分承包商的工作，防止自然灾害的特别保护措施，安全保护措施等。

（4）有关专门施工方法及指定材料产地或来源以及代用品的说明。

（5）有关施工机械设备、临时设施、现场清理及其他特殊要求的说明。

（三）工程量清单和单价表

1. 工程量清单

工程量清单是投标人计算标价和招标单位评标的依据。工程量清单通常以每一个体工程为对象，按分项、单项列出工程数量。

工程量清单由封面、内容目录和工程量表三部分组成，其基本格式如下：

(1) 封面

×××工程工程量清单

工程地址：

业主：

设计单位：

估算师：　　　　(签名)　　年　月　日

(2) 内容目录

①准备工作

②××××（分项工程甲）

③××××（分项工程乙）

④直接合同（指定分包工程）

⑤允许调整的开口项目

⑥室外工程

⑦其他工程和费用

⑧不可预见费用

(3) 工程量表（如表5-1）

表5-1　××××（分项工程甲）工程量表

编号	项目	简要说明	计量单位	工程数量	单价（元）	总价（元）
1	2	3	4	5	6	7

说明：

①第1～5栏由招标单位填列；第6、7两栏由投标单位填列。每1页应标明页码，并在页末写明该页所列各工程总价的汇总金额。

②工程应按地下（±0.00以下）工程和上部工程分列，例如平整场地，人工湖挖土方，混凝土基础，砖砌体等。各项目的技术要点在简要说明栏列出，例如混凝土基础C20，砖砌体厚24cm，M5混合砂浆，劈离砖贴面等。

③工程单价按我国习惯做法，一般仅列直接费，待汇总后再加各项独立费和不可预见费，并按规定百分比计算间接费和利润。国际通行做法与我国不同，工程单价都包括直接费、间接费和利润。

④计算工程量所用的方法和单价的组成应在工程量表的开头或末尾加以说明。

2. 单价表

单价表是采用单价合同承包方式时，投标人的报价文件和招标单位评标的依据，通常由招标单位开列分部分项工程名称（例如土方工程、石方工程、植草工程等)，交投标单位填列单价，作为标书的重要组成部分。也可先由招标单位提出单价，投标人同意或另行提出自己的单价。考虑到工程数量对单价水平的影响，一般应列出近似工程量，供投标人参考，但不作为确定总标价的依据。

单价表的基本格式如表 5-2 和表 5-3。

表 5-2　×××××工程单价表

编号	项目	简要说明	计量单位	近似工程	单价（元）
1	2	3	4	5	6

注：近似工程量仅供投标单位报价参考。

表 5-3　×××××工程工料单价表

编号	工种或材料名称	简要说明	计量单位	单价（元）
1	2	3	4	5

（四）合同要求的主要条件

为了事先使投标单位对作为承包单位应承担的义务和责任及应享有的权利有明确的理解，作为中标后洽商签订正式合同的基础，有必要把合同条件列为招标文件的重要组成部分。

1. 合同所依据的法律、法规；
2. 工程内容（附工程项目一览表）；
3. 承包方式（包工包料、包工不包料、总价合同、单价合同或成本加酬金合同等）；
4. 总包价；
5. 开工、竣工日期；
6. 图纸、技术资料供应内容和时间；
7. 施工准备工作；
8. 材料供应及价款结算办法；
9. 工程公款结算办法；
10. 工程质量及验收标准；

11. 工程变更；
12. 停工及窝工损失的处理办法；
13. 提前竣工奖励及拖延工期罚款；
14. 竣工验收与最终结算；
15. 保修期内维修责任与费用；
16. 分包；
17. 争端的处理。

（五）其他有必要说明的情况

第四节 园林工程施工投标

一、园林工程投标工作机构和投标程序

（一）投标机构

为了在投标竞争中获胜，园林施工承包商应设置由施工企业决策人、总工程师或技术负责人、总经济师或合同预算部门、材料部门负责人、办事人员等组成投标决策委员会，以研究企业参加各项投标工程。

（二）投标程序

工程施工投标的一般程序如图 5-3 所示。

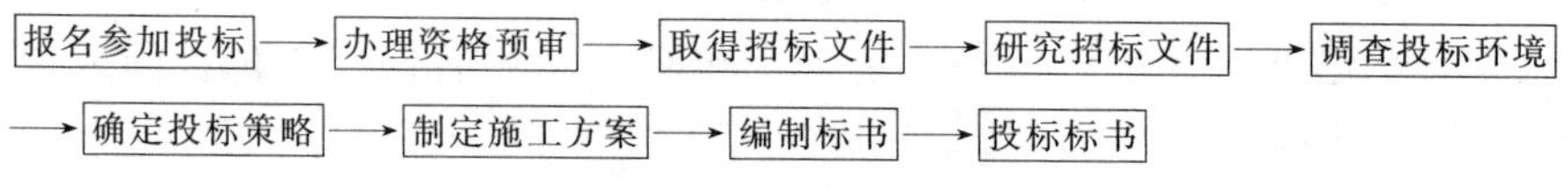

图 5-3 施工投标的一般程序

二、投标工作内容

我国国内投标资料预审比较简单，按现行规定，园林投标人应向招标单位提交下列有关资料：

1. 投标人营业执照和资质证书。

2. 企业简历。

3. 自有资金情况。

4. 全员职工人数，包括技术人员、技术工人数量及平均技术等级等；企业自有主要施工机械设备一览表等情况。

5. 近年来曾承建的主要工程及其质量情况。

6. 现有主要施工任务，包括在建和尚未开工工程一览表。

在实践中，一般由申请资料预审的承包商填报“投标资格预审表”交招标单位审查，或转报地方招标投标管理部门审批。“投标资格预审表”的参考格式见表 5-4。

表 5-4　投标资格预审表

<table>
<tr><td colspan="4">企业名称</td><td colspan="2">法定代表人</td></tr>
<tr><td colspan="4">企业所有制类别</td><td colspan="2">资质等级</td></tr>
<tr><td colspan="4">企业主管单位</td><td colspan="2">经营范围</td></tr>
<tr><td colspan="4">企业组建时间</td><td colspan="2">营业地址及电话号码</td></tr>
<tr><td colspan="4">开户银行</td><td colspan="2">账号</td></tr>
<tr><td colspan="4">资本金</td><td colspan="2">生产经营用固定资产</td></tr>
<tr><td rowspan="7">企业概况</td><td rowspan="4">自有人数</td><td>管理人员：　人</td><td rowspan="4">其中：工程技术人员</td><td>高级工程师：　人</td><td rowspan="4">批准民工人数：</td></tr>
<tr><td>固定工：　人</td><td>工程师：　人</td></tr>
<tr><td>合同工：　人</td><td>助理工程师：　人</td></tr>
<tr><td>合计：　人</td><td>技术员：　人</td></tr>
<tr><td rowspan="3">现有任务情况</td><td colspan="2">今年计划、复工面积：　m^2</td><td colspan="2">迄今已开复工面积：　m^2</td></tr>
<tr><td colspan="2">今年计划竣工面积：　m^2</td><td colspan="2">迄今已竣工面积：　m^2</td></tr>
<tr><td colspan="4">注：上列开复工及竣工面积为截止到　　月底的数字</td></tr>
<tr><td rowspan="5">拟投入本工程施工力量</td><td colspan="2">本工程拟由 ________ 分公司（工区、处 ___________ 队施工）</td><td colspan="2">项目负责人姓名：</td><td>职务及职称：</td></tr>
<tr><td colspan="2"></td><td colspan="2">技术负责人姓名</td><td>职务及职称</td></tr>
<tr><td colspan="5">人员安排：</td></tr>
<tr><td colspan="5">主要施工机械安排：</td></tr>
<tr><td colspan="5">其他：</td></tr>
<tr><td>审批意见</td><td colspan="5">审批单位（印）　　经办人（签名）　　年　月　日</td></tr>
</table>

注：按规定应提交的有关资料可作为本表附件。

三、投标的准备工作

1. 研究招标文件

园林工程施工企业资格预审合格，取得了招标文件，即进入投标准备阶段。首先是仔细认真地研究招标文件，充分了解其内容和要求，发现应提请招标单位予以澄清的疑点。

(1) 研究工程综合说明，以对工程作一整体性的了解。

(2) 熟悉并详细研究设计图纸和技术说明书，使制定施工方案和报价有确切的依据。对整个建设工程的图纸要吃透，发现不清楚或互相矛盾之处，应提请招标单位解释或订正。

(3) 研究合同主要条款，明确中标后应承担的义务和责任及应享有的权利，重点是承包方式，开竣工时间及工期奖罚，材料供应及价款结算办法，预付款的支付和工程款结算办法，工程变更及停工、窝工损失处理办法等。对于国际招标的工程项目，还应研究支付工程款的货币种类、不同货币所占比例及汇率。

(4) 熟悉投标单位须知，明确了解在投标过程中，投标单位应避免出现与招标要求不相符合的情况。只有在全面研究了解招标文件，对工程本身和招标单位的要求有了基本的了解之后，投标单位才能正确的编制投标文件，以争取中标。

2. 调查投标环境

投标环境是指招标工程施工的自然、经济和社会条件。这些条件都是工程施工的制约因素，必然影响工程成本，投标报价时必须考虑，所以应在报价之前通过踏勘现场、查阅相关资料、市场调研等途径，尽可能地了解清楚。主要内容有：场地的地理位置；地上、地下障碍物的情况；土壤（包括土质、土壤含水量、土壤 pH 值等）；气象情况（包括年降水量、年最高温度、最低温度、霜降日数等）；地下水位；冰冻线深度以及地震烈度等；现场交通状况（铁路、公路、水路）；给排水、供电和通讯设施，材料堆放场地的最大可能容量，材料、苗木供应的品种及数量、途径以及劳动力来源和工资水平、生活用品的供应途径等。

3. 投标决策与投标策略

承包商在通过资格预审合格并取得了招标文件，调查了投标环境之后，应慎重考虑是否投标的问题，作出是否参与投标的决策。实践证明，只有在知己知彼的情况下，才能使投标项目选择得当，才能从本企业具有的工程施工及管理经验、企业现有的工程技术力量、成本估算等方面考查本企业，是否能适应招标工程的要求，经过综合分析后，必要时可以按上述条件进行加权评分，正确地确定是否参加投标。

园林工程施工企业参加投标竞争，只有获得对自己最有利的施工合同，才能获得尽可能多的盈利。为此，作出投标决策以后，必须研究投标策略，以指导其投标全过程的活动。

正确的策略，来自实践经验的积累和对客观规律的认识，以及对具体情况的了解；同时，决策者的能力和魄力也是不可缺少的。常见的投标策略有以下几种：

(1) 做好施工组织设计，采取先进的工艺技术和机械设备；优选各种植物及其他造景材料；合理安排施工进度；选择可靠的分包单位，力求以最快的速度，最大限度地降低工程成本，以技术与管理优势取胜。

(2) 尽量采用新工艺、新材料、新设备、新施工方案，以降低工程造价，提高施工方案的科学性。

(3) 在保证企业有相应利润前提下，实事求是地以低报价取胜。

(4) 为争取未来的优势，宁可目前少盈利或不盈利，为了占据某些具有发展前途的专业施工技术，如屋顶花园工程，则可适当降低标价，着眼于今后发展，为占领新的市场领域打下基础。

上述诸策略并不相互排斥，可根据具体情况，灵活地综合运用。

4. 制定施工方案

施工方案应由投标单位的技术负责人主持制定，主要包括下列基本内容：

(1) 施工的总体部署和场地总平面布置；

(2) 施工总进度和单项（单位）工程进度；

(3) 主要施工方法；

(4) 主要施工机械设备数量及其配置；

(5) 劳动力数量、来源及其配置；

(6) 主要材料品种、规格、需用量、来源及分批进场的时间安排；

(7) 大宗材料和大型机械设备的运输方式；

(8) 现场水、电需用量，来源及供水、供电设施；

(9) 临时设施数量和标准。

关于施工进度的表示方式，有的招标文件专门规定必须用网络图，如无此规定也可用传统的横道图（条形图）。

由于投标的时间要求往往相当紧迫，所以施工方案一般不可能也不必要编得很详细，只须抓住要点，简明扼要地表述即可。

5. 报价

报价是投标全过程的核心工作，它不仅是能否中标的关键，而且对中标后能否盈利和盈利多少，在很大程度上起着决定性的作用。

（1）报价的基础工作　首先应详细研究招标文件中的工程综合说明、设计图纸和技术说明，了解工程内容、场地情况和技术要求。其次应熟悉施工方案，核算工程量。通常可对招标文件中的工程量清单作重点抽查。（如果没有工程量清单，则须按图纸计算）。工程量清单核算无误之后，即可根据造价管理部门统一制定的概（预）算定额为依据进行投标报价。目前投标也可以自主报价，不一定受统一定额的制约，如有的大型园林施工企业有自己的企业定额，则可以此为依据。此外还应确定现场经费、间接费率和预期利润率。其中现场经费、间接费率是以直接费或人工费为基础，利润率则以工程直接费和间接费之和为基础，确定一个适当的百分数。根据企业的技术和经营管理水平，并考虑投标竞争的形势，可以有一定的伸缩余地。

（2）报价的内容　国内园林工程投标报价的内容，就是园林工程费的全部内容，见表 5-5。

表 5-5　我国现行园林建设工程费构成

	费用项目		参考计算方法
直接工程费	直接费	人工费	∑人工工日概预算定额×工资单价×实物工程量
		材料费	∑材料概预算定额×材料预算价格×实物工程量
		施工机械使用费	∑机械概预算定额×机械台班预算单价×实物工程量
	其他直接费		按　定　额
	现场经费	临时设施费 现场管理费	土建工程：（人工费＋材料费＋机械使用费）×取费率 绿化工程：（人工费＋材料费＋机械使用费）×取费率 安装工程：（人工费×取费率）
间接费	企业管理费 财务费用 其他费用		土建工程：直接工程费×取费率 绿化工程：直接工程费×取费率 安装工程：人工费×取费率
盈利	计划利润		（直接工程费＋间接费）×计划利润率
税金	含营业税、城乡维护建设税、教育费附加税		（直接工程费＋间接费＋计划利润）×税率

各项费用包括的内容见第九章园林工程经济管理的园林工程概（预）算部分。

（3）报价决策　报价决策就是确定投标报价的总水平。这是投标胜负的关键环节，通常由投标工作班子的决策人在主要参谋人员的协助下作出。

①报价决策的工作内容，首先是计算基础标价，即根据工程量清单和报价项目单价表，进行初步测算，其间可能对某些项目的单价作必要的调整，形成基础标价。

②作风险预测和盈亏分析，即充分估计施工过程中的各种有关因素和可能出现的风险，预测对工程造价的影响程度。

③测算可能的最高标价和最低标价，也就是测定基础标价可以上下浮动的界限。

④完成上述工作以后，决策人就可根据投标竞争地的实际，并靠自己的经验和智慧，作出报价决策。然后，方可编制正式标书。

基础标价、可能的最低标价和最高标价可分别按下式计算：

基础标价＝∑报价项目×单价

最低标价＝基础标价－（估计盈利×修正系数）

最高标价＝基础标价＋（风险损失×修正系数）

在一般情况下，无论各种盈利因素或者风险损失，很少有可能在一个工程上百分之百地出现，所以应加以修正系数，这个系数凭经验一般取0.5～0.7。

四、标书的编制和投送

（一）投标标书的编制

投标人对招标工程作出报价决策之后，即应编制标书。投标书包括：投标书及其附件。主要内容为：计价的工程量清单和单价表图纸、技术说明、施工方案、主要施工机械设备清单以及某些重要或特殊材料的说明书和小样等与报价有关的技术文件；投标保证书。投标书实际上就是由投标的承包商签署的正式报价信，通称标函。中标后，投标书及其附件即成为合同文件的重要组成部分。

投标书一般分为：

1. 标书编制说明。
2. 总报价书。
3. 单项工程报价书。
4. 工程量清单和单价表。
5. 施工技术措施和总体布置。
6. 以及施工进度计划图表等6部分。

投标书一般有正本和副本二种，正、副本的内容可根据需要确定，但投标书没有统一的格式，而是由地方招标管理部门印制，由招标人发给投标单位使用。

（二）投标书的投送应注意事项

1. 全部投标文件编好之后，经校对无误，由负责人签署，按投标须知的规定分装，然后密封，派专人在投标截止日期之前送到招标人指定的地点，并取得收据。如必须邮寄，则应充分考虑邮件在途时间，务必使标书在投标截止期之前到达招标单位，避免迟到作废。

2. 在编制标书的同时，投标单位应注意将有关报价的全部计算、分析资料汇编归档，妥为保存。此外，应注意防止发生无效标书的工作漏洞，如未密封、未加盖单位和负责人的印章、寄达日期已超过规定的开标时间、字迹涂改或辨认不清等。也不得改变标书的格式及任意修改标书中所列工程量，如有修改，应另附附加说明或补充和更正写在投标文件中另附的专用纸上。

3. 投送标书时一般须将招标文件包括图纸、技术规范、合同条件等全部交还招标单位，因此这些文件必须保持完整无缺，切勿丢失。

4. 投送标书应严格执行各项规定，不得行贿、营私舞弊；不得泄露自己的标价或串通其他投标者哄抬标价；不得有损害国家和他人利益的行为。否则，将被取消投标资格，并受到经济的甚至法律的制裁。

5. 编完标书并投送出去之后，还应将有关报价的全部计算分析资料加以整理汇编，归档备查。

第五节　园林工程招标的开标、评标、议标与定标

一、园林工程招标的开标

（一）开标的要求

开标应按招标文件确定的招标时间同时公开进行。开标地点应当为招标文件中预先确定的地点，开标由招标单位的法定代表人或其指定的代理人主持，邀请所有的投标人参加，也可邀请上级主管部门及银行等有关单位参

加。有的还请公证机关派出公证员到场。

（二）开标的一般程序

1. 由开标单位工作人员介绍参加开标的各方到场人员和开标主持人，公布招标单位法定代表人证件或代理人委托书及证件。

2. 开标主持人检验各投标单位法定代表人或其指定代理人的证件、委托书，确认无误。

3. 宣传评标办法和评标委员会成员名单。

4. 开标时，由投标人或其推选的代表检验投标文件的密封情况，也可由招标人委托的公证机构检查并公证；经确认无误后。由工作人员当众拆封，宣读投标人名称、投标价格和投标文件的其他主要内容。开封过程应当记录，并存档备查。

5. 启封标箱，开标主持人当众检验启封标书，如发现无效标书，须经评标委员会半数以上成员确认，并当场宣布。

6. 按标书送达时间或以抽签方式排列投标单位唱标次序，各投标人依次当众予以拆封，宣读各自投标书的要点。

7. 当众公布标底。如全部有效标书的报价都超过标底规定的上下限幅度时，招标单位可宣布报价为无效报价，招标失败，另行组织招标或邀请协商。此时则暂不公布标底。

（三）无效投标书的条件

按我国现行规定，有下列情况之一者，投标书宣布无效：

1. 标书未密封；
2. 无单位和法定代表人或其指定代理的印鉴；
3. 未按规定的格式填写标书，内容不全或字迹模糊、辨认不清；
4. 标书逾期送达；
5. 投标人未参加开标会议。

二、园林工程招标的评标

（一）评标基础

1. 评标的原则

评标的原则是保护公平竞争，公正合理，对所有投标单位一视同仁。

2. 评标机构

评标工作由招标人依法组建的评标委员会负责，评标委员会由招标人的代表和有关技术、经济方面的专家组成，成员人数为5人以上单数，其中技术、经济等方面的专家不得少于成员总数的2/3。专家应当从事相关领域工作满8年，并且有高级职称或者具有同等专业水平，具体人员由招标人从国务院有关部门或者省、自治区、直辖市人民政府提供的专家名册或者招标代理机构的专家库内的相关专业的专家名单中确定：一般招标项目可以采取随机抽取方式，特殊招标项目可以由招标人直接确定。召集人一般由摧毁标单位法定代表人或其指定代理人担任。

3. 评标时间

评标时间视评标内容的繁简，可在开标后立即进行，也可在随后进行。

4. 评标的内容

一般应对各投标单位的报价、工期、主要材料用量、施工方案、工程质量标准和保证措施以及企业信誉等进行综合评价，为择优确定中标单位提供依据。

（二）评标的方法

1. 加权综合评分法

先确定各项评标指标的权数，例如报价40%，工期15%，质量标准15%，施工方案、主要材料用量、企业实力及社会信誉各10%，合计100%；再根据每一投标单位标书中的主要数据报评定各项指标的评分系数；以各项指标的权数和评分系数相乘，然后加总，即得加权综合评分。得分最高者为中标单位。这种方法可用下式表达：

$$WT = \sum_{i=1}^{n} B_i W_i$$

式中：WT——每一投标单位的加权综合评分；

B_i——第i项指标的评分系数；

W_i——第i项指标的权数。

评分系数可分别两种情况确定：

（1）定量指标　如报价、工期、主要材料用量，可通过标书数值与标底数值之比值求得。令标底数值为B_{io}，标书数为B_{it}，则

$$B_i = B_{io} / B_{it}$$

（2）定性指标　如质量标准、施工方案、投标单位实力及社会信誉，可由评标委员会根据各投标单位的具体情况，逐项审议，分别确定评分系数，

使定性指标量化。评分系数可在一定范围内（如0.9～1.1）浮动。

2. 接近标底法

以报价为主要尺度，选报价最接近标底者为中标单位。这种方法比较简单，但要以标底详尽、正确为前提。

3. 加减综合评分法

以标价为主要指标，以标底为评分基数，例如定为50分，合理标价范围为标底的±5%，报价比标底每增减1%扣2分或加2分，超过合理标价范围的，不论上下浮动，每增加或减少1%都扣3分；以工期、质量标准、施工方案、投标单位实力与社会信誉为辅助指标，例如满分分别为15分、15分、10分、10分；每一投标单位的各项指标分值相加，总计得综合评分，得分最高者为中标单位。

4. 定性评议法

以报价为主要尺度，综合考虑其他因素，由评标委员会作出定性评价，选出中标单位。这种方法除报价是定量指标外，其他因素没有定量分析，标准难以确切掌握，往往需要评标委员会协商，主观性、随意性较大，现已少有运用。

三、园林工程招标的决标

（一）决标的意义

决标又称定标。评标委员会按评标办法对投标书进行评审后，应提出评标报告，推荐中标单位，经招标单位法定代表人或其指定代理人认定后，报上级主管部门同意、当地招投标管理部门批准后，由招标单位发出中标和未中标通知书，要求中标人在规定期限内签订合同，未中标人退还招标文件，领回投标保证金，招标即告圆满结束。

（二）决标的时限

从开标至决标的期限，小型园林建设工程一般不超过10天，大、中型工程不超过30天，特殊情况可适当延长。

中标人确定后，招标单位应于7天内发出中标通知书。中标通知书发出30天内，中标人应与招标单位签订工程承包合同。

（三）有关文件的格式

评标报告、中标通知书和未中标通知书的参考格式见表 5-6 至表 5-8。

表 5-6　________工程评标报告

<table>
<tr><td colspan="5">业主：</td><td colspan="5">建设地址：</td></tr>
<tr><td colspan="5">建筑面积：　　　　　m²</td><td colspan="5">开标日期：　　年　　月　　日</td></tr>
<tr><td colspan="10">主要数据</td></tr>
<tr><td rowspan="2">序号</td><td rowspan="2">投标单位</td><td rowspan="2">总造价（元）</td><td rowspan="2">总工期（日历天）</td><td rowspan="2">计划开工日期</td><td rowspan="2">计划竣工日期</td><td rowspan="2">工程质量标准</td><td colspan="3">主要材料用量及单价</td></tr>
<tr><td>钢材</td><td>水泥</td><td>草坪</td></tr>
<tr><td>1</td><td></td><td></td><td></td><td></td><td></td><td></td><td></td><td></td><td></td></tr>
<tr><td>2</td><td></td><td></td><td></td><td></td><td></td><td></td><td></td><td></td><td></td></tr>
<tr><td>3</td><td></td><td></td><td></td><td></td><td></td><td></td><td></td><td></td><td></td></tr>
<tr><td>…</td><td></td><td></td><td></td><td></td><td></td><td></td><td></td><td></td><td></td></tr>
<tr><td colspan="2">核定标底</td><td></td><td></td><td></td><td></td><td></td><td></td><td></td><td></td></tr>
<tr><td colspan="5">评定中标单位：</td><td colspan="5">评标日期：　　年　　月　　日</td></tr>
<tr><td colspan="10">评标情况及评定中标理由：
评标委员会代表（签名）</td></tr>
<tr><td colspan="10">招标单位（印）　法定代表人（签名）　上级主管部门（印）　招标投标管理部门（印）</td></tr>
</table>

表 5-7　________工程中标通知书

<table>
<tr><td colspan="2">中标单位：</td></tr>
<tr><td colspan="2">中标工程内容：</td></tr>
<tr><td>中标条件：</td><td>1. 承包范围及承包方式；
2. 中标总造价；
3. 总工期及开竣工时间
总工期：　　日历天；开工：　　竣工：
4. 工程质量标准；
5. 主要材料用量及单价：</td></tr>
<tr><td colspan="2">签订合同期限：　　　年　　月　　日以前</td></tr>
<tr><td colspan="2">决标单位（印）　　法定代表人（签名）　　年　　月　　日</td></tr>
</table>

表 5-8　________工程未中标通知书

(投标单位名称)：
我单位(招标工程名称)工程招标，经评标委员会评议、上级主管部门核准，已由(中标单位名称)中标。请接到本通知后，于　　年　　月　　日以前，来我单位还全部招标文件和图纸，并领回投标保证金，以清手续。
招标单位（印）
年　月　日

复习思考题

1. 谈谈园林工程招标文件的制作。举例说明。
2. 谈谈园林工程施工投标时要注意的问题。
3. 谈谈园林工程中标后要注意的问题。
4. 以一个工程为实例，进行园林工程招投标的模拟练习。

第六章　园林工程施工合同管理

【本章提要】合同管理是确保园林工程施工承包得以实施的手段，因而成为园林工程施工管理的重要内容。本章从园林工程施工合同基础知识介绍开始，进而以实例为载体，详细介绍了签订施工合同的程序和内容，和施工合同履行、变更、终止和解除的有关规定，培育学生加强施工合同管理的意识，掌握相应的施工合同管理的技术。

第一节　园林工程施工合同概述

一、施工承包合同的概念和作用

工程施工承包合同是工程建设单位（发包方）和施工单位（承包方）根据国家基本建设的有关规定，为完成特定的工程项目而明确相互间权利和义务关系的协议。施工承包商向业主承诺，按时、按质、按量为业主施工；业主则按规定提供技术文件，组织竣工验收并支付工程款。由此可见，施工合同是一种完成特定工程项目的合同，其特点是合同计划性强、涉及面广、内容复杂、履行期长。

施工合同一经签订，即具有法律约束力。施工合同明确了承发包人在工程中的权利和义务，这是双方履行合同的行为准则和法律依据，有利于规范双方的行为。如果不签订施工合同，也就无法确立各自在施工中所能享受的权利和应承担的义务。同时施工合同的签订，有利于对工程施工的管理，利于整个工程建设的有序发展。尤其是在市场经济条件下，合同是维系市场运转的重要因素，因此应培养合同意识，推行建设监理制度，实行招标投标制等，使园林工程建设健康、有序发展。

按我国对于工程合同的相关规定，甲乙双方（发包方和承包方）要签订工程施工合同应该具备相应的经济技术资质和履行合同的能力。作为合同的主体，应是具有法人资格或执照法人的企事业单位、个体经营者、个人。

二、签订施工合同的原则和条件

1. 施工合同签订的原则

订立施工合同的原则是指贯穿于订立施工合同的整个过程，对承发包方签订合同起指导和规范作用的、双方应遵循的准则。主要有：

（1）合法原则　订立施工合同要严格执行《建设工程施工合同（示范文本）》，通过《中华人民共和国合同法》《中华人民共和国建筑法》与《中华人民共和国环境保护法》等法律法规来规范双方的权利义务关系。惟有合法，施工合同才具有法律效力。

（2）平等自愿、协商一致的原则　主体双方均依法享有自愿订立施工合同的权利。在自愿、平等的基础上，承发包方要就协议内容认真商讨，充分发表意见，为合同的全面履行打下基础。

（3）公平、诚实信用的原则　施工合同是双务合同，双方均享有合同确定的权利，也承担相应的义务，不得只注重享有权利而对义务不负责任，这有失公平。在合同签订中，要诚实信用，当事人应实事求是地向对方介绍自己订立合同的条件、要求和履约能力；在拟定合同条款时，要充分考虑对方的合法利益和实际困难，以善意的方式设定合同的权利和义务。

（4）过错责任原则　合同中除规定的权利义务，必须明确违约责任，必要时，还要注明仲裁条款。

2. 订立施工合同应具备的条件

（1）工程立项及设计概算已得到批准。

（2）工程项目已列入国家或地方年度建设计划。附属绿地也已纳入单位年度建设计划。

（3）施工需要的设计文件和有关技术资料已准备充分。

（4）建设资料、建设材料、施工设备已经落实。

（5）招标投标的工程，中标文件已经下达。

（6）施工现场条件，即“四通一整”已准备就绪。

（7）合同主体双方符合法律规定，并均有履行合同的能力。

第二节　园林工程施工承包合同的签订

一、园林工程施工合同签订的程序

工程合同签订的程序一般分为要约和承诺两个阶段。前者是指合同主体的一方，向另一方提出签订合同的意思表示。要约方应列出合同的主要条款，并在要约说明中明确承诺方答复的期限。要约具有法律约束力，要约方在要约期限内不得对同一标的的工程向第二方要约，否则是违约的。

承诺则是当事一方（一般是乙方）完全同意要约方（一般为甲方）的要约。承诺必须是在要约期限内作出的意思表示，表明受约人完全同意对方的合同条件，如果受约方对要约方的合同条件不是全部同意，就不算是承诺。

有时要保证一份工程合同的成立，甲乙双方经过多次的要约是常有的，说明签订工程承包合同是相当严肃的。

二、园林工程施工承包合同的示范文本

合同文本格式是指合同的形式文件，主要有填空式文本、提纲式文本、合同条件式文本和合同条件加协议条款式文本。我国为了加强建设工程施工合同的管理，借鉴国际通用的 FIDIC《土木工程施工合同条件》，制定颁布了建设工程施工合同示范文本，该文本采用合同条件式文本。它是由协议书、通用条款、专用条款三部分组成，并附有 3 个附件：承包人承揽工程一览表、发包人供应材料设备一览表及工程质量保修书。实际工作中必须严格按照这个示范文本执行。

根据合同协议格式，一份标准的施工合同由四部分组成：

1. 合同标题

写明合同的名称，如×××公园仿古建筑施工合同、××小区绿化工程施工承包合同。

2. 合同序文

包括承发包方名称、合同编号和签订本合同的主要法律依据。

3. 合同正文

合同正文是合同的重点部分，由以下内容组成：

（1）工程概况：包括工程名称、工程地点、建设目的、立项批文、工程项目一览表。

（2）工程范围：即承包人进行施工的工作范围，它实际上是界定施工合同的标的，是施工合同的必备条款。

（3）建设工期：指承包人完成施工任务的期限，明确开、竣工日期。

（4）工程质量：指工程的等级要求，是施工合同的核心内容。工程质量一般通过设计图纸、施工说明书及施工技术标准加以确定，是施工合同的必备条款。

（5）工程造价：这是当事人根据工程质量要求与工程的概预算确定的工程费用。

（6）各种技术资料交付时间：指设计文件、概预算和相关技术资料。

（7）材料、设备的供应方式。

（8）工程款支付方式与结算方法。

（9）双方相互协作事项与合理化建议采纳。

（10）质量保修（养）范围，注明质量保修（养）期。

（11）工程竣工验收。竣工验收条款常包括验收的范围和内容、验收的标准和依据、验收人员的组成、验收方式和日期等。

（12）违约责任，合同纠纷与仲裁条款。

4. 合同结尾

注明合同份数，存留与生效方式；签订日期、地点、法人代表；合同公证单位；合同未尽事项或补充条款;合同应有的附件;工程项目一览表,材料、设备供应一览表,施工图纸及技术资料交付时间表(见表 6-1 至表 6-3）。

表 6-1　工程项目一览表

序号	工程名称	投资性质	结构	计量单位	数量	工程造价	设计单位	备注

表 6-2　材料、设备供应一览表

序号	材料、设备名称	规格型号	单位	数量	供应时间	送达地点	备注

表 6-3 施工图纸及技术资料交付时间表

序号	工程名称	单位	份数	类别	交付时间	图名	备注

三、园林工程施工承包合同举例

现将建设工程施工合同（示范文本）附上，并列举一例，供参考。

建设工程施工合同（示范文本）

（GF—1999—0201）

协 议 书

发包人（全称）：

承包人（全称）：

依照《中华人民共和国合同法》《中华人民共和国建筑法》及其他有关法律、行政法规，遵循平等、自愿、公平和诚实信用的原则，双方就本工程施工事项协商一致，订立本合同。

一 工程概况。

工程名称：

工程地点：

工程内容：

工程应附承包人承揽工程一览表：

工程立项批准文号：

资金来源：

二 工程承包范围。

承包范围：

三 合同工期。

开工日期：

竣工日期：

合同工期总日历天数：

四 质量标准。

工程质量标准：

五 合同价款。

金额（大写）：

六 组成合同的文件。

组成本合同的文件包括：

(1) 本合同协议书；

(2) 中标通知书；

(3) 投标书及其附件；

(4) 本合同专用条款；

(5) 本合同通用条款；

(6) 标准、规范及有关技术文件；

(7) 图纸；

(8) 工程量清单；

(9) 工程报价单或预算书。

双方有关工程的洽商、变更等书面协议或文件视为合同的组成部分。

七　协议书中有关词语含义与本合同第二部分《通用条款》中分别赋予它们的定义相同。

八　承包人向发包人承诺按照合同约定进行施工、竣工并在质量保修期内承担工程质量保修责任。

九　发包人向承包人承诺按合同约定的期限和方式支付价款及其他应当支付的款项。

十　合同生效。

合同订立时间：

合同订立地点：

本合同双方约定：____________________后生效。

发包人：（公章）	承包人：（公章）
住 所：	住 所：
法定代表人：	法定代表人：
委托代理人：	委托代理人：
电 话：	电 话：
传 真：	传 真：
开户银行：	开户银行：
账 号：	账 号：
邮政编码：	邮政编码：

某市桂馨苑小游园施工合同

合同号：200×—098

业主（以下简称甲方）：×× 市×× 房地产有限责任公司

承包商（以下简称乙方）：×× 市园林绿化工程公司

根据《中华人民共和国合同法》和《建设工程施工合同（示范文本）》等有关要求，为明确双方在施工过程中的权利、义务和经济责任，经双方协商同意签订本合同。

第一条　工程概况

1. 工程名称：桂馨苑小游园绿化工程。

2. 工程地点：××大道568号桂馨苑内。

3. 施工范围：绿地面积0.65hm^2。主要包括栽植工程、亭廊（含花架）工程、喷泉水景工程、置石工程、铺路工程、小品工程、不锈钢围栏工程及灯饰工程。

第二条　工程造价及承包方式

1. 工程造价：经双方确定本工程的总造价为人民币58万元。

2. 承包方式：采用大包干，即包工包料包工期，在承包范围内遇工料价格变动，则承包总价不变。如因设计变更或甲方主观变动而引起工程量变化的，变更范围内费用由甲方负责。

3. 工程所需交纳的税款已含在工程造价内，由乙方交纳。

第三条　工程质量

1. 乙方按施工图和设计技术说明书、并根据国家有关的绿地工程施工规范要求进行施工，保证工程质量。

2. 乙方应对全部现场操作、施工方法、措施的可靠性、安全性负完全责任。现场设专职质量、安全检查员，建立自检制度，做好自检记录。

3. 乙方所使用的材料、设备及施工工艺应符合设计要求。

第四条　工程工期

1. 总工期为2个月。

开工日期：2003年3月20日；竣工日期：2003年5月19日。

2. 如遇以下情况者，工期相应顺延：

(1) 开工前甲方不能按时交出施工场地，清理障碍，接通水电。

(2) 甲方其他原因或设计变更。

第五条　甲方责任

1. 向有关部门报建，申领开工执照。

2. 做好工程范围内四通一平，清除影响施工的障碍物。

3. 按要求提交技术资料，包括施工图3套、工程总平面图2套。

4. 组织设计单位与乙方进行施工图交底会审，提供测量基线、水准基点。

5. 委派现场工地代表，加强与乙方联系，负责质量检查和监督，处理设计施工技术等问题。

6. 按规定对主要工序进行中间检查验收。

7. 按合同规定向乙方支付费用。

(1) 合同生效后3天内预付工程备料款，按工程总造价的20%核付，合人民币11.6万元。预付款的折扣办法为工程完成50%时开始折扣，且于竣工前全部扣清。

(2) 工程进度款分3次支付：第一次在施工至15天，按总造价25%支付，计14.5

万元；第二次在工程已完成85%时，按总造价55%支付（含备料款），计31.9万元；其余待工程全部竣工正式验收后在保养期内分二期支付：竣工时支付造价的15%，保养期满，甲乙双方验收后一次结清。

第六条　乙方责任

1. 按图纸要求做好施工总平面布置，编制施工组织设计及总进度计划，提交甲方3份。及时配备机具、材料，组织技术力量和劳动力。

2. 按照施工图保质、保量、保工期、保安全完成施工任务。竣工验收后3个月为绿化种植保养期，在保养期内出现质量问题，由乙方负责。

3. 指定工程负责人负责本工程现场的保卫工作。处理技术、质量、安全等有关事宜。

4. 按要求向甲方提交工程进度表。

第七条　竣工验收

1. 竣工验收按照国家规定程序办理。乙方在工程竣工前和甲方先进行预验收，符合选题标准经甲方同意，乙方正式递交竣工报告。

2. 乙方所有工程报告、进度计划、工期统计月报、施工会签等文件需交甲方一式三份。

3. 工程已具备竣工验收条件，甲方不能按期予以验收接管的，其看管维护费用由甲方负责。

4. 在验收中发现质量不符合合同要求的或剩余部分尾工时，乙方要按质检规定的时间完成。所有费用由乙方负责。

第八条　奖惩规定

1. 工期奖：工程质量优良，工期每提前一天甲方奖给乙方工期奖每天500元，工期奖最高不超过人民币5000元。

2. 罚款：乙方工期每延误一天，罚款500元，罚款最高额不超过人民币5000元。

3. 乙方在保证工程质量和不降低设计标准的前提下，提出修改设计的合理化建议，经甲方和设计单位同意，其节约的价值甲乙双方各得50%。乙方在施工中采用新技术、新材料、新工艺等措施，节约的资金全部归乙方所有。

第九条　附则

1. 本合同经法律公证，由公证单位监督执行。

2. 本合同如有未尽事宜，经协商同意可由甲乙双方签订附则共同遵守。如单方面不履行本合同造成对方损失的，由责任方承担。

3. 执行合同中如有意见分歧，应协商解决，若达不成一致意见的则由仲裁机关仲裁。

4. 本合同一式十份，具有同等法律效力。甲方执三份，乙方执五份，监理方二份，分别报送有关部门。

5. 本合同自双方正式签字之日起生效，至工程竣工验收工程造价全部结清后失效。

甲方（公章）：　乙方（公章）：
甲方法定代表（签字）：　乙方法定代表（签字）：
本工程代表（签字）：　本工程代表（签字）：
200×年×月×日　200×年×月×日

公证机关（公章）：
公证经办人（签字）：
200×年×月×日

第三节　园林工程施工合同的履行、变更、终止和解除

一、园林工程施工合同的履行

园林工程施工合同的履行是指主体双方按合同条款规定的内容全面实施工程要件，既享有自己的权利，也承担应有的义务。就施工合同来说，履行合同就是要按时、按质、按量完成施工任务，保证园林作品的成功。作为甲方应注意其工程款支付、质量验收、期限控制等方面的义务；作为乙方，务必注意施工进度、施工质量、施工检查、施工管理等方面的义务。实际上，施工管理一个重点就是合同管理，合同管理得好，施工就有保证。

履行合同中，双方都应本着诚实守信、公平合理、严格按合同施工的原则，甲方不得只顾享有管理的权利，不顾自己的义务；乙方不得随意变更设计方案、施工工期及施工方法。

二、园林工程施工合同的变更

工程承包合同在施工中，由于各方面的原因，比如设计图纸改变、施工方法改进、施工材料更换、施工工期变化、或者施工主体的变化等，都会引起合同的变更。因此，合同变更是指在合同履行过程中，当事人依法经过协商并取得一致，就合同的条款进行一定的修改或调整双方达成协议。变更工程承包合同应遵循一定的法律程序，做好登记存档。

三、园林施工承包合同的终止

对于园林工程承包合同，合同的终止是指合同当事人完全履行了合同规定的义务，亦即经过工程施工阶段，园林艺术作品已成实物形态，此时，合同关系即可终止。如果在合同履行过程中，因一方或双方等原因，使合同不能继续履行的，依法终止合同，此种情况称为解除合同。

四、园林工程施工承包合同的解除

（一）合同解除的概念

合同解除是指合同当事人依法行使解除权或者双方协商决定，提前解除合同效力的行为。合同解除包括：约定解除和法定解除两种类型。

（二）合同解除的法律规定

1. 约定解除合同

《中华人民共和国合同法》第九十三条规定："当事人协商一致，可以解除合同。当事人可以约定一方解除合同。解除合同的条件成熟时，经双方认可后可以解除合同。"

2. 法定解除合同

所谓法定解除合同，是指解除条件由法律直接参与解除合同。当事人在行使合同解除权时，应严格按照法律规定行事，从而达到保护自身合法权益的目的。

《中华人民共和国合同法》第九十四条规定：有下列情形之一的，当事人可以解除合同：

（1）因不可抗力致使不能实现合同目的；

（2）在履行期限届满之前，当事人一方明确表示或者以自己的行为表示不履行主要债务；

（3）当事人一方迟延履行主要债务，经催告后在合同期限内仍未履行；

（4）当事人一方迟延履行债务或者有其他违约行为致使不能实现合同目的；

（5）法律规定的其他情形。

第四节 园林工程施工合同的管理

一、园林工程施工合同管理的目的及任务

（一）园林工程施工合同管理的目的

1. 发展和完善社会主义园林工程市场经济

我国经济体制改革的目标是建立社会主义市场经济，以利于进一步解放和发展生产力，增强经济实力，参与国际市场经济活动。因此，培育和发展园林工程市场，是我国园林系统建立社会主义市场体制的一项十分重要的工作。

在园林工程建设领域中，首先要加强园林工程市场的法制建设，健全市场法规体系，以保障园林工程市场的繁荣和园林业的发达。欲达到此目的，必须加强对园林工程建设合同的法律调整和管理，认真做好园林工程施工合同管理工作。

2. 建立现代园林工程施工企业制度

现代企业制度的建立，对企业提出了新的要求，企业应当依据公司法的规定，遵循“自主经营、自负盈亏、自我发展、自我约束”的原则，这就促使园林工程施工企业必须认真地、更多地考虑市场需求变化，调整企业发展方向和工程承包方式，依据招标投标法的规定，通过工程招标投标签订园林工程施工合同，以求实现与其他企业、经济组织在园林工程建设活动中的协作与竞争。

园林工程施工合同，是项目法人单位与园林工程施工企业进行承包、发包的主要法律形式，是进行工程施工、监理和验收的主要法律依据，是园林工程施工企业走向市场经济的桥梁和纽带。订立和履行园林工程施工合同，直接关系到业主和园林工程施工承包商的根本利益。因此，加强园林工程施工合同的管理，已成为在园林工程施工企业中推行现代企业制度的重要内容。

3. 规范园林工程施工的市场主体、市场价格和市场交易

建立完善园林工程施工市场体系，是一项经济法制建设工程。它要求对市场主体、市场价格和市场交易等方面的经济关系加以法律调整。

(1) 市场主体　市场主体进入市场进行交易，其目的就是为了开展和实现工程承包发包活动，亦即建立工程建设合同法律关系，欲达到此目的，有关各方主体必须具备和符合法定主体资格，亦即具有订立园林工程合同的权利能力和行为能力，方可订立园林工程承包合同。

(2) 园林工程施工的市场价格　园林工程市场价格，是一种市场经济中的特殊商品价格。在我国，正在逐步建立“政府宏观指导，企业自主报价，竞争形成价格，加强动态管理”的园林建筑市场价格机制。

(3) 园林工程施工的市场交易　是指园林产品的交易通过工程建设招标投标的市场竞争活动，最后采用订立园林工程施工合同的法定形式，以形成有效的园林工程施工合同的法律关系。

4. 加强合同管理，提高园林工程施工合同的履约率

牢固树立合同法制观念，加强工程建设合同管理，必须从项目法人、项目经理、项目工程师作起，坚决执行合同法和建设工程合同行政法规以及“合同示范文本”制度，从而保证园林工程建设项目的顺利建成。

5. 加强园林工程施工合同管理，努力开拓国际市场

发展我国园林工程业，努力提高其在国际工程市场中的份额，有利于发挥我国园林工程的技术优势和人力资源优势，推动国民经济的迅速发展。改革开放以来在开拓和开放国际工程承、发包过程中，贯彻“平等互利，形式多样，讲求实效，共同发展”的经济合作方针和“守约、保质、薄利、重义”的经营原则，在国际工程承包市场上树立了信誉，获得了外国先进的工程管理经验，加快了我国园林工程施工合同管理与国际园林工程施工惯例接轨的步伐。

(二) 园林工程施工合同管理的任务

(1) 要发展和培育园林工程施工市场，振兴我国的园林工程施工业，就必须建立开发现代化的园林工程施工市场。市场的模式应当是“市场机制（供应、价格、竞争）健全，市场要素完备，市场保障体系和市场法规完善，市场秩序良好。为了形成高质量的园林工程施工的市场模式，必须培育合格的市场主体，建立市场价格体制，强化市场竞争意识，推动园林工程招标投标，确保工程质量，严格履行园林工程施工合同。

(2) 努力推行法人责任制、招标投标制、工程监理制和合同管理制。认真完善和实施“四制”，并作好协调关系，是摆在园林工程建设管理工作面前的重要任务。现代园林工程管理中的“四制”，是一个相互促进、相互制约的有机组合体，是主体运用现代管理手段和法制手段，实现园林工程施工市场经济管理手段，为推动项目法人负责制服务；工程师依据合同实施规范性监理，落实工程招标与合同管理一体化的科学管理。

（3）全面提高园林工程建设管理水平，培育和发展园林工程市场经济，是一项综合的系统工程，其中合同管理只是一项子工程。但是，工程合同管理是园林工程科学管理的重要组成部分和特定的法律形式。它贯穿于园林工程施工市场交易活动的全过程，众多园林工程施工合同的全部履行，是建立一个完善的园林工程施工市场的基本条件。因此，加强园林工程施工合同的管理，全面提高工程建设管理水平，必将在建立统一的、开放的、现代化的、机制健全的社会主义园林工程施工市场经济体制中，发挥重要的作用。

（4）园林工程施工合同管理是控制工程质量、进度和造价的重要依据。园林工程合同管理，是对园林工程建设项目有关的各类合同，从条件的拟定、协商、签署、履行情况的检查和分析等环节进行的科学管理，以期通过合同管理实现园林工程项目“三大控制”的任务要求，维护当事人双方的合法权益。

二、园林工程施工合同管理的方法和手段

（一）园林工程施工合同管理的方法

1. 健全园林工程合同管理法规，依法管理

在园林工程建设管理活动中，要使所有工程建设项目从可行性研究开始，到工程项目报建、工程项目招标投标、工程建设承发包，直至工程建设项目施工和竣工验收等一系列活动全部纳入法制轨道。就必须增强业主和承包商的法制观念，保证园林工程建设的全部活动依据法律和合同办事。

2. 建立和发展有形园林工程市场

建立完善的社会主义市场经济体制，发展我国园林工程发包承包活动，必须建立和发展有形的园林工程市场。有形园林工程市场必须具备及时收集、存贮和公开发布各类园林工程信息的 3 个基本功能，为园林工程交易活动，包括工程招标、投标、评标、定标和签订合同提供服务，以便于政府有关部门行使调控、监督的职能。

3. 完善园林工程合同管理评估制度

完善的园林工程合同管理评估制度是保证有形的园林工程市场的重要保证，又是提高我国园林工程管理质量的基础，也是发达国家经验的总结。我国在这一方面，还存在一定的差距。加入 WTO 后要尽快建立完善这方面的

制度，要使我国的园林工程合同管理评估制度符合以下几点要求：①合法性，指工程合同管理制度符合国家有关法律、法规的规定；②规范性，指工程合同管理制度具有规范合同行为的作用，对合同管理行为进行评价、指导、预测，对合同行为进行保护奖励，对违约行为进行预测、警示和制裁等；③实用性，指园林工程合同管理制度能适应园林建设工程合同管理的要求，以便于操作和实施；④系统性，指各类工程合同的管理制度是一个有机结合体，互相制约、互相协调，在园林工程合同管理中，能够发挥整体效应的作用；⑤科学性，指园林工程合同管理制度能够正确反映合同管理的客观经济规律，保证人们运用客观规律进行有效的合同管理，才能实现与国际惯例接轨。

4. 推行园林工程合同管理目标制

园林工程合同管理目标制，就是要使园林工程各项合同管理活动达到预期结果和最终目的。其过程是一个动态过程，具体讲就是指工程项目管理机构和管理人员为实现预期的管理目标和最终目的，运用管理职能和管理方法对工程合同的订立和履行施行管理活动的过程。其过程主要包括：合同订立前的目标制管理、合同订立中的目标制管理、合同履行中的目标制管理和减少合同纠纷的目标制管理等五部分。

5. 园林工程合同管理机关必须严肃执法

园林工程合同法律、行政法规，是规范园林工程市场主体的行为准则。在培育和发展我国园林工程市场初级阶段，具有法制观念的园林工程市场参与者，要学法、懂法、守法，依据法律、法规进入园林工程市场，签订和履行工程建设合同，维护自身的合法权益。而合同管理机关，对违犯合同法律、行政法规的应从严查处。特别是园林工程市场因其周期长、流动广、艺术性强、资源配置复杂以及生物性等特点，依法治理园林市场的任务十分艰巨。在工程合同管理活动中，合同管理机关应严肃执法的同时，又要运用动态管理的科学手段，实行必要的“跟踪”监督，可以大大提高工程管理水平。

（二）园林工程施工合同管理的手段

园林工程施工合同管理是一项复杂而广泛的系统工程，必须采用综合管理的手段，才能达到预期目的，其常用的手段有：

1. 普及合同法制教育，培训合同管理人才

认真学习和熟悉必要的合同法律知识，以便合法地参与园林工程市场活动。发包单位和承包单位应当全面履行合同约定的义务，不按照合同约定履行义务的，依法承担违约责任。工程师必须学会依据法律的规定，公正地、公开地、独立地行使权力，努力作好园林工程合同的管理工作。这就要进行合同法制教育，通过培训等形式，培养合格的合同管理人才。

2. 设立专门合同管理机构并配备专业的合同管理人员

建立切实可行的园林建设工程合同审计工作制度，设立专门合同管理机构，并配备专业的管理人员。以强化园林建设工程合同的审计监督，维护园林工程建筑市场秩序，确保园林建设工程合同当事人的合法权益。

3. 积极推行合同示范文本制度

积极推行合同示范文本制度，是贯彻执行《中华人民共和国合同法》，加强建设合同监督，提高合同履约率，维护园林建筑市场秩序的一项重要措施。一方面有助于当事人了解和掌握有关法律、法规，使园林工程合同签订符合规范，避免缺款少项和当事人意思表达不真实，防止出现显失公平和违约条款；另一方面便于合同管理机关加强监督检查，也有利于仲裁机构或人民法院及时裁判纠纷，维护当事人的合法权益，保障国家和社会公共利益。

4. 开展对合同履行情况的检查评比活动，促进园林工程建设者重合同，守信用

园林工程建设企业应牢固树立“重合同，守信用”的观念。在发展社会主义市场经济，开拓园林工程建筑市场的活动中，园林工程建设企业为了提高竞争能力，建筑企业家应该认识到“企业的生命在于信誉，企业的信誉高于一切”的原则的重要性。因此，园林工程建设企业各级领导应该经常教育全体员工认真贯彻岗位责任制，使每一名员工都来关心工程项目的合同管理，认识到自己的每一项具体工作都是在履行合同约定的义务，从而保证工作项目合同的全面履行。

5. 建立合同管理的微机信息系统

建立以微机数据库系统为基础的合同管理系统。在数据收集、整理、存贮、处理和分析等方面，建立工程项目管理中的合同管理系统，可以满足决策者在合同管理方面的信息需求，提高管理水平。

6. 借鉴和采用国际通用规范和先进经验

现代园林工程建设活动，正处在日新月异的新时期，我国加入 WTO 后园林工程承发包活动的国际性更加明显。国际园林工程市场吸引着各国的业主和承包商参与其流转活动。这就要求我国的园林工程建设项目的当事人学习、熟悉国际园林工程市场的运行规范和操作惯例，为进入国际园林工程市场而努力。

复习思考题

1. 园林工程施工合同的概念、作用及特点有哪些?

2. 园林工程施工合同签订的条件、原则及程序是什么?

3. 根据某一园林工程，按园林工程施工合同示范文本的要求模拟签订一份施工合同。

4. 试述园林工程施工合同的履行、变更、转让和终止的概念及相关法律规定。

5. 园林工程施工合同管理的目的和任务是什么?

6. 园林工程施工合同管理方法和手段有哪些?

第七章　园林工程施工管理

【本章提要】本章首先介绍了有关园林工程施工管理的概念、任务、作用、内容和阶段性施工管理，重点介绍了运用施工总平面图进行现场施工管理的技术要点，编制工作计划控制施工进度管理，以及运用图纸会审、施工任务单，施工交底等措施进行施工技术管理的内容。最后详细介绍了施工质量标准、质量控制、质量检测评定、质量责任制和质量成本等措施，确保施工质量的有关内容。

第一节　园林工程施工管理概述

园林工程施工管理是园林工程施工单位对施工项目进行的一系列管理工作，是园林工程施工单位从承接园林工程项目施工任务开始一直到园林工程项目实现竣工验收、交付建设单位使用的全过程，对施工任务和施工现场所进行的全面性的、事务性的、全过程的施工监控性管理工作。它包括了对园林工程施工项目的施工准备、技术设计、施工方案的确定、施工组织设计到组织现场施工、工程竣工验收与交付使用各方面的管理工作。其具体内容就是通过工程管理、质量管理、安全管理、成本管理、人力资源管理来实现园林施工企业的效益。本章将根据园林工程施工管理的阶段性和全面性，有所侧重地加以探讨。

一、园林工程施工管理概念

（一）园林工程施工项目

通常将施工过程中的施工准备、施工规划、现场施工、竣工验收和养护阶段的园林建设工程内容，统称为园林施工项目。

（二）园林工程施工管理

园林工程施工管理是指园林施工企业对园林施工项目进行企业化的管

理。即园林施工企业对园林施工项目从施工准备、技术设计、施工方案的确定、施工组织设计到组织现场施工、工程竣工验收与交付使用的全部过程中一系列工作的管理。

园林施工管理的对象是施工项目，而施工项目管理的主体则是施工企业(或其授权的项目经理部)，即施工单位通常以承包商的身份，对建设项目在施工阶段进行施工项目的管理。通过采取有效的方法，对施工项目全过程中各生产要素所进行的决策、计划、组织、指挥、控制、协调、教育和激励等来实现的。如建立施工项目管理组织，制定管理规划，按合同规定实施各项目标控制，对施工项目的生产要素进行优化配置等。

二、园林工程施工管理的任务

园林工程施工管理是园林施工单位在特定的园址，按设计图纸要求进行的实际施工的综合性管理活动。

(1) *园林工程施工管理的基本任务* 是根据建设项目的要求，依照已审批的图纸和制定的施工方案，对现场进行全面合理组织，使人力资源得到合理配置，保证建设项目按预定目标优质、快速、低耗、安全地完成。

(2) *园林工程施工管理的具体任务和最终目标* 园林工程施工管理的具体任务包含在项目施工全过程中。从投标签约、施工准备、施工、验收交工与结算到用后服务5个阶段。在整个园林工程项目建设周期内，通过对投入的人力、物力、财力所进行的施工管理。

园林工程施工管理的最终目标是：根据园林工程施工合同和园林设计要求建造园林工程，并获取预期的环境效益、社会效益与经济效益。

三、园林施工管理的作用

随着我国园林事业的不断发展和现代高科技、新材料的开发利用，园林工程日趋综合化、复杂化和技术现代化，因而对园林工程的科学组织及对其施工现场的科学管理是保证园林工程既符合景观质量要求，又使园林工程施工成本最小的关键性内容，其主要作用表现在以下几方面：

(1) 园林工程施工管理是保证项目按计划顺利完成的重要条件，是在施工全过程中落实施工方案，遵循施工进度的基础。

(2) 园林工程施工管理是保证工程设计意图的实现，确保园林艺术通过工程手段充分表现的有效措施。

(3) 园林工程施工管理是很好地组织人力资源，合理调度劳动力，减少资源浪费，降低施工成本的保证。

(4) 园林工程施工管理是及时发现施工过程中可能出现的问题，并通过相应的措施予以解决，保证工程质量的途径。

(5) 园林工程施工管理是协调好施工单位各部门和各施工环节的关系，使工程不停工、不窝工而有条不紊地进行的保证。

(6) 园林工程施工管理有利于劳动保护、劳动安全和开展技术竞赛，促进施工新技术的应用与发展。

(7) 园林工程施工管理是保证施工过程中各种规章制度、生产责任、技术标准及劳动定额等得到遵循和落实，以使整个施工任务按质按量按时完成的根本保证。

四、园林工程施工管理的全过程

(一) 园林工程管理的全过程

园林工程施工管理的全过程是指园林工程施工企业对园林施工工程管理的全过程，一般可分为5个阶段，针对各个管理阶段的管理目标，应设立相应的管理机构和实施相应的管理措施。详细内容见表7-1。

表7-1 园林工程施工管理的5个阶段任务安排表

管理阶段	设立管理机构	主要管理工作	实现管理目标
投标签约阶段	企业经营部	按企业经营战略，对该工程项目提出投标决策决定投标后，多方搜集 企业、相关单位、市场、现场等诸方面信息 编制既能使企业盈利，又有竞争能力可望中标的投标书 投标若中标，则与招标方谈判，依法签订工程承包合同	中标签订工程承包合同
施工准备阶段	项目经理部	根据需要企业工程管理部组建工程项目经理部，配备人员 编制中标后施工组织设计，进行施工准备工作 制订施工项目管理规划 进行施工现场准备，达到开工要求 编写开工申请报告，上报，待批开工	从组织机构、人力、物力、技术、施工条件等方面确保施工项目具备开工和连续施工的基本条件

（续）

管理阶段	设立管理机构	主要管理工作	实现管理目标
施工阶段	项目经理部	按施工组织设计进行施工 做好动态控制管理，保证质量、进度、成本、安全等目标的全面实现 管理好施工现场，实行文明施工 严格履行工程承包合同，协调好与建设单位、监理单位及相关单位关系 处理好合同变更和索赔 做好记录、检查、分析和改进工作	完成工程承包合同规定的全部施工任务，达到验收交工标准
验收交工与结算阶段	项目经理部	工程收尾，并进行实地测量，对照图纸，逐一确认 企业内部自检，如有不合格应及时组织施工 提交工程竣工申请 在预验基础上接受正式验收 管理移交竣工文件，进行结算 总结工作，编制竣工总结报告 办理工程交接手续	对竣工工程验收交工，总结评价；对外结清债权、债务关系；使建设项目能尽早向社会开放
用后服务阶段	公关部 工程管理部	在合同规定的责任期内进行保修、维护、植物管理养护等服务 为保证一些单项工程的正常使用提供必要的技术咨询服务 进行工程回访、听取用户意见，总结经验，发现问题及时维修、维护 配合科研需要，进行专项观测 大型工程竣工应借助媒体进行必要的宣传，以扩大该园林建设项目的社会影响	充分发挥园林建设项目的功能，反馈信息，改进今后工作，提高企业信誉

（二）园林工程施工管理的主要内容

1. 工程管理

它是对整个工程的全面组织管理，包括前期工程及施工过程的管理，探讨如何在施工准备阶段与施工阶段对施工现场和施工基层进行实施性的企业管理。其关键是施工单位对工程项目的施工进度的控制管理。

园林施工工程进度控制，要求施工单位根据施工合同规定的工期做好编制施工进度计划，并以此作为进度控制的目标，对施工的全过程进行经常检查、对照、分析，及时发现实施中的偏差，采取有效措施，调整进度计划，排除干扰，保证工期目标实现的全部活动。

影响施工进度的因素有多种，大致可以分为以下 3 个方面的影响。

（1）施工单位外部因素的影响　施工单位的外层关系单位很多，它们对工程施工活动的密切配合与支持，是保证工程施工按期顺利完成的必要条件。若其中任何一个环节上发生失误或配合不够，都可能影响施工进度。如材料供应、运输、供水、供电、投资部门和分包单位等没有如约履行合同规定的时间要求或质量、数量要求；设计单位图纸提供不及时或设计错误；业主要求设计变更、增减工程量等情况发生都将会使进度、工期拖后或停顿。对于这类原因，施工单位应以合同的形式明确双方协作配合要求，在法律的保护和约束下，尽量避免或减少损失。

(2) *施工单位内部因素的影响* 施工单位内部的活动对于施工进度起决定性作用。它的工作失误，如施工组织不合理，人、机械设备调配不当，施工技术措施不当，质量不合格引起返工，与相关单位关系协调不善等都会影响施工进度。因而提高施工单位的管理水平、技术水平，提高施工作业层的素质是非常重要的。

(3) *不可预见因素的影响* 园林工程施工中可能出现的诸如持续恶劣天气、严重意外灾害等意外情况，或施工现场的水文地质状况，比设计及合同文件中所预计的要复杂得多，都可能造成临时停工，影响工期。这类原因虽不经常发生，但一旦发生，其影响就很大。

为此，应做好施工前的各种准备工作，编制工程计划，确定合理工期，拟定确保工期和施工质量的技术措施；通过组织措施、合同措施、技术措施、信息管理措施等有效途径，应用各种图表及详细的日程计划进行合理的工程管理，并把施工中可能出现的问题纳入工程计划内，做好必要的防范工作。

2. 质量管理

只有合乎质量要求的工程才能投入生产和交付使用，才能获得投资应有的效益。园林工程也不例外，工程质量的好坏，直接关系到国计民生，也关系到投资的回报和施工单位的信誉。因此，质量管理在园林施工中尤为重要。它要求施工单位在施工中必须特别注意工程质量，牢固地树立“百年大计，质量第一”的思想，做到“好中求快，好中求省”。通过施工组织与管理协调好质量、速度、成本三者之间的对立统一的关系，才能确保工程质量要求的实现。

3. 安全管理

搞好安全管理，对施工工程进行安全控制，是保证工程施工顺利完成和保证企业经济效益的重要环节。为了施工单位在施工中杜绝劳动伤害，要求施工单位在施工中建立相应的安全管理组织，拟定安全管理规范，落实安全生产的具体措施，监督施工过程的各个环节。如发现问题，要及时采取必要的措施努力避免或减少不必要的损失，实现工程项目的安全目标。

（1）*施工项目安全控制的概念*　园林施工项目安全控制是在项目施工的全过程中，运用科学管理的理论、方法，通过法规、技术、组织等手段，进行规范劳动者行为，控制劳动对象、劳动手段和施工环境条件，消除或减少不安全因素，使人、物、环境构成的施工生产系统达到最佳安全状态，实现项目安全目标等一系列活动的总称。

（2）*安全生产控制的基本原则*　安全生产控制的基本原则体现在管生产必须管安全的原则；安全第一、预防为主的原则；动态控制和全面控制的原则；现场安全为重点的原则。

（3）*安全管理的主要内容*　安全管理的主要内容包括建立安全生产制度；贯彻安全技术管理；坚持安全教育和安全技术培训；组织安全检查；进行事故处理；强化安全生产指标6个方面。

（4）*安全管理制度*　为了贯彻执行安全生产的方针，必须建立健全安全管理制度，即通过制定安全教育制度、安全生产责任制、安全技术措施计划、安全检查制度、伤亡事故管理、安全原始记录制度、工程保险7项内容来实现安全管理。

4. 成本管理

（1）*施工工程成本的概念*　园林施工的工程成本是施工单位在承建并完成施工工程的过程中所发生的全部生产费用的总和。施工工程成本是园林施工企业的主要产品成本。一般以项目的单位工程为成本核算对象，各单位工程成本的综合即为施工项目成本。

（2）*施工项目成本的主要形式*　按成本管理的需要，施工项目成本可以分为预算成本、计划成本和实际成本。

（3）*施工项目成本控制的概念*　施工项目成本控制是施工单位在项目施工的全过程中，为控制人工、机械、材料消耗和费用支出，降低工程成本，达到预期的项目成本目标，所进行的成本预测、计划、实施、检查、核算、分析、考评等一系列活动。

（4）*施工项目成本控制的原则*　①全面控制的原则，即全员控制的原则；②动态控制的原则；③开源节流的原则。

（5）*人力资源管理*　园林工程施工的人力资源管理是把园林工程施工阶段从事管理、生产活动的人员作为生产要素，对其所进行的劳动、计划、组织、控制、协调、教育等工作的总称。其核心是按施工工程的特点和目标要求，合理地组织、使用和管理劳动力，培养提高劳动者素质，提高劳动生产率，全面完成工程合同，获取更大效益。

施工工程常见的劳务组织类型有：外部劳务型、内部劳务型、混合劳务型。其管理方式分为：外包、分包劳务合同方式进行管理、直接管理、与劳务原属组织部门共同管理等多种形式。在管理中实行劳动定额和劳动定员制度。

园林工程施工的人力资源管理特别要注意施工队伍的建设。这项工作主要是指企业管理机构，对施工人员进行园林植物栽培管理技术的培训，加强职业的技术培训，采取有竞争性的奖励制度调动施工人员的积极性等。与此同时，也要制定生产责任制，确定先进合理的劳动定额，保障职工利益，明确其施工责任。此外，除建立必要的劳务合同、后勤保障外，还应做好劳动保险工作。

综上所述，施工管理包括了工程管理、质量管理、安全管理、成本管理和人力资源管理。其最终目的是为了园林建设单位和园林施工企业在园林施工项目中获得最大的经济效益、生态效益和社会效益。

（三）园林工程施工管理常用的管理措施

就具体的园林工程，常用的管理措施可归纳为以下几点：

（1）落实任务，签订工程承包合同。

（2）做好施工前各项工作准备，特别是现场施工条件的准备。

（3）编制施工计划，确定工期。

（4）抓好各种物资及机具、机械的供应准备工作，注意劳动力的合理组织和调配。

（5）布置合理细致的现场平面图并对其进行科学管理。

（6）对各工序各环节进行全面监控，及时发现问题，采取应急措施。

（7）做好施工过程中的检查验收，特别是隐蔽性工程的现场检查和提前验收，最后组织工程交付和验收工作。

第二节 园林工程施工的阶段管理

园林工程施工管理是施工单位对施工项目实施全过程管理，而园林工程施工又具有明显的阶段性特征，因而施工企业常常根据时间顺序，对工程项目实行阶段性管理。

一、投标签约阶段的管理

按企业经营战略，对该工程项目提出投资决策，决定投标后，要编制既要使企业盈利，又能在参加投标中有竞争能力、可望中标的投标书。参加投标后若中标，则与招标方进行就双方有关合同条款，所进行的技术、商务谈判，最终双方根据标书的有关规定和要求，本着平等互利、实事求是的原则依法签订工程承包合同。这一工作由施工企业经营部负责进行。

二、施工准备阶段的管理

施工准备阶段的管理一般由施工企业管理部门按需要组建的工程施工单位进行。首先应组织有关人员编制中标后施工组织设计。同时进行施工准备工作，如制定施工项目管理规划、设立施工现场管理机构和基层施工组织，明确规定有关单位和人员进行施工现场准备，达到开工要求，并编写开工申请报告，逐级上报有关单位和部门及领导，等待工程开工审批。

（一）施工准备工作的实施

施工准备工作是保证工程顺利进行的重要一环，它直接影响工程施工进度、质量和经济效益，施工单位的施工现场管理机构和基层施工组织的有关人员应做到：熟悉该项目设计图纸，掌握工地现场施工现状，做好基层工程管理事务工作和施工准备工作。

施工准备工作要求在对该工程设计图纸了解的基础上，到施工现场核实确认后，进行全场性施工准备或者单项工程施工条件的准备。

（二）施工准备阶段管理的内容

1. 技术准备

要求施工单位熟悉设计图纸和掌握工地现状，施工前，应首先对园林设计图有总体的分析和了解，体会其设计意图，掌握其设计手法和景观建设需求，在此基础上进行施工现场踏察，对现场施工条件要有总体把握，明确哪些条件可以在施工中充分利用，哪些问题必须在施工中得到有步骤地解决，哪些因素在施工过程中属不利因素必须解除，哪些属市政设施要注意加以保护等。为此，应认真做好以下工作：扩大初步设计方案的审查工作；熟悉和审查施工图纸；原始资料调查分析；根据工程的具体要求，编制施工图预算和施工预算，落实工程承包合同；编制施工组织设计。最后通过编制施工计划、绘制施工图表、制定施工规范、安全措施、技术责任制及管理条例等措施来实现施工技术准备。

2. 物资准备

物资准备工作内容包括土建材料准备、绿化材料准备、构（配）件和制品加工准备、园林施工机具、设备准备等。

作为一项施工项目，在施工过程中对原材料的需求有大量性和特殊性，不仅直接影响施工单位施工成本，而且直接影响建设单位的工程质量和景观质量。如土建材料的来源、品种、规格、质地；苗木材料的品种、规格、景观品质等都会影响到工程的施工成本、质量和景观效果。此外，园林施工机具、设备的选用、调配，也直接影响到施工进度、效率、成本和人力资源的调配。

3. 人力资源准备

人力资源的组织与调配是施工单位在工程施工过程中最重要的内容之一。其目的是为了施工单位在施工过程中实现人力资源的优化配置，从而能够不断提高劳动生产率。提高劳动生产率的方法，最根本的是广泛地利用先进的科学技术成就，这就必须充分调动人的能动作用和改善劳动组织。因此，人力资源准备就要求在施工工程开工前充分具备如下四类人员条件：具备有实际工作经验的专业施工项目管理人员；具备有能力进行指导现场施工的专业技术人员；各工种应有熟练的技术工人，并应在进场前进行入场教育和技术培训；视实际的施工方式及进度计划合理组织劳动力，特别是采用平行施工或交叉施工时，更应重视人力资源调配，避免窝工浪费。

4. 施工现场准备

（1）大中型的综合园林工程应做好完善的施工现场准备工作。施工现场准备不仅是单纯对施工场地建筑废弃物和施工障碍物的清除，而是针对施工需要进行的全面的一系列现场准备。包括施工现场控制网测量即根据给定永久性坐标和高程，按照总平面要求，进行施工场地控制网测量，设置场区永久性测量标桩；做好“四通一清”，即确保施工现场水通、电通、道路通、通信通畅和场地清理；应按消防要求，设置足够数量的消火栓。

（2）园林工程建设中的场地平整要因地制宜，合理利用竖向条件，既要便于施工，又要保留良好的地形景观；按照施工平面图和施工设施需要量计划，建造各项施工设施，为正式开工准备好用房。

（3）根据施工机具需要量计划，按施工平面图要求，组织施工机械、设备和工具进场，按规定地点和方式存放，并应进行相应的保养和试运转等项工作。根据各项材料需要量计划，组织其进场，按规定地点和方式储存或堆放；植物材料一般随到随栽，不需提前进场。若进场后不能立即栽植的，要选择好假植地点和养护方式。

(4) 做好季节性和其他特殊情况下施工准备，即按照施工组织设计要求，认真落实雨季施工和高温季节及特殊条件下的施工设施和技术组织措施。

5. 施工场外协调

施工场外协调就是要做好材料选购、加工和订货、施工机具租赁或订购、选定转、分包单位，并签订合同，理顺转、分、承包的关系，但应防止将整个工程全部转包的方式。具体内容：

(1) 根据各项材料需要量计划，同建材生产加工、施工设备制造、苗木生产单位取得联系，签订供货合同，保证按时供应；植物材料因为没有工业产品的整齐划一，所以要在去多家苗圃仔细号苗的基础上，选择符合设计要求的质优苗木。园林工程中特殊的景观材料如山石等需事先根据设计需要进行选择以备用。

(2) 对于本单位缺少且需用的施工机具，应根据需要量计划，同有关单位签订租赁合同或订购合同。

(3) 选定转、分包单位，并签订合同，理顺承包关系。

三、施工阶段现场和基层管理

(一) 施工阶段现场管理

施工现场是指从事园林建设工程施工活动批准占用的场地。它既包括红线以内占用的建筑用地和施工用地，又包括红线以外现场附近、经批准占用的临时性施工用地。

施工现场管理是指施工单位按照《施工现场管理规定》和城市建设管理的有关法规，科学合理地安排施工现场，协调各专业管理和各项施工活动，控制污染，创造文明安全的施工环境和人流、物流、资金流、信息流畅通的施工秩序所进行的一系列管理工作。

实施对施工现场进行有计划、有组织地均衡施工活动，是现场管理的中心内容，其目的是科学合理地组织劳动资源，按施工进度，完成施工任务。现场组织施工应处理好3个根本问题：①施工中的全局意识；②组织施工要科学、合理、实际；③施工过程的全面监控。

建设部 1991 年颁布了《建设工程施工现场管理规定》。这是施工现场管理的法规和准则，施工单位应遵照执行。

（二）施工阶段基层管理

在园林施工中基层的施工管理是不可忽视的方面，如基层施工作业计划的编制、施工任务单位的管理、基层园林技术管理制度及工程质量的检验评定等，对确保园林工程质量、工期具有特殊意义。

四、竣工与验收阶段的管理

园林工程竣工验收是建设单位对施工单位承包的工程进行的最后一次检查验收工作，它是园林工程施工的最后环节，是施工管理的最后阶段。搞好工程竣工验收，能尽早交付使用，向游人开放，尽快发挥其投资效益；同时通过验收，能及时发现工程收尾中可能出现的问题，特别是园林工程中栽种的花草、树木等的管护问题，以便采取措施予以解决，确保工程质量。这对施工单位和建设单位来说是对双方有益而十分重要的一项工作。

（一）施工现场清理

工程所有项目完工后，施工单位要全面准备做好交工验收工作，在这当中应十分重视收尾工程，因为收尾工程直接影响到工程的全园竣工验收和交付使用，为此要组织好最后的收尾管理工作，将零星分散、易被忽视的地方做最后修补。同时，要对整个施工现场进行全面的清理，给最后验收提供必要的条件。

现场清理的内容视工程而定，主要包括以下几个方面：

(1) 园林建筑辅助脚手架的拆除；

(2) 各种建筑或砌筑工程废料、废物的清理；

(3) 水体水面清洁及水岸整洁处理；

(4) 栽植点、草坪的全面清洁工作；

(5) 各种置石、假山及小品施工碎物的清理；

(6) 园路工程沿线的清扫；

(7) 其他应清理的地方（如喷水池消毒清洁）。

现场清理时，要注意施工现场的整体性，不得损坏已完工的设施，不得破坏刚铺设的草地，不得伤及新植树木花草；各种废料垃圾应择点堆放；能继续利用的施工剩余物要清点入库。

做完上述工作后，施工单位应先进行自检，一些功能性设施和景点要预先检测（如给排水、供电、喷泉）。一切正常后，开始准备竣工验收资料。

（二）准备竣工验收资料

竣工验收资料是工程项目重要技术档案文件，也是使用单位在以后修建、管护时的依据，又是建设单位基本档案的重要内容。施工单位在工程开工时应注意积累，派专人负责，并随施工进度整理造册，妥善保管，以便在竣工验收时提供完整的资料。竣工验收应准备的资料主要有：

（1）工程一览表，工程竣工图；

（2）图纸审查记录，说明书，各种技术检验单；

（3）材料、设备的质量合格证，各种检测记录；

（4）土建施工记录，各类结构说明，基础处理记录，重点湖岸施工登记等；

（5）隐蔽工程及中间施工检查记录，说明书；

（6）全工地的测量控制点及相关说明；

（7）管网安装及初测结果记录；

（8）种植成活检查结果，铺草工序记录等；

（9）本行业或上级制定的相关技术规定。

（三）竣工验收的依据

（1）双方签订的工程承包合同；

（2）已批准的各种相关文件；

（3）设计图纸、施工图、说明书；

（4）国家和行业施工技术验收规范；

（5）园林管理条例及各种设计规范。

（四）办理竣工验收手续

建设单位接到由施工单位递交的竣工验收申请和相关资料后，要会同有关部门组织工程的验收。验收合格后，合同双方应签订竣工交接签收证书，施工单位应将全套验收材料整理好，装订成册，交建设单位存档。同时办理工程移交手续，并根据合同规定办理工程结算手续。至此，双方的义务履行完毕，合同终止。

五、交付使用后的阶段管理

作为园林工程施工单位，为充分发挥园林建设项目的功能，应及时收集反馈信息，改进今后工作，以求提高企业信誉。一般要求在合同规定的责任期内进行保修、维护、植物管理养护等服务。

此外，一方面为一些单项工程的正常使用提供必要的技术咨询服务，另一方面进行工程回访、听取用户意见，则可以总结经验，发现问题能够及时得到维修、维护，同时积极配合园林工程科研工作的需要，进行专项观测，以获得可靠的数据。另外，大型工程竣工应借助媒体进行必要的宣传以扩大该园林建设项目的社会影响。

第三节　园林工程施工现场管理

园林工程施工现场管理是园林工程施工项目实施工程管理的一项重要的管理工作，其管理内容体现在园林工程施工现场的施工组织、园林工程施工总平面图的施工管理、现场施工管理过程中的检查工作、现场施工调度管理工作等 4 个方面。

一、园林工程施工现场的施工组织

园林工程组织施工是根据园林工程施工方案、施工组织设计对施工现场进行有计划、有组织的均衡施工活动，其目的是科学合理组织人力资源，按施工进度，完成施工任务。为此，施工组织管理应处理好以下 3 个问题：

1. 现场施工中的全局意识

园林工程是综合性艺术工程，工种复杂，材料繁多，施工技术要求高，这就要求现场施工管理全面到位，统筹安排。在加强关键工序施工时，不得忽视非关键工序的施工；在人力资源调配上要注意工序特征和技术要求，要有针对性；各工序施工前后必须圆满衔接，材料机具供应到位，从而使整个施工过程在高效率、快节奏中进行。

2. 现场施工组织要科学、合理、实际

施工组织设计中确定的施工方案、施工方法、施工进度是科学合理组织施工的基础，应注意不同施工工序上的时间要求，合理组织资源，保证施工进度；同时搞好各工序的现场指挥协调工作，建立必要的岗位责任制，并做好施工现场的原始记录和统计工作。

3. 现场施工过程的全面监控

由于施工过程属繁杂的工程实施活动，各个环节都有可能出现一些在施工组织设计中未能考虑到的问题，这就必须根据现场情况及时调整和解决，同时要求对现场施工的全过程实行全面监控工作。这项工作应由有责任心、有经验、既有解决问题能力又有领导魄力的现场管理员负责，要贯穿于施工全过程的五大管理之中。

二、园林工程施工总平面图的施工管理

（一）园林工程施工总平面图施工管理的意义

施工总平面图的施工管理是指根据施工现场平面布置图，对施工现场水平工作面的全面控制活动。其目的是充分发挥施工场地的工作面特性，合理组织人力资源，按进度计划、组织有序地进行施工。

施工总平面图的管理对工程顺利施工意义重大。由于园林工程施工范围广、工序多，工作面分散，通过合理的现场布置，有利于统筹全局，兼顾各施工点；有利于资源的合理分配和调度；有利于工程的质量和进度的监控；有利于机具效率的充分发挥，从而保证施工的快速、优质、低耗，达到施工管理的目的。

（二）园林工程施工总平面图的施工管理内容

1. 现场平面图是施工总平面图管理的依据，应认真贯彻落实现场平面布置图的设计要素，不得随意更改。

2. 如在实际工作中发现施工现场布置图有不符合现场的情况，要针对具体的施工条件提出修改意见，但均以不影响施工进度、施工质量为原则。

3. 平面图管理的实质是水平工作面的合理组织。因此，要视施工进度、材料供应、施工季节条件及园林景观特点等做实际劳动力的安排，争取缩短工期。

4. 在现有的游览景区内施工，要注意园内的秩序和环境，材料堆放、运输应有一定限制，避免景区混乱。

5. 平面图管理要注意灵活性、机动性。对不同的施工阶段应采取相应的措施，例如夜间施工要调整供电线路，雨季施工须临时组织排水，突击施

工要增加劳动力等。

6. 平面图管理和高架作业管理一样，都必须重视施工安全；施工人员要有足够的工作面；施工中不得破坏永久性的测量监控点，及时消除不安全隐患，加强消防意识，确保施工安全。

三、现场施工管理过程中的检查工作

（一）检查的种类

现场施工管理过程中的检查工作根据检查对象的不同可分为材料检查和中间作业检查两大类。材料检查是对施工过程中所需的材料、设备的质量及数量进行确认记录；中间作业检查是施工过程中作业成果的检查验收，包括施工阶段施工项目作业检查和隐蔽工程检查验收两种。

（二）检查的方法

1. 材料检查

对于设计图纸中要求的所有材料必须按规定接受检查。接受检查时，要出示检查申请、材料入库记录、抽样指定申请、试验填报表及证明书等。具体应注意如下几点：

（1）物资采购要合乎国家技术质量标准要求，不得购买假冒伪劣产品及材料。

（2）所购材料必须有合格证书、质量检验证书和厂家名称、地址、出厂日期、有效期限等。

（3）做好材料进出库的检查登记工作。要派有经验的人员做仓库保管员，搞好验收、保管、发放及清点工作，做到“三把关，四拒收”（把好数量关、质量关、单据关；拒收凭证不全、手续不整、数量不符、质量不合格的材料）。

（4）绿化用植物材料要根据苗木质量标准检查验收，数据要实事求是，做好造册存档，严禁弄虚作假。

2. 中间检查

（1）对一般的工序可按日或施工阶段进行质量检查：检查时，要准备好合同及施工说明书、施工图、施工现场照片，各种证明材料和试验结果等。

（2）园林景观的外貌是重要的评价标准，应对其外观加以检验。主要通过形状、尺寸、质地、重量等评定判断，看是否达到质量标准。

(3) 对园林绿化材料的检查，要以成活率及生长状况为主，进行多次检查。对隐蔽性工程，例如基础工程、管网工程，要及时申请检查验收，验收合格方可进行下道工序。

(4) 在检查中如发现问题，应尽快提出处理意见。需返工的确定返工期限，需修整的制定必要的技术措施，并将具体内容登记入册。

四、现场施工中的调度管理工作

施工调度是保证合理工作面上的资源优化，有效地使用机械、合理组织人力资源的一种施工管理手段。其中心任务是通过人力资源的科学组织调配，使各工作面发挥最高的工作效率。调度的基本要求是平均合理，保证重点，兼顾全局。调度的方法是积累和取平，如图 7-1 所示。

从网络图中反映 4 个施工工序 A、B、C、D 和 2 个施工阶段。其中 A、B、C 为第一施工阶段，但 C 工序可以在 14 天工期内任意 7 天完成，因此，时间上不太和谐。另外，最早开工累积人数为 12 人，最后工序仅需 7 人，若按此施工将会导致劳动力前期安排过紧，后期过松的现象，所以需要进行调配。方法是：

迟延 C 工序的开工日期，安排其从第 7 天 B 工序施工结束时休整一天第 8 天开始，连续施工 7 天。这样保持了劳动力的平衡，整个施工阶段最多安排人数 10 人，最少时只有 1 天，亦可用 6 人，从而取得合理优化。

由此可见，进行施工合理调度，是个十分重要的管理环节。在实际工作中以下几点应予以重视：

(1) 为减少频繁的人力资源调配，施工组织设计必须切合实际，科学管理；

(2) 施工调度着重于劳动力及机械设备的调配，应对劳动力技术水平、操作能力及机械性能效率等有准确的把握；

(3) 施工调度时要确保关键工序的施工，不得抽调关键线路的施工劳动力；

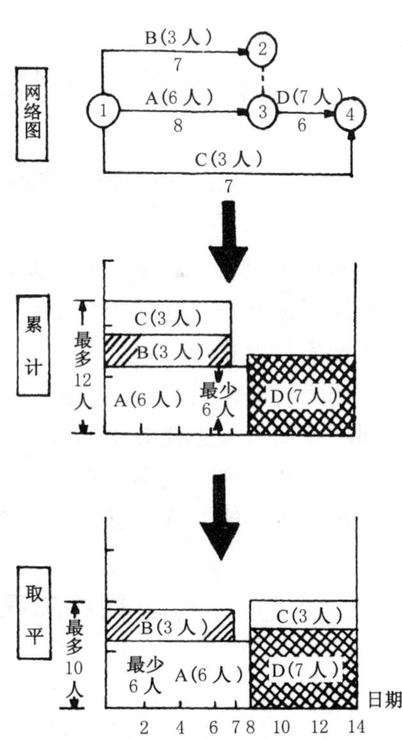

图 7-1　施工调度（累计、取平）

(4) 施工调度要密切配合时间进度，结合具体的施工条件，因地制宜，做到时间空间的优化组合。

综上所述施工现场管理的各项工作，实质上是一种科学的循环工作方法，也就是全面质量管理中倡导的 PDCA 循环法。这一方法有一整套完整的管理体系。其中 P (plan) 指计划，D (do) 指实施，C (check) 指检查，A (action) 指处理。要做到科学操作 PDCA 循环法，一般通过制定行之有效的措施，由 4 个阶段 8 个步骤来实现。有一种被称作"5W1H"工作法对现场管理的各项工作就很有现实指导意义。其中"5W"代表：Why (为什么要制定这些措施或手段)；What (这些措施的实施应达到什么目的)；Where (这些措施应实施于哪个工序，哪个部门)；When (什么时间内完成)；Who (由谁来执行)。"1H"代表 How (实际施工中应如何贯彻落实这些措施)。

5W1H 工作法的实施保证了 PDCA 的实现，从而保证了工程施工进度和质量最终达到施工管理的目标。是一种值得推广的施工调度方法。

第四节　园林工程施工的基层管理

一、园林工程施工基层管理的意义

园林工程施工的基层管理是园林工程施工管理工作的一项重要的内容，其具体管理方法是通过园林工程施工作业计划管理和园林工程基层施工任务单管理来实现管理目标。

在园林工程施工中基层的施工管理是不可忽视的方面，如基层施工作业计划的编制、施工任务单的管理、基层园林技术管理制度及工程质量的检验评定等，基层施工现场管理员掌握和熟练运用这些专业管理知识，对确保园林工程质量、施工进度具有特殊意义。

二、园林工程施工基层管理的方法

(一) 园林工程施工作业计划管理

园林工程施工作业计划管理就是对园林施工进行施工作业计划的编制并

实施管理职能。

园林工程施工作业计划是根据年度计划和季度计划对基层施工单位（如工程队、班组）在特定时间内施工任务的行动的安排，它是季度施工任务的基层分解，由具体的执行单位操作的基层作业计划。

目前，施工作业技术多采用月度施工计划的形式，其下达的施工期限很短，但对保证年、季度计划的完成意义重大。因此，应重视月度施工计划的编制工作。

1. 编制园林工程施工作业计划的原则

综合性园林工程点多面广，具体的各施工作业组织应有合理的时间和空间组合，彼此间分工协作尤为重要。因此，详细、具体、易操作的基层作业计划是必不可少的。编制时，为确保计划的合理性，要综合各方面因素，遵循如下原则：

（1）*遵循集中力量保证重点工序施工，加快工程进度的原则*　工程施工应抓重点，做到先重点后一般，要集中主要力量搞好重点工程的施工，这对大型园林工程建设尤为重要。此外，应有完成一处开放一处的施工意识。避免全园开花，战线过长，资源分散，在保证安全工作面的条件下，适当缩小施工工作面，加快施工速度，是月度作业计划的关键之处。

（2）*遵循年、季、月计划相结合的原则*　年、季度计划是月度施工作业计划编制的依据，应做到“月保季，季保年”的连锁式管理模型。月计划尤应注意计划的比例性和均衡性。

（3）*遵循实事求是，量力而行的原则*　月施工作业计划的编制应充分考虑自身技术力量、工程队（组）的劳力情况及施工条件。做到制定的指标切合实际，不过分超前，既有先进性也要留有余地，使基层施工组织更能发挥积极性和创造性。当然指标也不能过低，以量力而行为原则。

（4）*遵循编制中确定技术措施时，注意民主的原则*　编制基层作业计划除作业量、用工、用料、进度及监控指标外，还要制定与之相关的技术措施。所定措施要具体可行，不得含糊难懂，要能为一般的施工人员所掌握。在制定措施时要注意发扬民主，听取有关人员的意见，需要采取新的措施时，要迅速落实，不得拖延，以免造成浪费。

2. 制定园林工程施工作业计划的依据

（1）相应的年度计划、季度计划。上级主管部门下达的各项指标及关键工程（或工序）的进度计划等。

（2）多年来基层施工管理的经验，尤其是资源调配及进度控制方面的成功经验。

（3）上月计划完成情况。主要分析施工进度、材料供应、机具选用、劳动力调度及出现的具体问题。

（4）各种先进合理的计划定额指标，诸如劳动定额、物资材料消耗定额、物资储备定额、物资占用定额、费用开支定额、设备利用定额等。

3. 编制园林工程施工作业计划的程序

施工作业计划是由基层工程施工队编制的，报施工单位（如园林工程公司）审批。其程序归纳为五步，即单位（或公司）下达指标；施工队根据指标进行全面调查研究后编出计划初稿；初稿报送单位（或公司），单位进行总计划平衡；施工队根据平衡后的计划重新调整作业计划，送公司审批；月底可得审批的下月施工计划。从中看出，本月必须申报下月的计划，否则难以开工。

4. 园林工程施工作业计划编制的内容和方法

园林工程施工作业计划的编制因工程条件和施工单位的习惯、管理经验的差异而有所不同。计划内容也有繁简之分，但一般都要有以下几方面内容：

（1）施工单位下达的年度计划及季度计划总表，表格式样见表 7-2、表 7-3。

表 7-2 ________施工队____年度施工任务总表

项次	工程项目	分项工程	工程量	定额	计划用工（工日）	进度	措施

表 7-3 季度施工计划

施工队名称	工程量	投资额	预算额	累计完成量	本季度计划工作量	形象进度	分月进度		
							月	月	月

表 7-4 ________施工队____年____月份工程计划汇总表

项次	工程名称	开工日期	计量单位	数量	工作量（万元）	累计完成		本月计划形象进度	承包工作总量（万元）	自行完成工作量	说明
						形象进度	工作量（万元）				

（2）根据季度计划编制出月份工程计划总表，应将本月内完成的和未完成的工作量按计划形象进度形式填入表7-4内。

（3）按月工程计划汇总表中的本月计划形象进度，确定各单项工程（或工序）的本月日程进度，用横道图形式，并求出用工总量（表7-5）。

表7-5　施工队 ____ 年 ____ 月份施工日进度计划表

项目	建设单位	工程名称（或工序）	单位	本月计划完成量	用工（工日）			进度日程						
					A	B	小计	1	2	3	…	29	30	31

注：A、B指单项工程中的工种类别，例如水池工程中的模板工、钢筋工、混凝土工、抹灰工、装饰工等。

（4）利用施工日进度计划确定月份的劳动力计划，按园林工程项目填入表7-6中。

表7-6　施工队 ____ 年 ____ 月份施工计划表

项次	工种	在册劳动力	园林工程项目													本月份计划×		
			临时设施	平整土地	土方工程	基础工程	建筑工程	给排水	栽植工程	铺装工程	假山工程	喷泉工程	油饰工程	电气工程	收尾工程	合计工日	需工天数	剩余或缺天数

（5）综合月工程计划汇总表和施工日程进度表，制定必须的材料（含植物）、机具的月计划表。表的格式参照表7-5和表7-6，要注意将表右边的月进度表改为日程进度。

计划编制时，应将法定休息日和节假日扣除，即每月的所有天数不能连算成工作日。另外还要注意雨天或冰冻等及其他灾害性天气影响，适当留有余地，一般须留总工作天数的5%～8%。

（二）园林工程基层施工任务单管理

园林工程施工任务单是由园林施工单位（或项目部）按季度施工计划，给施工单位或施工队所属班组下达施工任务的一种管理方式。通过施工任务单，基层施工班组对施工任务、工程范围更加明确，对工程的工期、安全、质量、技术、节约等要求更能全面把握。因此，有利于施工任务单位组织施工，可以达到保质、保量，安全顺利施工的目的。

1. 施工任务单的基本要求

（1）施工任务单的下达对象是施工班组或施工队，要求所规定的任务、指标应具体、明了，易掌握易落实。

（2）施工任务单的制定要结合具体的下达对象及任务性质，做到切合实际，实事求是，留有余地。

（3）任务单中规定的质量、安全、工作要求、技术、节约措施等具体有效，易操作，技术先进、措施可行，费用节约并能密切地配合施工进度。

（4）施工任务单的下达要及时，班组的填报应细致认真，数据确凿。

2. 施工任务单的主要内容

（1）工程范围　指下达任务中的工程项目，有时也采用工序或某工程部位。

（2）工程量　即完成的控制指标数，多用万元为单位。

（3）时间定额和定额工日　时间定额是指完成所有工程量所需的天数，也称工期；定额工日则是按劳动定额指标所确定的完成所有工作量必须的时间，用工日表示。

（4）每工产值　通过定额工日与工程量比较可确定每工产值。

（5）实际用工　完成该项目或工序实际的时间消耗，用工日表示。实际用工一般要求小于定额用工，以控制施工成本。

（6）生产效率　是说明劳动生产率的指标，由定额用工除以实际用工，用百分比表示。实际用工愈少，工效愈高。

（7）质量、安全、技术、节约要求及措施　是施工任务单的重要内容，必不可少。详见表 7-7。

3. 施工任务单的贯彻执行

施工任务单是基层班组施工管理的主要依据，应认真贯彻落实。接到任务单后，要详细分析要求，了解工程范围，做好实地调查工作。同时，班组负责人要召集施工人员，讲解任务单中规定的主要指标及各种安全、质量、技术指标、明确具体任务。在施工中要经常检查、监督，对出现的问题要及时汇报并采取有效措施。各种原始数据和资料要认真记录和积累，为工程完工验收做好准备。

表 7-7　施工任务单

第 ____ 施工队 ____ 组

工期	开工	竣工	天数
计划			
实际			

任务书编号 ____ 工地名称 ____ 工程（工序）名称 ____ 签发时间 ____年 __ 月 __ 日

<table>
<tr><th rowspan="2">定额编号</th><th rowspan="2">工程项目</th><th rowspan="2">计量单位</th><th colspan="4">计划</th><th colspan="3">实际</th><th rowspan="2" colspan="2">对工程质量安全要求、技术、节约措施</th><th rowspan="2">验收意见</th></tr>
<tr><th>工程量</th><th>时间定额</th><th>每工产值</th><th>定额工日</th><th>工程量</th><th>定额工日</th><th>实际用工</th></tr>
<tr><td></td><td></td><td></td><td></td><td></td><td></td><td></td><td></td><td></td><td></td><td rowspan="2" colspan="2"></td><td></td></tr>
<tr><td></td><td></td><td></td><td></td><td></td><td></td><td></td><td></td><td></td><td></td><td></td></tr>
<tr><td></td><td></td><td></td><td></td><td></td><td></td><td></td><td></td><td></td><td></td><td rowspan="3">生产效率</td><td>定额用工</td><td></td></tr>
<tr><td></td><td></td><td></td><td></td><td></td><td></td><td></td><td></td><td></td><td></td><td>实际用工</td><td></td></tr>
<tr><td>合计</td><td></td><td></td><td></td><td></td><td></td><td></td><td></td><td></td><td></td><td>工作效率</td><td></td></tr>
</table>

第五节　园林工程施工的技术管理

工程技术是人类为实现社会某一方面的需求而创造和发展起来的工作手段、方法和技能的总称。它是工程施工中技术人才、技术设备和技术资料等技术要素的综合。

技术管理是指对企业全部生产技术工作的计划、组织、指挥、协调和监督，是对各项技术活动的技术要素进行科学管理的总和。搞好园林工程的技术管理工作，有利于提高园林工程企业技术水平，充分发挥现有设备能力，提高劳动生产率，降低园林工程产品成本，增强施工企业的竞争力，提高经济效益。

一、技术管理的组成

施工企业的技术管理工作主要由施工技术准备、施工过程技术工作及技术开发工作三方面组成（表 7-8）。

表 7-8　技术管理构成

施工技术管理		
施工技术准备工作	施工过程技术工作	技术开发工作
技术文件、图纸会审、施工预算、施工组织设计、技术交底、技术检验、技术措施	技术标准、技术规程、技术责任制、技术选定、技术检验、技术处理、技术反馈	技术情报、技术改造、技术革新、技术培训、技术试验、技术统计、技术档案

二、园林工程施工技术管理的特点

由于园林工程的特殊性，在技术管理上要针对园林景观艺术性和园林植物生物性的要求，采取相应的技术手段，合理组织技术管理。

（一）施工技术管理的综合性

园林工程是艺术工程，探讨的是空间艺术的景观效果，是工程技术和生物技术与园林艺术的结合，要保证园林工程功能的发挥，必须重视各方面的技术工作。因此，施工中技术的运用不是单一的，而是综合的。

（二）施工技术管理的相关性

技术管理的相关性在园林工程施工中具有特殊意义。例如栽植工程的起苗、运苗、植苗与管护；园路工程的基层与面层；假山工程的基础、底层、中层、压顶等环节都是相互依赖、相互制约的，上道工序技术应用得好，保证了质量，就为下道工序打好了基础，才能保证整个项目的质量。相反，上道工序技术出现问题，影响质量，就会影响下道工序的进行和质量，甚至影响全项目的完成和质量要求。

（三）施工技术管理的多样性

园林工程技术的应用主要是绿化施工和园林建筑施工，两者所应用的材料是多样的，选择的施工方法是多样的，这就要求有与之相适应的不同工程技术，因此，园林工程施工技术管理具有多样性。

（四）施工技术管理的季节性

园林工程施工多为露天施工，受气候等外界因素影响很大，季节性较强，尤其是土方工程、栽植工程等。应根据季节不同，采取不同的技术措施，使之能适应季节变化，创造适宜的施工条件。

三、园林工程施工技术管理的内容

（一）建立技术管理体系，加强技术管理制度建设

要加强技术管理工作，充分发挥技术优势，施工单位应该建立健全技术管理机构，形成单位内纵向的技术管理关系和对外横向技术协作关系，使之成为以技术为导向的网络管理体系。要在该体系中强化高级技术人员的领导作用，设立总工程师为核心的三级技术管理系统，重视各级技术人员的相互协作，并将技术优势应用于园林工程施工之中。

在施工技术管理过程中，应充分发挥机构的职责，制定和完善技术管理制度，并使制度在实际工作中得到贯彻落实。为此，园林施工单位应建立以下制度：

1. 图纸会审管理制度

施工单位应认识到设计图纸会审的重要性。园林作品是综合性的艺术作品，它展示了作者的创作思想和艺术风格。因此，熟悉图纸是搞好园林工程施工的基础工作，应给予足够的重视。通过会审还可以发现设计与现场实际间的矛盾，研究确定解决办法，为顺利施工创造条件。

2. 技术交底制度

施工企业必须建立技术交底制度，向基层组织交待清楚施工任务、施工工期、技术要求等，避免盲目施工、操作失误，影响质量，延误工期。

3. 计划先导的管理制度

计划、组织、指挥、协调与监督是现代施工管理五大职能。在施工管理中要特别注意发挥计划职能。要建立以施工组织设计为依据、以计划为先导的技术管理制度。

4. 材料检查制度

材料、设备的优劣对工程质量有重要影响，为确保园林作品的施工质量，必须建立严格的材料检查制度。要选派责任心强、懂业务的技术人员负责这项工作，对园林施工中一切施工材料（含苗木）、设备、配件、构件等进行严格检验，坚持标准，杜绝不合格材料进场，以保证工程质量。

5. 基层统计管理制度

基层施工单位多是施工队或班组，直接进行生产施工，是施工技术的直接应用或操作者。因此，应根据技术措施的贯彻情况，做好原始记录，作为技术档案的重要部分，也为今后的技术工作提供宝贵经验。

技术统计工作也包括施工过程的各种数据记录及工程竣工验收记录。以上资料应整理成册，存档保管。

（二）建立技术责任制

园林建设工程技术性要求高，要充分发挥各级技术人员的作用，明确其职权和责任，便于完成任务。为此，应做好以下几方面工作：

（1）落实领导任期技术责任制，明确技术职责范围。领导技术责任制是由总工程师、主任工程师和技术组长构成的以总工程师为核心的三级管理责任制。其主要职责是：全面负责单位内的技术工作和技术管理工作；组织编制单位内的技术发展规划，负责技术革新和科研工作；组织会审各种设计图纸，解决工程中技术关键问题；制定技术操作规程、技术标准及各种安全技术措施；组织技术培训，提高职工业务技术水平。

（2）要保持单位内技术人员的相对稳定，避免频繁的调动，以利于技术经验的积累和技术水平的提高。

（3）要重视特殊技术人员的作用。园林工程中的假山置石、盆景花卉、古建雕塑等需要丰富的技术经验，而掌握这些技术的绝大多数是老工人或老技术人员，要鼓励他们继续发挥技术特长，充分调动他们的积极性。同时要搞好传、帮、带工作，制定以老带新计划，使年轻人学习、继承他们的技艺，更好地为园林艺术服务。

（三）加强技术管理法制工作

加强技术管理法制工作是指园林工程施工中必须遵照园林有关法律法规及现行的技术规范和技术规程。技术规范是对建设项目质量规格及检查方法所作的技术规定；技术规程是为了贯彻技术规范而对各种技术程序操作方法、机具使用、设备安装、技术安全等所做的技术规定。由技术规范、技术规程及法规共同构成工程施工的法律体系，必须认真遵守执行。园林工程施工技术管理涉及的法律法规、技术规程等有：

（1）*法律法规*　中华人民共和国合同法、中华人民共和国环境保护法、中华人民共和国建筑法、中华人民共和国森林法、风景区管理暂行条例及各种绿化管理条例等。

（2）*技术规范*　公园设计规范；森林公园设计规范；建筑安装工程施工及验收规范；安装工程质量检验标准；建筑安装材料技术标准、架空索道安全技术标准等。

（3）*技术规程*　施工工艺规程；施工操作规程；安全操作规程；绿化工

程技术规程等。

第六节　园林工程施工质量管理

园林工程的施工质量管理和其他各项管理工作一样，要做到有计划、有措施、有执行、有检查、有总结，才能使整个管理工作循序渐进，保证工程质量不断提高。

一、园林工程施工质量管理的意义

质量包括两种含义。一种是狭义的，一种是广义的。狭义的质量是指产品质量即工程质量。广义的质量除产品的质量外，还包括工作质量。产品质量是指能够满足社会和人民需要的产品的自然特性，也就是产品的使用价值。工程质量管理包括设计和施工两个阶段。本课程仅讨论施工的质量问题。

只有合乎质量要求的工程才能投入生产和交付使用，发挥投资应有的效益。园林工程也不例外，工程质量的好坏，直接关系到国计民生，也关系到投资的回报和施工单位的信誉。因此，质量管理要求在施工中必须特别注意工程质量，牢固树立“百年大计、质量第一”的思想，做到“好中求快，好中求省”。通过施工组织和管理，协调好质量、速度、成本三者之间的对立统一的关系。

二、园林工程施工质量管理的特性

（一）园林工程施工产品质量的定性与定量

园林工程施工产品的质量，有些是可以直接定量的，如园林构筑物的强度、质地、成分，一些园林小品、构件的尺寸规格，有些很难直接定量，需要对产品和构件进行试验、研究，确定一些技术参数来反映它的质量特性。把反映产品质量特性的一系列指标规定下来，形成技术文件，作为考核质量的依据，叫做质量标准。如《建筑安装工程施工及验收规范》《建筑安装工程操作规程》等。这些质量标准，就是产品质量的定量表现，也就是衡量园林工程施工的客观标准。质量标准对我们工程施工中的质量管理是十分重要的。

（二）园林工程质量管理的工作质量

工作质量是指施工单位的经营管理、技术组织、思想政治工作等对提高质量的保证程度。它的特点，看起来不像产品质量那样直观具体，但实际上体现在企业的一切生产技术经营活动中，并通过经济效果、生产效率、工作效率、园林工程施工产品的最终质量集中表现出来。

（三）园林工程质量管理的产品质量

园林工程质量管理的产品质量和工作质量的不同特性和特殊的因果关系决定了园林施工单位抓园林工程施工质量管理的两个不同的途径，二者缺一不可。可以说，园林工程施工中，产品质量决定于工作质量，产品质量是企业各方面工作的最终成果，是它们的综合反映，工作质量是产品质量的保证和基础。离开了工作质量的改善，提高园林工程产品质量是不可能的。因此，提高产品质量，不能孤立地就产品抓产品，必须把主要工作和注意力用在分析工作质量，建立符合实际的规章制度，加强施工管理，促进工作质量的不断改善，以保证园林工作产品质量的提高。

三、园林工程产品质量管理的阶段性

（一）施工准备阶段的质量控制

园林建设工程施工准备是为了保证园林施工正常进行而必须事先做好的工作。施工准备不仅在工程开工前要做好，而且贯穿于整个施工过程。施工准备的基本任务就是为工程建立一切必要的施工条件，确保施工生产顺利进行，确保工程质量符合要求。

1. 研究和会审技术图纸及技术交底

通过研究和会审图纸，可以广泛听取使用人员、施工人员的正确意见，弥补设计上的不足，提高设计质量；可以使施工人员了解设计意图、技术要求、施工难点。

技术交底是施工前的一项重要准备工作，以便参与施工的技术人员与工人了解承建工程的特点、技术要求、施工工艺及施工操作要求等。

2. 施工组织设计

施工组织设计是指导施工准备和组织施工的全面性技术经济文件。对施工组织设计，要求进行两个方面的控制：一是选定施工方案后，制定施工进度时，必须考虑施工顺序、施工流向，主要分部、分项工程的施工方法，特殊项目的施工方法和技术措施能否保证工程质量；二是控制施工方案时，必须进行技术经济比较，使园林建设工程满足符合设计要求以及保证质量，求得施工工期短、成本低、安全生产、效益好的施工过程。

3. 现场勘查“四通一平”和临时设施的搭建

掌握现场地质、水文勘察资料，检查“四通一平”、临时设施搭建能否满足施工需要，保证工程顺利进行。

4. 物资准备

检查原材料、构配件是否符合质量要求；施工机具是否可以进入正常运行状态。

5. 劳动力准备

施工力量的集结，能否进入正常的作业状态；特殊工种及缺门技术的培训，是否具有应有的操作技术和资格；劳动力的调配，工种间的搭接，能否为后续工种提供合理的、足够的工作面。

（二）施工阶段的质量控制

按照施工组织设计总进度计划，编制具体的月度和分项工程施工作业计划和相应的质量计划。对材料、机具设备、施工工艺、操作人员、生产环境等影响质量的因素进行控制，以保持园林建设产品总体质量处于稳定状态。

1. 施工工艺的质量控制

工程施工应编制《施工工艺技术标准》，规定各项作业活动和各道工序的操作规程、作业规范要点、工作顺序、质量要求。上述内容应预先向操作者进行交底，并要求认真贯彻执行。对关键环节的质量、工序、材料和环境应进行验证，使施工工艺的质量控制符合标准化、规范化、制度化的要求。

2. 施工工序的质量控制

施工工序质量控制的最终目的是要使园林工程各工序的质量得以控制，保证下一工序质量控制的顺利进行。

每一施工工序质量控制，包括影响施工质量的五个因素（人、材料、机具、方法、环境）的控制，使工序数据的波动处于允许的范围内；通过工序检验等方式，准确判断施工工序质量是否符合规定的标准，以及是否处于稳定状态；在出现偏离标准的情况下，分析产生的原因，并及时采取措施，使之处于允许的范围内。

对直接影响质量的关键工序，对下道工序有较大影响的上道工序，对质量不稳定、容易出现的不良工序，对用户反馈和过去有过返工的不良工序设立工序质量控制（管理）点。设立工序质量控制点的主要作用，是使工序按规定的质量要求和均匀的操作而能正常运转，从而获得满足质量要求的最多产品和最大的经济效益。对工序质量控制点要确定合理的质量标准、技术标准和工艺标准；还要确定控制水平的控制方法。

对施工质量有重大影响的工序，对其操作人员、机具设备、材料、施工工艺、测试手段、环境条件等因素进行分析与验证，并进行必要的控制。同时做好验证记录，以便向建设单位证实工序处于受控状态。工序记录的主要内容为质量特性的实测记录和验证签证。

3. 人员素质的控制

定期对职工进行规程、规范、工序工艺、标准、计量、检验等基础知识的培训和开展质量控制和质量意识教育。

4. 设计变更与技术复核的控制

加强对施工过程中提出的设计变更的控制，尽量把设计变更控制在允许的范围内。重大问题变更须建设单位、设计单位、施工单位三方同意，由设计单位负责修改，并向施工单位签发设计变更通知书。对建设规模、投资方案等有较大影响的变更，须经原批准初步设计单位同意，方可进行修改。所有设计变更资料，均需有文字记录，并按要求归档。

对重要的或影响全局的技术工作，必须加强复核，避免发生重大差错，影响工程质量和使用。

（三）交工验收阶段的质量控制

1. 工序间的交工验收工作的质量控制

工程施工中往往上道工序的质量成果被下道工序所覆盖；前一分项或分部工程质量成果被后续的分项或分部工程所覆盖。因此，要对施工全过程的分项与分部施工工序进行质量控制。要求班组实行保证本工序、监督前工序、服务后工序的自检、互检、交接检和专业性的“中间”质量检查制度，以保证不合格工序不转入下道工序。出现不合格工序时，做到“三不放过”（原因未查清不放过、责任未明确不放过、措施未落实不放过），并采取必要的措施，防止再发生。

2. 竣工交付使用阶段的质量控制

单位工程或单项工程竣工后，由施工工程的上级部门严格设计图纸、建设双方签订的施工合同及依法成立的协议、施工说明书及竣工验收标准，对工程的质量进行全面鉴定，评定等级，作为竣工后移交的依据。工程进入交工验收阶段，应有计划、有步骤、有重点地进行收尾工程的清理工作，通过交工前的预验收，找出漏项项目和需要修补的工程，并及早安排施工。还应做好竣工工程产品保护，以提高工程的一次成优及减少竣工后返工修整。工程项目经自检、互检后，再由建设单位、设计单位和上级有关部门共同进行正式的交工验收工作。

四、全面质量管理体系

（一）全面质量管理概述

1. 全面质量管理的概念

国家标准 GB/T6583—1994 对“全面质量管理”的定义是：“一个组织以质量为中心，以全员参与为基础，目的在于通过让顾客满意和本组织所有成员及社会受益而达到长期成功的管理途径。”

国家标准 GB/T6583—1994 对“质量控制”的定义是：“为达到质量要求所采取的作业技术和活动。”园林建设产品质量有产生、形成和实现的过程。在此过程中为使产品具有适用性，需要进行一系列的作业技术和活动，必须使这些作业技术和活动在受控状态下进行，才能生产出满足规定质量要求的产品。质量控制要贯穿项目施工的全过程，包括施工准备阶段、施工阶段、交工验收阶段和保修阶段。

2. 全面质量管理体系

施工项目质量管理的首要任务是确定质量方针、目标和职责，核心是建立有效的质量体系，通过质量策划、质量控制、质量保证、质量改进，确保质量方针、目标的实施和实现。

由于建设工程质量的复杂性及重要性，质量管理应由项目经理负责，并要求参加项目施工的全体职工参与并从事质量活动，才能有效地实现预测的方针和目标。

3. 全面质量管理的特点

质量管理和其他各项管理工作一样，要做到有计划、有措施、有执行、有检查、有总结，才能使整个管理工作循序渐进，保证工程质量不断提高。

全面质量管理是质量管理的第三阶段，其基本思想是把专业技术、经营管理、数理统计和思想教育结合起来，发动企业各部门、全体人员依靠科学理论、程序方法对生产实行全过程控制的质量管理。它的特点是全面对待质量、以预防为主、为用户服务、用数据说话和文明施工。

4. 园林工程施工的全面质量管理

作为园林工程施工，同样要求实行全面质量管理，为不断揭示项目施工过程中在生产、技术、管理诸方面的质量问题，运用 PDCA 循环方法。有一套科学的工作程序。具体做法就是首先要分析，提出设想，安排制定计划，按计划执行。在执行中进行动态检查、控制和调整，执行完成后进行总结处理。具体地说，对于一个园林工程项目，为了搞好工程质量工作，先得根据合同需要、工程需要、景观需要提出设想，拟定一个预期要达到的目标。为了实现这个目标就得在施工的各个环节，对质量实际情况进行分析、改进，在执行计划中把工作质量和预期目标进行对比和检查，总结经验、巩固成绩，找出问题，提出新的计划，实现新的需要。PDCA 循环有 4 个阶段，即计划（Plan）、执行（Do）、检查（Check）、处理（Action）阶段。

4 个阶段又可具体分为 8 个步骤。

(1) 第一阶段　为计划（Plan）阶段。确定任务、目标、活动计划和拟定措施。

为使质量计划定得切合实际，措施具体有效，能指导施工中的各个环节的质量管理工作，拟定计划要从实际出发，抓住关键。

第一步，分析现状，找出存在的质量问题，并用数据加以说明。

第二步，掌握质量规格、特性，分析产生质量问题的各种因素，并逐个进行分析。

第三步，找出影响质量问题的主要因素，通过抓主要因素解决质量问题。

第四步，针对影响质量问题的主要因素，制定计划和活动措施。计划和措施应该具体明确，有目标、有期限、有分工。

(2) 第二阶段　为执行（Do）阶段。按照计划要求及制定的质量目标、质量标准、操作规程去组织实施，进行作业标准教育，按作业标准施工。

第五步，即第二阶段。

(3) 第三阶段　为检查（Check）阶段。通过作业过程、作业结果将实际工作结果与计划内容相对比，通过检查，看是否达到预期效果，找出问题和异常情况。

第六步，即第三阶段。

(4) 第四阶段　为处理（Action）阶段。总结经验，改正缺点，将遗留问题转入下一轮循环。

第七步，处理检查结果，按检查结果，总结成败两方面的经验教训，成功的纳入标准、规范，予以巩固；不成功的，出现异常时，应调查原因，消除异常，吸取教训，引以为戒，防止再次发生。

第八步，处理本循环尚未解决的问题，转入下一循环中去，通过再次循环求得解决。

随着管理循环的不停转动，原有的矛盾解决了，又会产生新的矛盾，矛盾不断产生而不断被克服，克服后又产生新的矛盾，如此循环不止。每一次循环都把质量管理活动推向一个新的高度。

根据工程的质量特性决定质量标准，实行全面质量管理。目的是保证施工产品的全优性，符合园林的景观及其他功能要求。根据质量标准对全过程进行质量检查监督，采用 PDCA 循环方法、质量管理图及评价因子进行施工管理；对施工中所提供的物资材料要检查验收，搞好材料保管工作，确保质量。

（二）全面质量管理在施工中的应用

全面质量管理，在施工过程中的应用，应注意“用户”的要求，各工序都要把下一道工序作为“用户”，树立为“用户”负责的思想，同时强调质量管理的连续性、继承性，强调管理循环。从而不断提高工程质量。

施工过程中推广全面质量管理，在注意工程质量的同时，要强调工作质量的提高。改变过去少数人搞质量管理，提倡“三全”管理即对质量的全过程管理、全企业各部门管理和全员管理。从系统论出发，把管理的各个环节组成统一的系统，建立从施工准备、施工、交工验收和使用阶段服务等一整套质量保证体系（质量管理网），各环节发现前方来的影响质量的因素，在及时处理和补救的同时，马上把信息反映给有关部门或工序让其改正。这些反馈信息，是各环节改进质量管理的重要依据。反馈信息川流不息，循环往复不断进行，工程质量不断提高。实践证明施工过程中推行全面质量管理，是行之有效的科学方法。

五、园林工程施工质量管理的检验评定

质量检验和评定是质量管理的重要内容，也是园林工程质量管理的主要手段，是保证园林作品能满足设计要求及工程质量的关键环节，质量检验应包含园林作品质量和施工过程质量两部分，前者应以安全程度、景观水平、外观造型、使用年限、功能要求及经济效益为主；后者则以工程质量为主，包括设计、施工、检查验收等环节。因此，对上述全过程的质量管理构成了园林工程项目质量全面监督的主要内容。

（一）质量检验相关的内容

质量检验是质量管理的重要环节，搞好质量检验，以确保工程质量，达到用最经济的手段创造出最佳的园林艺术作品的目的。因此，重视质量检验，树立质量意识，是园林工程施工人员的起码素质条件。要做好这一工作，必须做好以下 8 个方面的工作：

（1）对园林工程质量标准的分析和质量保证体系的研究；

（2）熟悉工程所用的材料、设备检验资料；

（3）施工过程中工作质量管理；

（4）与质量相关的情报系统工作；

（5）对所有采用的质量方法和手段的反馈研究；

（6）对技术人员、管理人员及工人的质量教育与培训；

（7）定期进行质量工作效果和经验分析、总结；

（8）及时对质量问题进行处理并采取相关措施。

（二）质量检验和评定的分析方法

1. 准备工作

要搞好质量检验和评定，必须做好以下几方面的准备工作：

（1）根据设计图纸、施工说明书及特殊工序说明事项等资料分析工程的设计质量。再依照设计质量确定相应的重点管理项目，最后确定管理对象（施工对象）的质量特性。

（2）按质量特性拟定质量标准，并注意确定质量允许误差范围。

（3）利用质量标准制定严格的作业标准和操作规程，做好技术交底工作。

（4）进行质检质评人员的技术培训。

2. 检查与评定方法

工程质量的判断方法很多，目前应用于园林工程施工中的质检方法主要有直方图、因果图、排列图、散布图和控制图 5 种。这几种方法均需取样本（通常 50～100 个样本），依据质量特性，绘制成必要的质量评价图以对施工对象作出质量判断。

（1）直方图　这是一种通过柱状分布区间判断质量优劣的方法。主要用于材料、基础工程等试验性质量的检测。它以质量特性为横坐标，试验数据组成的度幅为纵坐标，构成直方图，可与坐标分布直方图比较，以确定质量是否正常。图 7-2 是标准分布直方图，它是质量管理的重要曲线。

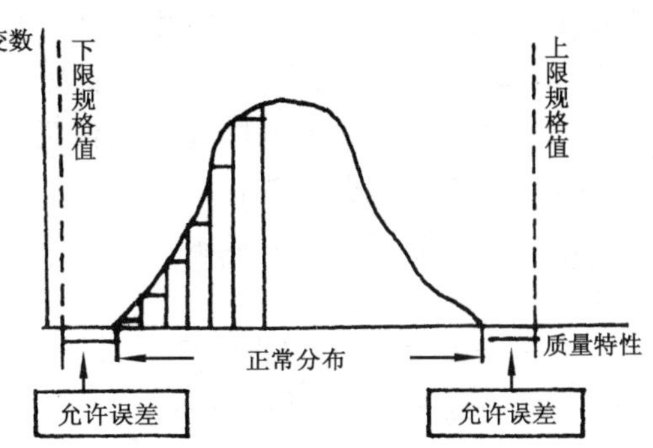

图 7-2　标准直方图

绘制出实际直方图后，与标准直方图比较，凡质量优良者，检测就在上下限规格线之间，分布平均值大致在两规格的中间，且直方图均衡对称。如果与标准管理曲线相差过大，说明存在质量问题，必须及时采取措施清除异常，使曲线恢复正常。

(2) 因果图　因果图是通过质量特性和影响原因的相互关系判断质量好坏的方法，也称鱼刺图。可应用于各种工程项目质量检测。绘制因果图的关键是明确施工对象及施工中出现的主要问题。根据问题罗列出可能影响的原因，并通过评分或投票形式确定主导因子。图 7-3 是某喷水池施工中检验发现漏水的因果图。

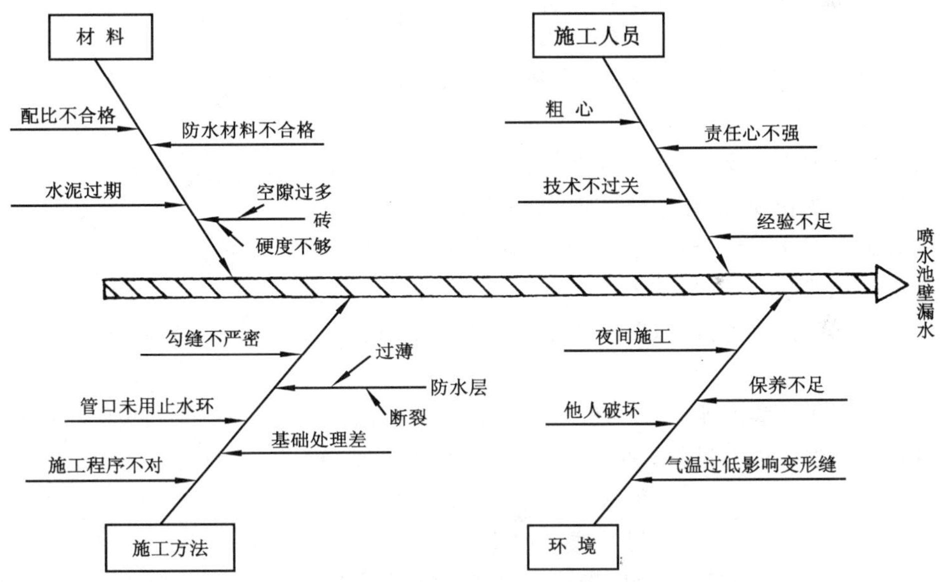

图 7-3　水池漏水因果图

(3) 排列图　排列图是一种常用的分析确定影响质量主要因素的判断图，尤其适于材料检验评定。排列图以判断质量缺陷项目为横坐标，其频数和累计频率百分比为左右纵坐标，如图 7-4 所示。

利用排列图判断质量，其主要因素不得超过 3 个，最好 1 个。且所列项目不宜过多。实际操作时，按累计百分比作出评定：0～75%为 A 类（主要因素），75%～90%为 B 类（次要因素），90%～100%为 C 类（一般因素）。此时，应对主要因素采取措施，以保证质量。

（4）相关图　也称散布图，是分析两种质量特性间关系点状图的方法。这种方法要抽取足够多的样本，按出现次数作点状分析图，以此和标准散布图对照来确定质量状况。

（5）控制图　利用直方图、因果图、排列图及相关图判断质量简单实用、清晰明了，但难以掌握不同时间的质量状况和工程出现的质量异常情况。

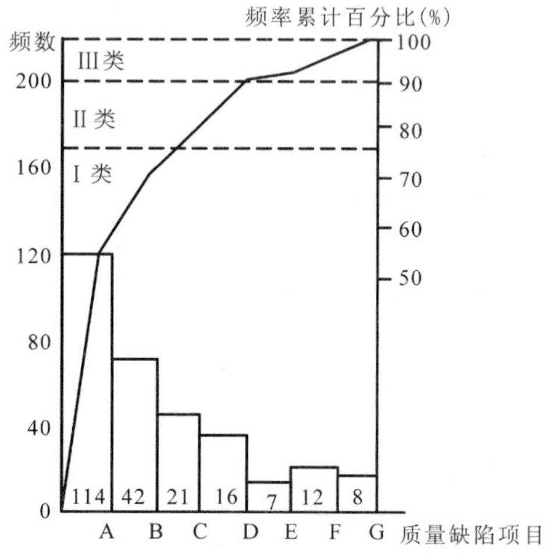

图 7-4　排列图

控制图则是用于分析判断工程是否处于稳定状态的工程管理图。它通过时间的变动过程确定质量的变化情况，并分析要认定这些变化是由偶然因素造成的。仅存在偶然因素时，质量特性多是典型分析，对工程质量影响较小，可予以忽视。当出现系统因素后，质量特性和典型分布极不协调，产生较大偏离，对工程质量影响很大，因而必须采取针对性措施，消除异常，确保工程施工正常状态。

控制图由中心线（CL）和上下控制界限线（UCL、LCL）组成，如图 7-5b 所示。

中心线即表示平均值的位置线；控制界限线是判断工程是否由于异常原因而产生误差的标准线，它按 3σ（标准偏差的 3 倍）方式确定：

$$上界限线（UCL）= 平均值 + 3\sigma$$

$$下界限线（LCL）= 平均值 - 3\sigma$$

采用工程图判断工程质量状况，按以下原则进行：

①凡控制图上的点落在控制界限内，则呈随机排列，连续 25 点在控制界限内或连续 35 点只有一点超出界限，或连续 100 点中至多 2 点超界的均视为正常。

②当 7 点中有连续 7 点排列于 CL 一侧，或 11 点中有 10 点，14 点中有 12 点连续位于 CL 一侧，必须检查原因，采取措施。

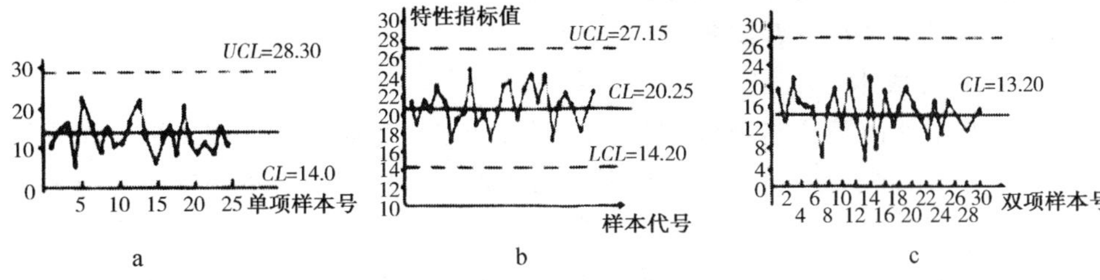

图 7-5 工程控制图

a. C 控制图 b. 工程控制图 c. i—R 控制图

③控制图中，凡点连续上升或下降或呈周期性阶段变动，说明出现异常，要查明原因。

④控制图中，凡 10 点中有 4 点连续靠近 CL，或连续 30 点中没有一点接近 CL，也说明工程状态不稳。如图 7-5a、c。

六、园林工程施工质量成本管理

只有合乎质量要求的工程才能投入生产和交付使用，发挥投资应有的效益。对于园林工程施工企业而言，通过对施工组织与管理协调，正确处理好质量、速度、成本三者之间的对立统一的关系是质量管理中成本管理的关键所在。

（一）质量成本管理

提高工程质量不是不顾成本无限提高质量标准，而是要讲求经济效果。近年来，由于生产的发展，质量问题更加突出，用户对质量的要求高了，导致质量成本（指施工单位为保证和提高工程质量而支出的费用）数额的加大。国内外很多园林施工企业为了保持质量信誉，增强其竞争能力，开始着手探索达到“最佳质量成本”的途径。

质量成本，从其构成来看，一般为三大类，即故障成本、检验成本和预算成本。

1. 故障成本

指施工单位内部由于施工不当造成质量问题，而进行处理返工产生的一切费用（如构件、种植返工、苗木报废、成活率降低，由于质量事故导致的停工减产、延误工期，复检费用等等），以及工程交工后由于质量问题而造成的直接经济损失和费用。

2. 检验成本

指在正常情况下，为检验工程质量而发生的一切费用。如材料、预制构件检验费用，施工过程中质量检查费用，交工验收费用，试验费用，测试工具、仪器维护、校准费用等。

3. 预算成本

是为了使故障成本和检验成本降到最低限度而需要的一切费用。如质量控制技术和管理费用，新材料、新结构的评审费用，技术培训费用，施工工序控制费用和收集、分析质量数据费用等。

一般来说，当产品施工质量低时，故障成本就上升；反之下降。但如果提高工程施工质量，预防成本通常就会上升。而检验成本一般是趋于稳定的。三项成本叠加即得工程施工质量总成本，其最低时即为最佳质量成本。

质量成本管理，很重要的一点是注意收集和积累质量成本的有关数据。同时，建立和健全质量管理规章制度又是做好全面质量管理的保证。

（二）园林施工质量成本管理的组织工作

为了既要做好园林工程质量管理，又要使质量成本降低，作为园林施工的质量成本管理的组织工作，主要包括以下 4 个方面的内容。

（1）做到按规律办事，组织文明施工。作为园林工程施工，要搞好工程施工质量，首先要有科学的施工态度，在整个施工过程中严格按照工程施工程序办事，不准搞三边施工。其次，在园林工程施工过程中，应针对园林工程的特殊性，认真贯彻落实文明生产施工，特别要保持良好的施工秩序，合理利用施工的时间和空间，是提高施工质量的必要条件。

（2）建立和健全施工岗位责任制，严格执行有关操作规程，按图施工，遵守施工技术纪律。

（3）要建立和健全质量管理机构，全面负责施工质量标准的贯彻执行。实行全面质量管理绝不意味着可以削弱或取消施工过程的质量检查工作，相反，必须坚持做好质量检查这项工作，严格把关，不能有丝毫的放松。必须设立专门质量管理机构和专职质量检查员，科学、合理地分阶段、按工序组织检查工作，变“事后把关”为“层层把关”，树立预防为主的施工质量检查思想。企业质量管理机构负责施工工程技术检查工作，特别对于施工质量容易出问题的或对工程质量影响较大的施工工序，更要把好质量关。对于质量检查技术比较复杂或靠企业内部自检、互检可能无法保证质量要求的工序，隐蔽工程和交工验收检查等，都需要聘请专门机构的专职人员进行质量检查。

（4）建立健全以岗位责任制为中心的各项质量管理制度。

①检查机构负责施工过程中的各项施工工序的同时，还要发挥施工人

员、班组自检互检的作用，实行专业检查为主，负担起质量检查工作是完全必要的。但是大型项目的施工，每一道操作过程，每一道工序都要依靠专职检查人员检查又是不可能的，而且工程施工质量归根到底还决定于从事施工的施工人员的具体操作，决定于直接的施工过程。因此，园林工程施工质量检查工作，除了要设立一支专业检查队伍外，更重要的还是要广泛发动施工人员人人参加，积极开展班组自检、互检在施工过程中把好质量关的活动。自检、互检是群众性的质量活动。自检是施工人员对自己班组完成的工序进行自我检查，是自我把关，互检是班组间以双方完成的工序进行相互检查或班组内施工人员相互间的检查，也可以是下道工序对上道工序的检查。

②建立材料供应的质量管理制度。认真把好材料入库的检查验收关，不合格的材料、苗木不进场、不入库、不使用。

③建立机械设备定期保养、维修制度。保持机械设备的良好性能状态，对保证施工质量也是重要的一环。

④建立职工质量教育制度。通过办好各种类型的技术质量培训班，使有关人员都了解全面质量管理的基本知识和基本方法，结合自己的工作灵活运用。此外，在工程施工过程中结合日常施工活动采取岗位练兵、技术表演、技能比赛、评选技术能手等多种办法鼓励施工人员钻研施工技术，提高施工技术水平。对施工技术人员要规定进行有关提高施工质量方面的技术、业务考核，考核成绩要记入每个人技术档案，作为提职晋级的一个重要依据。

⑤建立奖惩制度。奖励制度要体现“质量第一”的方针。开展全优工号活动，人人关心施工质量。在质量标准方面的贡献，要作为领取综合奖的首要条件。把提高工程质量与职工利益结合起来，对在质量管理和提高施工质量做出显著贡献的个人和班组应予以荣誉称号和物质奖励。反之，对工程质量有问题的施工地段、工序等要查明原因，追究有关人员的经济责任，并限期整改，直到达标为止。

第七节　园林工程施工安全管理

一、园林工程施工安全管理的意义

园林工程施工的安全生产，直接关系到每个人的生命安危和国家财产的安全，从大处着眼，它是国家经济建设和生产单位的头等大事，从小处考虑，它是园林施工企业经济的命脉。谁都知道，生命对于一个人来讲只有一次，而健康的身体对生命的延续起着非常重要的作用。对于施工企业来说，安全生产则是生命和经济效益的根本保障。

保证安全生产，也是一切施工技术工作的重要内容。国务院先后颁布了《工厂安全卫生规程》《建筑安装工程安全技术规程》和《工人职员伤亡事故报告规程》，并且在国家的各项重大的决议中，对安全生产都作了明确的指示。在园林工程施工的全过程中，必须把安全问题放在各项工作的重要位置上，要把它作为和生产工作不可分割的组成部分来抓。

二、园林工程施工安全管理机构及职责

为了保证国家安全生产方针、政策、法规、标准和企业安全生产规章制度的贯彻执行，加强科学管理，实现安全生产，作为园林工程施工的企业，必须设置强有力的安全管理机构和安全检查人员，否则安全生产方针、政策、法规标准和企业安全生产规章制度无法落实，安全生产难以实现，这是多年实践证明的经验。为此要求企业做到：

（1）施工企业要设置符合工程规范要求的安全机构，并建立自上而下的安全生产管理体系。

（2）明确企业安全专职机构和各类安全人员的职责规范。

（3）建立群众安全监督组织。

三、园林工程的安全生产管理

（一）安全生产管理的控制

安全工作是一项综合性的工作，它关系到施工管理的各个方面，特别是在当前采用新技术、新结构和新的施工方法以及新工人、新设备、新工具日益增多的情况下，要求管理工作更加细致。

1. 施工项目安全控制的概念

园林工程施工项目安全控制是在项目施工的全过程中，运用科学管理的理论、方法，以法规、技术为依据，通过组织、指挥、监督、协调等管理手段，达到规范劳动者行为，控制劳动对象、劳动手段和施工环境条件，消除或减少不安全因素，使人、物、环境构成的施工生产体系达到最佳安全状态，实现项目安全目标等一系列活动的总称。

2. 安全生产控制的基本原则

（1）安全第一的原则；

（2）预防为主的原则；

（3）管生产必须管安全的原则；

（4）现场安全为重点的原则；

（5）动态控制的原则；

（6）全面控制的原则。

（二）园林工程施工安全管理的主要内容

1. 建立安全生产制度

建立安全生产制度必须符合国家和地区的有关政策、法规、条例和规程，并结合园林施工项目的特点，明确各级各类人员安全生产责任制，要求全体人员必须认真贯彻执行。

建立健全各级安全生产责任制，明确规定各级领导人员、各专业人员在安全生产方面的职责，并认真严格执行，对发生的事故必须追究各级领导人员和各专业人员应负的责任。可根据具体情况，建立劳动保护机构，并配备相应的专业人员。

2. 制定贯彻安全技术管理措施

编制园林施工组织设计时，必须结合工程实际，编制切实可行的安全技术措施。要求全体人员必须认真贯彻执行。执行过程中发现问题，应及时采取妥善的安全防护措施。要不断积累安全技术措施在执行过程中的技术资料，进行研究分析，总结提高，以利于以后工程借鉴。

安全技术措施计划主要包括：保证园林施工安全生产、改善劳动条件、防止伤亡事故、预防职业病等各项技术组织措施。

3. 坚持安全教育和安全技术培训

为提高园林施工企业安全生产水平，要坚持安全教育和安全技术培训工作，其内容主要包括：政治思想教育、有关安全法律法规教育、劳动保护方针政策教育、安全技术规程和规章制度、安全生产技术知识教育、安全生产典型经验和事故教训等。此外，还要组织全体园林施工人员认真学习国家、地方和本企业的安全生产责任制、安全技术规程、安全操作规程和劳动保护条例等。新工人进入岗位之前在进行安全教育，特种专业作业人员要进行专业安全技术培训，考核合格后方能上岗。要使全体职工经常保持高度的安全生产意识，牢固树立“安全第一”的思想。其具体做法是：

（1）岗位教育　新工人、调换工作岗位的工人和生产实习人员，在上岗之前，必须进行岗位教育，其主要内容有：生产岗位的性质和责任，安全技术规程和规章制度，安全防护措施的性能和应用，个人防护用品的使用和保管等。通过学习，经考核合格后，方能上岗独立操作。

（2）特殊工作人员的教育和训练　电气、焊接、起重、机械操作、车辆驾驶、大树伐移等特殊工种的工人，除接受一般性安全教育外，还必须进行专门的安全操作技术教育训练。

（3）经常性安全教育　开展各种类型的安全活动，如安全月、安全技术交流会、研讨会、事故现场会、安全展览会等。还应结合本单位的具体情况，有针对性地采取一些灵活多样的方式和方法，如采用各种安全挂图、实物模型展览、演讲会、科普讲座、电化教育、安全知识竞赛等，这些对提高园林职工的安全生产意识都是必不可少的。

4. 组织安全检查

为了确保园林工程施工安全生产，施工企业必须要有监督监察。安全检查员要经常查看现场，及时排除施工中的不安全因素，纠正违章作业，监督安全技术措施的执行，不断改善劳动条件，防止工伤事故的发生。在施工生产中，为了及时发现事故隐患，堵塞漏洞，防患于未然，必须对安全生产进行监督检查。要结合季节特点，制定防洪、防雷电、防坍塌、防高处坠落等措施。以自查为主，领导和群众相结合的检查原则，做到边查边改。

5. 及时进行事故处理

园林工程施工中的人身伤亡和各种安全事故发生后，应立即进行调查，了解事故产生的原因、过程和后果，提出鉴定意见，及时处理。并要在总结经验教训的基础上，有针对性地制定防止事故再次发生的可靠措施。

6. 强化安全生产指标管理，建立安全原始记录制度

要制定明确可行的园林工程施工生产的指标体系，作为一项重要的考核内容，在各类施工生产管理过程中强制执行。必要时，可采用签订合同的方式，明确责任权利。安全原始记录是进行统计、总结经验、研究安全措施的依据，也是对安全工作的监督和检查，所以，要认真做好安全原始记录工作。主要有以下内容：安全教育记录；安全会议记录；安全组织状况；安全措施登记表；安全检查记录；安全事故调查、分析、处理记录；安全奖罚记录等。

7. 工程保险

复杂的大型园林施工工程，环境变化多，劳动条件差，容易发生安全事故，所遇的风险较大，除了采取各种技术和管理的安全措施外，还应参加工程保险，相关事宜应在合同中明确规定。

（三）园林工程的安全施工管理

为了贯彻执行安全生产的方针，必须建立健全安全管理制度。即安全教育制度、安全生产责任制度、编制安全技术措施制度、安全检查制度、事故分析管理制度、安全交底制度、安全原始记录制度和工程保险等。

安全生产管理是施工中避免事故发生，杜绝劳动伤害，保证良好施工环境的管理活动。它是保护职工安全健康、搞好工程施工的重要措施。因此，园林施工单位必须高度重视安全生产的管理，把安全工作落实到工程计划、设计、施工、检查等各个环节，把握施工中重要的安全管理要点，做到未雨绸缪，安全生产。为此，应做好以下几方面工作：

（1）各级领导和职工要强化安全意识，树立安全无小事的思想，不得忽视任何环节的要求，加强劳动纪律，克服麻痹思想。

（2）建立完善的安全生产管理体系。要有相应的安全组织，配备专人负责。做到专管成线，群管成网。

（3）建立、完善、健全科学可行的安全制度，如安全技术教育制度、安全保护制度、安全技术措施制度、安全考勤制度和奖惩制度、伤亡事故报告制度及安全应急制度等。

（4）严格贯彻执行各种技术规范和操作规程。如苗木花卉安全越冬技术要求、电气安装安全规定、起重机械安全技术管理规程、建筑施工安全技术规程、交通安全管理制度、架空索道安全技术标准、降暑降温措施实施细则、沙尘危害工作管理细则及危险物安全管理制度等。

（5）制定具体的施工现场安全措施。必须详细、认真按施工工序或作业类别，譬如土方挖掘、脚手架、高空搬运、电气安装、机械操作、栽植过程中安全要求及苗木成活要求等，制定相应的安全措施，并做好安全技术交底工作。现场内要建立良好的安全作业环境，例如悬挂安全标志，标贴安全宣传品，佩戴安全袖标、徽章，举办安全技术讨论会、演示会，召开定期安全总结会议等。

（四）园林工程施工安全事故的处理

园林工程中应努力避免伤害事故和特性事故的发生。一旦出现安全事故时，就要以高度的责任感严肃认真对待，采取果断措施，防止事态扩大，力求把损失降低到最低限度。为此，园林工程施工企业要做好以下三方面的工作：

1. 认真执行伤亡事故报告制度

要及时、准确地对发生的伤亡事故进行调查、登记、统计和处理。事故原因分析应着重从生产、技术、设备、制度和管理等方面，并提出相应的改进措施，对严重失职、玩忽职守的责任者，应追究其刑事责任。

2. 进行工伤事故统计分析

一般包括以下内容：

(1) 文字分析　通过事故调查，总结安全生产动态，提出主要存在问题及改进措施，采取定期报告形式送交领导和有关部门，作为开展安全教育的材料。

(2) 数字统计　用具体数据概括地说明事故情况，便于进行分析比较。如工伤事故次数、工伤事故人数、工伤事故频率、工伤事故休工天数、损失价值等。其中工伤事故频率是指在一定时间内（月、季、年）平均每100名在册职工中发生工伤事故的人数。计算公式为：

$$\text{工伤事故率（\%）}=\frac{\text{一定时间内工伤事故人次数}}{\text{同一时间内平均在册人数}}\times 100\%$$

(3) 统计图表　用图形和数字表明事故情况变化规律和相互关系。通常采用线图、条图和百分圆图等。

(4) 工伤事故档案　是生产技术管理档案的内容之一。为进行事故分析、比较和考核，技术安全部门应将工伤事故明细登记表、年度事故分析资料、死亡、重伤和典型事故等汇总编入档案。

3. 事故处理工作

当施工现场发生安全事故时，首先是排除险情，对受伤人员组织抢救；同时，立即向有关部门报告事故，并保护好现场，通知事故当事人、目击者在现场等候处理；对重大事故必须组成调查组，进行调查了解，在弄清事故发生过程和原因、确定事故的性质和责任后，提出处理意见，同时处理善后事宜；最后，进行总结，从事故中吸取教训，找出规律问题和管理中的薄弱环节，制定防止事故发生的安全措施，杜绝重大事故再次发生，并报送上级主管部门。

复习思考题

1. 园林工程施工管理的概念、作用和主要内容有哪些？
2. 园林工程施工有哪些阶段性管理工作？

3. 园林工程施工的准备阶段性管理应从哪几方面着手？具体有哪些内容？
4. 要做好施工总平面图的管理工作，应考虑哪几方面的内容？
5. 如何理解园林工程施工现场管理的施工组织？
6. 竣工验收前施工现场清理的内容有哪些？
7. 竣工验收的依据是什么？应准备哪些材料？
8. 施工过程中要检查哪些项目？试述检查的方法和注意事项。
9. 什么是施工调度？试述施工调度的方法。
10. 园林工程施工作业计划的依据和编制程序是什么？
11. 针对某一园林工程，如何编制施工作业计划？
12. 园林工程施工单位应建立哪些技术管理制度？
13. 质量检验和评定方法有哪几种？
14. 针对某一园林工程中的苗木成活率低问题画出因果分析图。
15. 安全施工管理的主要内容有哪些？
16. 要做到安全生产，施工单位应做好哪几方面的工作？

第八章　园林工程竣工验收与养护期管理

【本章提要】工程竣工验收是施工管理的最后阶段。搞好工程竣工验收能尽早交付使用，向游人开放，尽快发挥其投资效益。园林工程以植物为主要造景要素，产生了与其他工程不同的一点，就是有较长时间的养护期管理。本章介绍了园林工程竣工验收的准备工作、验收的依据和标准，并以验收实务的方式详细叙述另外在这一阶段应进行的工作，以及交付使用后的养护管理工作。

第一节　园林工程竣工验收概述

一、园林工程竣工验收的概念和作用

当园林工程按设计要求完成全部施工任务并供开放使用时，施工单位就要向建设单位办理移交手续，这种移交工作称为项目的竣工验收。竣工验收既是项目进行移交的必须手续，又是通过竣工验收对建设项目成果的工程质量、经济效益等进行全面考核评估的过程。凡是一个完整的园林建设项目，或是一个单位的园林工程建成后达到正常使用条件的，都要及时组织竣工验收。

园林建设项目的竣工验收是园林建设全过程的一个阶段，它是由投资成果转为使用、对公众开放、服务于社会、产生效益的一个标志，因此竣工验收对促进建设项目尽快投入使用、发挥投资效益、对建设与承建双方全面总结建设过程的经验和教训都具有十分重要的意义和作用。

二、园林工程竣工验收的依据和标准

（一）竣工验收的依据

1. 上级主管部门审批的计划任务书、设计文件等；
2. 招投标文件和工程合同；
3. 施工图纸和说明、图纸会审记录、设计变更签证和技术核定单；
4. 国家和行业颁布的现行施工技术验收规范及工程质量检验评定标准；
5. 有关施工记录及工程所用的材料、构件、设备质量合格文件及验收报告单；
6. 承接施工单位提供的有关质量保证等文件；
7. 国家颁布的有关竣工验收文件。

（二）竣工验收的标准

园林建设项目涉及多种门类、多种专业，且要求的标准也各异，加之其艺术性较强，故很难形成国家统一标准，因此对工程项目或一个单位工程的竣工验收，可采用分解成若干部分，再选用相应或相近工种的标准进行（各工程质量验评标准内容详见有关手册），一般园林工程可分解为土建工程和绿化工程两个部分。

1. 土建工程的验收标准

凡园林工程、游憩、服务设施及娱乐设施等土建工程应按照设计图纸、技术说明书、验收规范及建筑工程质量检验评定标准验收，并应符合合同所规定的工程内容及合格的工程质量标准。不论是游憩性建筑还是娱乐、生活设施建筑，不仅建筑物室内工程要全部完工，而且室外工程的明沟、踏步斜道、散水以及应平整建筑物周围场地，都要清除障碍物，并达到水通、电通、道路通。

2. 绿化工程的验收标准

施工项目内容、技术质量要求及验收规范和质量应达到设计要求、验收标准的规定及各工序质量的合格要求，如树木的成活率、草坪铺设的质量、花坛的品种、纹样等。

第二节　园林工程竣工验收

一、园林工程竣工验收准备工作

（一）施工现场收尾工作

工程所有项目完工后，施工单位要全面准备工程的交工验收工作。对收尾工程中的尾工，特别是零星分散、易被忽视的地方要尽快完成，以免影响整个工程的全面竣工验收。验收前要做好现场的清理工作，这些工作主要包括：

（1）园林建筑辅助脚手架的拆除。

（2）各种建筑或砌筑工程废料、废物的清理。

（3）水体水面清洁及水岸整洁处理。

（4）栽植点、草坪的全面清洁工作。

（5）各种置石、假山和小品施工碎物的清理。

（6）园路工程沿线的清扫。

（7）临时设施的清理。

（8）其他要清理的地方。

清理现场时，要注意施工现场的整体性，不得损坏已完工的设施，不得伤及新植树木花草，各种废料垃圾要择点堆放，对能继续利用的施工剩余物要清点入库。

做完上述工作后，施工单位应先进行自检，一些功能性设施和景点要预先检测，如给排水、喷泉工程等。

（二）施工单位竣工验收资料准备

竣工验收资料是工程项目重要技术档案文件，施工单位在工程施工时就要注意积累，派专人负责，并按施工进度整理造册，妥善保管以便在竣工验收时能提供完整的资料。竣工验收时必须准备的资料主要有：

（1）工程竣工图和工程一览表。

（2）施工图、合同等文件。包括全套施工图和有关设计文件；批准的计划任务书；工程合同与施工执照；图纸会审记录、设计说明书、设计变更单、工程洽谈记录等。

(3) 材料、设备的质量合格证，各种检测记录。

(4) 开、竣工报告，土建施工记录，各类结构说明，基础处理记录，重点湖岸施工登记等。

(5) 隐蔽工程及中间交工验收签证，说明书。

(6) 全工地测量成果资料及相关说明。

(7) 管网安装及初测结果记录。

(8) 种植成活检查结果。

(9) 新材料、新工艺、新方法的使用记录。

(10) 本行业或上级制定的相关技术规定。

(11) 施工自检资料。

二、园林工程竣工验收的依据

(1) 已被批准的计划任务书和相关文件。

(2) 双方签订的工程承包合同。

(3) 设计图纸和技术说明书。

(4) 图纸会审记录、设计变更与技术核定单。

(5) 国家和行业现行的施工技术验收规范。

(6) 有关施工记录和构件、材料等合格证明书。

(7) 园林管理条例及各种设计规范。

三、园林工程竣工验收的标准

(1) 工程项目根据合同的规定和设计图纸的要求已全部施工完毕，达到国家规定的质量标准，能满足绿地开放与使用的要求。

(2) 施工现场已全面竣工清理，符合验收要求。

(3) 技术档案、资料要齐全。

四、园林工程竣工验收的程序

(一) 园林工程的预验收

施工单位对工程经自检并认为工程施工各项指标符合竣工验收标准后，

即可申报对工程进行竣工验收。自申报之日起至正式验收前这一段时间内，安排的工程验收称为预验收。工程预验收应先由监理方提出验收方案，并会同建设方、设计方和施工方一起做好预验收工作。预验收方案应体现工程最终验收的目的与要求，确定预验收的重点，验收的程序、方法、标准及要求等。由于工程预验收需要的时间较长，而且很容易检查出施工中的各种问题，必须认真负责地进行，并要对参与验收的人员进行必要的技术培训。

预验收工作内容主要有：

1. 园林工程竣工资料的核查

先要对汇总好的各种技术资料进行逐一审核，看是否有遗漏或填写不清的，并做好补存工作。一般对工程施工技术资料的审查主要有以下几方面：

(1) 工程项目的开、竣工报告；

(2) 图纸会审与技术交底各种记录；

(3) 施工中设计变更记录及材料变更记录；

(4) 施工质量检查资料及处理情况；

(5) 各种施工材料、设备、构件及机械的质量合格证件；

(6) 所有试验、检验报告；

(7) 中间检查记录；

(8) 施工任务单及施工日记；

(9) 工程质量测评或检查单；

(10) 竣工图、竣工报告；

(11) 施工合同、施工方案（施工组织设计）等技术文件；

(12) 特殊条件下施工记录及其他必要的工程验收相关资料。

对上述技术资料的审查一般是通过审阅、校对和验证等方法进行。审阅即是对所有资料逐一查阅；校对指的是监理方在施工监理过程中收集的资料与施工方提交的材料一一校正，遇到不一致之处先记下而后再和施工方商讨；验证则是在出现多方面资料不一致时到施工现场加以验证。施工技术资料的审查是工程竣工验收重要的环节，必须高度重视。

2. 园林工程竣工的预验收

(1) 预验收的组织和准备　先成立专门的验收小组，由监理方负责。参加验收的人员应按施工专业工序分组，并确定小组负责人。各小组成员对要进行预验收的相关资料要先熟悉，了解验收标准和程序，最好将验收的各项目及重点验收处列成表格，以便验收时逐一打勾。各小组要根据验收的工序准备好工具、表格、仪器等。

(2) 预验收　各小组根据验收标准和要求对工程项目各因子进行检查。

方法主要是通过直观检查、实地测量、植株点数、实际操作等。检查完毕后，各小组长应将预检材料汇总并向总监理工程师报告验收结果。如果检查一切正常，总监理工程师即可编写预验收报告一式三份（一份自存、一份交施工单位、一份交验收组），如果验收出入太大，应责令施工单位整改修补，自检后再复检。上述材料完成后，总监理师将所有资料（含各种预验资料）装订成册，并填写好竣工验收申请报告送项目建设单位。

（二）园林工程正式竣工验收

园林工程正式竣工验收一般都是由项目所在的地方政府、建设单位及主管部门领导及专家参加的全面性验收。验收时，建设单位、设计单位、施工单位和监理单位都应在现场，工程竣工验收实际上是一项具有法律特征的过程，验收的结果是具有法律约束力的。验收时多数由验收小组组长主持，具体的工作则由总监理师组织实施。验收的过程为：

1. 准备工作

（1）编写竣工验收工作日程；

（2）给验收成员发出请柬，书面通知设计、施工及相关单位；

（3）准备好验收技术文件；

（4）招开验前会议。

2. 正式验收

（1）正式招开竣工验收会议。会议由验收组长负责，介绍参加的验收成员，宣读验收工作程序，宣布本次验收工作的时间、做法等。

（2）设计单位发言。

（3）施工单位发言。

（4）监理单位发言。

（5）分组对资料及实地认真检查。

（6）办理竣工验收证书和工程项目验收签订书。

（7）组长签署验收意见。

（8）建设单位致词，验收会议结束。

第三节　园林工程竣工验收实务

园林工程按上述的要求准备验收材料后，施工方要会同建设方、设计方、监理方一起对工程进行全面的验收。其程序一般是：

施工方提出工程验收申请→确定竣工验收的方法→绘制竣工图→填报竣工验收意见书→编写竣工报告→资料备案。

1. 施工方提出竣工验收申请

施工方根据已确定的验收时限，向建设方、设计方、监理方发出竣工验收申请函和工程报审单。其中报审单的格式见表8-1，供参考。填好表后，要写一份竣工验收总结，一同交参加验收的单位。

（1）工程竣工验收报审单

表8-1　工程竣工验收报审单

工程名称：×××绿化工程　　　　中标号：　　　　　　　　　编号：

致：×××监理工程公司或 ×××园林局×××工程监理处（所） 我方已按合同要求完成了×××绿化工程（标号：××）的施工任务，经自检合格，请予以检查和验收。 附：×××绿化工程验收办法。 工程承包单位（章）：________ 项目经理（签字）：________ 日　　期：________
审查意见 项目监理机构（章）：________ 总/专业监理工程师（签字）：________ 日　　期：________

（2）工程竣工验收总结

×××绿化工程竣工验收总结

××市×××绿化工程位于×××，总面积29.1hm^2，该项目是××市城建的重点工程，同时也是利用国债建设×××工程项目的景观工程子项目。主要工程项目为土方工程、绿化种植工程。本标段有较多的土方工作量，绿化苗木大、中、小规格相互搭配，其中胸径达1m以上的阔叶大乔木229株；大规格棕榈科乔木226株；中等规格乔木1491株；地被植物23万株；铺草坪7万m^2；加上××大酒店的新增绿地的种植任务，整个工程工期紧、任务重、交叉施工单位多，特别是雨季施工车辆进出极为困难，给施工带来了一定的难度。项目部在上级领导的指导下，克服困难，合理组织施工工序，精心安排，高质、高效地完成了重点工程的施工任务。

在本次施工中，由于绿化施工与各部门交叉施工场地多，情况复杂。针对这一问题，项目部积极作好协调工作，认真对各分项施工方案进行推敲，由于绿化施工带有明显的时间性、季节性特点，项目部发挥绿化整体施工优势，成立植物材料组、施工组、养护组等8个部门，明确各部门职责，严格按监理程序进行施工，整个绿化工程做到随到随种，及时养护，同时对于较复杂的苗木及地形处理，采取人工和机械相结合的施工措施，保证了施工的质量。整个施工工程中，共投入机械台班2 000余次，劳动力1万余人次，种植了乔灌木2 000余株，地被20余万袋，达到了上级领导对整个工程绿化、美化、生态化的要求，得到了上级领导和广大市民的一致好评。

在抓质量、赶进度的同时，项目部还做好了在市区中心的文明施工措施，严把文明关，对施工车辆进出工地的噪音、垃圾进行了处理。施工人员持证上岗，工地纪律都做了严格的规定，并有专人落实检查，整个施工期间没有出现一起因文明施工不到位而引发的投诉事件，以行动确保了施工质量和管理目标。

通过7个月的施工，绿化工程我方标段（含新增绿地）已全部施工完毕，乔灌木、地被种植搭配合理，长势良好。通过我方自检，已达到了优良竣工的要求，各项质检资料也同步完成。

×××园林绿化工程有限责任公司

200×年　月　日

2. 确定竣工验收办法

必须参加竣工验收的四方应依据国家或地方的有关验收标准及合同规定的条件，制定出竣工验收的具体办法，并予以公布。验收时即按此办法进行验收。下例是某绿化工程的竣工验收办法（此文附于竣工验收报告中），可参考。

×××绿化工程竣工验收办法

根据《城市绿化工程施工及验收规范》CJJ/T82—1999，参照《×××市景观亮化工程的绿化工程竣工验收办法》，制定×××绿化工程竣工验收办法。

验收分优良、合格、不合格三个等级予以评定，不合格工程不得交付使用。

分值：

(1) 合格：

①外观项目的评分达 80 分以上。

②实测项目：各主要检查项目的合格率 100%，各非主要检查项目合格率均达 85%以上。

③质量保证资料应达 70 分以上。

④工程综合评分应达 80 分以上。

(2) 优良：

①外观项目的评分达 85 分以上。

②实测项目：在合格的基础上，全部检查项目的平均合格率应达 90 分以上。

③质量保证资料应达 85 分以上。

④工程综合评分应达 85 分以上。

(3) 单位工程综合评分＝外观得分×0.4＋实测得分×0.3＋资料评分×0.3

说明：

(1) 实测项目乔木、孤植灌木抽检品种不少于 50%，数量不少于工程总量的 10%；片植灌木抽检品种不少于 40%，数量不少于工程总量的 1%；草本地被、草坪抽检品种不少于 60%，数量不少于工程总量的 0.1%。

(2) 加权系数为乔木、孤植灌木、片植灌木、草本地被、草坪在本工程中所占分数的比例。

(3) 草本地被、片植灌木、草坪的实测以 $1m^2$ 为一个单元，乔木、孤植灌木以 1 株为一个单元。

(4) 草本地被、片植灌木的高度、冠幅的实测实量值为抽检单元中的平均值。

表 8-2 ×××绿化工程外观评分表

工程名称		工程部位		施工单位		施工负责人	
评分项目	外观要求		存在问题	应得分	实得分	加权系数	最终评分
乔木、孤植灌木	1. 生长良好、发芽正常、无病虫害、无缺株			30			
	2. 种植定位合理，符合设计要求			20			
	3. 造型修剪符合设计要求			20			
	4. 植株主干垂直地平面，定向及排列符合要求			20			
	5. 树盘整齐、大小适合、无石块等杂物			10			

（续）

工程名称		工程部位		施工单位		施工负责人	
片植灌木草本地被	1. 生长良好、发芽正常、无病虫害、无缺株			30			
	2. 整形修剪整齐，线条流畅，符合设计要求			25			
	3. 种植标高适当，种植地平整，无低洼积水现象			15			
	4. 种植定位合理，符合设计要求			15			
	5. 无杂草、无枯黄叶、土壤疏松，表层无石块等杂物			15			
草坪	1. 草坪青绿、整洁，无杂草、无枯黄，无病虫害，满铺			55			
	2. 地表平整，无低洼积水现象，坡度符合设计要求			45			
合　　计							

记录人：　　　　　检查人：　　　　　日 期：

3. 绘制竣工图

工程在施工过程中，由于园址施工条件的差异，或者原设计图需要改动等使图纸发生了变化，因此，工程完成后要将这些改动标于图上，连同其他修改文字资料经确认后，作为竣工验收的材料。

4. 填报竣工验收意见书

验收人根据施工方提供的材料对工程进行全面认真细致的验收。然后填写“竣工验收意见书”，意见书的参考样式见表 8-3。

5. 编写竣工报告

竣工报告是工程交工前一份重要的技术文件，由施工单位汇同建设单位、设计单位等一同编制。报告中要重点述明项目建设的基本情况，工程验收机构组成，工程验收的内容，验收的程序及验收方法（用附件形式）等，并要按照规定的格式编制。竣工报告格式参见表 8-4。

表 8-3　×××绿化工程竣工验收意见书

<table>
<tr><td colspan="2">工程名称</td><td colspan="2"></td><td colspan="2">建设单位</td><td colspan="2"></td><td colspan="2">开工日期</td><td colspan="2"></td></tr>
<tr><td colspan="2">工程地点</td><td colspan="2"></td><td colspan="2">施工单位</td><td colspan="2"></td><td colspan="2">竣工日期</td><td colspan="2"></td></tr>
<tr><td colspan="2">工程简要说　明</td><td colspan="2">建筑面积</td><td></td><td>造价</td><td colspan="2"></td><td>工程内容</td><td>绿化、土方</td><td>其他情况</td><td>无</td></tr>
<tr><td rowspan="3">工程档案资料情况</td><td>资料来源</td><td colspan="2">建设单位资料</td><td colspan="2">勘测单位资料</td><td colspan="2">设计单位资料</td><td colspan="2">监理单位资料</td><td colspan="2">施工单位资料</td></tr>
<tr><td>份数</td><td colspan="2">立项批文规划许可证、施工许可证、中标通知书、质检申报书等 5 份</td><td colspan="2">实际勘测成果（图纸、文字）</td><td colspan="2">设计计算、图纸、变更通知、设计质检报告等 4 份</td><td colspan="2">监理合同、监理规范、监理记录、工程质量评估报告等 4 份</td><td colspan="2">施工合同、施工组织设计、施工技术及管理资料、工程竣工报告等 4 份</td></tr>
<tr><td>审查结果</td><td colspan="2">齐全、基本齐全或不齐全</td><td colspan="2">齐全、基本齐全或不齐全</td><td colspan="2">齐全、基本齐全或不齐全</td><td colspan="2">齐全、基本齐全或不齐全</td><td colspan="2">齐全、基本齐全或不齐全</td></tr>
<tr><td>验收结论</td><td colspan="9">1. 设计方面：
2. 施工方面：
3. 其他：
（1）本工程共 2 部分，其中土方、种植、苗木达优良，优良率达：　%。
（2）项目在监理单位的指导下，工程质量得到保证，且各种资料齐全。
（3）综合本工程外观得分：　；实测得分：　；资料得分：
（4）本工程施工过程符合国家基本建设程序，无违反程序行为。</td><td colspan="2">工程质量评定结果：
优良、合格或不合格</td></tr>
<tr><td colspan="2">施工单位</td><td colspan="2">建设单位</td><td colspan="2">设计单位</td><td colspan="2">勘测单位</td><td colspan="2">监理单位</td></tr>
<tr><td>负责人</td><td></td><td>负责人</td><td></td><td>负责人</td><td></td><td>负责人</td><td></td><td>负责人</td><td></td></tr>
<tr><td>代表</td><td></td><td>代表</td><td></td><td>代表</td><td></td><td>代表</td><td></td><td>代表</td><td></td></tr>
<tr><td colspan="2">（公章）</td><td colspan="2">（公章）</td><td colspan="2">（公章）</td><td colspan="2">（公章）</td><td colspan="2">（公章）</td></tr>
</table>

表 8-4　×××绿化工程竣工验收报告

<table>
<tr><td>工程名称</td><td colspan="4"></td></tr>
<tr><td>预估结算价</td><td colspan="2"></td><td>工程地址</td><td></td></tr>
<tr><td>工程规模（m²）</td><td colspan="2"></td><td>结构类型</td><td></td></tr>
<tr><td>勘测单位名称</td><td colspan="4"></td></tr>
<tr><td>设计单位名称</td><td colspan="4"></td></tr>
<tr><td>施工单位名称</td><td colspan="4"></td></tr>
<tr><td>监理单位名称</td><td colspan="4"></td></tr>
<tr><td>开工日期</td><td colspan="2"></td><td>竣工日期</td><td></td></tr>
<tr><td colspan="5">工程验收程序、内容、形式：
1. 程序：
2. 内容：
3. 形式：
4. 其他：</td></tr>
<tr><td>建设单位执行基本建设程序情况</td><td colspan="4"></td></tr>
<tr><td>对勘测单位的评价</td><td colspan="4"></td></tr>
<tr><td>对设计单位的评价</td><td colspan="4"></td></tr>
<tr><td>对施工单位的评价</td><td colspan="4"></td></tr>
<tr><td>对监理单位的评价</td><td colspan="4"></td></tr>
<tr><td>工程竣工验收意见</td><td colspan="4">建设单位（公章）
项目负责人：
单位负责人：
日　期：</td></tr>
</table>

6. 竣工资料备案

项目验收后，要将各种资料汇成表作为该工程竣工验收备案。备案表格式见表 8-5。

表 8-5　×××绿化工程竣工验收备案表

<table>
<tr><td colspan="2">建设单位名称</td><td colspan="3"></td></tr>
<tr><td colspan="2">备案日期</td><td colspan="3"></td></tr>
<tr><td colspan="2">工程名称</td><td colspan="3"></td></tr>
<tr><td colspan="2">工程地点</td><td colspan="3"></td></tr>
<tr><td colspan="2">工程规模（m^2）</td><td colspan="3"></td></tr>
<tr><td colspan="2">结构类型</td><td colspan="3"></td></tr>
<tr><td colspan="2">工程用途</td><td colspan="3"></td></tr>
<tr><td colspan="2">开工日期</td><td colspan="3"></td></tr>
<tr><td colspan="2">竣工验收日期</td><td colspan="3"></td></tr>
<tr><td colspan="2">施工许可证</td><td colspan="3"></td></tr>
<tr><td colspan="2">施工图审查意见</td><td colspan="3"></td></tr>
<tr><td colspan="2">勘测单位名称</td><td></td><td>资质等级</td><td></td></tr>
<tr><td colspan="2">设计单位名称</td><td></td><td>资质等级</td><td></td></tr>
<tr><td colspan="2">施工单位名称</td><td></td><td>资质等级</td><td></td></tr>
<tr><td colspan="2">监理单位名称</td><td></td><td>资质等级</td><td></td></tr>
<tr><td colspan="2">工程质量监督
机构名称</td><td colspan="3"></td></tr>
<tr><td rowspan="5">竣工
验收
意见</td><td>勘测单位意见</td><td colspan="3">公章：
单位（项目）负责人：
日　　期：</td></tr>
<tr><td>设计单位意见</td><td colspan="3">公章：
单位（项目）负责人：
日　　期：</td></tr>
<tr><td>施工单位意见</td><td colspan="3">公章：
单位（项目）负责人：
日　　期：</td></tr>
<tr><td>监理单位意见</td><td colspan="3">公章：
单位（项目）负责人：
日　　期：</td></tr>
<tr><td>建设单位意见</td><td colspan="3">公章：
单位（项目）负责人：
日　　期：</td></tr>
</table>

7. 办理竣工验收手续

经上述组织的工程验收合格后，合同双方应签订竣工交接签收证书，施工单位应将全套验收材料整理好，装订成册，交建设单位存档。同时办理工程移交，并根据合同规定办理工程结算手续。至此，双方的义务履行完毕，合同终止。

第四节　园林工程的移交

园林工程的移交主要指工程移交和技术资料移交两方面。

一、园林工程的移交

园林工程经过竣工验收后（取得竣工验收证和工程验收签订书），监理工程师就可签发工程竣工移交证书（表 8-6）。所签发的工程交接书一式三份，建设单位、施工单位、监理单位各一份。

表 8-6　工程竣工移交证书

工程名称：　　　　　　　　合同号：　　　　　　　　监理单位：

致建设单位____________________： 兹证明____________________号竣工报验单所报工程____________________已按合同和监理工程师的指示完成，从____________________开始，该工程进入保修阶段。 附注：（工程缺陷和未完成工程） 监理工程师（签字）：　　　　年　　月　　日
总监理工程师的意见： 签名：　　　　年　　月　　日

注：本表一式三份，建设单位、施工单位和监理单位各一份。

二、工程技术资料移交

所有涉及工程的技术资料都是必须建档的资料。施工单位、设计单位、监理单位密切配合共同完成。实际工作中，这些技术资料多由施工单位来完成，汇总装订后交监理单位校对，无误后再转交施工单位存档。重要的资料应做好备份工作，并交建设单位一份。所移交的工程技术资料见表 8-7。

表 8-7 工程移交技术资料一览表

工程阶段	工程移交技术资料
施工准备	1. 工程申请报告，审批文件； 2. 可行性研究报告资料； 3. 相关项目的批示、会议记录； 4. 土地征用、拆迁相关文件； 5. 工程项目调查报告； 6. 工程概预算； 7. 招投标文件、工程合同； 8. 各种资质证件复印材料，其他相关部门的审批资料。
项目现场施工	1. 开工报告； 2. 工程测量资料； 3. 图纸会审、技术交底记录； 4. 施工方案或施工组织设计； 5. 基础处理、基础施工资料，中间验收记录； 6. 工程变更记录、施工材料进入记录单； 7. 建筑材料、构件、设备质量保证单； 8. 植物数量清单；植物养护措施和方法； 9. 各种管线施工安装说明、方法资料； 10. 景石工程、假山工程施工技术资料； 11. 工程质量事故的调查报告及处理意见； 12. 施工各工序质量检查记录情况； 13. 各种施工任务单、施工现场原始记录资料； 14. 不良施工条件下施工资料； 15. 施工日志； 16. 竣工验收申请报告。
工程竣工验收	1. 竣工项目的验收报告，竣工验收会议记录； 2. 竣工质量评价，竣工结算单； 3. 工程竣工总结报告； 4. 施工中所有的照片、录像及领导、名人的题词等； 5. 竣工图。

第五节　园林工程的回访、养护及保修保活

园林工程项目交付使用后，在一定期限内施工单位应到建设单位进行回访，对该项工程的相关内容实行养护管理和维修。对由于施工责任造成的使用问题，应由施工单位负责修理，直至达到能正常使用为止。回访、养护及维修，体现了承办者对工程项目负责的态度和优质服务的作风，并在回访、养护及保修的同时，进一步发现施工中的薄弱环节，以便总结经验、提高施工技术和质量管理水平。

一、园林工程回访的组织与安排

在项目经理领导下，由生产、技术、质量及有关方面人员组成回访小组，必要时，邀请科研人员参加，回访时，由建设单位组织座谈会或听取会，听取各方面的使用意见，认真记录存在问题，并查看现场，落实情况，写出回访记录或回访纪要。通常采用下面 3 种方式进行回访。

1. 季节性回访

一般是雨季回访屋面、墙面的防水情况，自然地面、铺装地面的排水组织情况，植物的生长情况；冬季回访植物材料的防寒措施搭建效果，池壁驳岸工程有无冻裂现象等。

2. 技术性回访

主要了解园林施工中所采用的新材料、新技术、新工艺、新设备的技术性能和使用后的效果；新引进的植物材料的生长状况等。

3. 保修期满前的回访

主要是保修期将结束，提醒建设单位注意各设施的维护、使用和管理，并对遗留问题进行处理。

4. 绿化工程的日常管理养护

保修期内对植物材料的浇水、修剪、施肥、打药、除虫、搭建风障、间苗、补植等等日常养护工作，应按施工规范，经常性地进行。

二、园林工程保修保活的范围和时间

（一）保修、保活范围

一般来讲，凡是由于园林施工单位的施工责任或者由于施工质量不良而造成的问题，都应该实行保修。

（二）养护、保修、保活时间

自竣工验收完毕次日起，绿化工程一般为 1 年，由于竣工当时不一定能看出栽植的植物材料的成活，需要经过一个完整的生长期的考验，因而一年是最短的期限，一般因植物的生长期不同而不同。土建工程和水、电、卫生和通风等工程，一般保修期为 1 年，采暖工程为 1 个采暖期。保修期长短也可依据承包合同为准。

三、园林工程养护、修理的经济责任

园林工程一般比较复杂，修理项目往往由多种原因造成，所以，经济责任必须根据修理项目的性质、内容和修理原因诸多因素，由建设单位、施工单位和监理工程师共同协商处理。一般可分为以下几种：

（1）养护、修理项目确实由于施工单位施工责任或施工质量不良遗留的隐患，应由施工单位承担全部修理费用。

（2）养护、修理项目是由建设单位和施工单位双方的责任造成的，双方应实事求是地共同商定各自承担的修理费用。

（3）养护、修理项目是由于建设单位的设备、材料、成品、半成品等不良原因造成的，应由建设单位承担全部修理费用。

（4）养护、修理项目是由于用户管理使用不当，造成建筑物、构筑物等功能不良或苗木损伤死亡时，应由建设单位承担全部修理费用。

四、园林工程养护、保修阶段的监理工作

实行监理工程的监理工程师在养护、保修期内仍应继续监理工作，其内容是主要检查工程状况、鉴定质量责任、督促和监督养护、保修工作。

养护保修期内监理工作的依据是有关建设法规、有关合同条款（工程承

包合同及承包施工单位提供的养护、保修证书）。如有些非标施工项目，则可以合同方法与承接单位协商解决。

（一）保修、保质期内的检查方法

1. 工程状况的定期检查

当园林建设项目投入使用后，开始时每旬或每月检查 1 次，如 3 个月后未发现异常情况，则可每 3 个月检查 1 次。如有异常情况出现时则缩短检查的间隔时间。当经受暴雨、台风、地震、严寒后，监理工程师应及时赶赴现场进行观察和检查。

2. 检查的方法

检查的方法有访问调查法、目测观察法、仪器测量法 3 种，每次检查不论使用什么方法都要详细记录。

3. 检查的重点

园林建设工程状况的检查的重点应是主要建筑物、构筑物的结构质量，水池、假山等工程是否有不安全因素出现。在检查中要对结构的一些重要部位、构件重点观察检查，对已进行加固的部位更要进行重点观察检查。

（二）养护、保修、保活工作

养护、保修工作主要内容是对质量缺陷的处理，以保证新建园林工程能以最佳状态面向社会，发挥其社会、环保及经济效益。监理工程师的责任是督促完成养护、保修的项目，确认养护、保修质量。各类质量缺陷的处理方案，一般由责任方提出，监理工程师审定执行。如责任方为建设单位时，则由监理工程师代拟，征求实施的单位同意后执行。

（三）养护、保修、保活工作的结束

监理单位的养护、保修责任为 1 年，在结束养护保修期时，监理单位应做好以下工作：

（1）将养护、保修期内发生的质量缺陷的所有技术资料归类整理。

（2）将所有期满的合同书及养护、保修书归整之后交还给建设单位。

（3）协助建设单位办理养护、维修费用的结算工作。

（4）召集建设单位、设计单位、承接施工单位联席会议，宣布养护、保修期结束。

➢ 复习思考题

1. 园林工程竣工验收与养护期管理的概念，依据和标准是什么？
2. 园林工程竣工验收准备工作的内容有哪些？
3. 园林工程移交的内容有哪些？应办理哪些手续？
4. 园林工程养护期管理的内容有哪些？
5. 园林工程投入使用后应做好哪些工作？有什么作用？

第九章　园林工程施工的经济管理

【本章提要】 园林工程施工生产与管理的过程也是一种经济管理的过程。以较少的投入，生产出最佳园林施工产品是建设双方的追求。经济管理是实现这一目的的最有效途径。本章在介绍有关基础知识的同时，较为详细地叙述了通过园林工程施工图预算编制中的施工定额的选择、工程量计算、费用组成与取费办法等知识，以使学生熟练掌握园林工程施工图预算、竣工结（决）算的方法。并能适应现代园林工程施工经济管理要求，加强经济信息收集与管理工作。

第一节　园林工程施工经济管理概述

园林工程同其他工程一样，其施工的过程同时也是一项经济管理的过程。我们不仅要实现园林工程的社会效益和环境生态效益，同时还要使其具有较高的经济效益，搞好施工过程中的经济管理尤为重要。

园林工程施工的经济管理包括多方面内容，但其中主要是结合园林工程施工特点，在经济管理理论的指导下，除抓好日常的进度、质量、材料、人工、安全等各项管理工作的前提下，重点抓好园林工程施工中的定额管理、预算管理、工程的竣工决算等工作。本章就从此入手，重点介绍园林工程施工经济管理的概念、园林工程定额、园林工程施工图预算的编制和园林工程竣工决算 4 个方面的内容。

一、园林工程施工经济管理的概念

管理的定义是什么？有科学管理之父之称的泰罗指出：管理是“确切地知道你要别人去干什么，并使他用最好的方法去干”。而诺贝尔经济学奖获得者郝伯特·西蒙教授对管理概念的一句格言是：“管理即制定决策”。实际上管理所做的一切工作归根到底是对现实与未来，面对环境与员工不断作出决策，以达到使人满意的目标。法国人亨利·法约尔认为：管理是所有人类组织，不论是家庭、企业或政府，都有的一种活动。由5种要素组成，即计划、组织、指挥、协调和控制。计划包括了预测未来和拟定行动计划；组织包括建立从事活动的机构；指挥则包括维持组织中人员的活动；协调就是把所有的活动结合起来，使之统一并和谐；控制则是使所有的事情按照预定的计划和指挥来完成。

随着经济社会的发展和科学进步，经济管理已成为管理范畴内的重要概念之一，也是各项管理的基础和关键。由于园林工程施工与管理的技术行为受到环境资源和人类需求的约束，所以其工程中的艺术构思和园林技术的实现一般都离不开经济管理。

经济管理则是指对社会（企业）物质资料的生产、分配、交换、消费等经济活动，通过预测、决策、计划、监督、控制等管理职能（要素）实现管理者预定的经济目标，在行业群体中对人类行为所进行的程序的制定，执行和调节。它通常是在数量相对稳定的专业群体中进行。园林工程经济管理同其他经济管理一样，是建立在数量和技术相对稳定的园林工程建设这一特定的专业群体中进行的。它同一切经济管理一样，是技术管理系统与经济系统的统一，并贯穿于整个过程之中。园林工程经济与技术系统的流程（规范）如图9-1所示。

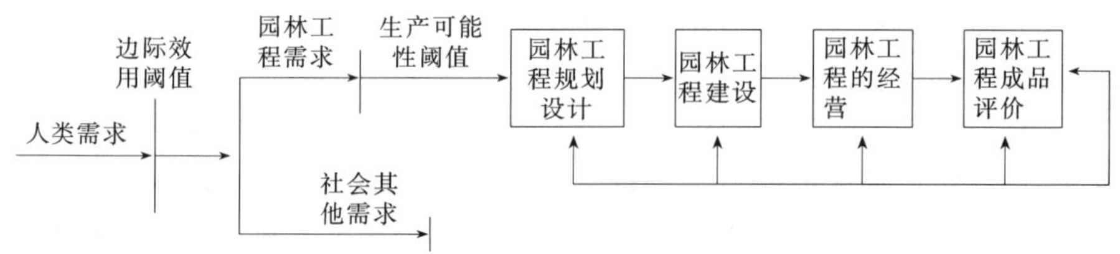

图9-1　园林工程经济与技术流程

园林工程作为一种特定范围内的艺术性工程生产过程，由于其技术行为受到了社会条件，环境资源条件及人类自身需求的广泛约束，所以其艺术构思及园林技术的实现更离不开施工过程中的经济管理。

园林工程施工经济管理则是经济管理学原理，在园林工程建设施工这一特定社会生产全过程中的具体应用。是指在数量技术相对稳定的园林工程建设施工的专业群体中，按照其规律，所进行的较好规整的施工经济管理程序的制定，执行和调节的全部活动。

二、园林工程施工经济管理的特点

园林工程施工经济管理不只具有一般建筑工程施工经济管理的共性特征，而且由于其自身的特殊性又形成了独有的个性特征，它们是：

1. 园林工程施工经济管理更具全局性、规模性和严格的时限性特点

园林工程施工不仅同一般其他建筑安装工程一样，具有极强的经济预算管理和规模效益的特征。同时，由于园林工程建设施工中以有生命的植物为主体，一般植物每年只有一个最适宜的种植季节，且要经过多年的生长，养护才能发挥预期的环境功能和观赏功能。另外，植物只有达到一定的数量规模后，才能发挥其特有的绿化效果和生态环境效果，因此在园林工程施工经济管理中，更应突出预见性，在施工中的计划和实践中，更应注重经济管理的全局性和工程的大规模性，而在施工中更应注重对植物的严格的季节、气候、天气等时限要求的适应。否则，再好的经济管理也难以达到预期的经济效果。

现阶段园林工程多数在城镇建设，是实现城市和区域规划的园林绿化任务和生态环境建设任务的重要途径之一。城市建设是涉及全局的大事，不是园林绿化工程部门单纯可以实现的。它涉及规划、城建、环保、文物等一系列相关部门。因而必须在城市或区域建设的总体规划的指导下进行，因而就使得园林工程施工经济管理的全局性和计划性特征更为突出。要将其纳入整体城市或区域的规划之中，列入国家或地方计划之内，战略上要有全局观念和超前意识，在发展规划的统一安排下，走在其他计划的前面，只有规划行动在前，才能达到与其他建设同步发展的要求，否则待到其他项目建成以后，再动手进行园林工程建设规划，安排建设去填补园林绿化工程，必然是事倍功半，难以达到预期的效果，更无经济效益可言。

实现城市或区域规划的园林绿化工程任务，是涉及建设全局的事，不是园林工程部门单独可以实现的。首先应该在城市或地域建设总体规划的指导下制定科学的绿化工程计划，并拟定逐步实现的实施计划，才能确保园林绿化工程建设施工经济管理效益的最终实现。

2. 园林工程建设用地的管理是园林工程施工经济管理的重要内容

园林工程建设一般需要大量的土地，而我国的园林工程大多地处城市或近郊。这与城镇人口稠密，人均用地面积很少，产生明显的矛盾，过高的地价必然使园林工程成本成倍增加，因而严格地节约用地，充分利用规划内土地是园林绿化工程中的一个重要原则。这一原则的实现，既要在园林工程的计划、设计中体现，更重要的是在园林工程施工过程中体现。因而在园林工程建设施工经济管理中要充分挖掘土地的潜力，把一切可利用的土地都科学地利用起来。同时还要坚持因地制宜，宜山则山、宜水则水，且以植物造景为主，不宜兴建过多的建筑物，以节约工程用地，提高工程的经济效益。

3. 园林工程施工建设存在建设、养护两个紧密相连的阶段

园林工程建设中以植物造景为主体，而植物的特点使得园林工程投资具有长周期性和季节性两大特点，因而园林工程经济管理产生了长周期性和季节性特点。即投资周期性长，收效慢，且资本金使用因季节而变化大。

存在于园林工程施工过程中的建设阶段和养护阶段，是不能分割的两个不同环节。园林工程建设的结束，即是其养护工程的开始，甚至在建设工程还未结束之前，其养护阶段已经开始了。建设工程的产品需要一个逐步调整、充实、完善的过程。未经过长时间的养护、培育，不可能充分体现园林工程最初的设计意图，就达不到预想的社会效果和经济效果。另外，园林工程建设阶段和养护阶段又是相互联系的。工程建设阶段要为养护阶段打下基础，而只有通过一定时限的养护，才能逐步使工程建设臻于完善。园林工程中的各类建筑，建成以后是固定不变的，而植物材料却是随着岁月而长大，因而需要对其不断地进行人工干预，以求实现逐步完善的效果。从经济管理角度看，建设工程交付使用使工程建设投资得以结束，也正是养护管理投资的开始。不但不能立即得到效益回报，相反，工程中植物造景部分比例越大，绿化种植的质量要求越高，要求辅助设施越完善；其开支也是成正比例上升的。所以，二者必须紧密结合，才能保证园林工程经济效益工程绿化效果的提高。

由于园林工程施工这一特点，使园林工程施工经济管理表现出阶段性、连续性和长期性特点。这是园林工程施工经济管理的显著特征之一。

4. 园林工程质量的独特要求，使其经济管理又不同于一般工程建设的经济管理

园林工程不仅要和一般工程建设一样符合工程设计文件中所规定的技术要求，此外还应该有它的艺术质量要求，如色彩、造型、体 、比例、对比、风格和周围环境的统一与协调等。因而使园林工程建设更具有复杂性和艺术性，其有关定额的选择、预算的编制、材料的选配和竣工决算的编制等更灵活、更复杂、更多样化，这就要求园林工程经济管理者要有丰富的知识，才能搞好这一工作。

5. 园林工程产品的公共性产品特征使其具有公共性产品生产的经济管理特征

我国园林工程产品在现阶段大多数属于公共性产品，使得园林工程建设产品的大众化突出。其社会效果显得尤为突出，因而园林工程经济管理者除了按照一般工程建设经济管理程序进行规划设计、工程建设、产品经营和效果评价等流程进行外，还应特别注意社会各方面意见，加强与有关方面的联系，听取广大人民群众的建议和要求，认真研究并加以吸收一般都能取得较好的效果。

三、园林工程施工经济管理的地位与作用

园林工程施工建设作为一项特殊的经济活动，其经济管理贯穿于整个工程全过程，在施工管理中具有举足轻重的地位。其作用表现为：

（1）严格的施工经济管理是实现工程预想目的，满足社会需求，实现工程的社会效益和经济效益的根本保证。

（2）严格科学的施工经济管理是实现园林工程文化、艺术行为效果的保证。

（3）严格的施工经济管理是保证工程质量的基础。

（4）严格的施工经济管理是企业经济效益获得的主要途径。

（5）严格的施工经济管理是适应经济全球化要求，与国际园林工程施工接轨的关键性措施。

四、园林工程经济管理的主要内容

园林工程施工经济管理是园林工程施工企业对园林工程施工生产过程中一切经济活动的预测、决策、计划、组织、指挥、控制等职能的具体应用，以实现预定的经济目标。它涉及到行业技术定额的选择、经济预算的编制、物资材料、人工资源、安全生产、技术要求和组织与安排，以及竣工决算等方方面面的内容，是一项复杂的系统工程。园林工程施工经济管理又是一门新兴的不断完善的学科，在不断的工程实践中，人们在借鉴一般工程施工经济管理经验的基础上，充分体现园林工程自身的特殊性，初步形成了其施工经济管理的内容体系。现简要介绍如下：

1. 园林工程施工预算定额的选择

园林工程施工生产的过程，实际上是物资消耗形成新产品的过程，它不仅消耗一定的建筑材料和资金，还要使用大量的植物资料，消耗一定的人工，使用多种机械台班等。长期园林工程的施工生产实践，已经形成了具有

一定适应性的各类定额，它体现了在正常施工条件下完成某一合格单位生产品或某一定量工作所需消耗的人力、材料、机械台班的数量标准。根据各自工程的特点，科学、准确地选择工程施工定额是进行预算、组织、设计、生产，工程决算的基础，也是整个园林工程经济管理的基础。

2. 园林工程施工预、决算的编制

园林工程预算是园林工程经济管理的关键，是整个经济管理的依据。编制科学，符合实际的园林工程施工预算是获得工程中标、施工管理和取得较高经济效益的基础。一般园林工程施工预算，是在编制的园林工程施工图预算获得全部工程直接费用的基础上，再根据国家工程建设规定的各项费用的取费标准，计算出工程所需的各种间接费（含不可预见费），最后综合计算出该工程施工的造价和有关技术经济指标，另外再根据各分项工程量分析材料和人工用量，最后汇总出各种材料（机械）和人工总量。形成完整的工程施工决算。

3. 园林工程施工中各种支出的控制

园林工程施工经济管理在形成预算后，要使预算付之实施，除了科学组织施工生产，另一重要的内容就是要严格控制工程建设施工中的各项支出，使其减至最低极限，才能以较少的投入获取较大的经济收获。这也是一切经济管理活动的主要内容之一。园林工程施工中的各项支出可分为生产性支出和非生产性支出两大类。二者同等重要，必须同样引起重视。

(1) 生产性支出的控制　生产性支出包括人工费、材料费、施工机械使用费和其他相关的生产费用支出，它是工程支出的主要部分，也是施工经济管理的主要目标，一般要严格执行预算规定，在确保工程质量的前提下，实行有目标定额的控制管理，坚决杜绝各种浪费、窝工，防止增大生产性支出。也可通过技术创新，新产品的应用等途径，降低其支出成本。但绝对不能以降低工程质量为代价，采用不正当的手法来降低生产成本的现象发生。

(2) 非生产性支出的控制　园林工程的非生产性支出包括间接费、税金和材料差价三部分组成，而其中的税金和材料差价二部分，一般由国家和地方政府按有关规定予以决定，施工企业无法变更。所以其主要内容是间接费支出的控制。间接费包括施工管理费和其他间接费两大类。其中施工管理费的控制是控制非生产性支出的主要内容，它是通过科学管理，提高管理效率，降低管理成本来实现的。其他间接管理费是指施工过程中技术、安全、质量管理所发生的各类预算外的不可见因素产生的支出，它是通过加强各项管理、规范技术、安全程序并防止各类意外事故来实现。

4. 现代施工科学技术的应用

科学技术是第一生产力，现代施工科学技术在园林工程施工中的广泛应用是解放生产力，提高工程质量，节约工程各项费用支出，降低工程成本的重要手段之一。现代园林工程经济管理，在搞好上述常规经济管理的同时，重视应用新的施工科学技术，已成为新的经济管理内容之一。采用新的施工经济管理手段和方法，不断提高园林工程施工的经济管理水平，创造更多的高产生、低投入园林工程精品，已成为园林工程施工经济管理的奋斗目标。

第二节 园林工程施工预算定额与管理

园林工程定额是进行园林工程施工图预算和工程决算的基础，也是园林工程建设双方实现统一认识，进行工程竣工决算的基础。同时园林工程定额又是园林工程行业相对稳定的经济技术标准，是进行园林工程施工经济管理的基础。加强对园林工程定额的管理，自然就成为园林工程施工经济管理的首要任务。

一、园林工程施工预算定额概述

（一）园林工程预算定额的概念

在正常的施工条件下，完成一定计量单位合格的分项园林工程或结构构件所需消耗的活劳动与物化劳动（即人工、材料和机械台班）的数量标准，叫园林工程施工预算定额。

（二）园林工程施工预算定额的特性

（1）园林工程施工预算定额是由国家正式主管机关或被授权单位组织编制并颁发的一种法令性指标。是一项重要的经济法规。定额中的各项指标反映了国家在一定时限，区域内对完成单位合格园林工程产品和基本构件要素（即每一单位分项工程和结构构件）所规定的人工、材料、机械台班等消耗的数量定额。

（2）编制施工预算定额的目的在于确定园林工程中每一单位分项工程的预算基价（含价格）力求用最少的人力、物力和财力，生产出符合质量标准的合格的园林工程产品，以取得最好的施工经济效益。预算定额中活劳动与物化劳动的消耗指标，应是体现社会平均水平的指标。为了提高园林工程施工企业管理水平和生产力水平，定额中的活劳动和物化劳动消耗指标又应该是平均的先进水平指标。

（3）施工预算定额是一种综合性定额，它不仅考虑了施工定额中未包含的各种因素（如材料在现场内的超运距，人工幅度差的用工等），而且还包含了为完成分项工程或结构构件的全部工序之内容。

（4）园林工程施工预算定额中的生物方面内容，因其地域，季节和要求不同而变化范围较大。在应用时应分情况，分别选用。

（三）园林工程施工预算定额的作用

园林工程施工预算定额是建设工程中一项重要的技术法规，它规定了园林工程施工企业和建设单位在完成工程任务时，所允许消耗的人工、材料和机械台班的数量限额，它确定了国家、园林工程建设单位与施工企业之间的一种技术、经济关系，它在我国园林工程施工建设中占有十分重要的地位。其作用可归纳如下：

（1）是编制地区单位估价表的依据；

（2）是编制园林工程施工图预算，合理确定工程建设造价的依据；

（3）是施工企业编制人工、材料、机械台班需要量计划，统计完成工程量，考核工程成本，实行经济核算的依据；

（4）是园林工程招、投标中确定标底和标价的主要依据；

（5）是园林工程建设单位和建设银行拨付工程价款，建设资金贷款和进行工程竣工结算的依据；

（6）是编制园林工程概算定额和概算指标的基础材料；

（7）是园林工程施工企业进行经济核算，对经济活动进行分析评价的依据；

（8）是园林工程设计部门对设计方案进行技术经济分析评价的工具。

二、园林工程项目划分的依据和方法

进行园林工程概预算，首先必须确定工程项目，即在熟悉园林工程施工图纸及施工组织设计的基础上，严格按定额的项目类别确定工程中的各项目，计算各项目的工程量，然后才能准确选择定额，进行各类预（决）算，以减少计算过程中的漏算和少算。

（一）园林工程项目划分的依据

园林工程项目划分的依据包括：

（1）工程设计的施工图纸和各种相关技术资料。

（2）适合的园林工程建设及绿化工程定额。

（3）施工企业完成的施工组织设计资料。

（4）建设单位和园林工程施工企业签订的具有法律效力的合同、协议等文件资料。

（二）园林工程项目的划分

一个园林建设工程项目是由多个基本的分项工程构成的，为了便于对工程进行管理，使工程预算项目与预算定额中项目相一致，就必须对工程项目进行划分。一般可划分为：

1. 建设工程总项目

工程总项目是指在一个场地或数个场地上，按照一个总体设计进行施工的各个工程项目的总和。如一个公园、一个游乐园、一个动物园等就是一个工程总项目。

2. 单项工程

单项工程是指在一个工程项目中，具有独立的设计文件，竣工后可以独立发挥生产能力或工程效益的工程。它是工程项目的组成部分，一个工程项目中可以有几个单项工程，也可以只有一个单项工程。如一个公园里的码头、水榭、餐厅等。

3. 单位工程

单位工程是指具有单列的设计文件，可以独立施工，但不能单独发挥作用的工程。它是单项工程的组成部分。如餐厅工程中的给排水工程，照明工程等。

4. 分部工程

分部工程一般是指按单位工程的各个部位或是按照使用不同的工种、材料和施工机械而划分的工程项目。它是单位工程的组成部分。如一般土建工程可划分为：土石方、砖石、混凝土及钢筋混凝土、木结构及装修、屋面等分部工程。

5. 分项工程

分项工程是指分部工程中按照不同的施工方法、不同材料、不同规格等因素而进一步划分的最基本的工程项目。

一般园林工程可以划分为 4 个分部工程：园林绿化工程、堆砌假山及塑山工程、园路及园桥工程、水景工程。

(1) *园林绿化工程* 可分为 21 个分项工程，即整理绿化及起挖乔木(带土球)、栽植乔木（带土球)、起挖乔木（裸根)、栽植乔木（裸根)、起挖灌木（带土球)、栽植灌木（带土球)、起挖灌木（裸根)、栽植灌木（裸根)、起挖竹类（散生竹)、栽植竹类（散生竹)、起挖竹类（丛生竹)、栽植竹类（丛生竹)、栽植绿篱、露天花卉栽植、草皮铺种、栽植水生植物、树木支撑、单绳绕树干、栽种攀援树木、假植、人工换土等。

(2) *堆砌假山及塑山工程* 有 2 个分项工程，即堆砌石山、塑假石山。

(3) *园路及园桥工程* 有 2 个分项工程，即园路、园桥等。

(4) *水景工程* 可分为 2 个分项工程，即静态水水景、动态水水景工程。

6. 园林工程项目划分举例

某一公园工程中的绿化栽植工程可以划分如下项目：

工程建设项目：某某公园建设工程。

单项工程项目：公园中某一树木园建设工程。

单位工程项目：树木园工程中的绿化工程。

分部工程项目：绿化工程中的栽植苗木。

分项工程项目：栽植苗木中的栽植乔木（带土球）工程。

三、园林工程预算费用的组成

组成园林建设工程的各类费用，一般分为直接费、间接费、差别利润、税金和其他费用五部分组成。其中除定额直接费是按照设计图纸和预算定额计算外，其他的费用项目，应根据国家及地区制定的费用定额及有关规定计算。一般都要采用工程所在地区的地区统一定额，并要求间接费定额要与预算定额配套使用。

（一）直接费

直接费是指工程施工建设中直接用在工程上的各项费用的总称。它是根据施工图和定额项目的划分，以每个工程项目的工作量乘以该工程项目的预算定额单价来计算的。直接费包括人工费、材料费、施工机械使用费和其他直接费用。

1. 人工费

人工费是指列入预算定额的直接从事工程施工的生产工人的开支的各项费用。内容包括：

(1) 基本工资　是指发放给生产工人的基本工资。

(2) 工资性补贴　是指按规定标准发放的冬煤补贴、住房补贴、流动施工补贴等。

(3) 生产工人辅助工资　是指生产工人有效施工天数以外，非作业天数的工资。包括职工学习、培训期间的工资、调动工作期间的工资、探亲、休假期间的工资，因气候影响的停工工资、女工哺乳期间的工资、病假在6个月以内的工资及婚、丧、产假期间的工资等。

(4) 职工福利费　是指按规定标准计提的职工福利费用。

(5) 生产工人劳动保护费　是指按规定标准，发放的劳动保护用品的购置费及修理费、徒工服装补贴费、防暑降温费，在有碍身体健康环境中施工的保健费用等。

2. 材料费

材料费是指在施工过程中耗用的构成工程实体的原材料、辅助材料、购配件和零件、半成品的费用和周转使用材料的摊销（或租赁）费用，内容包括：

(1) 材料原价（或供应价）计算的材料费。

(2) 销售部门手续费。

(3) 包装费。

(4) 材料自来源地运至工地仓库或指定堆放地点的装卸费、运输费及途中消耗等。

(5) 采购及保管费。

3. 工程施工机械使用费

工程施工机械使用费是指应列入定额的完成园林工程所需消耗的施工机械台班量，按相应机械台班费定额，计算的施工机械所发生的费用。

机械使用费一般包括二类费用，其中：

(1) 第一类费用　机械折旧费、大修理费、维修费、润滑材料费及擦拭材料费、安装和拆卸及辅助设施费、机械进出场费等。

(2) 第二类费用　机上工人的人工费、动力和材料费，以及公路养路费、牌照税及保险费等。

4. 其他直接费

其他直接费是指直接费以外，而发生在施工过程中的其他费用。内容包括：

（1）冬季、雨季施工增加的费用。

（2）夜间施工增加的费用。

（3）多种原因引起的二次搬运费。

（4）生产工具、用具使用费。它是指施工生产所需的而不属于固定资产的生产工具及检验、试验用具等的购置、摊销和维修费，以及支付给工人自备工具的补贴费等。

（5）检验、试验费。它是指对建筑材料、构件和建筑安装物进行一般鉴定，检查所发生的费用，它包括企业自设的实验室，进行实验所耗用的材料、化学药品等费用，以及技术革新和研究试制的费用。

（6）工程定位复测、工程点交、场地清理等费用。

（二）间接费

间接费是指园林工程施工企业为组织施工和进行经营管理以及间接为园林工程生产服务所发生的各项费用。按照国家现行的有关规定，间接费一般分为施工管理费和其他间接费二大类。

1. 施工管理费

施工管理费是指施工企业为了组织与管理园林工程施工所需要的各项管理费用，以及为企业职工服务所支出的人力、物力和资金的费用总和。

施工管理费包括以下内容：

（1）工作人员工资　是指园林施工企业从事政治、经济、科研试验、警卫、消防、炊事和勤杂人员以及行政管理部门人员的基本工资、辅助工资和工资性质的津贴。

（2）工作人员工资附加费　根据按国家规定支付给工作人员的职工福利基金和工会经费。

（3）工作人员的劳动保护费　是指按照国家及有关部门现行规定标准，发放给工作人员的劳动保护用品的购置费、修理费及其保健费及降温防暑等。

（4）职工教育经费　指按财政部门有关规定，在工资总额的1.5%的范围内掌握开支的在职职工教育经费。

（5）办公费　指园林施工企业，行政管理办公用的文具、纸张、账表、印刷、邮电、书报、会议、水电、烧水和集体取暖（包括现场临时取暖）用燃料等费用。

（6）差旅交通费　指职工因公出差、调动工作（包括家属）的差旅费、出勤补助费、市内交通费和误餐补助费、职工探亲路费、劳动力招募费、职工离退休、退职一次性路费、工伤人员就医疗费、工地转移费以及行政管理部门使用的交通工具的油料、燃料等费用和交通部门征收的养路费及车船使用税等。

(7) 固定资产使用费 指园林施工企业行政管理部门和科研试验部门，使用的属于固定资产的房屋、设备、仪器等的折旧基金、大修理基金，维修、租赁费，以及有关部门征收的房产税、土地使用税等。

(8) 行政工具、用具使用费 指行政管理和科研试验部门使用的不属于固定资产的工具、器具、家具、交通工具和检验、试验、测绘、消防等购置、摊销和维修费等。

(9) 利息 指因施工企业，在按照规定支付银行的计划内流动资金贷款的利息。

(10) 其他费用 指上述项目以外的其他必要的费用支出。包括支付工程造价管理机构的预算定额等编制及管理费、定额测定费、支付临时工管理费及经有关部门批准的应由企业负担的企业性上级管理费、印花税等。

2. 其他间接费

其他间接费是指超出园林施工企业施工管理费所包括内容以外的其他费用。一般包括：

(1) 临时设施费 指园林施工企业为进行园林工程施工所必需的生活、生产性使用的临时建筑物、构筑物和其他临时性设施的费用等。

临时设施一般包括：临时宿舍、伙房、文化福利及公用事业用房与构筑物、仓库、办公室、加工厂以及规定范围内的道路、水、电、管线、信息等临时设施和其他一些小型的临时性设施。

临时设施费用包括以上各类临时设施的搭设、维修、拆除的费用或者摊销的费用。

(2) 劳动保险基金 指国有或民营园林施工企业由福利基金支出以外的，按劳保条例规定的离退休职工的费用和6个月以上的职工病假工资及按照工资总额提取的职工福利基金。

(三) 利润（差别利润）

利润（差别利润）是指园林施工企业按照国家规定，在工程施工中，向园林工程建设单位收取的利润，是园林施工企业职工为社会劳动所创造的那部分价值在工程造价中的体现。在社会主义市场经济条件下，园林施工企业参与市场竞争，在规定的差别利润率的范围内，可自行确定自己的利润水平。

（四）税金

税金是指由园林施工企业按国家规定，计入其建设工程造价内的，由园林施工企业向有关税务部门交纳的营业税，城市建设维护税及教育附加费等。

（五）其他费用

其他费用是指在现行规定内容中没有包括，但随着国家和地方各种经济政策的推行而在园林工程施工中不可避免地发生的费用，如各种材料价格与预算定额的差价，购配件增值税等。一般来讲，材料差价是由地方政府主管部门颁布的，以材料费或直接费乘以材料差价系数来计算。

除了以上 5 种费用构成园林建设工程预算费以外，有些园林工程较为复杂，编制预算时未能预先计入的费用，如变更设计，调整材料预算单价等发生的费用，在编制中列入不可预计费一项。它的计算是以工程造价为基数，乘以规定的费率计算。以上 5 种组成及其相互关系可归纳为如下（图 9-2）：

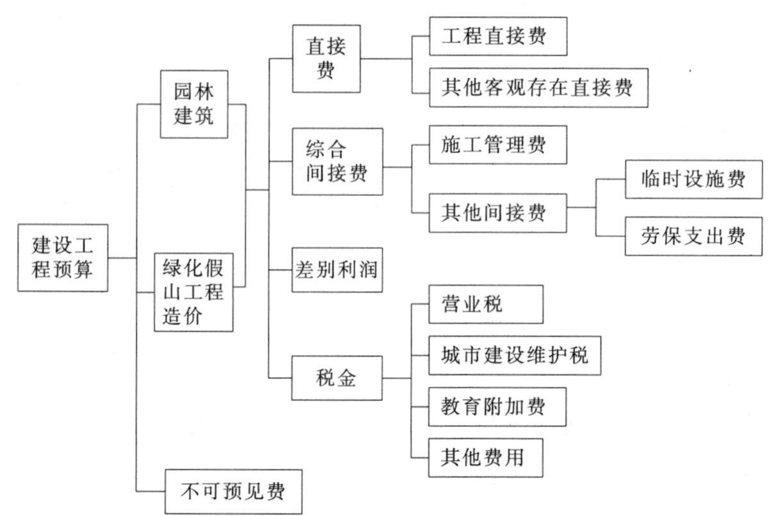

图 9-2　园林工程预算费用的组成以及相互之间关系

第三节　园林工程工程量的计算

凡是工程预算既要明确每个分项工程的预算单价，又必须准确确定各项工程的工程量，二者缺一不可。因此，园林工程施工工程量的计算既是园林工程预算的基础，同时也是其重要的组成部分。这就确定了工程量计算在园林工程施工经济管理中的地位。工程量计算是否正确，直接影响施工图预算的质量。园林工程的预算人员应在熟悉图纸，预算定额和工程量计算规则的基础上，根据施工图上的尺寸、数量，才能准确地计算出各项工程的工程量，并要认真填写各类工程量计算表格。

一、园林工程工程量计算的原则

为了保证工程量计算的准确，在计算各类园林工程的工程量时，一般应遵循以下原则：

1. 计算口径要一致，避免重复和遗漏

计算园林工程的工程量时，首先要根据施工图分列出各分项工程，其各分项工程的口径（指各分项工程所包括的内容和范围），一定要和预算定额中相应分项工程的口径相一致。例如水磨石分项工程，预算定额中包括了刷素水泥浆一道（结合层）内容，则在计算该项工程量时不应另列刷素水泥浆这一项目，以免造成重复计算。相反，对分项工程设计中有的工作内容，而在相应的预算定额中未包括时，则应另外列项目计算，否则，在计算时就会产生遗漏、少算现象。

2. 工程量计算规则要一致，避免错算

工程量计算时应用的规则和方法，必须与预算定额中规定的计算规则和方法一致，才能保证计算结果的准确无误。例如，砖砌工程中，一砖或半砖墙的厚度，不管在施工图中标注的尺寸是“360”或“370”，都应以预算定额计算规则中规定的“365”进行计算。

3. 计算工程的计量单位要一致

在计算过程中，各分项工程的计量单位，必须与预算定额中相应项目的计量单位相一致。否则，计算就无法进行。例如，预算定额中，栽植绿篱分项工程的计量单位是10延长米，而不是以株数计量，则在计算时工程量的单位也应是10延长米，不得以统计的株数计算。

4. 按一定的顺序进行计算

计算园林工程的工程量时，必须按一定的顺序（自定）逐项目进行计算，才能避免漏算和重复计算项目的现象发生。

5. 按统一的精度进行计算

在园林工程的工程量计算时，各分项工程的工程量的计算精度要完全统一，否则就会因精度不一致而产生计算误差。为了计算方便，在计算时，除钢材以吨为单位，木材以立方米为单位，且必须取三位小数外，其余的各项目精度只要求取小数两位，以下位数四舍五入。

二、园林工程工程量计算的步骤

园林工程工程量计算按以下步骤进行计算：

1. 列出分项工程项目的名称

根据施工图纸，并结合施工方案的有关内容，按照自定的计算顺序，逐一列出单位工程施工图预算的分项工程项目的名称，而且要使所列的分项工程项目名称必须与预算定额中相应的项目名称完全一致。

2. 列出工程量的计算式

分项工程项目的名称列出后，要按照施工图纸所示的部位、尺寸和数量，以及各类工程的工程量计算规则（各类工程的工程量计算规则，在工程预算定额的有关说明中），分别列出工程量的计算公式。然后按统一的表格进行计算。常用的表格见表 9-1。

表 9-1　园林工程工程量计算

序号	分项工程名称	单位	工程数量	计算式

3. 调整计量单位

通常计算的工程量都是以米（m）、平方米（m^2）、立方米（m^3）等为计算单位，但预算定额中往往以 10 米（m）、10 平方米（m^2）、10 立方米（m^3）、100 平方米（m^2）、100 立方米（m^3）等为计量单位，因此还需将计算的工程量单位按预算中相应项目规定的计量单位进行调整，使计量单位一致，便于以后的计算。

4. 套用预算定额进行计算

按照各项目工程计算方法和所选定额，进行工程量计算，各项工程量计算完毕后，要进行认真的校对，结果准确无误后，就可以进行编制单位工程施工图预算书。

三、园林工程量计算中规格标准的转换和计算

在计算工程量时，应将工程实际数量规格标准，转换为各类定额一致的标准，才能进行计算。下面列出一些常用绿化栽种中的定额标准，作为参考。

(1) 整理绿化地单位应换成 $10m^2$，如绿地用地 $1850m^2$，应换算为 185 ($10m^2$)。

(2) 起挖或栽植带土球乔木，一般设计规格为胸径，要换算为土球直径方可计算。如栽植胸径 3cm 红叶李，土球直径为 30cm，应以 30cm 计算。

(3) 起挖或栽植裸根乔木，一般设计规格为胸径，可直接套用定额。

(4) 起挖或栽植带土球灌木，一般设计规格为冠径，需换算成土球直径。

(5) 起挖或栽植散生竹类，一般设计规格为胸径，可直接套用定额。

(6) 起挖或栽植丛生竹类，一般设计规格为高度，需换算成根盘丛径方可计算。

(7) 栽植绿篱，一般设计规格为高度，可直接套用定额计算。

(8) 露地花卉栽植单位需换算成 $10m^2$。

(9) 草皮铺种单位需换成 $10m^2$。

(10) 栽种水生植物，单位需换成 10 株。

(11) 栽种攀援植物，单位需换成 100 株。

四、园林工程工程量计算方法简介

由于园林工程复杂多样，计算工程量时其方法也千差万别，要视具体情况而定。

(一) 园林栽种工程工程量计算的有关规定

园林绿化工程可以分为准备工作、植树工程、花卉种植与草坪铺栽工程、大树移植工程，以及绿化养护管理工程等。

1. 准备工作的计算规则

准备工程一般包括植物材料运输、勘查绿化场地、拆除障碍物和平整绿化场地等内容。

（1）各种植物材料运输，栽植过程中的合理损耗率分别为：乔木、果树、花灌木、常绿树为1.5%；绿篱、攀缘植物为2%；草坪、木本花卉、地被植物为4%；草本花卉为10%。

（2）勘查栽种现场是指对栽种地在施工前的调查，包括对架高物、地下管网、各种障碍物以及水源、地质、交通等状况的了解，为做好施工安排和施工组织设计做基础性工作。其工程量以植株计算；灌木类以每丛折合1株；绿篱按延长米计算，每延长1m折合1株；乔木不分品种和规格，一律按实际株数计算。

（3）拆除障碍物，栽种地范围内要拆除障碍物，按实际拆除物的体积以立方米计算，套用同类定额，求得工程量。

（4）平整栽种用地常可分为人工平整，机械平整场地两种类型。在人工整平时，地面凹凸高差在30cm以内的，就地挖填找平，按定额标准计算。凡高差超过±30cm时，每超过10cm，增加人工费定额35%，不足10cm时按照10cm计算。用机械平整场地时，则不论凹凸高差多少，一律执行机械平整的定额标准计算。平整场地面积按设计中确定的栽种范围，以平方米计算。

2. 植树工程工程量计算的有关规定

植树工程一般包括刨树坑、施肥、修剪、防治病虫害、树木栽植、树木支撑、新树浇水、清理废土、铺设网管、铺淋水层和原土过筛等11项内容，其具体要求分别为：

（1）刨树坑　分为刨树坑、刨绿篱沟、刨绿带沟3种。按土壤又划分为坚硬土、杂质土、普通土3种。树坑深度一律按设计地面标高下的挖掘深度计算，无设计地面标高时，按一般地面水平计算。

（2）施肥　分7项：乔木施肥、观赏乔木施肥、花灌木施肥、常绿乔木施肥、绿篱施肥、攀缘植物施肥、草坪及地被植物施肥（施肥主要指有机肥），其价格中已包括了场外运费。

（3）修剪　分3项：修剪、强剪、绿篱平剪。修剪指栽植前的修根、修枝；强剪指“抹头”；绿篱平剪指栽植后的第一次顶部定高、平剪及两侧面垂直或正梯形坡剪。

（4）防治病虫害　分3项：刷药、涂白、人工喷药。刷药泛指以0.5°Be石硫合剂为准，刷药的高度至分枝点，要求均匀全面；涂白其浆料为生石灰：氯化钠：水＝2.5：1：18，刷涂料高度在1.3m以下，要求上口平齐、高度一致；人工喷药指栽植前，需要人工肩背喷药防治病虫害，或施用必要的土壤有机肥，人工拌农药灭菌消毒。

(5) 树木栽植 分7项：乔木、果树、观赏乔木、花灌木、常绿灌木、绿篱、攀缘植物。

①乔木根据其形态特征及计量的标准分为：按苗高计量（西府海棠、木槿等）；按冠径计量（丁香、金银木等）二大类型。

②常绿树根据其形态及操作时的难易程度分为2种：常绿乔木（指圆柏、刺桧、黑松、雪松等）和常绿灌木（指松柏球、黄柏球、爬地柏等）。

③绿篱分为：落叶绿篱（指小白榆、雪柳等）和常绿绿篱（指侧柏、小圆柏等）。

④攀缘植物分为两类：高档（紫藤、葡萄、凌霄等）和低档（爬山虎类）两种类型。

(6) 树木支撑 分5项：两架一拐、三架一拐、四脚钢筋架、竹竿支撑、绑扎幌绳。

(7) 新树浇水 分2项：人工胶管浇水、汽车浇水。人工胶管浇水，距水源以100m以内为准，每超过50m用工增加14%。

(8) 清理废土 分人力车运土、装载机自卸车运土。

(9) 铺设网管 包括找泛水、接口、养护、清理并保证管内无滞塞物。

(10) 铺淋水层 由上至下、由粗至细分级按设计厚度均匀干铺。

(11) 原土过筛 目的在保证工程质量前提下，充分利用原土，降低造价，但必须是原土含瓦砾、杂物不超过30%，且土质理化性质符合种植土的要求。

在计算植树工程的工程量时，植树工程不仅按上述几种类型分别对待外，还应按以下有关规定执行。

①刨树坑以个计算，刨绿篱沟以延长米计算，刨绿带沟以立方米计算。

②原土过筛：按筛好后的好土，以立方米计算。

③土坑换土，以实挖的土坑体积，乘以系数1.43计算。

④施肥、刷药、涂白、人工喷药、栽植支撑等项目的工程量均按植物的株数计算，其他均以平方米计算。

⑤植物修剪、新树浇水的工程量，除绿篱以延长米计算外，树木均按株数计算。

⑥清理竣工现场，每株树木（不分规格）按5m^{2}计算，绿篱每延长米按3m^{2}计算。

⑦网管工程量按管道中心线全长，以延长米计算。

⑧花卉种植与草坪铺栽工程量计算的规则：每平方米栽植数量：草花25株，木本花卉5株；植根花卉1株，草本9株；草坪播种20 m^2，按木本5株计算。

3. 大树移植工程

（1）包括大型乔木移植、大型常绿树移植两部分，每部分又分带土抬、装木箱两种。

（2）大树移植的规格，乔木以胸径10cm以上为起点，分10～15cm、15～20cm、20～30cm、30cm以上4个规格。

（3）浇水系按自来水考虑，为3遍水的费用。

（4）所用吊车、汽车按不同规格计算。工程量按移植株数计算。

4. 绿化养护管理工程

（1）有关规定

①本部分为甲方要求或委托乙方继续管理时的执行定额。其时间按一个管理期计。

②本部分注射除虫药剂按百株1/3计算，乔木透水10次/年，常绿树木6次/年，花灌木浇透水13次/年，花卉每周浇透水1～2次。中耕除草：乔木3遍，花灌木6遍，常绿树木2遍；草坪除草可按草种不同修剪2～4次，草坪清杂草应随时进行。喷药：乔木、花灌木、花卉7～10遍。打芽及定型修剪：落叶乔木3次，常绿树木2次，花灌木1～2次。喷水：移植大树浇水并应适当喷水，常绿树6～9月共喷124次，植保用农药化肥随浇水执行。

（2）工程量计算规则　乔灌木以株计算；绿篱以延长米计算；花卉、草坪、地被类以平方米计算。

（二）假山、置石工程工程量计算

假山工程：叠砌假山是我国一门古老艺术，是园林建设中的重要组成部分，它通过造景、托景、陪景、借景等手法，使园林环境千变万化，气魄更加宏伟壮观，景色更加宜人，别具洞天。叠山工程不是简单的山石对垒，而是模仿真山风景，突出真山气势，具有林泉丘壑之美，是大自然景色在园林中的缩影。

1. 有关计算资料的统一规定

（1）定额中综合了园内（直径200m）山石倒运，必要的脚手架，加固铁件，塞垫嵌缝用的石料砂浆，以及5t汽车起重机吊装的人工、材料、机械费用。

（2）假山基础按相应定额项目另行计算。

（3）定额中的主体石料（如太湖石、斧劈石、吸水石及石笋等）的材料预算价格，因石料的产地不同、规格不同时，可按实调整差价。

2. 工程量计算规则

（1）假山工程量按实际堆砌的石料以吨计算。计算公式为：

堆砌假山工程量（t）＝进料验收的数量－进料剩余数量

（2）假山石的基础和自然式驳岸下部的挡水墙，按相应项目定额执行。

（3）塑假石山的工程量按其外围表面积以平方米计算。

（4）置石按石料体积以立方米计算。

（三）园路工程工程量的计算

园路工程中包括了园路，园桥工程以及园林建筑中及公园绿地中的庭园通路。

1. 园路工程的有关规定

（1）园路工程定额包括垫层、面层。

（2）园路面层按设计尺寸按平方米计算，其道牙如与路面材料一样，其工料、机械台班已包括在定额内，如用其他材料或预制块铺设的，按相应项目另行计算。

（3）园路垫层按设计尺寸，两边各放宽 5cm 乘厚度以立方米计算。

2. 园桥工程的有关规定

（1）园桥包括基础、桥台、桥墩、护坡、石桥面等项目。

（2）毛石基础、桥台、桥墩、护坡，按设计尺寸以立方米计算。石桥面按平方米计算。

3. 庭园通路的有关规定

（1）庭园通路中包括垫层、刨槽、装侧石、道牙、面层等项目。

（2）定额中不包括刨槽、垫层及运土，实际中可按相应定额计算。

（3）侧石、路缘、道牙按实铺尺寸以延长米计算。

（4）墁砌侧石、路缘、砖、石及树穴是按 1∶3 的白石灰砂浆铺地，按 1∶3 的水泥砂浆勾缝考虑的。

（四）水景工程的有关规定

1. 水景工程分为静态和动态二大类，静态水景工程建设以土方工程和砖石工程为主，其工程量计算参照上述二种工程量的规定执行；动态水景中的上述两项工程量与静态水景的方法相同。

2. 无论静态还是动态水景工程，其水源建设，引水管道和排、退水工程建设参照市政工程中的给、排水工程量计算规则执行。

3. 水景工程中的小型管道及涵洞工程也执行市政工程的有关定额，其工程量计算规则是：

（1）排水管道的工程量，按管道中心线的全长，以延长米计算，但不扣除各类井所占长度。

（2）涵洞工程量以实际体积计算。

五、几种常见园林艺术建设工程量的计算

在园林工程建设中，为达到一定的艺术效果，人们常采用多种园林艺术工程方式，其形式多样，差异很大。由于篇幅所限，不可能一一介绍其工程量计算方法，现仅介绍几种常见的园林艺术小品的工程量计算。

（一）园林小品

1. 有关计算资料的统一规定

（1）园林小品是指园林建设中的工艺点缀品，艺术性较强。它包括堆塑装饰和小型钢筋混凝土、金属构件等小型设施。

（2）园林小摆设系指各种仿匾额、花瓶、花盆、石鼓、坐凳及小型水盆、花坛池、花架的制作。

2. 工程量计算规则

（1）堆塑装饰工程分别按展开面积以平方米计算。

（2）小型设施工程量　预制或现浇水磨石景窗、平凳、花檐、角花、博古架等，按图示尺寸以延长米计算，木纹板工程量以平方米计算。预制钢筋混凝土和金属花色栏杆工程量以延长米计算。

（二）金属动物笼舍

这里是指园林建筑中动物笼舍等金属结构工程。

1. 有关计算资料的统一规定

（1）定额中按以焊接为主考虑的，对构件局部采用螺栓连接时已考虑在内，非特殊情况（如铆接和全部螺栓连接）不得换算。

（2）钢材栏中的价格，系指按各自构件的常用材料综合取定的，一般不再调整。如设计采用特别种类的钢材，可抽筋换算。

（3）定额中均考虑了金属面油漆，如设计要求与定额不同时，可另按相

应油漆定额换算。

2. 工程量计算规则

构件制作、安装、运输，均按设计图纸计算重量；钢材重量系指门把、门轴、合叶、支座、垫圈等铁活，计算工程量时，不得重复计算。

（三）花窖

本部分只限于花窖及其他小型相应项目，各单项工程均包括该工作的全部操作过程。工程量计算规则：

（1）花窖供热灶按外形体积以立方米计算，不扣除各种空洞的体积。

（2）砌墙工程，外墙按中心线长，内墙按内墙净长计算。

（3）砖砌勾缝，按墙面垂直投影面积计算不扣除孔洞所占面积。小青瓦檐头以延长米计算。

六、与园林工程有关的基础性工程量的计算

与园林工程有关的基础性工程种类繁多，工程量计算方法多样，这里仅介绍其中与园林工程量计算联系最多的工程量的计算。

（一）土方工程量的计算

土方工程包括平整场地、挖地槽、挖地坑、挖土方、回填土、运土等分项工程。

1. 有关计算资料的统一规定

计算土方工程量时，应根据图纸表明的尺寸，勘探资料确定的土质类别以及施工组织设计规定的施工方法，运土距离等资料，分别以立方米或平方米为单位计算。在计算分项工程之前，首先应确定以下有关资料。

（1）土壤的分类　土壤的种类很多，各种土质的物理性质各不相同，而土壤的物理性质直接影响土石方工程的施工方法，不同的土质所消耗的人工、机械台班就有很大差别，综合反映的施工费用也不同，因此正确区分土质的类别，对于准确套用定额计算土方工程费用关系很大。

（2）挖土方、挖基槽、挖基坑及平整场地等子目的划分　应按实际情况进行。

（3）土方放坡及工作面的确定　土方工程施工时，为了防止塌方，保证施工安全，当挖土深度超过一定限度时，均应在其边沿做成具有一定坡度的边坡。

①放坡起点　放坡起点系指对某种土壤类别，挖土深度在一定范围内，可以不放坡，如超过这个范围时，则上口开挖度必须加大，即放坡。放坡起点应根据土质情况确定（表 9-2）。

表 9-2　挖土方、地槽、地坑放坡系数（2.00）表

土壤类别	人工挖土	放坡起点深度（m）
一、二类土	1∶0.67	1.20
三类土	1∶0.33	1.50
四类土	1∶0.25	

②放坡坡度　根据土质情况，在挖土深度超过放坡起点限度时，均在其边做成具有一定坡度的边坡。土方边坡的坡度以其高度 H 与底 B 之比表示，放坡系数用 K 表示。

$$K=B/H$$

③工作面的确定　工作面系指在槽坑内施工时，在基础宽度以外还需增加的工作面，其宽度应根据施工组织设计确定，若无规定时，可按表 9-3 增加挖土宽度。

表 9-3　挖土工作面确定表

基础工程施工项目	每边增加工作面（cm）
毛石砌筑每边增加工作面	15
混凝土基础或基础垫层需支模板数	30
使用卷材或防水砂浆做垂直防潮面	80
带档土板底挖土	10

（4）土的各种虚实折算　按表 9-4 规定进行。

表 9-4　土的各种虚实折算表

虚土	天然密实土	夯实土	松填土
1.00	0.77	0.67	0.83
1.30	1.00	0.87	1.08
1.50	1.15	1.00	1.25
1.20	0.92	0.80	1.00

2. 主要分项工程工程量的计算方法

（1）工程量除注明者外，均按图示尺寸以实体积计算。

（2）挖土方：凡平整场地厚度在 30cm 以上，槽底宽度在 3m 以上和坑底面积在 20m^2 以上的挖土，均按挖土方计算。

（3）挖地槽：凡槽宽在 3m 以内，槽长为槽宽 3 倍以上的挖土，按挖地槽计算。外墙地槽长度按其中心线长度计算，内墙地槽长度以内墙地槽的净长计算，宽度按图示宽度计算，突出部分挖土量应予增加。

（4）挖地坑：凡挖土底面积在 20 m^2 以内，槽宽在 3m 内，槽长小于槽宽 3 倍者按挖地坑计算。

（5）挖土方、地槽、地坑的高度，按室外自然地坪至槽底计算。

（6）挖管沟槽，按规定尺寸计算，槽宽如无规定者可按表 9-5 计算，沟槽长度不扣除检查井，检查井地突出管道部分的土方也不增加。

（7）平整场地系指厚度在±30cm 以内的就地挖、填、找平，其工程量按建筑物的首层建筑面积计算。

（8）回填土、场地填土，分松填和夯填，以立方米计算。挖地槽原土回填的工程量，可按地槽挖土工程量乘以系数 0.6 计算。

表 9-5　管沟底宽度

管径（mm）	铸铁管、钢管石棉水泥管	混凝土管钢筋混凝土管	缸瓦管	附　注
50～75	0.6	0.8	0.7	（1）本表为深埋在 1.5m 以内沟槽低宽度，单位为 m （2）当深度在 2m 以内，有支撑时，表中数值应增加 0.1m （3）当深度在 3m 以内，有支撑时，表中数值应加 0.2m
100～200	0.7	0.9	0.8	
250～350	0.8	1.0	0.9	
400～450	1.0	1.3	1.1	
500～600	1.3	1.5	1.4	

①满堂红挖土方，其设计室外地平以下部分如采用原土者，此部分不计取黄土价值的其他直接费和各项间接费用。

②大开槽四周的填土，按回填土定额执行。

③地槽、地坑回填土的工程量，可按地、槽、地坑的挖土工程量乘以系数 0.6 计算。

④管道回填土按挖土体积减去垫层和直径大于 500mm（包括 500mm 本身）的管道体积计算。管道直径小于 500 mm 的可不扣除其所占体积，管道在 500 mm 以上的应减除的管道体积，每米管道应减土方量见表 9-6。

⑤用挖槽余土作填土时，应套用相应的填土定额，结算时应减除其利用部分的黄土价值，但其他直接费和各项间接费不予扣除。

表 9-6 每米管道应减土方量

管径（mm） 管道种类	减去量（m³）					
	500～600	700～800	900～1000	1100～1200	1300～1400	1500～1600
钢 管	0.24	0.44	0.71			
铸铁管	0.27	0.49	0.77			
钢筋混凝土管及缸瓦管	0.33	0.60	0.92	1.15	1.35	1.55

3. 基础垫层工程量计算方法

基础垫层工程包括素土夯实、基础垫层。基础垫层均以立方米计算，其长度；外墙按中心线，内墙按垫层净长、宽、高按图示尺寸计算。

（二）主体建筑面积的计算

1. 主体建筑面积计算的项目划分

主体建筑面积的计算是计算一般工程的基础，园林工程中建筑物工程量的计算也不例外。建筑面积包括使用面积、辅助面积和结构面积。

使用面积是指建筑物各层平面布置中可直接为生产或生活使用的净面积的总和，在民用建筑中居室净面积称为居住面积。辅助面积是指建筑物各层平面布置中为辅助生产或生活所占的净面积的总和。使用面积与辅助面积的总和称为“有效面积”。结构面积是指建筑物各层平面布置中的墙体、柱等结构所占面积的总和。

2. 建筑面积的作用

建筑面积是一项重要的技术经济指标，在一定时期内完成建筑面积的多少，标志着一个国家工农业生产发展状况，人民生活居住条件的改善和文化生活福利设施发展的程度。有了建筑面积，才能计算出每平方米的建筑工程造价、用工、用料等技术经济指标，同时它也是计算某些分项工程量的基础，因此建筑面积的计算对施工企业内部实行经济核算，投标报价，编制施工组织设计、计划统计等工作都具有重要的意义。

3. 建筑面积计算方法

（1）计算建筑面积的范围

①单层建筑物不论其高度如何均按一层计算，其建筑面积按建筑物外墙勒脚以上的外围水平面积计算。单层建筑物内如有部分楼层者也应计算建筑面积。

②高低联跨的单层建筑物，如需分别计算建筑面积，当高跨为边跨时，其建筑面积按勒脚以上两端山墙外表面间的水平长度乘以勒脚以上外墙表面

至高跨中柱轴线的水平宽度计算；当高跨为中跨时，其建筑面积按勒脚以上两端山墙外表面间的水平长度，乘以中柱外边线的水平宽度计算。

③多层建筑物的建筑面积按各层建筑面积的总和计算，其底层按建筑物外墙勒脚以上外围水平面积计算，二层及二层以上按外墙外围水平面积计算。

④地下室，半地下室等及相应出入口的建筑面积按其上口外墙外围的水平面积计算。

⑤用深基础坐地下架空层加以利用。层高超过 2.2m 的，按围护结构外围水平面积计算建筑面积。

⑥坡地建筑物利用吊脚做架空层加以利用且层高超过 2.2m，按围护结构外围水平面积计算建筑面积。

⑦穿过建筑物的通道，建筑物内的门厅、大厅，不论其高度如何，均按一层计算建筑物面积，门厅、大厅内回廊部分按其水平投影面积计算建筑面积。

⑧舞台灯光控制室，按围护结构外围水平面积乘以实际层数计算建筑面积。

⑨建筑物内的技术层，层高超过 2.2m 的应计算建筑面积。

⑩有柱雨篷，按柱外围水平面积计算建筑面积；独立柱的雨篷按顶盖的水平投影面积的一半计算建筑面积。

⑪有柱的车棚、货棚站台等，按柱外围水平面积计算建筑面积；单排柱，独立柱和车棚、货棚、站台等，按顶盖的水平投影面积的一半计算建筑面积。

⑫突出墙外的门斗按围护结构外围水平面积计算建筑面积。

⑬封闭式阳台、挑廊，按其水平投影计算建筑面积，凹阳台、挑阳台按其水平投影面积的一半计算建筑面积。

⑭建筑物墙外有顶盖和柱的走廊按柱的外边线水平面积计算建筑面积。无柱的走廊，檐廊按其投影面积的一半计算建筑面积。

⑮两个建筑物间有顶盖的架空通廊，按通廊的投影面积计算建筑面积。无顶盖的架空通廊按其投影面积的一半计算建筑面积。

⑯室外楼梯作为主要通道和用于疏散的均按每层水平投影面积计算建筑面积；楼内有楼梯者，室外楼梯按其水平投影面积的一半计算建筑面积。

⑰跨越其他建筑物、构筑物的高架单层建筑物，按其水平投影面积计算建筑面积，多层者按多层计算。

(2) 不计算建筑面积的范围

①突出墙面的构件配件和艺术装饰，如柱、垛、勒脚、台阶、无柱雨篷、无柱门罩、无围护的挑台等。

②检修、消防用的室外爬梯。

③层高在 2.2m 以内的技术层。

④没有围护结构的屋顶水箱。

⑤牌楼、实心或半实心的砖塔、石塔。

⑥构筑物：如城台、院墙及随墙门、花架等。

(三) 砖石工程工程量的计算

砖石工程包括砌基础与砌体、其他砌体、毛石基础及护坡等。

1. 有关计算资料的统一规定

(1) 定额中的砌体砂浆强度等级为综合强度等级，编制预算时不得调整。

(2) 砌墙综合了墙的厚度，划分为外墙、内墙。

(3) 砌体内采用钢筋加固者，按设计规定的重量，套用“砖砌体加固钢筋”定额。

(4) 檐高是指由设计的室外地平，至前后檐口滴水的高度。

2. 主要分项工程量计算规则

(1) 标准砖墙体厚度按表 9-7 计算。

(2) 基础与墙身的划分：砖基础与砖墙身以设计的室内地平为界，设计室内地平以下为基础，以上为墙身，如墙身与基础为两种不同材料时，按材料划分界线。砖围墙以设计室外地平为分界线。

表 9-7 标准砖墙体计算厚度表

墙 体	1/4	1/2	3/4	1	1.5	2	2.5	3
计算厚度（mm）	53	115	180	240	365	490	615	740

(3) 外墙基础长度，按外墙中心线计算。内墙基础长度，按内墙净长计算，墙基大放脚重叠处因素已综合在定额内；突出墙外的墙垛的基础大放脚宽出部分不增加，嵌入基础的钢筋、铁件、管件等所占的体积不予扣除。

(4) 砖基础工程量不扣除 0.3m^2 以内的孔洞，基础内混凝土的体积应扣除，但砖过梁应另列入项目计算。

(5) 基础抹隔潮层，按实抹面积计算。

(6) 外墙长度按外墙中心线长度计算，内墙长度按内墙净长计算。女儿墙工程量并入外墙计算。

(7) 计算实砌砖墙身时，应扣除门窗洞口（门窗框外围面积），过人洞空圈、嵌入墙身的钢筋砖柱、梁、过梁、圈梁的体积，但不扣除每个面积在 0.3 m^2 以内的孔洞梁头、梁垫、檩头、垫木、木砖、砌墙内的加固钢筋、墙基抹隔潮层等及内墙板头压 1/2 墙者所占的体积。突出墙面窗台虎头砖，压顶线，门窗套，三皮砖以下的腰线，挑檐等体积也不增加。嵌入外墙的钢筋混凝土板头已在定额中考虑，计算工程量时，不再扣除。

(8) 墙身高度从首层设计室内地平算至设计要求高度。

(9) 砖垛，三皮砖以上的檐槽，砖砌腰的体积，并入所附的墙身体积内计算。

(10) 附墙烟筒（包括附墙通风口、垃圾道等）按其外形体积计算，并入所依附的墙体积内，不扣除每一孔洞横断面积在 0.1m^2 以内的体积，但孔洞内的抹灰工料也不增加。如每一孔洞横断面积超过 0.1 m^2 时，应扣除孔洞所占体积，孔洞内的抹灰应另列项目计算。如砂浆强度等级不同时，可按相应墙体定额执行。附墙烟筒如带缸瓦管、除灰门以及垃圾道带有垃圾道门、垃圾斗、通风百叶窗、铁箅子以及钢筋混凝土预制盖等，均应另列项目计算。

(11) 框架结构间砌墙，分部内、外墙，以框架间的净空面积乘墙厚按相应的砖墙定额计算，框架外表面镶包砖部分也并入框架结构间砌墙的工程量内一并计算。

(12) 围墙以立方米计算，按相应外墙定额执行，砖垛和压顶等工程量应并入墙身内计算。

(13) 暖气沟及其他砖砌沟道不分墙身和墙基，其工程量合并计算。

(14) 砖砌地下室内外墙身工程量与砖砌计算方法相同，但基础与墙身的工程量合并计算，按相应内卫墙定额执行。

(15) 砖柱不分柱身和柱基，其工程量合并计算，按砖柱定额执行。

(16) 空花墙按带有空花部分的局部外形体积以立方米计算，空花所占体积不扣除，实砌部分另按相应定额计算。

(17) 半圆旋按带有空花部分的局部外形体积以立方米计算，空花所占体积不扣除，实砌部分另按相应定额计算。

(18) 炉灶按外形体积，以立方米计算，不扣除各种空洞的体积，定额中只考虑了一般的铁件及炉灶台面抹灰，如炉灶面镶贴块料面层者应另列项目计算。

(19) 毛石砌体按图示尺寸，以立方米计算。

（四）混凝土及钢筋混凝土工程工程量的计算

混凝土及钢筋混凝土工程包括现浇、预制、接头灌缝混凝土及混凝土的安装、运输等。

1. 有关计算资料的统一规定

（1）混凝土及钢筋混凝土工程预算定额系综合定额，包括了模板、钢筋和混凝土各工序的工料及施工机械的耗用量。模板、钢筋不须单独计算。如与施工图规定的用量，应另加损耗厚度的数量不同时，可按实调整。

（2）定额中模板按木模板、工具式钢模板等综合考虑的，实际采用模板不同时，不得换算。

（3）钢筋按手工绑扎，部分焊接及点焊编制的，实际施工与定额不同时，不得换算。

（4）混凝土设计强度等级与定额不同时，应以定额中选定的石子粒径，按相应的混凝土配合比换算，但混凝土搅拌用水不换算。

2. 工程量计算规则

（1）混凝土和钢筋混凝土　以体积为计算的各种构件，根据图示尺寸以构件的实体积计算，不扣除其中的钢筋、铁件、螺栓和预留螺栓孔洞所占的体积。

（2）基础垫层与基础的划分　混凝土的厚度12cm以内者为垫层，执行基础定额。

（3）基础

①带行基础　凡在墙下的基础或柱之间与单独基础相连接的带行结构，统称为带行基础。与带行基础相连的杯行基础，执行杯行基础定额。

②独立基础　包括各种形式的独立柱和柱墩，独立基础的高度按图示尺寸计算。

③满堂基础　包括底板、柱，柱和梁的基础，底板定额适用于无梁式和有梁式满堂基础的底板。有梁式满堂基础中的梁、柱另按相应的基础梁或柱定额执行。梁只计算突出基础的部分，伸入基础底板部分，并入满堂基础底板工程量内。

（4）柱

①柱高按柱基上表面至柱顶面的高度。

②依附于柱上的云头、梁垫的体积另列项目计算。

③多边形柱，按相应的圆柱定额执行，其规格按断面对角线长套用定额。

④依附于柱上的牛腿的体积，应并入柱身体积计算。

(5) 梁

①梁的长度：梁与柱交接时，梁长应按柱与柱之间的净距计算，次梁与主梁或柱交接时，次梁的长度算至柱侧面或主梁侧面的净距。梁与墙交接时，伸入墙内的梁头应包括在梁的长度内计算。

②梁头处如有浇制垫块者，其体积并入梁内一起计算。

③凡加固墙身的梁均按梁圈计算。

④戗梁按设计图示尺寸，以立方米计算。

(6) 板

①有梁板是指带有梁的板，按其形式可分为梁式楼板、井式楼板和密肋形楼板。梁与板的体积合并计算，应扣除大于 0.3 m^2 的孔洞所占的体积。

②平板系指无柱、无梁直接由墙承重的板。

③亭屋面板（曲形）系指古典建筑中亭面板，为曲形状。其工程量按设计图示尺寸，以实体积立方米计算。

④凡不同类型的楼板交接时，均以墙的中心线划为分界。

⑤伸入墙内的板头，其体积应并入板内计算。

⑥现浇混凝土挑檐，天沟与现浇屋面板连接时，挖外墙皮为分界线，与圈梁连接时，按圈梁外皮为分界线。

⑦戗翼板系指古建中的翘角部位，并连有摔网椽的翼角板，椽望板系指古建中的飞沿部位，并连有飞椽和出沿椽重叠之板。其工程量按设计图示尺寸，以实体积计算。

⑧中式屋架系指古典建筑中立贴式屋架。其工程量（包括立柱、童柱、大梁）按设计图示尺寸，以实体积立方米计算。

(7) 其他

①整体楼梯，应分层按其水平投影面积计算。楼梯井宽度超过 50cm 时的面积应扣除。伸入墙内部分的体积已包括在定额内不另计算，但楼梯基础、栏杆、栏板、扶手应另列项目套相应定额计算。楼梯的水平投影面积包括踏步、斜梁、休息平台、平台梁以及楼梯及楼板连接的梁。楼梯与楼板的划分以楼梯梁的外侧面为分界。

②阳台、雨篷均按伸出墙外的水平投影面积计算，伸出墙外的牛腿已包括在定额内不再计算。但嵌入墙内的梁应按相应定额另列项目计算。阳台上的栏板、栏杆及扶手均应另列项目计算，楼梯、阳台的栏杆、栏板、吴王靠（美人靠）、挂落均按延长米计算（包括楼梯伸入墙内的部分）。楼梯斜长部分的栏板长度，可按其水平长度乘系数 1.15 计算。

③小型构件，系指单件体积小于 0.1m^3 以内未列入项目的构件。

④古式零件系指梁垫、云头、插角、宝顶、莲花头子、花饰块等以及单件体积小于 0.5m^3 未列入的古式小构件。

⑤池槽按实体积计算。

(8) 枋、桁

①枋子、桁条、梁垫、梓桁、云头、斗拱、椽子等构件，均按设计图示尺寸，以实体积立方米计算。

②枋与柱交接时，枋的长度应按柱与柱间的净距计算。

(9) 装配式构件制作、安装、运输

①装配式构件，一律按施工图示尺寸以实体积计算，空腹构件应扣除空腹体积。

②预制混凝土板和补现浇缝时，按平板定额执行。

③预制混凝土花漏窗按其外围面积以平方米计算，边框线抹灰另按抹灰工程规定计算。

(五) 装饰工程工程量计算

1. 有关计算资料的统一规定

(1) 抹灰厚度不计砂浆种类，一般不得换算。

(2) 抹灰不分等级，定额水平是根据园林建筑质量要求较高的情况综合考虑的。

(3) 阳台、雨篷抹灰定额已包括底面抹灰及刷浆，不另行计算。

(4) 凡室内净高超过 3.6m 以上的内檐装饰其所需脚手架，可另行计算。

(5) 内檐墙面抹灰综合考虑了抹水泥窗台板，如设计要求作法与定额不同时可以换算。

(6) 设计要求抹灰厚度与定额不同时，定额内砂浆体积应按比例调整，人工、机械不得调整。

2. 工程量计算规则

工程量均按设计图示尺寸计算。

(1) 顶棚抹灰

①顶棚抹灰面积，以主墙内的净空面积计算，不扣除间壁墙、垛、柱所占的面积，带有钢筋混凝土梁的顶棚，梁的两侧抹灰面积应并入顶棚抹灰工程量内计算。

②密肋梁和井子梁顶棚抹灰面积，以展开面积计算。

③檐口顶棚的抹灰，并入相同的顶棚抹灰工程量内计算。

④有坡度及拱顶的顶棚抹灰面积，按展开面积以平方米计算。

（2）内墙面抹灰

①内墙面抹灰面积，应扣除门、窗洞口和空圈所占面积，不扣除踢脚线、挂镜线 0.3 m^2 以内的孔洞和墙与构件交接处的面积。洞口侧壁和顶面不增加，单垛的侧面抹灰应与内墙面抹灰工程量合并计算。内墙面抹灰的长度以主墙间的图示净长尺寸计算，其高度确定如下：无墙裙有踢脚板其高度由地或楼面算至板或顶棚下皮。有墙裙无踢脚板，其高度按墙裙顶点至顶棚底面另增加 10cm 计算。

②内墙裙抹灰面积以长度乘高度计算，应扣除门窗洞口和空圈所占面积，并增加窗洞口和空圈的侧壁和顶面的面积，垛的侧壁面积并入墙裙内计算。

③吊顶顶棚的内墙面抹灰，其高度自楼地面至顶棚下另加 10cm 计算。

④墙中的梁、柱等的抹灰，按墙面抹灰定额计算，其突出墙面的梁、柱抹灰工程量按展开面积计算。

（3）外墙面抹灰

①外墙抹灰，应扣除门、窗洞口和空圈所占的面积，不扣除 0.3 m^2 以内的孔洞面积，门窗洞口及空圈的侧壁，垛的侧面抹灰，并入相应的墙面抹灰中计算。

②外墙窗间墙抹灰，以展开面积按外墙抹灰相应定额计算。

③独立柱及单梁等抹灰，应另列项目，其工程量按结构设计尺寸断面计算。

④外墙裙抹灰，按展开面积计算，门口和空圈所占面积应予扣除，侧壁并入相应定额计算。

⑤阳台、雨篷抹灰按水平投影面积计算，其中定额已包括底面、上面、侧面及牛腿的全部抹灰面积。单阳台的栏杆、栏板抹灰应另列项目，按相应定额计算。

⑥挑檐、天沟、腰线、栏杆扶手、门窗套、窗台线压顶等结构设计尺寸断面以展开面积按相应定额以平方米计算。窗台线与腰线连接时，并入腰线内计算。外窗台抹灰长度如设计图纸无规定时，可按窗外围宽度两边并加 20cm 计算，窗台展开宽度按 36cm 计算。

⑦水泥字按个计算。

⑧栏板、遮阳板抹灰，以展开面积计算。

⑨水泥黑板，布告栏按框外围面积计算，黑板边框抹灰及粉笔灰槽已考

虑在定额内，不得另行计算。

⑩镶贴各种块料面层，均按设计图示尺寸以展开面积计算。

⑪池槽等按图示尺寸展开面积以平方米计算。

（4）刷浆，水质涂料工程

①墙面按垂直投影面积计算，应扣除墙裙的抹灰面积，不扣除门窗洞口面积，但垛侧壁、门窗洞口侧壁、顶面不增加。

②顶棚按水平投影面积计算，不扣除间壁墙、垛、柱、附墙烟筒、检查洞所占面积。

（5）勾缝　按墙面垂直投影面积计算，应扣除墙面和墙裙抹灰面积，不扣除门窗套和腰线等零星抹灰及门窗洞口所占面积，但垛和门窗洞口侧壁和顶面的勾缝面积也不增加。独立柱，房上烟筒勾缝按图示尺寸以平方米计算。

（6）墙面贴壁纸　按图纸尺寸的实铺面积计算。

第四节　园林工程施工图预算的编制

一、园林工程施工图预算编制的概念和作用

编制园林工程施工图预算，就是根据拟建的园林工程已批准的施工图纸和确定的施工方法，按照国家或省、市颁发的工程量计算规则，分部、分项地把拟建工程的各工程项目的工程量计算出来以后，并在其基础上，逐项地套用相应的现行预算定额，从而确定其单位价值。进而累计其全部直接费用，再根据规定的各项其他费用的取费标准，分别计算出工程所需的间接费用。最后，综合计算出该单位工程的造价和技术经济指标。另外，再根据分项工程量分析材料和人工用量，最后汇总出各种材料和用工总量。

园林工程施工图预算编制是园林工程施工前的必要工作之一，是园林工程预算管理的重要手段，也是园林工程经济管理的重要途径。所编制的园林工程施工图预算，又是施工管理中的进度管理，材料管理，用工量安排和质量管理的重要依据。也是园林工程竣工决算的原始材料之一。因而认真组织编制园林工程施工图预算是园林工程施工经济管理的重要内容之一。

二、园林工程施工图预算编制的依据

为了提高园林工程施工图预算的准确性，保证预算的质量，在编制园林工程施工图预算时，应获得以下 6 个方面的材料方可进行：

1. 工程施工图纸资料

经过会审后，决定的施工图纸以及其附的文字说明，选用的通用图集和标准图集和施工手册，设计变更文件等，是园林工程进行施工的依据，也自然就成为园林工程施工图预算的基本资料，它是施工图预算的基本依据。

2. 工程的施工组织设计文件与资料

工程的施工组织设计简称工程施工方案，其内容包括了单位工程的进度计划、主要施工方法、采取的主要技术措施以及据此而形成的施工现场平面布置图和其他相关工作的技术文件等。它是进行园林工程施工图预算的主要技术资料。

3. 工程预算定额

园林工程的工程预算定额，是确定园林工程单项工程造价的主要依据，它是由国家或被授权单位统一编制和颁发的一种综合性指标，具有极大的权威性。它也是进行园林工程施工图预算编制的必不可少的重要资料。现阶段应用的是由国家建设部颁布的《全国统一仿古建筑及园林工程预算定额》共 4 册。但是由于我国幅员辽阔，各地材料价格和人工费单价差异很大，据此各地都颁发了适用当地情况的园林工程预算定额，因而经过认真选取适用于本工程项目的预算定额资料，也成为进行施工图预算编制的又一重要依据。

4. 其他费用的取费标准

园林工程建筑安装工程费用，不仅仅取决于按照工程量和工程定额确定的直接费用，同时还包括有间接费、计划利润和税金。而间接费、计划利润和税金的确定，是根据有关部门规定的统一取费标准，以工程造价为基数而取得的。因而施工图预算的第四个依据就是，当地颁发的其他费用的取费标准。

5. 国家及地区颁发的有关文件和规定

国家或地区各有关主管部门制定颁发的，与编制园林工程预算有关的各种文件和规定，如人工与材料的调价，新增某种取费项目的文件等，都是进行园林工程施工图预算编制时必须遵照执行的依据。

6. 工程的甲、乙双方签订的合同或协议

园林工程的建设双方在依照法定程序进行的洽谈的过程中，所形成的依法成立的合同或协议的相关内容，也可作为编制园林工程施工图预算的依据。

三、园林工程施工图预算编制的程序

编制园林工程施工图预算，涉及的内容较多，在搜集整理好有关资料的基础上按照以下步骤进行（图 9-3）。

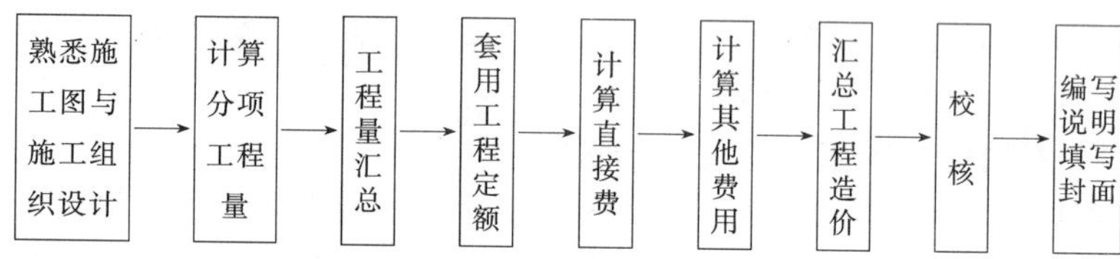

图 9-3 编制园林工程施工图预算程序图

1. 熟悉施工图纸与准备有关文件

编制施工图预算前，首先应熟悉并检查施工图纸是否齐全，图上标注的尺寸是否清楚。弄清设计意图以掌握工程全貌。除此之外，还应根据编制施工图预算的需要内容，收集齐有关资料，进而熟悉并掌握施工图预算定额的使用范围，工程内容及工程量计算的规则等。

2. 了解园林工程施工组织设计内容及施工现场的情况

熟悉了施工图纸和准备有关资料后，紧接着应了解施工组织设计中影响工程造价的有关内容。如施工方法，余土外运的距离与使用的工具，工程材料与构件堆放的位置等。

3. 计算分项工程量

分项工程是园林工程施工的基本工程单位，应根据施工顺序正确划分，并确定各项工程的名称，并依据预算定额规定的工程量计算规则，依次计算出各分项工程的工程量。

4. 汇总工程量

园林工程总量是由若干分项工程量组成的。各分项工程工程量计算完，经过复核无误后，按施工图预算定额规定的分部、分项工程顺序，逐项汇总并调整列项，以便于套用预算定额基价。

5. 套预算定额基价（预算单价）

把确定的分项项目及其相应的工程量填入工程预算表内，在预算定额（表 9-8）中套用相应的分项工程项目，并将定额编号、计量单位、预算定额单价，以及其中的人工费、材料费、机械台班单价一同填入工程预算表内

（表 9-9）。

表 9-8　预算定额（栽植乔灌木）

工作内容：挖穴、施基肥、苗木运输（场内、场外）、修剪、种植、淋定根水、立支架、种后保养 1 个月。单位：100 株

编号		单位	单价（元）	15～1	15～2	15～3	15～4	15～5	15～6
项目				土球规格（直径：cm）					
				20	30	40	50	60	70
基价		元		252.08	435 044	990.68	1370.87	2199.44	8220.31
其中	人工费	元		151.63	209.32	381.06	586.18	1000.37	1969.03
	材料费	元		55.88	118.88	363.76	485.26	641.99	2247.33
	机械费	元		44.57	107.24	200.55	299.43	557.08	4003.95
合计工日		工日	8.41	18.03	24.89	45.31	69.70	118.95	234.13
材料	苗木	株	（　）	115.00	115.00	115.00	120.00	120.00	120.00
	水	t	0.25	7.50	7.50	15.00	15.00	30.00	30.00
	肥泥	m^3	58.50	0.923	2.000	6.154	8.231	10.486	21.769
	蒿竹（3～4m）	条	3.17	—	—	—	—	—	300.00
	竹笏	桶	5.68	—	—	—	—	—	2.70
机械	载重汽车 4t	台班	139.27	0.32	0.77	1.44	2.15	4.00	—
	载重汽车 5t	台班	162.71	—	—	—	—	—	1.50
	汽车式起重机 8t	台班	208.44	—	—	—	—	—	7.50

表 9-9　××工程（　　）算表

工程名称：　　　　　　　　　　　　　　年　　月　　日

序号	定额编号	分项工程名称	工程量		造价		其中						备注
			单位	数量	单价	合价	人工费		材料费		机械费		
							单价	合价	单价	合价	单价	合价	

6. 计算工程直接费

计算出各分项工程的单价以后，将其合价并汇总，就完成了工程直接费的计算。同时列表计算出各种材料的消耗数量，以便计算材料差价。

7. 计算各项取费

工程直接费确定后，根据本地区规定的各种费用的取费标准，以直接费为计算基础，分别计算出其他直接费、间接费、计划利润及税金等费用。在

完成以上各类计算后，最后汇总出工程造价。

8. 校核审核

工程施工图预算编制完毕后，应由有关人员对预算的各项内容进行全面检查核对，消除误差，以保证工程预算的准确性。

9. 编写施工图预算说明书

施工图预算的计算部分完成后，根据工程实际，进行必要的文字说明，以明确预算中一些需要说明的问题，这就是所谓的施工图预算编制说明书。一般包括以下内容：

（1）工程概况 通常要写明工程名称、编号、建设规模、四周情况等。

（2）编制依据 编制施工图预算时所采用的施工图的名称、标准图集、材料、做法以及设计变更文件，采用的预算定额，材料预算价格及各种费用定额的资料等。

（3）其他有关说明 对在预算表中无法表示，且需要文字说明的进行补充说明。

10. 汇总、整理装订成册

完成了编制具体工作后，要把工程施工图预算表，编制说明及有关资料按顺序整理编排，加上施工图预算封面后再装订成册。请有关人员审阅、签字、加盖公章。这样整个施工图预算即圆满完成。

四、园林工程施工图预算中各项取费的计算方法

单位工程按工作量和定额计算的直接费计算出来以后，即可进行其他直接费，以及间接费、计划利润、税金、教育附加费等其他费用的计算工作。

（一）工程其他直接费的计算方法

其他直接费用的计算，一般用定额计算的直接费（包括人工费、材料费和机械费）乘以规定的其他直接费率而求得。常用下式表示：

其他直接费＝定额直接费×其他直接费率

工程直接费＝定额直接费＋其他直接费

（二）工程间接费的计算方法

工程间接费通常包括施工管理费和其他间接费二类。其二者的计算式，用工程工作量与工程定额计算的直接费中的人工费部分，分别乘以规定的各自取费费率而求得。常用下式表示：

施工管理费＝直接费（人工费）×规定施工管理费率

其他间接费＝直接费（人工费）×规定其他间接费率

（三）计划利润的计算方法

计划利润的计算，是用直接费与间接费之和，乘以规定的计划利润率。可用下式表示：

计划利润＝（直接费＋间接费或人工费）×计划利润率

计划利润率按规定国有施工企业为7%，县以上集体企业为2.5%，县以下城镇集体企业或农村建筑队，不收取计划利润。在市场经济条件下，计划利润常采用园林工程建设双方，达成的计划利润率计算。

（四）税金的计算方法

工程收取的税金一般包括营业税，城市维护建设税和教育附加费等二税一费，税一般应列入工程总造价之中，由建设单位负担。其计算方法为：按分项工程造价计算出工程造价后，扣除掉临时设施费，劳保支出和施工机械迁移费三项专项费用（即专用基金）后，作为税金计算基础，再乘以规定的税率而求得。税金金额则通常用下式计算：

税金金额＝（不含税工程造价－专用基金）×［综合税率/（1－综合税率）］

国家现行的各种税的税率见表9-10。

表9-10　现行工程建设税率表　%

税名（率）	纳税人工程所在地区		
	市、区	县、城（镇）	非市区，县城城镇
营业税率	3	3	3
城市维护建设税税率	3×7	3×3	3×1
教育附加费率	3×1	3×1	3×1
综合税率	3.24	3.12	3.06

（五）工程材料差价计算方法

在市场经济条件下，工程材料实际价格常常与预算价格不同，因此在确定单位工程造价时，必须进行工程材料差价调整。

工程材料差价是指工程材料的预算价格与实际价格之间的差价。工程材料差价一般采用两种方法计算。

1. 主要工程材料差价的计算

主要工程材料常指钢材、木材、水泥、玻璃和绿化材料等，其差价的计算是在编制施工图预算时，在各分项工程量计算出来后，按预定定额中，相应给定的材料消耗定额，计算出使用的材料数量，汇总后，用实际购入单价减去预算单价，再乘以材料数量即为该材料的差价。将各种找差的材料差价汇总后，即为该工程的主要材料差价。将其列入工程造价。其计算可用下式表示：

某种材料差价＝（实际购入单价－预算定额材料单价）×某种材料数量（含消耗材料数量）

$$材料差价 = \sum_{i=1}^{n}(各种材料找差)x_i$$

2. 工程其他材料差价的计算

为了实际计算方便，在工程其他材料差价计算时，常采用调价系数进行调整。而调价系数则由各地自行规定。其计算方法可用下式表示：

其他材料差价＝定额直接费×调价系数

五、园林工程的工程造价计算的程序

园林工程的工程造价是园林工程建设的重要的经济指标，也是园林工程施工图预算编制的重要内容。在完成各项施工图预算任务后，应该按照要求，计算出工程造价。

由于市场经济的不断深入发展，全国各地的园林工程建设市场产生了较大的变化，在贯彻国家有关规定精神的同时，各地又根据各地的实际，对现行的建筑安装工程费用构成进行了不同程度的改革，反映在工程造价的计算方法上存在着一定的差异。因而，在编制工程施工图预算中，计算工程造价时，必须执行本地区的有关规定，准确、客观地反映出工程造价，以确保园林工程建设市场的有序、健康、持续发展。在实际计算中，常采用表格的形式来完成。

（一）园林工程造价计算式

园林工程造价＝工程直接费＋工程间接费＋工程利润＋税金

（二）园林工程造价计算表格

见园林工程（预、决算）造价计算表（表 9-11）。

表 9-11 园林工程（预、决算）造价计算表

工程编号： 200 年 月 日 金额单位：元

工程名称		类别		性质		施工单位	

项目		费用名称	金额	取费标准及说明
B 直 接 费	1	人工费		按定额计算
	2	材料费		按定额计算
	3	机械费		按定额计算
	A	定额直接费		1+2+3
	4	其他直接综合费		A×（ ）或 1×（ ）
	5	不可预见费		A×（ ）或 1×（ ）
	6	夜间施工增加费		按实计算
	7	施工干扰费		A×（ ）或 1×（ ）
	8	二次搬运费		按实计算
	9	现场经费		A×（ ）或 1×（ ）
	B	直接费合计		A+4+…
C 间 接 费	10	企管财务费		A×（ ）或 1×（ ）
		其中，定额测定费		Σ×（ ）
	11	贷款利息		A×（ ）或 1×（ ）
	12	劳动保险费		A×（ ）或 1×（ ）
	C	间接费合计		10－（ ）项之和
D 其 他 费 用	13	计划利润与技装费		A×（ ）或 1×（ ）
	14	地平材料差价		A×（ ）
	15	其他材料差价		按实计算
	16	主副食补贴		A×（ ）或 1×（ ）
	17	土地印花税		A×（ ）或 1×（ ）
	18			
	19			
	20			
	21			
	22			
	23			

（续）

<table>
<tr><td colspan="2">工程名称</td><td colspan="2"></td><td>类别</td><td></td><td>性质</td><td></td><td>施工单位</td><td></td></tr>
<tr><td>项目</td><td colspan="3">费用名称</td><td colspan="4">金额</td><td colspan="2">取费标准及说明</td></tr>
<tr><td rowspan="6">D
其他费用</td><td>24</td><td colspan="2"></td><td colspan="4"></td><td colspan="2"></td></tr>
<tr><td>25</td><td colspan="2"></td><td colspan="4"></td><td colspan="2"></td></tr>
<tr><td>D</td><td colspan="2">其他费用合计</td><td colspan="4"></td><td colspan="2">13－（）项之和</td></tr>
<tr><td>S</td><td colspan="2">营业税</td><td colspan="4"></td><td colspan="2">（B+C+D）×.()</td></tr>
<tr><td>Z</td><td colspan="2">工程预算总价值</td><td colspan="4"></td><td colspan="2">B+C+D+S</td></tr>
<tr><td>K</td><td colspan="2">应扣费用</td><td colspan="4"></td><td colspan="2"></td></tr>
<tr><td rowspan="2">Σ</td><td rowspan="2" colspan="2">全部工程造价</td><td>总计</td><td colspan="4"></td><td colspan="2">Z－K</td></tr>
<tr><td>大写</td><td colspan="6"></td></tr>
</table>

1. 工程直接费，计算表格

在园林工程造价中，工程直接费是一个重要的技术经济指标，因而在工程造价计算后，常把工程直接费汇总后列表计算，以求能直接获得工程的直接费用的高低。工程直接费计算表格见表 9-12。

表 9-12　园林工程工程直接费计算表

工程名称：________　　　　________年____月____日

<table>
<tr><td rowspan="3">序号</td><td rowspan="3">定额编号</td><td rowspan="3">分项工程名称</td><td colspan="2">工作量</td><td colspan="2">造价</td><td colspan="6">其中</td><td rowspan="3">备注</td></tr>
<tr><td rowspan="2">单位</td><td rowspan="2">数量</td><td rowspan="2">单位</td><td rowspan="2">数量</td><td colspan="2">人工费</td><td colspan="2">材料费</td><td colspan="2">机械费</td></tr>
<tr><td>单位</td><td>数量</td><td>单位</td><td>数量</td><td>单位</td><td>数量</td></tr>
<tr><td>1</td><td></td><td></td><td></td><td></td><td></td><td></td><td></td><td></td><td></td><td></td><td></td><td></td><td></td></tr>
<tr><td>2</td><td></td><td></td><td></td><td></td><td></td><td></td><td></td><td></td><td></td><td></td><td></td><td></td><td></td></tr>
<tr><td>3</td><td></td><td></td><td></td><td></td><td></td><td></td><td></td><td></td><td></td><td></td><td></td><td></td><td></td></tr>
<tr><td>4</td><td></td><td></td><td></td><td></td><td></td><td></td><td></td><td></td><td></td><td></td><td></td><td></td><td></td></tr>
</table>

2. 工程预算表格汇总及装订

完成以上各项内容后，应将工程预算的各种计算表格统一汇总后，按程序所列次序整理，再同工程施工图预算的封面和文字说明材料装订成册。常见园林工程施工图预算的材料包括如下内容：

（1）封面

××××单位工程施工图预算表

（××××地区）

建设单位____________　　　　单位工程名称____________

建设面积＿＿＿＿＿＿　　结构（建筑）特征＿＿＿＿＿＿

工程造价＿＿＿＿＿＿　　经济指标＿＿＿＿＿＿元/m^2

编制单位＿＿＿＿＿＿　负责人＿＿＿＿＿＿　编制人＿＿＿＿＿＿

审核单位＿＿＿＿＿＿　负责人＿＿＿＿＿＿　审核人＿＿＿＿＿＿

编制日期＿＿年＿＿月＿＿日

（2）工程施工图预算的文字说明材料

（3）工程量计算表格

（4）工程造价计算表格

（5）工程直接费汇总表、计算表

（6）主要材料统计表

（7）主要苗木价格表

六、园林工程施工图预算编制实例

由于各地对工程预算中的费用构成、各项费用计算标准、工程造价计算程序及使用的工程预算定额不同，因此工程预算具有强烈的地区性。各地区编制工程预算时，必须按照本地区的规定执行。现以陕西省为例，介绍园林工程预算的编制实例。

实例 1　××学校园林绿化工程施工图预算

封　面：

工程施工图预算书

建设单位：××××××××××

工程名称：××学校园林绿化工程

施工单位：××××××××××

工程造价：147 852.2 元

负责人：×××

编制人：×××

编制时间：2000 年 4 月 25 日

编制说明

（1）工程概况：本工程为植物种植工程。绿地面积为 6250m^2。

（2）本工程施工图预算是根据××园林设计单位设计的××学校园林绿化工程施工图编制的。

（3）预算定额采用 1999 年颁发的《全国仿古建筑及园林工程预算定额陕西省价目表》第三册；费用定额采用 1999 年颁发的《陕西省建筑工程、安装工程、仿古园林工程及装饰工程费用定额》。

(4) 施工企业取费类别为五类，包工包料。

编制内容

(一) 工程预算造价计算表

市政、仿古园林工程预算造价计算表之一

项目名称	计算式	合价	其中			主材料	备注
			人工费	材料费	机械费		
项目直接费	(人工＋材料＋机械) 费之和	A	a	b	c	d	A＝a＋b＋c＋d
人工费调增	定额总工日×20.31－a	A_1					
机械费调增	c×规定调整系数	C_1					
工程类别人工调整	1－2类＝(A_1＋a)×(1.05－1) 其余＝(A_1＋a)×(0.886－1)	A_2					
直接费	A＋A_1＋C_1＋A_2	B					
计费人工费	a＋A_1＋A_2	A_3					
其他直接费	A_3×费率	E					
现场经费	a_3×费率	E_1					
直接工程费	B＋E＋E_1	F					
间接费	A_3×费率	F_1					
贷款利息	A_3×费率	F_2					
差别利润	A_3×费率	F_3					
差价	1. 主材差价； 2. 动态调价以及可计算价差部分	F_4					
不含税工程造价	F＋F_1＋F_2＋F_3＋F_4	G					
4项保险费	G×费率	G_1					
养老保险统筹费	G×3.55％	G_2					
安全、文明施工定额补贴费	G×1.6％	G_3					
定额经费	G×费率	G_4					
税金	(G＋G_1＋G_2＋G_3＋G_4)×税率	H					
含税工程造价	G＋G_1＋G_2＋G_3＋G_4＋H	I					

注：动态调价为(a＋b＋c)×(1.031－1)

××学校园林工程施工图预算造价计算表之二

工程编号：××××　　　　金额单位：元

序号	取费名称		取费标准及计算式	金额
1	人工费	a_1	按定额计算	42 511.68
2	材料费	a_2	按定额计算	68 153.4
3	机械费	a_3	按定额计算	10 464
4	项目直接费	a	（人工 a_1＋材料 a_2＋机械 a_3）费之和	121 129.08
5	人工费调增	b	定额总工日×20.31－a_1	
6	机械费调增	c	a_3×1.50	
7	工程类别人工调整	d	（a_1＋b）×（0.886－1）	－4846.33
8	直接费	A	a＋b＋c＋d	116 282.75
9	其他直接费	A_1	A×费率（2.31%）	2686.13
10	现场经费	A_2	A×费率（5.318%）	6023.45
11	直接工程费	B	A＋A_1＋A_2	124 992.33
12	间接费	C	B×费率（2.64%）	3299.8
13	贷款利息	C_1	B×费率（3.02%）	3774.77
14	差别利润	D	（B＋C＋C_1）×费率（1%）	1320.67
15	差价	E	1. 规定计算差价部分 2. 动态调价 a×（1.071－1）	0
16	不含税工程造价	F	B＋C＋C_1＋D＋E	133 387.57
17	4 项保险费	G	F×费率（0.8%）	1067.1
18	养老保险统筹费	H	F×3.55%	4515.3
19	安全、文明施工定额补贴费	I	F×1.6%	2134.2
20	定额经费	J	F×费率（1.3%）	1734.4
21	税金	K	（F＋G＋H＋I＋J）×税率（3.51%）	5013.63
22	含税工程造价	M	F＋G＋H＋I＋L＋K	147 852.2

负责人：　　　　校核：　　　　计算：

（二）工程预算表

工程预算表

编号	定额编号	项目名称	单位	数量	单价	合价	其中:人工费		材料费		机械费		其他材料费		备注
							单价	合价	单价	合价	单价	合计	单价	合价	
1	3—1	整理绿化地	10m²	77.2	10.96	846.11	10.96	784.35					0.8	61.76	
2	3—42	起挖黄杨 H30φ10—15	株	17 766	3.11	55 252.26	0.81	14 390.46	1.5	26 649			0.8	1421 298	
3	3—52	栽植黄杨	株	17 766	1.03	18 298.98	1.02	18 121.32					0.01	177.66	
4	3—42	起挖小叶女贞 H30φ10—15	株	28.8	3.11	8732.88	0.81	2274.48	1.5	4212			0.8	2246.4	
5	3—52	栽植小叶女贞 H30φ10—15	株	28.8	1.03	2892.24	1.02	2864.16					0.01	28.08	
6	3—42	起挖豆瓣黄杨 30φ30	株	811	4.61	3738.71	0.81	656.91	3	2433			0.8	648.8	
7	3—52	栽植豆瓣黄杨 30φ30	株	811	1.03	835.33	1.02	827.22					0.01	8.11	
8	3—42	起挖红叶小檗(2 年生)	株	192	3.61	693.12	0.81	155.52	2	384			0.8	153.6	
9	3—52	栽植红叶小檗(2 年生)	株	192	1.03	197.76	1.02	195.84					0.01	1.92	
10	3—42	起挖金女贞 H30φ50	株	48	4.61	221.28	0.81	38.88	3	144			0.8	38.4	
11	3—52	栽植金女贞 H30φ50	株	48	1.03	49.44	1.02	48.96					0.01	0.48	
12	3—42	起挖洒金柏 H40φ40	株	180	11.61	2089.8	0.81	145.8	10	1800			0.8	144	
13	3—52	栽植洒金柏 H40φ40	株	180	1.03	185.4	1.02	183.6					0.01	1.8	
14	3—52	起挖南天竹(五分枝)	株	165	11.61	2740.65	0.81	133.65	15	2475			0.8	2.77	
15	2—52	栽植南天竹(五分枝)	株	165	1.03	169.95	1.02	168.3					0.01	0.39	
16	3—52	起挖十大功劳 40φ40	株	180	11.61	2089.8	0.81	145.8	10	1800			0.81	0.39	
17	3—52	栽植十大功劳 40φ40	株	180	1.03	185.4	1.02	183.6					0.01	0.39	
18	3—103	花卉栽植丰花月季(2 年生)	10m²	1.65	423.6	698.95	21.93	36.18	400	660			1.68	0.39	
19		牡丹(3 年生)	10m²	0.23	5421	1205.43	21.73	5.04	40	1200			1.68	4.99	
20		小红梅(3 年生)	10m²	0.23	223.6	51.43	21.93	5.04	200	46			1.68	0.38	
21	3—102	万寿菊(2 年生)	10m²	0.23	149.9	34.48	28.23	6.49	120	27.6			1.68	12	
22		芍药	10m²	0.23	229.9	52.88	28.23	6.49	200	46			1.69	0.1	

（续）

编号	定额编号	项目名称	单位	数量	单价	合价	其中：人工费		材料费		机械费		其他材料费		备注
							单价	合价	单价	合价	单价	合计	单价	合价	
23	3—111	散铺红花杂草	10m²	27.7	227.6	6304.4	27.42	759.49	200	5540			0.18	12	
24		散铺黑麦草	10m²	2.1	107.6	225.96	27.42	57.58	80	168			0.18	0.1	
25	3—44	起挖丛生紫薇 $H\geqslant 1m$	株	5	25.45	127.23	3.04	15.23	20	100			2.4	12	
26	3—54	栽植丛生紫薇 $H\geqslant 1m$	株	5	3.07	15.33	3.04	15.23					0.02	0.1	
27	3—44	起挖丛生木槿 $H\geqslant 1m$	株	5	25.45	127.23	3.04	15.23	20	100			2.4	12	
28	3—54	栽植丛生木槿 $H\geqslant 1m$	株	5	3.07	15.33	3.04	15.23					0.02	0.1	
29	3—44	起挖丛生木扶桑 $H\geqslant 1m$	株	5	55.45	277.23	3.04	15.23	50	250			2.4	12	
30	3—54	栽植丛生木扶桑 $H\geqslant 1m$	株	5	3.07	15.33	3.04	15.23					0.02	0.1	
31	3—44	起挖四季桂 $H\geqslant 1m$	株	5	35.45	177.23	3.04	15.23	30	150			2.4	12	
32	3—54	栽植四季桂 $H\geqslant 1m$	株	5	3.07	15.33	3.04	15.23					0.02	0.1	
33	3—44	起挖含笑四季桂 $H\geqslant 1m$	株	5	85.45	427.23	3.04	15.23	80	400			2.4	12	
34	3—54	栽植含笑 $H\geqslant 1m$	株	5	3.07	15.33	3.04	15.23					0.02	0.1	
35	3—44	起挖海棠 $H\geqslant 1m$	株	5	35.45	177.23	3.04	15.23	30	150			2.4	12	
36	3—54	栽植海棠 $H\geqslant 1m$	株	5	3.07	15.33	3.04	15.23					0.02	0.1	
37	3—44	起挖红枫 $H\geqslant 1m$	株	2	45.44	90.88	3.04	6.08	40	80			2.4	4.8	
38	3—54	栽植红枫 $H\geqslant 1m$	株	2	3.06	6.12	3.04	6.08					0.02	0.04	
39	3—44	起挖蜀桧 $H\geqslant 2m$	株	20	65.44	1308.8	3.04	6.08	60	1200			2.4	4.9	
40	3—54	栽植蜀桧 $H\geqslant 2m$	株	20	3.06	61.2	3.04	6.08					0.02	0.4	
41		进购黄土	m³	308.8	30	9264					30	9264			
42		苗木运输	车	3	400	1200					400	1200			
		合计				121 129		42 511.6		50 014.6		10 461		18 138.8	

实例 2　××花园园林工程预算

编制说明

1. 本工程只包括花坛小品工程。

2. 工程预算根据园林工程施工图及实际施工情况编制。

3. 预算定额采用现行“99 陕西省建筑工程综合预算定额”、“2001 年陕西省房屋修缮定额”、“2001 年全国统一安装定额陕西省价目表”、《全国仿古建筑及园林工程预算定额陕西省价目表》第一、三册合订本，费用标准采用陕西省建设厅 1999 年颁发《陕西省建筑工程、安装工程、仿古园林工程及装饰工程费用定额》。

4. 施工企业取费类别为五类，包工包料。

（一）园林工程预算书（见下表）

园林工程预算书

定额编号	工程项目	单位	数量	基价	金额	其中：人工费		其中：材料费		其中：机械费	
						单价	金额	单价	金额	单价	金额
	花坛小品	100m²	2.4								
1—19	平整场地	100m²	0.47	129.37	310.49	129.37	310.49				
1—21	原土夯实	100m²	0.47	41.96	19.72	28.84	13.55			13.12	6.17
3—15	砌弧形砖墙	100m²	0.47	3449.97	1621.49	992.55	466.5	2322.89	1091.76	134.35	63.23
10—51	内粉水泥砂浆	100m²	0.47	732.5	344.28	373.7	175.64	328.17	154.24	30.63	14.4
10—700	外贴瓷片	100m²	0.47	4197.74	1979.93	1192.6	560.52	2959.56	1390.99	45.58	21.42
10—532	大理石压顶	100m²	0.33	21 026.93	6938.89	1543.97	490.1	1942.81	6406.23	70.15	23.15
	合计				11 207.8		2036.8		9043.22		128.37

（二）料差价分析（见下表）

料差价分析

序号	材料名称	单位	数量	预算价	市场价	合价（元）
1	1∶2.5	m^3	0.98	152.1		149.06
2	1∶2 水泥砂浆	m^3	0.52	166.76		86.72
3	1∶3 水泥砂浆	m^3	0.22	131.04		28.83
4	M^5 混合砂浆	m^3	0.54	86.5		219.71
5	1∶0.2∶2	m^3	0.44	162.86		71.66
6	107 胶素水泥	m^3	0.08	461.52		36.92
7	合　计					592.9

（三）园林工程预算造价计算程序表

园林工程预算造价计算程序表

工程编号：200208　　　　金额单位：元

序号	费用名称	金额	取费标准及说明
A	人工费	2036.21	按定额计算
B	材料费	9043.22	按定额计算
C	机械费	128.37	按定额计算
D	项目直接费	11 207.8	D=A+B+C
E	人工费调增		
F	机械费调增		
G	工程类别人工调整	−232.13	(A+E) ×(0.886−1)
H	直接费	10 975.67	D+E+F+G
I	其他直接费	253.54	H×2.31%
J	现场经费	568.54	H×5.18%
K	直接工程费	11 797.75	H+I+J
L	间接费	311.46	K×2.64%
M	贷款利息		K×3.02%
N	差别利润	121.09	(K+L+M) ×1%
O	规定计算价差部分	592.9	J+C+A+L
P	动态调价	1075.95	D×0.096
Q	差价	1668.85	O+P
R	不含税工程造价	13 899.15	K+L+M+N+Q
S	4项保险费	111.19	R×0.8%
T	养老保险统筹费	R×3.55%	
U	安全文明施工定额补贴费		R×1.6%
V	定额经费		R×0.13%
W	税金	491.76	(R+S+T+U+V) ×3.51%
X	含税工程造价	14 502.1	R+S+T+U+V+W
Y	扣除劳保后工程造价		X−R（含税金）
Z	含税工程造价（大写）	壹万肆仟伍佰零贰元壹角整	

第五节　园林工程施工图预算的审查

在园林工程施工与管理过程中，园林工程施工图预算反映了园林工程的工程造价，它包括了各种类型的园林建筑和安装工程，在整个过程中所发生的全部费用的计算，在园林工程经济管理中占有重要的地位。为了保证预算的准确可行，发挥其应有的作用，在完成园林工程施工图预算后，还必须对其进行严格的审查。施工图预算的审查按照有关规定由建设单位和建设银行负责进行。

一、审查园林工程施工图预算的意义和依据

（一）审查的意义

施工图预算是确定园林工程招、投标，编制工程计划，考核工程成本，进行工程竣工结算的依据，必须提高预算的准确性。在设计概算已经审定，工程项目已经确定的基础上，正确而及时地审查园林工程施工图预算，可以达到合理控制工程造价，节约投资，提高经济效益的目的。是园林工程施工经济管理的主要内容之一。

（二）审查的依据

1. 施工图纸和设计资料

完整的园林工程施工图预算图纸及其附的文字说明，以及图纸上注明采用的全部标准图集，是审查园林工程预算的重要依据之一。建设单位、设计单位和施工单位，对施工图会审签字后的会审记录，也是审查施工图预算的依据。只有在设计资料完备的情况下，才能准确地计算出园林工程中各分部、分项工程的工程量，以确保总工程量的准确。

2. 仿古建筑及园林工程预算定额

《仿古园林工程预算定额》一般都详细地规定了工程量计算方法，及各分项、分部工程的工程量的计算单位，哪些工程应该计算，哪些工程定额中已综合考虑不应该计算，以及哪些材料允许换算，哪些材料不允许换算等，必须严格按照预算定额的规定办理。这是园林工程施工图预算审查的第二个重要依据。

3. 单位估价表

工程所在地区颁布的单位估价表，是审查园林工程施工图预算的第三个重要依据。工程量升级后，要严格按照单位估价表的规定，以分部、分项单价，填入预算表，计算出该工程的直接费。如果单位估价表中，缺项或当地没有现成的单位估价表，则应由建设单位、设计单位、建设银行和施工单位，在当地工程建设主管部门的主持下，根据国家规定的编制原则，另行编制当地的单位估价表。

4. 补充单位估价表

材料预算中成品、半成品的预算价格，是审查园林工程施工图预算的第四个重要依据，在当地没有单位工程估价表，或单位估价表所及的项目，不能满足工程项目的需要时，须另行编制补充单位估价表，补充的单位估价表必须有当地的材料、成品、半成品的预算价格。

5. 园林工程施工组织设计或施工方案

施工单位根据园林工程施工图所做的施工组织设计或施工方案，是审查施工图预算的第五个重要依据。施工组织设计或施工方案必须合理，而且必须经过上级或业主主管部门的批准。

6. 施工管理费定额和其他取费标准

直接费计算完后，要根据建设工程建设主管部门颁布的施工管理费定额和其他取费标准，计算出预算总值。目前，陕西省的施工管理费，是按照直接费中的人工费乘以费率计算的，不同级别的施工企业应按工程类别收取施工管理费。计划利润和其他费用的收取也应遵照当地颁布的标准收取，这也是园林工程施工图预算的重要依据之一。

7. 建筑材料手册和预算手册

在计算工程量过程中，为了简化计算方法，节约计算时间，可以使用，符合当地规定的建筑材料手册和预算手册，审查施工图预算。

8. 施工合同或协议书

施工图预算要根据甲乙双方签订的合法的施工合同，或施工协议进行审查。例如，材料由谁负责采购，材料差价由谁负责等。

9. 现行的有关文件

二、审查园林工程施工图预算常用的方法

为了提高预算编制质量，使预算能够完整地、准确地反映园林工程建设产品的实际造价，必须认真地审核预算文件。

单位工程施工图预算由直接费、间接费、计划利润和税金组成。直接费是构成工程造价的主要因素，又是计取其他费用的基础，是预算审核的重点。其次是间接费和计划利润等。常用审核的方法有以下 3 种：

（一）全面审查法

全面审查法也可称为重算法，它同编制预算一样，将图纸内容，按照预算书的顺序重新计算一遍，审查每一个预算项目的尺寸、计算方法和定额标准等是否有错误。这种方法全面细致，所审核过的工程预算准确性较高，但工作量大，投入的人力、物力和时间较多。

（二）重点审查法

重点审查法是将预算中的重点项目，进行审核的一种方法。这种方法可以在预算中对工程量小、价格低的项目从略审核，而将主要精力，用于审核工程量大、造价高的项目。此方法若掌握得好，能较准确快速地进行审核工作，但不能达到全面审查的深度和细度。

（三）分解对比审查法

分解对比审查法是将工程预算中的一些数据，通过分析计算，求出一系列的经济技术数据，审查时首先以这些数据为基础，将要审查的预算，与同类同期或类似的工程预算中的，一些经济技术数据相比较，以达到分析或寻找问题的一种方法。

在实际工作中，可先采用分解对比审查法，初步发现问题，然后再采用重点审查法，对其进行认真仔细的核查，能较准确快速地完成审核工作，达到较好的结果。

三、审核园林工程施工图预算的步骤

1. 做好准备工作

审核工程预算的准备工作，与编制施工图预算基本上一样。即对施工图进行清点、整理、排列、装订；根据图纸说明准备有关图集和施工图册；熟悉并校对相关图纸，参加技术交底、解决疑难问题等。有关具体内容已如前所述，这里不再重复。

2. 了解施工图预算所采用的定额

审核预算人员收到施工图预算后，首先应根据施工图预算编制说明，了解编制本预算所采用的定额，是否符合施工合同规定的工程性质。如果该项工程预算没有填写编制说明，则应从预算内容中，了解本预算所采用的预算定额，或者与施工单位联系进行了解。确认这方面没有问题后，才能进行审核工作。

3. 了解施工图预算包括的范围

收到施工图预算后，还应该根据预算编制说明及其他内容，了解本预算所包括的范围。例如，某些配套工程、室外管线道路以及技术交底时，三方谈好的设计变更等，是否包括在所编制的工程预算中。因为这部分工程的施工图，有时出自不同的设计单位，或者不是随同主体工程设计，一起送交施工企业和建设单位，可能单独编制工程预算。同时，有的设计变更送到施工企业时，可能正好施工企业，已按原图编制出这部分工程预算，不愿再推倒重编（计划将来再做补充或调整），但在工程预算的编制说明中，又没有介绍清楚。建设单位在接到这部分设计变更图纸后，往往和原来的施工图装订在一起，因而引起双方在计算口径上（计算范围）的不一致，造成不必要的误会。因此，凡有类似上述情况，最好写进编制说明，或在交接预算时，互相通气，以便取得一致的计算依据，才能提高审核效率。

4. 认真贯彻有关规定

审核预算人员，应认真贯彻国家和地区制定的有关预算定额，工程量计算规则，材料预算价格，以及各种应取费用项目和费用标准的规定。既注重审核重复列项或多算了工程量的部分，也应该审核漏项或少算了工程量的部分；还应注意到计量单位是否和预算定额相一致，小数点位置是否定得正确；按规定应乘系数的项目是否乘过了；应扣减或应增加的某些内容，是否扣减或增加了等。总之，应该实事求是地提出应增加或减少的意见，以提高施工图预算的质量。

5. 根据情况进行审核

由于园林工程施工工程的规模大小，繁简程度不同，施工企业情况也不同，工程所在地的环境不同，所编工程预算的繁简和质量水平也就有所不同。因此，审核预算人员应采用多种多样的审核方法，例如全面审核法、重点审核法、经验审核法、快速审核法，以及分解对比审核法等，也可相互结合两种以上方法，以便多、快、好、省地完成审核任务。

四、审查园林工程施工图预算的内容

审查施工图预算主要是审查工程量的计算、定额的套用和换算、补充定额、其他费用及执行定额中的有关问题等。

（一）工程量计算的审查

对工程量计算的审查，是在熟悉定额说明、工程内容、附注和工程量计算规则，以及设计资料的基础上，再审查预算的分部、分项工程，看有无重复计算、错误和漏算。这里，仅对工程量计算中应该注意的地方说明如下：

（1）工程的计算定额中的材料成品、半成品除注明者外，均已包括了从工地仓库、现场堆放点或现场加工点的水平和垂直运输，以及运输和操作损耗，除注明者外，不经调查不得再计算相关费用。

（2）脚手架等周转性材料搭拆费用，已包括在定额子目内，计算时，不再计算脚手架费用。

（3）审查地面工程应注意的事项：

①细石混凝土找平层，在定额中只规定一种厚度，并没有设增减厚度的子项，如设计厚度与定额不相同时应按其厚度进行换算。

②楼梯抹灰已包括了踢脚线，因此，不能再将踢脚线单独另计。楼梯不包括防滑线，其费用另计。但在水磨石楼梯面层中已包括了防滑条工料，不能另计。

③装饰工程要注意审查内墙抹灰，其工程量按内墙面净高和净宽计算。计算外墙内抹灰和走廊墙面的抹灰时，应扣除与内墙结合处所占的面积，门窗护角和窗台已包括在定额内，不得另行计算。

④金属构件制作的工程量，多数是以吨为单位。型钢的重量以图示，先求出长度，再乘以每米重量，钢板的重量要先求出面积后再乘以每平方米的重量。应该注意的是钢板的面积的求法。多边形的钢板构件或连接板要按矩形计算，即以钢件的最长边与其垂直的最大宽度之积求出；如果是不规则多角型可用最长的对角线乘以最大的宽度计算，不扣孔眼、切肢、切角的重量，焊条和螺栓的重量不另计算。

另外，金属构件制作中，已包括了一遍防锈漆，在计算防锈漆时，应予以扣除。

（二）定额套用的审查

审查定额套用，必须熟悉定额的说明，各分部、分项工程的工作内容及适用范围，并根据工程特点，设计图纸上构件的性质，对照预算上所列的分部、分项工程与定额所列的分部、分项工程是否一致。套用定额的审查要注意以下几个方面：

(1) 板间壁（间隔墙）、板天棚面层、抹灰檐口、窗帘盒、贴面板、木楼地板等的定额都包括了防腐油，但不包括油漆，应单独计算。

(2) 窗帘盒的定额中已包括了木棍或金属棍，不能单独算窗帘棍。

(3) 厕所木间壁中的门扇，应与木间壁合并计算，不能套全板门定额。

(4) 外墙抹灰中分内墙面抹灰和外墙面抹灰，外墙群嵌缝起线时另加的工料两个子目，要正确套用定额。

(5) 内墙抹灰和天棚抹灰分普通抹灰、中级抹灰、高级抹灰三级。三级抹灰要按定额的规定进行划分，不能把普通抹灰套用中级抹灰，把中级抹灰套用高级抹灰。

（三）定额换算的审查

定额中规定，某些分部、分项工程，因为材料的不同，做法或断面厚度不同，可以进行换算，审查定额的换算时要按规定进行，换算中采用的材料价格应按定额套用的预算价格计算，需换算的要全部换算。

（四）补充定额的审查

补充定额的审查，要从编制地区分别出发，实事求是地进行。审查补充定额是建设银行的一项非常重要的工作，补充定额往往出入较大，应该引起重视。

当现行预算定额缺项时，应尽量采用原有的定额中的定额子项，或参考现行定额中，相近的其他定额子项，结合实际情况加以修改使用。

如果没有定额可参考时，可根据工程实测数据编补定额，但要注意测算数字的真实性和可靠性。要注意补充定额单位估价表，是否按当地的材料预算价格，确定的材料单价计算，如果材料预算价格中未计入，可据实进行计算。

凡是补充定额单价或换算单价编制预算时，都应附上补充定额和换算单价的分析材料，一次性地补充定额。应经当地主管部门同意后，方可作为该工程的预（结）算依据。

（五）材料二次搬运费定额的审查

材料的二次搬运费定额上，已有同样规定的，应按定额规定执行。

（六）执行定额的审查

执行定额分为“闭口”部分和“活口”部分，在执行中应分别情况不同对待，对修改定额规定的“闭口”部分，不得因工程情况特殊、做法不同或其他原因而任意修改、换算、补充。对定额规定的“活口”部分，必须严格按照定额上的规定进行换算，不能有乘就换算，不乘就不换算。除此而外，再审查时还要注意以下几点：

（1）定额规定材料构件所需要的木材以一、二类木种为准，如使用三、四类木材时，应按系数调整人工费和机械费，但要注意木材单价也应作相应调整。

（2）装饰工程预算中，有的人工工资都可作全部调整，定额所列镶贴块料面层的大理石或花岗石，是以天然石为准，如采用人工大理石，其大理石单价可按预算价格换算，其他工料不变（只换算大理石的单价）。

（七）材料差价的审查

第六节　园林工程竣工结算与决算

一、园林工程竣工结算

（一）园林工程竣工结算的作用

1. 是确定工程造价的最后阶段

从施工图预算或中标标价生效起，至工程交工，办理竣工结算的整个过程，为施工图预算或中标价的实施阶段。在这个阶段中，由于图纸的变更、修改以及施工现场发生的各种经济签证，引起了原工程造价的变动，为了及时准确地反映工程造价变动的情况，应当及时编制单位工程的增减费用，作为施工图预算或中标价的补充文件，直至最后一次的增减预算，及竣工结算为止。增减工程费用只是工程结算的过渡阶段，而竣工结算才是确定单位或单项工程造价的最后阶段。

2. 是银行结清工程造价的依据

单位工程或单项工程竣工交付使用后，均应立即办理竣工结算手续。竣工结算手续由施工企业提出结算书，经建设单位审查盖章，建行据次结清施工单位应取的造价。

3. 是国家计划统计的依据

施工单位在单位工程的施工阶段，应根据单位工程的增减费用，随时调整计划及统计进度，及时修正预算成本，及其他各种有关的经济指标，以使企业的经济管理的各种数据报表和经营效果准确可靠。当最后的竣工结算生效以后，施工单位据此调整最后的工程统计报表及数据，财务部门进行单位工程的成本核算，材料部门进行单位工程的材料核算，劳资部门进行单位工程的劳动力的成本核算等，国家据此调整工程的投资。因此造价费用的调整不但涉及到日常的企业管理工作，关系到企业经营效果的好坏，而且影响到国家的计划统计工作，不仅要及时，而且数字要准确可靠。

（二）竣工结算的计价形式

园林工程竣工结算计价形式与建筑安装工程承包合同计价方式一样，根据计价方式的不同，一般情况可以分为 3 种类型，即总价合同、单价合同和成本加酬金合同。

1. 总价合同

所谓总价合同是指支付给承包方的款项在合同中是一个“规定金额”，即总价。它是以图纸和工程说明书为依据，由承包方与发包方经过商定作出的。总价合同按其是否可调整，可分为以下两种不同形式：

（1）不可调整总价合同　这种合同的价格计算是以图纸及规定、法规为基础，承、发包双方就承包项目协商的一个固定总价，由承包方一笔包死，不能变化。合同总价只有在设计和工程范围有所变更的情况下，才能随之做相应的变更，除此之外，合同总价是不能变动的。

（2）可调整总价合同　这种合同一般也是以图纸及规定、规范为计算基础，但它是以“时价”进行计算的。这是一种相应固定的价格。在合同执行过程中，由于市场变化而使所用的工料成本、人工成本等增加，可对合同总价进行相应的调整。

2. 单价合同

在施工图纸不完整，或当准备发包的工程项目内容、技术、经济指标一时尚不能准确、具体地给予规定价格时，往往要采用单价合同形式。单价合同又因情况不同，可分为以下两种形式：

（1）估算工程量单价合同　这种合同形式承包商在报价时，按照招标文件中提供的估算工程量，报工程单价。结算时按实际完成工程量结算。

（2）纯单价合同　采用这种合同形式时，发包方只向承包方，发包承包工程的有关分部、分项工程，以及工程范围，不需对工程量做任何规定。承包方在投标时，只需对这种给定范围的分部、分项工程作出报价，而工程量则按实际完成的数量结算。

（3）单价合同　这种合同形式主要适用于工程内容及其技术经济指标尚未全面确定，投标报价的依据尚不充分的情况下，发包方因工期要求紧迫，必须发包的工程；或者发包方与承包方之间具有高度的信任；承包方在某些方面具有独特的技术、特长和经验的工程。

（三）竣工结算的竣工资料

（1）施工图预算或中标价，及以往各次的工程增减费用。

（2）施工全部图纸或协议书。

（3）设计变更、图纸修改、会审记录。

（4）现场地材料部门的各种经济签证。

（5）各地区对概预算定额材料价格，费用标准的说明、修改、调整等文件。

（6）其他有关工程经济的资料。

（四）编制竣工结算的内容及方法

竣工结算是以单位工程的增减费用或竣工结算的费用的计算为主要内容。而单位工程的增减费用，或竣工结算的费用计算方法，是指在施工图预算，或中标标价，或前一次增减费用的基础上，增加或者减少本次费用的变更部分，应计取各项费用的内容及使用各种表格，均要和施工图预算内容相同，它包括直接费、施工费、现场经费、独立费和法定利润等。现介绍如下：

1. 直接费增减表计算

这个部分主要是计算直接费增加和减少的费用，其内容包括：

（1）计算变更增减部分

①变更增加　指图纸设计变更需要增加的项目和数量。应在工程量及价值前惯以“＋”号。

②变更减少　指图纸设计变更需要减少的项目和数量。应在工程量及价值前惯以“－”号。

③增减小计　上述①＋②之和，符号“＋”表示增加费用，符号“－”为减少费用。

（2）现场签证增减部分

（3）增减合计　指上述（1）、（2）项增减之和，结果是增是减以“＋”

或“—”符号为准。

2. 直接费调整总表计算

这一部分注意计算经增减调整后的直接费合计数量。计算过程为：

(1) 原工程直接费（或上次调整直接费）　第一次调整填原预算或中标标价直接费；第二次以后的调整填上次调整费用的直接数。

(2) 本次增减额　填上述 (1) 中的①～③的结果数。

(3) 本次直接费合计　上述 1 中的 (1)、(2) 项的费用之和。

3. 费用总表计算

无论是工程费用或是竣工结算的编制，其各项费用及造价计算方法与编制施工图预算的方法相同。见预算费用总表的编制方法。

4. 增减费用的调整及竣工结算

增减费用的调整及竣工结算，属于调整工程造价的两个不同阶段，前者是中间过渡阶段，后者是最后阶段。无论是哪一个阶段，都有若干项目的费用要进行增减计算，其中有与直接费用有直接关系的项目，也有与直接费间接发生关系的项目。其中有些项目必须立即处理，有些项目可以暂缓处理，这些应根据费用的性质、数额的大小、资料是否正确等情况，分不同阶段来处理。现在介绍部分不同情况时，对下列问题采取不同阶段的处理方法。

(1) 材料调价：明确分阶段调整的，或还有其他明文调整办法规定的差价，其调整项目应及时调整，并列入调整费用中。规定不明确的要暂后调整。

(2) 重大的现场经济签证，应及时编制调整费用文件，一般零星签证，可以在竣工结算时一次处理完。

(3) 原预算或标书中的甩项，如果图纸已经确定，应立即补充，尚未明确的继续甩项。

(4) 属于图纸变更，应定期及时编制费用调整文件。

(5) 对预算或标书中暂估的工程量及单价，可以到竣工结算时再做调整。

(6) 实行预算结算的工程，在预算实施过程中，如果发现预算有重大的差别，除个别重大问题，应急需调整的应立即处理以外，其余一般可以到竣工结算时一并调整。其中包括工程量计算错误、单价差、套错定额子目等；对招标中标的工程，一般不能调整。

(7) 定额多次补充的费用，调整文件所规定的费用调整项目，可以等到竣工结算时一次处理，但重大特殊的问题应及时处理。

二、园林工程竣工决算

竣工决算又称竣工成本决算，分为施工企业内部单位工程竣工成本核算和基本建设工程竣工决算。前者是对施工企业内部进行成本分析，以工程竣工后的工程结算为依据，核算一个单位工程的预算成本、实际成本和成本降低额。后者是建设单位根据国家建委《关于基本建设项目验收暂行规定》的要求，所有新建、改建和扩建工程建设项目竣工以后，都应编报竣工结算。它是反映整个建设项目从筹建到竣工、验收、投产的全部实际支出费用文件。

（一）竣工决算的作用

基本建设项目竣工后，及时编制工程竣工决算，有以下几方面作用：

1. 是确定新增固定资产和流动资产价值，办理交付使用、考核和分析投资效果的依据。

2. 及时办理竣工决算，不仅能够准确反映基本建设项目实际造价和投资效果，而且对投入生产或使用后的经营管理，也有重要作用。

3. 办理竣工决算后，建设单位和施工企业可以正确地计算生产成本和企业利润，便于经济核算。

4. 通过编制竣工决算与概、预算的对比分析，可以考核建设成本，总结经验教训，积累技术经济资料，促进提高投资效果。是施工阶段管理的主要内容和措施之一。

（二）竣工决算的主要内容

工程竣工决算是在建设项目或单位工程完工后，由建设单位财务及有关部门，以竣工决算等资料为基础进行编制的。竣工决算全面反映了竣工项目从筹建到竣工全过程中各项资金的使用情况和设计，概、预算执行的结果。它是考核建设成本的重要依据，竣工决算主要包括文字说明及决算报表两部分。

1. 文字说明

主要包括：工程概况、设计概算和基本建设投资计划的执行情况，各项技术经济指标完成情况，各项拨款的使用情况，建设工期、建设成本和投资效果分析，以及建设过程中的主要经验、问题和各项建议等内容。

2. 决算报表

按工程规模，一般将其分为大中型和小型项目两种。大中型项目竣工决算包括：竣工工程概算表、竣工财务决算表、交付使用财产总表、交付使用财产明细表，小型项目竣工决算包括反映小型建设项目的全部工程和财务情况。表格的详细内容及具体做法按地方基建主管部门规定填表。

其中竣工工程概况表和大中型建设项目竣工财务决算表的要求如下：

竣工工程概况表：综合反映占地面积、新增生产能力、建设时间、初步设计和概算批准机关和文号，完成主要工程量、主要材料消耗及主要经济指标、建设成本、收尾工程等情况。

大中型建设项目竣工财务决算表：反映竣工建设项目的全部资金来源和运用情况，以作为考核和分析基本建设拨款及投资效果的依据。

第七节　园林工程施工中的经济资料管理

园林工程经济资料的管理是园林施工企业经济管理工作的一个重要环节。园林工程的复杂性，致使工程从开工至竣工，经常出现图纸上的变化，发生现场各种签证以及其他经济方面的问题。这些经济方面的资料是调整预算造价、办理工程结算的依据。为了使竣工结算能收回价款，做到不少算，不漏算，必须做到经济资料齐全，内容正确，经办及时。这就需要技术、生产、财务资料等部门及施工现场，加强经济资料的管理工作，完善经济资料管理的制度，这对于搞好园林施工企业的经济管理有着十分重要的意义。同样，做好园林工程经济资料的管理，也是建设单位进行最终决算，确定新增资产和交付使用后管理的重要依据。

一、园林工程施工经济资料管理的内容

（一）预算费用资料的管理

1. 工程合同及概、预算资料

（1）凡是通过招、投标中标的园林工程，应很好保管中标标书以及有关招、投标文件，费用调整依据的规定文件，中标图纸中未包括的费用项目资料等；要认真研究投标图纸与施工图纸的差别，找出变更的内容，增加的项目以及按合同和费用调整文件应该增加的费用项目等，即使找建设单位办理

洽商的手续或者有关资料也要妥善保存，待竣工时用作费用调整的依据。

(2) 凡实行预决算的工程，或者加系数包干工程，应针对不同决算类型，不同承包方式所应增加的各种费用、工程包干费用等，由工程预算部门，主动找建设单位商洽作出决定，并在预算中或在合同中作出明确规定，其间所有记录、文件等资料应妥善管理。

2. 工程价格变动资料

3. 取费标准变化与调价资料

合同预算部门应正确掌握有关取费项目和取费标准的变化，掌握多个时期调价系数的数据，以及定额费用的变动情况，并及时向基层施工单位，及负责概预算的编制人员、负责工程经济索赔人员说明情况，要求贯彻执行，以保证作到在竣工结算时，该调整的费用一律不得漏算。

4. 各类经济资料的管理

合同预算部门是一个园林工程施工企业全面经营管理的业务部门，该部门除了应该做好自身对外多项经营工作外，还应督促各施工基层单位，做好施工索赔及基层单位的各项经营管理工作，做好资料的管理和搜集工作，并应保管好各种经营管理资料，索赔资料，以全面做好经营管理工作。

（二）图纸变更资料管理

1. 对原施工图结构、构造的修改资料

包括结构形式、断面尺寸、材料标量的改变，层高及跨度的变更等。

2. 建筑装修的修改资料

其中包括木装修、楼地面、内外装饰等做法上的修改及标准的提高。

3. 安装工程的修改资料

包括给、排水、电气、暖气和弱电工程等部分，设置范围和标准的变更等。

4. 增加项目的资料

包括增加设计图纸上没有的工程项目和图纸上原有项目中增加面积、层次、设施、变更做法等变更资料。

以上资料应由技术部门经办后、将资料及时交预算部门存档，以做调整造价之用。技术部门应对施工现场进行技术监督，凡是没有变更洽商资料的，一律不得随意更改图纸内容。

（三）地基处理及地基加深的洽商资料

在地基施工中发现地基土质不好，地下墓穴道及其他地下障碍物，需进行清除，并要进行地基加固，基础加深等技术处理的，必须及时办理技术洽商或现场经济签证。

（四）材料代用洽商资料

在施工过程中，如果发生原设计材料品种、规格、型号没有或必须用其他的品种、规格、型号的材料代用时，必须办理工程洽商，洽商手续可以由技术部门向设计单位办理。

（五）现场经济签证管理资料

现场发生的经济签证内容是多方面的，现概括如下：

（1）施工区域的障碍物清理，旧房屋的拆除等发生的费用。

（2）施工区域内，设计高与自然标高不符的土方处理，如果土方量较大，必须单独编制土方工程概、预算，一般情况可以由施工工长在现场单独办理签证。

（3）在施工过程中突然发现图纸中的问题，而又必须立即处理的，必须随时在现场办理经济签证。

（4）没有入标或进入预算的地下排水工程，如果现场按时签证时，要对降低地下水位所采用的排水措施，应逐日做好记录，并办理签证手续后，交预算部门进行经济结算。

（5）由于图纸中的错误或矛盾引起的工程返工，修补所增加的费用资料，由技术部门或施工现场办理签证。如造成停工、窝工、其经济损失由施工单位向建设单位办理经济签证。

（6）施工中突然发生的或长时间的停水、停电所造成施工单位的经济损失，应由工长办理签证。

（7）由于建设单位的责任造成的材料倒运，仓库及工地用房搬迁等原因而引起的，由施工单位发生的费用，应由工长办理签证。

（8）由建设单位供应的材料、门窗、预制构件，由于质量不好，而需要修理加工的损失费用，应由建设单位承担，在现场应由工长办理必要的经济手续。

（六）停工损失费的办理资料

由于建设单位的原因造成合同以内的工程停建或中途停建，应由建设单位承担施工单位的经济损失。包括以下项目：

（1）已经做了施工准备工程，建设单位要求停止开工的，建设单位应赔偿施工管理上的损失，及已经投入的工料费，赔偿成品、半成品构件已经提前加工的损失费。

（2）建设单位中途无故停止建造的工程，除盘点已完的工程，按正常预决算收回应取的费用外，建设单位应赔偿施工单位停建损失费。停建损失费应由施工单位提出数据，经建设单位审查后赔偿。

（3）凡是停建的工程，已经进厂的预制构件、门窗、半成品等，应由施工单位材料部门，按规定移交给建设单位，并办理经济结算手续。对于积压的材料，原则上也应移交给建设单位，如果施工单位还可以用于其他工程的，可以留下，但造成的人工倒运费用，应由建设单位承担。

（4）建设单位和施工单位单方无故停工，除应由责任方赔偿停建损失费以外，还应赔偿对方违约金，违约金应在合同中有明确规定。

二、园林工程施工现场经济签证办理的方式

园林工程施工现场经济签证同一般建设工程一样，大致有 3 种方式，第一种是签证工程量；第二种是签证人工、材料、机械工程量；第三种按照被签证对象实耗记录或凭据进行签证。

（一）签证工程量

签证工程量就是按照预算范围以外发生或增加的工程量，向建设单位办理签证手续。它一般用于以下情况：

（1）有图纸可以计算工程量的情况，它一般用于现场临时增加的项目或变更图纸的内容，而且可以随时计算工程量的情况。

（2）可以用实测的方法测出工程量，而且可以套用定额计算单价的，例如地基不好需要砼或好土加固的，但无图纸可以计算，只有用实测方法计算工程量。

（3）增加或变更的项目工程量已经明确的情况，一般用于预制构件、门窗、半成品数量、型号、规格、计量都是已知的情况。

（二）签证人工、材料、机械数量

按人工、材料、机械消耗量进行签证，多半是在工作进行之前先办签证，而后再施工。进行这种签证往往凭经验进行估算，准确性较差。但是作为甲乙双方的经济手续要求来说，必须先签证，后施工，但可按消耗量进行估算。适用于一些无法计算工程量的项目，例如障碍物的清理、零星工程、

打调修补、搬迁、拆除等。

（三）按实耗记录或凭据进行签证

按实耗记录或凭据进行签证，是对被签对象在施工过程中，记录下所消耗的人工、材料、机械台班或者依凭据进行签证的。例如某些地下排水，就是依所消耗的人工数量及水泵台班的数量的记录为准。特殊构件、材料、半成品的制作、加工、采购的费用一般以发票、凭据为准办理经济签证。

以上 3 种签证不管是哪一种，施工单位应本着最大限度节约消耗的原则，压缩签证数量。不能以高估、冒算、乱夯、乱要来加大签证数量。能签证的工程量尽量办理签证。不能签证工作量，要办估算，要做到实事求是，尽量减少误差。

第八节　经济信息在园林工程施工经济管理中的应用

一、园林工程施工经济管理中存在大量的经济信息

经济信息是反映经济活动的特征及其发展变化情况的各种消息、情报、资料的总称。人们从事的一切生产经营活动，不断地产生经济信息。人们就是通过经济信息地收集，整理和传递来反映和了解各种生产活动过程中的经济活动状况，并据此采取对策，以保证经济活动各方面、各环节之间地协调。经济信息存在于一切生产经营活动中，同样也存在于一切经济管理活动之中。把园林工程施工经济管理作为生产经营活动也好，还是作为经济管理活动来看，其中必然存在着大量的经济信息，正确应用这些经济信息，是搞好现代园林工程施工经济管理的重要措施之一。在当今信息时代，这一点显得尤为重要。

二、经济信息的特征

经济信息不同于自然信息，它是一种人与人之间传递的信息，是以发出者和接收者共同理解的数据、文字、符号和信号来传递人们的社会经济活动情况，它具有以下特征：

1. 经济信息的有效性

只有有用的经济信息才是经济信息。它的效用表现在对管理的贡献，有用的信息会帮助管理者，采取正确的决策和有效的控制措施，从而产生积极的经济效果。故又被人们称为“特种经济资源”和“无形财富”；有用的信息可以价值连城，而无用的信息，其价值等于零。但信息的无用和有用不是绝对的，同一信息可能对某一企业或某一个人是无用的，但可能对另一企业或另一个人十分有用。关键在于人们对信息的敏感程度和利用状况。所以，要善于捕捉经济信息和巧妙地利用经济信息，这已成为衡量管理者水平的一项重要指标之一。

2. 经济信息与信息载体的不可分割性

经济信息是由信息实体和信息载体构成的整体。其实体是指信息的内容，没有内容的信息是不存在的。其载体是指反映这些内容的形式，如数据、文字、人的大脑等。经济信息的内容，必须借助于一定的物质形式来表达和传递的，与其载体是不可分割的。

3. 经济信息具有可扩散性和可分享性

经济信息可以通过多种载体互相传递，并加以扩散。无论什么领域都存在着信息，可以通过各种方式、渠道有偿地交换信息，可以广为人们所利用，这就为我们的收集，利用经济信息提供了可能。

4. 经济信息具有一定的实践性和地域性

经济信息的这一特点，使其适用性受到一定的限制，其有效性不断发生变化。随着时间和地区的变化也将不断地扩充和变更。这一点在园林工程施工定额管理中表现的最为明显。

在园林工程施工经济管理中，人们不仅要热心获取经济和科技活动信息的同时，切不能忘记根据当地实际情况，综合多方面因素，对各种经济信息作冷静的分析，才能作出正确的决策，使经济信息更好地为园林工程施工管理服务。例如：不同地区施工定额，材料供需情况，价格及运输费用及各类施工技术人员及生产工人的情况，气候、降水等方面的差异等。

三、经济信息在园林工程施工经济管理中的作用

任何一个园林工程施工经济管理系统，无论是一个园林分项工程的施工经济管理系统，还是一个园林工程的施工经济管理系统，要进行正常的经济活动，一刻也少不了经济信息，经济信息已成为现代园林工程施工经济管理的重要因素之一。它好比园林工程施工管理的神经系统，它的作用可见图 9-4。

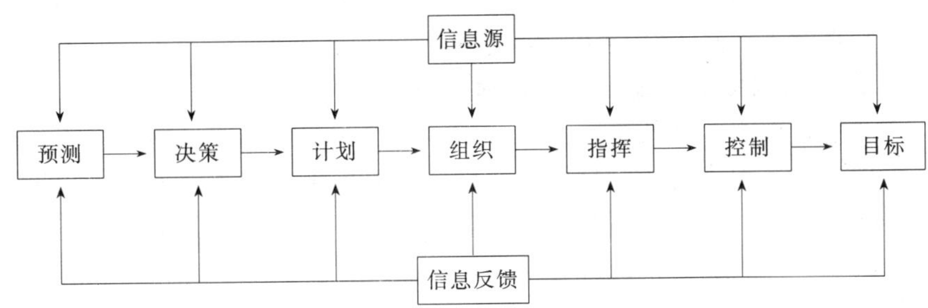

图 9-4　经济信息在园林工程施工管理中作用示意

从图 9-4 可以看出，经济管理中的每一个职能，既要输入经济信息，同时又输出经济信息，并进行连续不断的信息反馈。这样在整个园林工程施工管理过程中，就形成了同物质流、能量流不断运转的信息流。园林工程施工管理人员就要依据获得经济信息来判断施工管理过程中的各种情况，采取适当的管理手段，完成对经济管理工作对象的控制。从而使每一生产，经营管理活动产生经济效益，形成价值流。

在市场经济条件下，特别是全球化信息化的条件下，经济信息是一切生产经营活动中最具活力的，不可缺少的因素。它在经济管理中发挥着及其重要的作用。

1. 是发展市场化园林工程施工建设的向导

在市场经济条件下，园林工程施工企业能否获得施工建设的权利，都必须以可靠的经济信息为依据。只有掌握了经济信息，园林工程施工企业投资者才能决定投资投向，投资规模和发展速度以及施工管理的各项决策。如果信息不准确或信息量不足，往往发生决策失误，很难取得好的经济效益，即就是获得施工权利，也会因为信息不灵，决策失误而得不到应得的经济效益，甚至出现亏损。

2. 是园林工程施工企业经济管理的基础

有了正确的决策是搞好经济管理的关键。但决策的正确执行才是搞好经济管理的基础。而在经济管理的执行过程中的调节，又是正确贯彻决策的重要的一个环节。而这些都依靠准确、及时、适合、有效、足量的经济信息。这就使得经济信息在园林工程施工经济管理中的基础地位显现了出来。

3. 是加快园林工程施工管理技术，经济活动，提高施工管理水平的有效途径

封闭自守的园林工程施工经济管理机制有碍于企业间的相互交流和提高，而开放、互学的园林工程施工经济管理机制有利于企业间的相互交流，取长补短进而提高施工企业的施工经济管理的水平，而开放、互学的经济管理机制是靠经济信息流才能更好实现的。

4. 是提高园林工程施工经济管理效益的有力工具

经济信息作为一种特殊资源，我们可以把它变为财富。在园林工程施工经济管理中，采用先进的信息传递手段，建立施工管理内部的信息采集和传播网，使信息灵敏地反映施工经济管理中的经济技术活动，从而提高经济管理者的各项管理职能的正确准时采用，这就可以提高园林工程施工企业的经济管理效益。

四、园林工程施工经济管理对信息的要求

经济信息是决策的基础和前提，又是提高园林工程施工企业经济效益的关键。因而它在搞好园林工程施工经济管理中具有十分重要的作用。不是一切经济信息都能起到如此作用，只有具备及时、准确、适用、经济的经济信息，才是我们需要的信息。

1. 及时

就是要最迅速、最灵敏地收集和传递信息。一个有价值的信息，如果收集传递很慢失去了时效，就变成了“马后炮”，将会失去应有的价值。经济信息的作用和价值与所提供信息的间隔时间成反比，即提供信息的间隔时间越短，其作用越大，市场经济条件下更是如此。园林工程施工企业的管理者一定要掌握及时的信息，不能依据过时的信息进行施工管理决策、计划、组织、指挥和控制，以免对施工企业带来大的损失。

2. 准确

就是所获信息是客观实际情况的反映，经济信息的准确性与其价值密切相关。经济信息的准确程度越大，其价值就越大。信息失真就会使决策者失去可靠的判断，出现失误，给施工企业的经济管理带来损失。

3. 适用

就是经济信息要为实现的经济目标服务。施工经济管理中需要信息，但必须适合企业生产实际的需要，符合不同管理层次，不同职能部门的不同时期不同地域内施工的需要。如果园林工程施工经济管理者去阅读大量无关紧要的经济信息资料，就会浪费时间。这就要求园林工程施工经济管理者要从大量的原始信息中，通过科学整理，筛选，以获得适用的信息。

4. 经济

就是用较低的费用获得价值最高的信息。为了提供信息的经济性，在园

林工程施工经济管理中，我们一定要选择最有价值的信息，采用适当的传递工具，进行加工和传递。切不可满天撒网浪费财力和物力，加大园林工程施工经济管理中信息管理的代价，而降低施工管理的经济效益。

五、加强园林工程施工企业经济管理中经济信息管理工作

对于园林工程施工经济管理工作，做好对经济信息管理工作是搞好施工经济管理的一个重要方面。在现阶段应主要从以下几方面努力：

1. 做好经济信息管理的基础工作

（1）企业的经济信息大部分来自企业内部的原始记录、统计、会计、财务、计划及业务核算体系，技术评价结果等，对这些资料信息进行及时的整理，汇总和分析，是收集信息的基本手段。因此，要加强和改进园林工程施工管理过程中原始记录及各种资料的收集、整理、存档工作，是保证信息可靠的来源。

（2）经济信息管理的基础工作的另一个方面，就是要加大收集、整理、分析、筛选信息的基础设备建设的力度，改变经济信息收集、传递的方式，提高经济信息的功效。信息理论和技术，系统工程理论和技术，以及计算机网络技术，为我们获取和传递信息提供了更广阔的空间和途径。这一点在园林工程定额制定，选择和预、决算编制中更显出特别的作用。所以加大园林工程施工经济管理基础设施建设就成为其重要的基础工作的另一个方面。

（3）经济信息的价值要通过较高水平管理者的劳动才能得以实现，在现代化信息管理设施条件下，更是如此。所以，加强对园林工程经济信息管理人才的培养已成为当务之急。这也是困扰各园林工程施工企业经济管理的最大因素之一。

2. 做好信息收集、贮存和更新工作

（1）对园林工程施工企业来讲，信息的来源有两个方面：一是本企业外部的信息，包括施工的生产物资供应情况，市场上各类建材的投放数量和销售价格，同行业、同类生产的动向，主要建筑技术装备和生产工艺各种定额变化情况等。二是企业内部信息，包括施工生产的进度、技术水平，生产任务和成本计划完成情况，施工过程中的盈亏情况等。

（2）信息贮存是将收集的信息进行分类整理，将有用的信息贮存起来。其目的是为了以后决策使用和对施工生产活动进行动态分析，以便使决策更加准确。为了方便使用，对贮存的信息还应编成摘要，索引，使应用时能迅速准确地提取，提高使用信息的效率。

(3) 由于经济信息始终处于运动之中，随着时间的流逝，会出现一些信息陈旧、过时。这就要求人们不断注意新事物，掌握新情况，研究新问题，不断地进行信息更新，适应园林工程施工建设变化的要求。市场经济条件下，各种经济要素变化莫测，这就应注意经济信息的变化。

3. 搞好信息的加工和利用提高信息的有效作用

信息的加工包括收集信息的计算、分类、比较、选择等工作，它是信息处理的关键环节。信息加工要服从施工经济管理的需要，通过加工，使其成为一定经济管理决策者所必须的信息。信息加工是一门学问，好的加工方法可以使用处不大的信息变为有更大作用的信息。而信息的利用则是一门艺术。经济信息的有效利用，是要把它作为生产中的一个要素，同物质能量一样发挥巨大作用，促进施工生产的发展。由于计算机技术的迅速发展和现代化通讯工具不断更新，使信息载体和信息技术不断发展，从而使信息手段日趋现代化，利用这些现代化手段，搞好处理加工信息，可以大大提高施工企业的施工经济管理水平。

4. 做好信息的评议和鉴定工作，保证信息的真实性

信息评议和鉴定，是根据信息的来源、可靠性、有效性等指标对所获取的信息进行检查、评价和审定。以保证信息的真实性，提高信息工作的质量，进一步改善信息管理工作。通过信息的评议鉴定，使经济上合理，技术上先进可行的信息在施工管理中得到及时推广应用，为信息尽快地转化为生产力创造条件。

➤ 复习思考题

1. 管理、经济管理和园林工程经济管理的概念？
2. 简述园林工程经济管理的特点、地位和作用？
3. 园林工程经济管理的主要内容有哪些？
4. 什么叫园林工程预算定额？它具有哪些特征？
5. 怎样划分园林工程项目类型？划分时为什么要与定额的类型相一致？
6. 简述园林工程工程量计算的步骤和方法，并举例说明。
7. 园林工程施工图预算的作用和内容中包括哪些？
8. 园林工程施工图预算包含哪些费用？简述计取的方法。
9. 园林工程竣工结算和工程决算的作用有哪些？各有哪些内容？
10. 园林工程经济信息管理的意义是什么？如何加强经济信息管理工作？

第十章　园林工程施工监理

【本章提要】园林工程施工监理是施工管理的重要内容和有效手段。了解有关的基础知识，掌握其特点、性质，应遵循的原则和施工阶段监理的内容和采取的方法，对园林工程施工全过程进行进度、质量、投资、成本和安全的控制，既是监理单位和监理工程师的职责，也是其权利和义务。而这一切都必须依据有关的法规、规定和合同作为依据的。这也是本章学习的重点内容。

第一节　园林工程施工监理概述

一、园林工程施工监理基础

（一）有关概念

1. 监理

“监”字仍为“自上而下”“监视”之意；而“理”字则为“治理、条理、道理、法则”之内涵。在现代科学技术中，“监”可理解为对某种预定行为从旁观察或进行监测，其目的是为了督促其行为不得逾越预定的、合理的界限；“理”可理解为对一些相互关联和相互交错的行为进行调理，避免抵触，对抵触的行为进行理顺，使其通畅，为相互矛盾的权益进行调理，避免冲突。因而，监理可解释为：对人们相互之间的行为及权益进行监测和协调，以促使人们相互密切配合，按规矩办事，顺利实现组织和个体的价值。显然，监理也是一种人们有组织的行为。

2. 建设监理与监理单位

所谓建设监理，就是指在工程建设中，设置专门机构，指定具有一定资质的监理执行者依据建设行政法规和技术标准，运用法律、经济或技术手段，对工程建设参与者的行为和他们的责、权、利进行必要的约束与协调，保证工程建设井然有序、顺利地进行，达到工程建设的目的，求取最大投资效益的一项专门性工作。把执行这种职能的专门机构称为监理单位。

3. 园林工程施工监理

园林工程施工监理是指社会化、专业化的园林工程建设监理单位，在接受园林工程建设项目业主的委托和授权之后，根据国家批准的园林工程项目建设文件、有关园林工程建设的法律、法规和园林工程建设监理合同以及其他工程建设合同，针对园林工程项目施工中所进行的，旨在实现园林工程建设项目投资目的的微观性监督管理活动。它是直接为园林工程施工提供管理服务的行业。

（二）园林工程施工监理的客体与行为主体

1. 园林工程施工监理的客体

园林工程施工监理的客体，就是指其监理的对象。它包括新建、改建和扩建的各种园林工程施工项目。园林工程施工项目的建设是一种社会生产行为，具有相应的行为主体。其必然也是园林工程施工监理的客体。在园林工程施工过程中，直接的项目施工行为主体是该施工项目的承包商。具体包括项目设计单位、项目施工单位、项目材料供应单位和项目设备供应单位等。因此，园林工程施工监理的客体既指工程项目建设，也指工程项目建设中的设计单位、施工单位、材料供应单位和设备供应单位等园林工程施工项目承包商。

2. 园林工程施工监理的行为主体

园林工程施工监理的行为主体就是社会化、专业化的园林工程建设监理单位及其监理工程师。

（1）*只有监理单位及其监理工程师的监督管理活动才能被称为园林工程施工监理*　园林工程建设监理单位是具有独立性、社会化、专业化等特点的专门从事园林工程建设监理和其他相关工程技术服务活动的经济组织。监理工程师是园林工程建设监理单位中具有《监理工程师资格证书》和《监理工程师岗位证书》，并经政府园林工程建设行政主管部门注册，从事园林工程建设监理的专业监理人员。

只有园林工程建设监理单位才能按照独立、自主的原则，以“公正的第三方”的身份开展园林工程建设监理活动。

只有监理工程师才能从事园林工程建设监理工作，非园林工程建设监理单位所进行的监督管理活动一律不能称为园林工程建设监理。

（2）*园林工程施工监理单位的业务范围*　园林工程建设监理单位，可以为园林工程建设项目的业主，提供种类繁多的关于园林工程建设方面的各种智力服务。按照我国的有关规定，园林工程建设监理单位可以分别在决策、设计、招标、施工和保修等阶段提供总计 20 多项服务。按照国际咨询工程师联合会的《IGRA1980PM》，园林工程建设监理单位可以在工程技术、采购、技术监督、技术检查、施工管理以及代办服务等 6 个方面提供 30 多项不同内容的服务。

(3) *园林工程建设监理单位的主体性质*　园林工程建设监理单位只是园林工程建设项目监督管理服务的主体，而非园林工程建设项目管理的主体，也不是施工项目和设计项目的管理主体和服务主体。

（三）园林工程建设监理的依据

1. 国家批准的园林工程建设文件，政府、建设行政主管部门批准的建设项目可行性研究报告、规划、计划和设计文件等。

2. 有关园林工程建设方面的法律、法规和园林工程建设方面的现行规范、标准、规程，以及由各级立法机关和政府园林工程建设行政主管部门颁发的有关法律、法规。

3. 园林工程建设监理合同和其他工程建设合同，主要有园林工程建设监理合同、工程勘察合同、工程设计合同、工程施工合同、材料和设备供应合同等。而园林工程建设监理合同是园林工程建设监理的直接的依据。

二、园林工程建设监理的特点

1. 园林工程建设监理是针对园林工程项目建设所实施的监督管理活动

园林工程建设监理活动是围绕工程项目来进行的，其对象为新建、改建和扩建和各种园林工程建设项目。园林工程建设监理是直接为建设项目提供管理服务的行业。

2. 园林工程建设监理的行为主体是具有园林工程监理资质的监理单位

园林工程建设监理的行为主体是明确的，即园林工程监理单位，以及其具有园林工程监理工程师资质的监理人员。只有监理单位才能按照独立、自主的原则，以“公正的第三方”的身份开展园林工程建设监理活动。非监理单位所进行的监督管理活动一律不能称为园林工程建设监理。只有监理工程师才具有进行直接监理的权利。

3. 园林工程建设监理的实施需要业主的委托授权

在实施园林工程建设监理的项目中，业主与监理单位的关系是委托与被委托的关系；决定了他们之间是合同关系，是一种委托与服务的关系。

4. 园林工程建设监理是有明确依据的园林工程建设行为

园林工程建设监理是严格的按照有关法律、法规和其他有关准则实施的。园林工程建设监理的依据是国家批准的工程项目建设文件、有关园林工程建设的法律和法规、园林工程建设监理合同和其他园林工程建设合同。

5. 现阶段园林工程建设监理主要发生在项目建设的实施阶段

园林工程建设监理这种监督管理服务活动，其贯穿于建设项目建设的全过程中，主要出现在园林工程项目建设的设计阶段（含设计准备）、招标阶段、施工阶段以及竣工等，这些都是工程建设项目的实施阶段。

6. 园林工程建设监理是微观性质的监督管理活动

园林工程建设监理活动是针对一个具体的工程项目展开的。项目业主委托监理的目的就是期望监理单位，能够协助其实现项目投资目的。它是紧紧围绕着工程项目建设的各项投资活动和生产活动所进行的监督管理。对于园林工程建设监理，它的各项投资活动与生产活动，不仅包括园林工程建设内容，同时还包含了植物栽种、造景艺术及栽培养护、管理等内容，因此形成了自己的独特的微观监理管理活动。

三、园林工程建设监理的基本性质

园林工程建设监理的基本性质表现为服务性、独立性、公正性和科学性。

（一）服务性

1. 园林工程建设监理活动是一种高水平的工程监理管理服务

园林工程建设监理活动既不同于项目业主的直接投资活动和工程的发包活动，也不同于工程承包商的工程承包活动和直接生产活动。它只是工程项目建设过程中，由监理单位和监理人员利用自己在园林工程建设方面的知识、技能和经验为客户提供高水平的工程监理管理服务，以满足项目业主对园林工程建设项目管理的需要。它一不需要投入大量的资金和材料；二不需要大量的机具，设备和劳务力量；它也不参与承包单位的盈利分红，其所获报酬，是其通过脑力劳动所进行的技术性服务应得的报酬。因而表现出典型的服务性特点。园林工程建设监理活动，在我国园林工程建设体系中已成为一种独立的新兴的服务行业。是受法律约束和保护的。

2. 园林工程建设监理活动及其监理工程师可以为项目业主提供 3 种不

同性质的监理服务

(1)“正常服务（工作)”是任何园林工程建设监理单位及其监理工程师在正常条件下都应该提供的，项目只要聘请园林工程建设监理就会自动获得这些服务。

(2)“附加服务（工作)”是为了更好地完成园林工程建设监理工作，根据具体园林工程建设项目的特点所补充的，一般双方应当协商确定“附加服务（工作)”的内容及其责任。

(3)“额外服务（工作)”并不是必需的服务，而是应项目业主的特殊要求而提供的，园林工程建设监理单位及其监理工程师如果认为不合适，有权拒绝提供。

3. 园林工程建设监理单位为委托方的服务是一种简单的第三者的服务

园林工程建设监理单位，没有任何责任和义务为园林工程建设方提供直接服务。而园林工程建设的双方在建设过程中，有许多工作需要园林工程建设监理单位及其监理工程师，以第三者的身份进行必要的协调、指导、纠正，以使园林工程建设活动规范、有序地进行。

（二）独立性

从事园林工程建设监理活动的监理单位是直接参与工程项目建设的“三方当事人”之一。它与业主、承包商之间的关系是平等的、横向的。在园林工程建设项目中，监理单位是独立的一方。

园林工程建设监理单位应该按照独立、自主的原则开展园林工程建设监理工作。工程建设监理单位是作为一个独立的专业公司受聘于项目业主去履行服务的一方，应当根据合同进行工作，它的监理工程师应当作为一名独立的专业人员进行工作。与承包商、制造商、供应商之间，必须保持其行为的绝对独立性，不得从他们那里接受任何形式的好处，而使他的决定的公正性受到影响，不利于他行使委托人赋予他的职责。不得与任何可能妨碍他作为一个独立的咨询工程师工作的商业行为有关。监理工程师仅为委托人的合法利益行使其职责，他必须以绝对的忠诚履行自己的义务，并且忠诚于社会的最高利益，以及维护职业荣誉和名声。因此，园林工程建设监理单位及其监理工程师在履行园林工程建设监理合同义务和开展园林工程建设监理活动的过程中，应根据自己的判断，独立地开展工作。

为了保证园林工程建设监理行业的独立性，园林工程建设监理单位及其监理工程师，必须与有关的行业或单位断绝人事上的依附关系，以及经济上的隶属或经营关系，才能确保园林工程建设监理单位及其监理工程师，在进行园林工程建设监理的时候，不受被园林工程建设监理者的影响。园林工程建设监理的这种独立性是建设监理制的要求，是园林工程建设监理单位在工程项目建设中的第三方地位所决定的，是由它所承担的园林工程建设监理基本任务所决定的。因此，独立性是园林工程建设监理单位开展园林工程建设监理工作的重要原则。

（三）公正性、公平性

由于园林工程监理的独立性特点，和处于工程建设中的第三者的特殊地位，这就要求园林工程监理单位和监理工程师，应当排除各种干扰，以公正的态度对待委托方和被监理方，对双方持公平的态度。这里所谓的公正是指在提供园林工程建设监理服务过程中，园林工程建设监理单位及其监理工程师应当以"公道""正派"的态度对待委托方和被监理方，特别是当双方发生利益冲突或矛盾时，能够以事实为依据，以有法律、法规和事前双方签订的有关合同内容为准绳，站在第三者的立场上公正地加以解决和处理。做到公正地证明，决定和行使自己的处理权。

公正性和公平性，既是建设监理体制对工程建设进行约束的条件，也是对监理单位的要求条件之一。实施建设监理体制的宗旨，在于建立适应社会主义市场经济的园林工程建设新秩序，为投资者和承包商提供公平竞争的条件。它可以摆脱项目业主对工程建设的困扰，又可以约束承包商的建设行为，并能使双方在业务水平和专业化水平上实现平衡，使园林工程建设施工水平不断得到提高。

要建立园林工程建设市场的健康、持续、协调、有序的环境秩序，不仅要实施项目建设监理制度，更重要的是要求监理单位和监理工程人员，必须在公正性和公平性的基点上开展工作。否则是绝对达不到目的的。不仅如此，公正性和公平性也是对在工程建设各方的共同要求，监理方以公正、公平的态度约束工程建设双方，而工程建设双方也有以公正、公平的态度监督监理方的权利，从这点上讲，公正、公平是工程建设各方应共同具有的态度。

因此，公正性、公平性是园林工程建设监理行业的基本特点和必然要求，也是园林工程建设监理单位及其监理工程师的基本职业道德准则。

（四）科学性

园林工程建设监理是一种高智能的技术服务，因而在园林工程建设监理活动中都必须遵循科学的准则。使整个监理活动在科学指导下进行，从而具有科学性。科学性的内涵就是园林工程建设监理单位及其监理工程师在进行园林工程建设监理工作中，必须运用各种科学的知识和方法，不断提高自己解决园林工程建设监理过程中所出现的各种问题的能力。

园林工程监理的科学性也是园林工程建设特点决定的，现代园林工程规模日趋庞大，参加组织和建设单位越来越多，市场竞争日益激烈，风险也日渐增加。此外，新材料、新技术、新工艺不断涌现，使建设标准和要求越来越高。所以，园林工程建设监理单位及其监理工程师，只有不断地采用更加科学的思想、理论、方法、手段，才能做好工程项目建设的监理工作。只有掌握了多方面科技知识，才能对社会化、专业化的设计、设备、材料供应等实施有效监督。而园林工程的环境的复杂、多变的特点，更要求其监理者具有多学科的广泛知识，才能适应变化的施工环境。

科学性也是园林工程监理技术服务的性质所决定的。园林工程建设监理单位及其监理工程师是专门通过对科学知识的应用来实现其价值的。因此，这要求他们在开展监理服务时，能够及时提供科学技术含量高的服务，需要以科学的态度，用科学方法来完成这项工作，以创造更大的价值。园林工程建设监理单位实现科学性服务的条件是：

（1）有一支数量足够、业务素质合格、工作经验丰富的监理工程师队伍。

（2）要有运用先进的园林工程建设监理理论和方法进行监理活动的业绩，并在工作中积累总结了一定数量的技术、经验、资料和数据。

（3）拥有现代化的园林工程建设监理手段，特别是要配备电子计算机辅助园林工程建设监理的软件和硬件。

（4）要有一套科学的管理制度。

四、园林工程施工监理的阶段性方案

（一）准备阶段监理

1. 投资决策咨询；
2. 进行建设项目的可行性研究和编制项目建议书；
3. 项目评估。

（二）实施阶段准备工作监理

1. 组织审查或评选设计方案；

2. 协助建设单位选择勘察、设计单位，签订勘察、设计合同并监督合同的实施；

3. 审查设计概（预）算；

4. 在施工准备阶段，协助建设单位编制招标文件，评审投标书，提出定标意见，并协助建设单位与中标单位签承包合同，核查施工设计图。

（三）实施阶段监理

1. 协助建设单位与承包单位编写开工报告；

2. 确认承包单位选择分包单位；

3. 审查承包单位提出的施工组织设计、施工方案；

4. 审查承包单位提出的材料、设备清单及所列的规格与质量；

5. 督促、检查承包单位严格执行工程承包合同和工程技术标准、规范；

6. 调节建设单位与承包单位的争议；

7. 检查已确定的施工技术措施和安全防护措施是否实施；

8. 主持协商工程设计的变更（超过合同委托权限的变更需报建设单位决定）；

9. 检查工程进度和施工质量，验收分项、分部工程，签署工程付款凭证。

（四）竣工验收阶段监理

1. 整理合同文件和技术档案资料；

2. 工程竣工预验收，提出竣工验收报告；

3. 工程决算。

（五）管护保修阶段监理

园林工程管护保修阶段监理主要开展的工作是：负责检查园林工程施工质量状况，鉴定园林工程施工质量问题的责任，督促和监督园林工程项目保修、养护工作。

五、园林工程施工监理应遵循的原则

园林工程施工监理应遵循的原则，可概括为“守法、诚信、公正、科学”八个大字。

（一）守法

（1）监理单位和监理工程师，只能在国家监理资质管理部门核定的业务范围内开展经营活动。核定的业务范围，是指监理单位资质证书中填写的、并经建设监理资质管理部门审查确认的业务活动范围。一般具有双重内容，一是监理业务的性质，二是监理业务的等级。监理单位和监理工程师承接业务，范围以外的任何业务均属违法经营。

（2）监理单位不得伪造、涂改、出租、出借、转让、出卖《资质等级证书》。

（3）园林工程施工监理合同一经双方签订，即具有一定的法律约束力（无效合同除外），监理单位应按照合同的规定认真履行，不得无故或故意违背自己的承诺。

（4）监理单位离开原住所承接监理业务，要自觉遵守当地人民政府颁发的监理法规的有关规定，并要主动向监理工程所在地的省、自治区、直辖市建设行政主管部门备案登记，接受其指导和监督管理。

（5）遵守国家关于企业法人的其他法律、法规的规定，包括行政的、经济的和技术的。

（二）诚信

所谓诚信，简单地讲就是忠诚老实、讲信用。以高智能技术服务性质的园林工程建设监理工作，技术服务水平的高低弹性很大，更要讲信用。例如对园林工程建设投资或质量的控制，都涉及到园林工程建设的各个环节，一个高水平的监理单位可以运用自己的高智能，最大限度地把投资控制和质量控制搞好；也可以以低水准的要求，把工作做得勉强能交待过去，没有为业主提供与其监理水平相适应的技术服务；或者本来没有较高的监理能力，却在竞争承揽监理业务时，有意夸大自己的能力；或者借故不认真履行监理合同规定的义务和职责等，都是不讲诚信的行为。

对于监理单位而言，每一个监理人员能否做到诚信，都会给自己和单位的信誉带来很大影响，甚至会影响到监理事业的发展。所以，诚信是监理单位经营活动基本准则之一。

（三）公正

所谓“公正”，主要是指监理单位在处理业主与承包商之间的矛盾和纠纷时，要站在公正的立场上，做到“一碗水端平”，不偏不倚。矛盾双方的责任要明确，是谁的责任，就由谁承担；该维护谁的权益，就维护谁的权益，决不能因为监理单位是受业主的委托进行监理，就偏袒业主。

（四）科学

科学，是指监理单位的监理活动要依据科学的方案，运用科学的手段，采取科学的方法。工程项目结束后，还要进行科学的总结。

科学的方案，就是在实施监理前，要尽可能地把各种问题都列出来，并拟订解决办法，使各项监理活动都纳入计划管理的轨道。要集思广益，充分运用已有的经验和智能，制定出切实可行、行之有效的监理方案，指导监理活动顺利进行。

科学的手段，就是必须借助于先进的科学仪器才能做好监理工作，如已普遍使用的计算机，各种检测、试验仪器等。单凭人的感官直接进行监理，这是最原始的监理手段。

科学的方法，主要体现在监理人员在掌握大量的、确凿的有关监理对象及其外部环境实际情况的基础上，适时、妥贴、高效地处理有关问题，要用“事实说话”“用书面文字说话”“用数据说话”，利用计算机进行辅助监理等。

六、园林工程建设监理单位的资质等级划分与变更

（一）监理单位资质等级划分

现阶段我国的园林工程建设监理单位的资质可分为甲级、乙级、丙级三级。

1. 甲级（可以跨地区、跨部门监理一、二、三等工程）的条件要求

（1）由取得监理工程师资格证书的在职高级工程师、高级建筑师或者高级经济师作为单位负责人，或者由取得监理工程师资格证书的在职高级工程师、高级建筑师作为技术负责人。

（2）取得监理工程师资格证书的工程技术与管理人员不少于 50 人，且专业配套，其中高级工程师和高级建筑师不少于 10 人，高级经济师不少于 3 人。

（3）注册资金不少于 100 万元。

（4）一般应当监理过 5 个一等一般工业与民用建设项目或者 2 个一等工业、交通建设项目。

2. 乙级（只能在本地区、本部门二、三等工程）的条件要求

（1）由取得监理工程师资格证书的在职高级工程师、高级建筑师或者高级经济师作为单位负责人，或者由取得监理工程师资格证书的在职高级工程师、高级建筑师作为技术负责人。

（2）取得监理工程师资格证书的工程技术与管理人员不少于30人，且专业配套，其中高级工程师和高级建筑师不少于5人，高级经济师不少于2人。

（3）注册资金不少于50万元。

（4）一般应当监理过5个二等一般工业与民用建设项目或者2个二等工业、交通建设项目。

3. 丙级（只能在本地区、本部门三等工程）的条件要求

（1）由取得监理工程师资格证书的在职高级工程师、高级建筑师或者高级经济师作为单位负责人。

（2）取得监理工程师资格证书的工程技术与管理人员不少于10人，且专业配套，其中高级工程师和高级建筑师不少于2人，高级经济师不少于1人。

（3）注册资金不少于10万元。

（4）一般应当监理过5个三等一般工业与民用建设项目或者2个三等工业、交通建设项目。

（二）园林工程建设监理单位资质等级的变更

各级监理单位必须在核定的范围内从事监理活动，监理单位不得擅自越级承接建设监理业务。

已定级的监理单位在定级后不满3年的期限内，其实际资质已达到上一资质等级标准，可以申请承担上一资质等级规定的监理业务；由具有相应权限的资质管理部门根据其资质条件、实际业绩和监理需要予以审批。

七、园林工程施工监理单位与各方的关系

1. 园林工程施工监理单位与政府工程质量监督站的关系

监理单位受业主的委托，替代业主管理园林工程建设的同时，它又要公正地监督业主与承建商签订的园林工程建设合同的履行，有着政府工程质量监督部门无法替代的作用。作为监理单位，开展监理工作，与政府质监部门的工程质量监督，无论在工作性质上、工作的广度和深度上、工作依据和控

制手段上、还是与业主和承包商的关系上都有明显的区别。

2. 园林工程施工监理单位与园林工程建设业主的关系

(1) 按照法律规定，业主与监理单位之间是平等协作关系，是授权与被授权的关系同时也是一种经济合同关系，是可以选择的。

(2) 监理单位是按照业主的委托与授权，对工程项目建设进行全面的组织协调与监督，其监理工作是由监理工程师实行全程而又深入具体的、不间断的跟踪检查、控制。

(3) 监理单位对工程项目建设实施监理的过程中，是独立的第三方，业主与承包商在执行建设工程施工合同过程中发生的任何争议，均需提交总监理工程师调解。

(4) 监理单位对工程项目建设实施监理是有偿服务，酬金及计提办法，建设单位与监理单位依据所委托的监理内容、工作深度、按国家或地方的有关规定协商确定，并写入监理委托合同。

3. 园林工程施工监理单位与园林工程建设承包商的关系

(1) 监理单位与承包商之间是平等的、监理与被监理的关系，而不属管理关系。

(2) 监理单位是按照业主的委托与授权，对工程项目建设进行全面的组织协调与监督，其监理工作是全程而又深入具体的、不间断的跟踪检查、控制。承包商在项目实施过程中，必须接受监理单位的监督检查，并为监理单位开展工作提供方便。

(3) 监理单位与承包商之间没有合同关系，它主要通过建设单位的授权、建设单位与承包商订立的工程施工合同、国家建设监理法规赋予监理单位具有的监督实施有关法规、规范、技术标准的职责；通过使用合同约束的拒绝签字认可质量或不支付工程款等经济手段；对工程质量不合格亦可令其返工、停工。

(4) 监理单位是存在于签署工程项目建设施工合同的甲乙双方之外的独立一方，在实施工程建设施工的过程中监督合同的执行，体现其公正性、独立性、合法性，同时不直接承担工程建设中进度、造价和工程质量的经济责任和风险。

八、园林工程施工监理业务的委托

（一）园林工程施工监理业务的委托的意义

园林工程建设单位委托园林施工监理单位承担监理业务，要与被委托方签订监理委托合同。其内容包括监理工程对象、双方权力和义务，监理费用，争议问题的解决方式等，并用书面形式明确上述内容。它既为委托方与被委托方的共同利益服务，同时又对双方具有法律的约束力。而已签订的合同不得擅自解除或变更，如要解除或变更合同时，也必须经双方协商，达成新的协议后才能解除或变更。在双方发生争议时，都将以合同的条款为依据进行处理。

（二）园林工程施工监理业务委托的形式

园林工程施工监理业务委托的形式可分为：建设单位直接委托，或采用招标的办法优选（招标优选）；可以委托一个监理单位承担全过程的监理任务（全程监理），也可以委托多个监理单位分别承担不同阶段的监理（阶段监理）；也可以委托多个监理单位分别承担不同部分工程的监理（部分监理）。

（三）园林工程施工监理业务委托的程序

（1）园林建设单位在选择工程施工监理单位前，首先要向建设单位所在地区的上级主管部门申请，在确定监理业务委托的形式后，可向施工监理单位发出要约。

（2）园林工程建设监理单位在接受监理委托后，应在开始实施监理业务前，向受监工程所在地区，县级以上人民政府建设行政主管部门备案，接受其监督管理，方可对其要约作出回应。

（3）委托和被委托双方，在经过谈判，明确各自的权利和义务后，依法签订施工监理委托合同，委托合同应明确：监理工程对象、双方权力和义务，监理费用，争议问题的解决方式等。

（4）依法成立的委托合同是为建设单位和监理单位共同利益服务的，对双方都有法律约束力。

（5）建设单位与承包单位签订的承包合同，在未经建设单位授权时，社会建设监理单位是不能变更的。当建设单位与承包单位在执行合同中如发生争议时，应当提交监理工程师调解。如调解不成时，可报请工程所在地，县级以上人民政府的建设行政主管部门或当地经济合同仲裁机关仲裁。

第二节 园林工程施工准备阶段的监理

园林工程施工监理是全过程监理活动，包括了施工准备阶段监理和施工阶段的监理两大部分。目前我国主要是对施工阶段的监理，而施工准备阶段监理工作刚刚起步，为促进施工准备阶段的监理工作，逐步达到全程监理的目标，应该提倡重视施工准备阶段的监理工作。按照施工准备工作的阶段性，又可将其分为项目审批阶段监理，项目勘查阶段监理，项目设计阶段监理，现场准备工作和材料设备采购监理等五部分。

一、工程项目审批阶段监理

工程项目审批阶段监理，主要是为建设单位对园林工程项目实施的决策提供专业方面的建议。

（1）协助业主取得建设批准手续；

（2）协助业主了解有关规则要求及法律限制；

（3）协助业主对拟建项目进行预见，提出与环境之间的相互影响；

（4）提供与建设项目有关的市场行情信息；

（5）协助与指导业主做好施工方面的准备工作；

（6）协助业主与制约项目建设的外部机构的联络。

二、项目勘察阶段监理

园林建设工程勘察监理的主要任务是确定勘察任务，选择勘察队伍，督促勘察单位按期、按质、按量完成勘察任务，提供满足园林工程建设要求的勘察成果。

1. 勘察前

编审勘察任务书；确定委托勘察的工作内容和委托方式；选择勘察单位、商签勘察合同

（1）编审勘察任务书　通过委托设计任务，将编制勘察任务书作为设计前期的内容一并委托。在勘察任务书编制出来后即进行审查，并同时拟定勘

察进度计划。

(2) 委托勘察 拟定勘察招标文件，审查勘察单位资质。在选定勘察单位后，即商定勘察合同的条件，参与合同谈判。如勘察单位将一部分所承担的勘察任务分包出去，则要通过审查给予确认。在协议或合同签订之后，即向业主提出支付定金。

2. 开勘准备

(1) 为勘察单位准备基础资料；

(2) 审查勘察单位提出的勘察提纲。主要审查是否符合合同规定，能否兑现合同要求。在大型或复杂的工程勘察中，要会同设计单位审核。

3. 现场勘察

(1) 质量 所勘察的项目是否完全，操作是否符合规范；勘察点线有无偏、错、漏；钻控深度、取样位置及样品保护是否得当；在大型或复杂的工程中，应对勘查内业工作进行检查。

(2) 进度 人员、设备是否按计划进场；记录进场时间；根据实际的勘察速度预测勘察进度。

(3) 检查勘察报告 主要检查报告的完整性、合理性、可靠性和实用性，以及对设计施工的满足程度。

(4) 签署勘察费用的支付 根据勘察进度，按合同规定签署支付费用。

4. 勘察成果的审定与利用

(1) 审定勘察成果报告，验收勘察成果。

(2) 签发补勘通知书。当设计、施工中需要某一项勘察成果，而勘察报告中没有反映或勘察任务书没有要求时，则另行签发补勘通知书。但要经建设单位同意增加补勘的费用。

(3) 协调勘察工作与设计、施工的配合。及时将勘察报告提交设计与施工单位，以作为设计、施工的依据。工程勘察深度要求与设计的深度相应。

三、项目设计阶段监理

(一) 根据业主委托的设计阶段，监理任务制定监理工作计划

监理单位在接受委托时，先要深入了解业主投资的意图，然后与委托的业主接触，一方面向业主介绍本单位信誉、经验等；另一方洽谈监理业务意向，分析监理任务、明确监理范围。如达成协议，即可进行合同的签订。合

同签订后，监理单位即成立项目监理组，确定总监理工程师和各专业监理负责人，明确监理工作重点和工作方式，制定设计监理工作计划和进度计划。

（二）设计准备阶段的监理任务

1. 协助业主向城市规划部门申请规划设计条件通知书

在取得城市规划部门提出的规划设计条件咨询意见表后，即向有关部门咨询承担该项目的配套建设意见，并领取城市规划部门发出规划设计条件通知，要求有关部门进行可行性研究报告和选址报告，并报有关机关审批。

2. 协助编制设计纲要

依据已批准的可行性研究报告和选址报告，进行设计纲要的编制。设计纲要要阐明园林工程的性质、功能和建设依据，详细叙述工程项目确切的设计要求；介绍工程与社会、环境的关系，以及政府有关部门对该工程的限制条件；介绍业主的财务计划限制；要求设计的范围与深度和设计进度，以及应交付的设计文件等。

3. 委托设计

委托设计有 3 种方式，一是直接指定某一设计单位；二是通过设计方案竞赛选择设计单位；三是通过招标委托。较大的园林建设工程通常采用招标方式。在采用招标委托方式时，监理工程师要制定招标细则，发出招标通知（或广告），编写招标文件，确定评标组成人员与评标标准，对投标的设计单位进行资格审查、验证设计资格证书及业务范围是否相应，收集设计单位的资质与信誉及经验情况，组织招标、评标、决标，与中标设计单位进行合同谈判与签订，确认分包设计单位，编写设计任务书。

4. 准备设计需要的基础资料

所指基础资料是：经批准的设计任务书、规划设计通知书；规划部门批准的地形图、建设总平面图和现状图，当地气象、风向、雪荷及地震级别、水文地质和工程地质报告；“三废”处理要求及其他要求与限制（如城市规划、控制性详规、绿地系统规划、文物保护、原有地下管线、邻近建筑的特殊要求等）。

（三）设计阶段的监理任务

1. 参与设计单位的设计方案比选，以优化设计；

2. 配合设计进度，及时提供设计需要的基础性资料，协调设计单位与政府有关部门的关系；

3. 协调各设计单位和各专业设计之间的关系；

4. 进行监督检查设计的进度、设计的质量、设计的投资和履行合同的情况。其监督检查的主要内容是：

（1）设计进度　首先与设计单位商订出图计划，然后对照计划检查设计单位是否有力量确实能按时完成。

（2）设计质量　主要检查各专业之间设计成果的配套情况；检查设计图纸的质量及各阶段性设计文件，主要检查依据资料的可靠性、数据的正确性与国家标准、规范一致性、设计深度是否适应。

（3）投资控制　按专业或分项工程确定的投资分配比例以控制总投资，进行造价估算，预测工程造价与材料价格的趋势（可通过调查，了解当地类似造价水平和类似工程造价的情况，以供预测），审查概算，签发支付的设计费。

（4）合同管理　检查设计成果、设计深度、设计质量、设计进度的合同履行情况的符合性。

5. 设计变更管理。主要审查设计变更的必要性，以及由于变更而在费用、时间、质量、技术等方面的可行性，并考虑需要增加的设计费用问题。

（四）设计成果的验收

1. 设计方案的审核

园林建设工程设计方案的审核包括总体方案和专业设计方案的审核。

（1）设计总体方案的审核内容　设计依据、设计规模、用地平衡、总体布局、功能景观分区、道路管网、设施配套、建设期限、投资概算等的可靠性、合理性、经济性、美观性、先进性和协调性是否满足原决策要求的质量目标和水平。

（2）专业设计方案审核内容　设计方案的各设计参数、设计标准、功能和使用价值方面是否满足安全、美观、经济、适用、可靠等要求。

2. 主要设备、材料清单的审核

主要审核型号、规格、质量要求；数量、产地的适合性；植物材料的适生性。

3. 概预算的审核

审核计算的工程量、选择的定额标准、取费标准、费率的计算方法等的正确性与合理性。

4. 图纸审核

图纸审核含初步设计图纸、技术设计图纸和施工图的审核。审核初步设计图纸，要检查工程所采用的技术方案是否符合总体方案的要求，以及是否达到项目决策所要求的质量标准、景观效果；审核技术设计图纸，主要审核专业设计是否符合预定的质量标准和要求；审核施工图，要分别对建筑、结构、给排水、电气、供热、采暖、绿化等专业施工图进行审核，看其设计的功能、材料的选择、平面与竖向的布局等是否合理和符合质量要求。

5. 设计图纸的交底与会审

图纸的交底与会审是在施工阶段进行的。也就是在施工单位接到施工图以后，组织设计单位作技术交底和组织施工、建设等单位技术人员对设计图纸进行会审。对会审中发现的问题，要责成设计单位修改。

（五）设计监理的依据

1. 现行国家颁布的工程设计、园林工程建设的有关政策、法规、规范与标准；
2. 建设项目设计阶段的监理委托合同；
3. 批准的可行性研究报告；
4. 批准的选址报告；
5. 城市规划部门批准的有关文件（包括城市总体规划、城市绿地系统规划等）；
6. 建设单位为有关设计阶段提供的工程地质、水文地质的勘察报告；
7. 当地的气象、土壤、震灾等自然条件；
8. 设计需要的有关资料（具有可依性和法定性）和各种定额。

四、材料设备采购监理

1. 审查材料、设备等采购清单；
2. 对质量、规格、性能、价格等进行比选，参加材料设备采购竞争活动，确定生产与供应单位并与其谈判；
3. 对进场的材料、设备进行质量检验；
4. 对确定采购的材料、设备进行合同管理，不符合合同规定要求的提出合理索赔。

五、现场准备监理

园林建设工程开工前，监理工程师必须对有关工程进行充分的现场调查，从而掌握现场的情况。

1. 现场边界的确认

工程一旦开工，现场条件就产生变化，因此开工前应及时与邻接单位、土地占有者、有关部门、合同的业主取得联系，以便进行确认。

2. 场地周围设施的调查

要确认场地周围道路的管理单位，地下埋设物（上下水道、煤气、电气电缆、电话电缆、通讯电缆、共用沟等），地上各种设施（各种检查井、电线杆、电话杆、各种标志、护栏、邮筒等）及现存树木等的位置、数量并绘制调查事项的平（剖）面实测面。对于需要保护、拆迁、暂时拆迁或拆除的设施要协助业主与有关单位联系，并采取措施。

3. 周围道路的调查

通过调查了解道路宽度、道路可借用的宽度、路面材质情况、道路的交通流量情况、道路法规（通行时间、车辆限制、载重限制、停车限制等）、有无迂回路，以研究材料运入、运出时间和长、大件、重件、大型机械对运输的影响等。特别对没有干线道路的现场要调查运输线路上道路情况（含桥梁、人行桥等），并与道路管理单位及所在地区的公安局协商，共同确认使用条件、时间、维护管理、补强加固、修复、交通安全等各项事宜。

4. 相邻建筑物的调查

要尽可能详细调查相邻建筑物、构筑物、地下构筑物的资料（建设时期、构造、规模、基础状况、桩的种类及直径、长度、方法）及所用施工方法与施工结果，从中选择可供参考的资料。

在开工前，应与相邻建筑物所有者进行协商，对建筑物的原状进行调查，并拍成带比例的照片，绘制实测图，并预先相互确认建筑物的原状。

5. 位于海岸、湖岸、河岸的场地的调查

调查高低潮的水位，过去的洪水高潮及台风受害记录，作业时间的风速、风向等。

6. 气候及风土人情的调查

调查风向、风速、特别是季风和灾害性风的发生规律，雨量、雨季、冻胀深度等以及当地的风土人情。

7. 场地内埋设物及地下障碍物的调查

由于不少城市的市区都进行了再开发，但对已拆除的建筑物基础、地下构筑物、桩及管线等有时还不太清楚，需要认真的调查。方法有挖深坑、实测和拍照等，并作记录。此外，对战时的军事用地更要周密调查。对已构成妨碍施工的地下构筑物在搞清楚后，作出记录，并与有关单位、部门协商采取清除措施。

8. 工程用水、排水的调查

首先要确认施工高峰时的用水量，然后调查供水能力及高水位的水压是否充分，最大排水量是多少，而排水能力有多大，可否直接排水等。对于需要打井供水时，注意遵守有关地下水开发的法规。当使用自来水时，必须考虑施工现场大量用水时所需供水管直径的选择。

一些工程还应调查是否存在山洪冲击的情况。如有，应采取相应措施。

9. 工程用电的调查

首先要编制施工现场的用电计划，若满足不了工程高峰的最大用电的容量时，要事先采取措施，以免影响工程施工。

10. 周围地区的特殊条件调查

要了解施工现场相邻建筑物的用途（如住宅、医院、学校、商店等），尽量避免施工对相邻建筑物使用者的不利影响，同时避免施工现场周围的特殊条件可能对工程施工产生的不利影响。

11. 材料供应情况调查

了解建材市场、苗木市场行情，对各种材料的供应状况（品种、规格、质量、数量、价格等）进行调查。

第三节　园林工程施工阶段的监理

一、园林工程监理对施工图的监理

施工图是园林工程施工的主要依据，施工图管理也是管理的一个重要内容和有效手段，对质量、进度、投资等的控制起到重要作用。园林工程的施工监理要特别重视施工图管理的监理，要求现场监理工程师抓好以下两方面工作：

1. 督促设计单位按照合同的规定，及时提供一定数量，配套的施工图。并规范施工图交接的手续，对图纸的目录及数量均由双方签字。

2. 组织图纸的会审与技术交底。

（1）图纸会审　是施工者在熟悉图纸过程中，对图纸中的一些问题和不完善之处，提出疑点或合理化建议，设计者对所提的疑点及合理化建议进行解释或修改，以使施工者了解设计的意图和减少图纸的差错，从而提高设计质量的一种常用方法。

（2）技术交底　是工程施工之前，设计者向参与施工的人员进行技术交底工作。使施工者对设计的一些特点做到心中有数，从而在施工技术或施工工艺方面能予以配合。技术交底可以多层次进行，一般由设计单位技术负责人向施工单位技术主要负责人交底，然后再由上述后者向工长交底，再由工长向班组长、工人交底。设计图纸的技术交底是由监理工程师组织的，但监理工程师主要检查技术交底制度是否健全，应参加重要的工程技术交底会议，而不能替代设计单位进行具体的技术交底工作。

二、园林工程监理对施工组织设计的监理

施工组织设计是由施工单位负责编制的，是选择施工方案、指导和组织施工的技术经济文件。施工单位可以根据自己的特长和工程要求，编制既能发挥自己特长，又能保证建设工程顺利施工的施工组织设计。如果施工组织设计质量欠佳，就不能达到指导施工的作用。为此，施工监理要对施工单位编制的施工组织设计进行审查。

（1）要审查施工组织设计是否符合国家或地方颁发的有关法规以及技术规范和标准。

（2）是否符合工程承包合同的规定和符合应遵守的原则。

（3）是否具有可操作性。如审查施工组织设计的施工顺序时，就要审查其是否符合客观存在的施工技术和施工工艺要求。

（4）是否与选择的施工方法、采用的施工机械相协调。

（5）是否考虑了施工组织对保证工程质量的要求；整个园林工程建设是否能够有健全的质量保证体系和质量责任制。

（6）是否考虑了当地的气象条件；是否符合安全施工的要求。

（7）是否在一切重大技术措施中及各个施工方案中考虑了保证质量这一重要前提。

（8）施工进度安排是否合理和综合平衡。

（9）对工程使用的材料、设备是否有严格的检验制度。

（10）是否有严格的竣工验收检查制度。

三、园林工程监理对工程质量的监理

（一）园林工程质量控制方式

全程监理的园林工程，对质量的控制就要从项目可行性研究开始，贯穿项目规划、勘察、设计和施工的全过程。园林工程进入施工阶段，监理工程师对质量控制方式主要有以下两种：

1. 督促承包商健全质量保证体系

施工企业应建立健全质量保证体系，才能使建设的工程项目每一工序、每一分项、分部工程，每一单位工程均处于质量控制之中。因此监理工程师应特别注意，参加建设的各个承包单位的质量保证体系是否健全。

2. 对工程质量进行全程检查

要按照委托合同，严格依据标准和合同规定的要求对工程质量进行检查，每一个分项工程乃至分项工程中某些重要工序都要接受监理工程师的检查，只有经监理工程师检查确认后，方能进行下一个分项工程或下一道工序的施工。未经监理工程师检查确认的，监理工程师可在承建单位提出的付款申请书上拒绝签证。

检查的内容主要有：

（1）是否按经过审定的施工组织设计（或施工方案）施工；

（2）对一些隐蔽的工程进行预检；

（3）对进场的材料、设备把好质量关；

（4）对现场操作工人的操作质量进行巡视检查；

（5）对一些分项工程中的主要工序进行质量检查；

（6）对重要的、关键的分项工程、关键的设备安装进行微观的、严格的检查；

（7）收集技术档案资料，作为工程质量评定的一个依据；

（8）一旦发生质量事故，要参与事故的调查与处理；

（9）检查施工的原始记录是否真实、完善；

（10）参与竣工验收的检查和工程质量的评定工作，对每一个分项、分部以及单位工程的质量都要参与评定。

（二）园林工程监理对质量监理的职责

1. 负责检查和控制工程项目的质量，组织单位工程的验收，参加施工阶段的中间验收。

2. 审查工程使用的材料、设备的质量合格证和复验报告，对合格的给予签证。

3. 审查和控制项目的有关文件。如承建单位的资质证件、开工报告、施工方案、图纸会审记录、设计变更，以及对采用的新材料、新技术、新工艺等的技术鉴定成果。

4. 审查月进度付款的工程数量和质量。

5. 参加对承建单位所制定的施工计划、方法、措施的审查。

6. 组织对承建单位的各种申请进行审查，并提出处理意见。

7. 审查质量监理人员的值班记录、日报。一方面作为分析汇总表，另一方面作为编写分项工程的周报使用。

8. 收集和保管工程项目的各项记录、资料，并进行整理归档。

9. 负责编写单项工程施工阶段的监理报告，以及季度，年度工作计划和总结。

10. 签发工程项目的通知以及违章通知和停工通知。

停工通知是监理人员的一个权力及控制质量的一个重要手段，但在使用中应慎重。如果出现下列情况之一者，可发出停工通知：

（1）隐蔽工程未经监理人员检查验收即自行封闭掩盖；

（2）不按图纸或说明施工，私自变更设计内容；

（3）使用质量不合格的材料，或无质量证明、或未经现场复验的材料；

（4）施工操作严重违反施工验收规范的规定；

（5）已发生质量事故，未经分析处理即继续施工；

（6）对分包单位的资质不明；

（7）工程质量出现了明显的异常情况，但在原因不明又没有可靠措施情况下继续施工的。

（三）施工质量监理的责任制度与工作制度

1. 现场监理工程师（含协助监理工程师工作的监理人员）实行工作责任制；

2. 图纸会审制度；

3. 材料、构配件、设备质量检验制度；

4. 隐蔽工程检查验收制度；

5. 设计变更、技术核定审批制度；

6. 分项、分部工程质量检查验收制度；

7. 工程质量事故与缺陷处理制度;

8. 单位工程交工验收制度;

9. 质量整改通知等文件的管理制度;

10. 质量监理的会议制度。

(四) 园林工程监理工程师对质量问题的处理

1. 处理的程序

首先对发生的质量问题以“质量单”的形式通知承建单位,要求承建单位停止对有质量问题的部位或与其有关联的部位的下道工序施工。承建单位在接到“质量通知单”后,应向监理工程师提出“质量问题报告”,说明质量问题的性质及其严重程度、造成的原因,提出处理的具体方案。监理工程师在接到承建单位的报告后,即进行调查和研究,并向承建单位提出“不合格工程项目通知”,做出相应的处理决定。

2. 质量问题处理方式

监理工程师对出现的质量问题,视情况分别作以下处理决定:

(1) 返工重做 凡是工程质量未达到合同条款规定的标准,质量问题亦较严重或无法通过修补使工程质量达到合同规定的标准。在这种情况下,监理工程师应该做出返工重做的处理决定。

(2) 修补处理 工程质量某些部分未达到合同条款规定的标准,但质量问题并不严重,通过修补后可以达到规定的标准,监理工程师可以做出修补处理的决定。

3. 处理质量问题方法

(1) 实验验证法 即对存在质量问题的项目,通过合同规定的常规实验以外的试验方法做进一步的验证,以确定质量问题的严重程度。并依据实验结果,进行分析后做出处理决定。

(2) 定期观察法 有些质量问题并不是短期内就可以通过观测得出结论的,而是需要较长时间的观测。在这种情况下,可征得建设单位与承建单位的同意,修改合同延长质量责任期。

(3) 专家论证法 有些质量问题涉及技术领域较广或是采用了新材料、新技术、新工艺等,有时往往根据合同规定的规范也难以决策。在这种情况下可邀请有关专家进行论证。监理工程师通过专家论证的意见和合同条件,做出最后的处理决定。

4. 对工程质量监理的手段

(1) 旁站监理 就是监理人员在承建单位施工期间,全部或大部分时间是在现场，对承建单位的各项工程活动进行跟踪监理，在监理过程中一旦发现问题，便可及时指令承建单位予以纠正。

（2）测量　测量贯穿了工程监理的全过程。因此在监理人员中应配有测量人员，随时随地通过测量控制工程质量。并对承建单位送上的“测量放线报验单”进行查验并予结论。

（3）试验　对一些工程项目的质量评价往往以试验的数量为依据。采用经验的方法、目测或观感的方法来对工程质量进行评价是不允许的。

（4）严格执行监理的程序　在工程质量监理过程中，必须严格执行监理程序。也就是通过严格执行监理程序，以强化承建单位的质量管理意识，提高质量水平。

（5）指令性文件　监理工程师的指示一般采用书面形式，因此也称为“指令性文件”。在对工程质量监理中，监理工程师应充分利用指令性文件对承建单位施工的工程进行质量控制。承建单位应严格履行监理工程师对任何事项发出的指示。

（6）拒绝支付　监理工程师对工程质量的控制，不是像质量监督员采用行政手段，而是采用经济手段。就是通过是否支付承建单位工程款项来确保对质量的控制。没有监理工程对质量的确认和签字是不能支付任何工程款项的。

园林工程监理工程师在工程质量监理中，可单独采用其中的某一种手段，有时可同时采用其中的几种。

四、园林工程监理对工程进度的监理

工程项目进度控制是一个系统工程，控制工程项目进度不仅是施工进度，还应该包括工程项目前期的进度，它是要按照进度计划目标和组织系统，对系统各个方面的行为进行检查，以保证目标的实现。工程项目进度控制的主要工作是：检查并掌握实际进度情况；把工程项目的实际进度情况与计划目标进行比较，分析进度较计划提前或拖后的原因；决定应该采取的相应措施和补救方法，及时调整计划，使总目标能以实现。监理工程师还应经常向建设单位提供有关工程项目进度的信息，协助建设单位确定进度的总目标。

（一）影响园林工程施工进度的因素

1. 相关单位工作进度的影响

影响施工进度计划实施的不仅是承建单位，而往往涉及多个单位，如设计单位，物料供应单位以及与园林工程建设有关的运输部门、通讯部门、供电部门等。

2. 设计变更因素的影响

一个园林建设工程在施工过程中，会经常遇到设计变更；设计变更往往是实施进度计划的最大干扰因素之一。

3. 材料物资供应进度的影响

施工中往往发生需要使用的材料不能按期运抵施工现场，或运到现场后发现质量不符合合同规定的技术标准，从而造成现场停工待料，影响施工进度。

4. 资金的影响

施工准备期间，往往就需要动用大量资金用于材料的采购，设备的订购与加工，如资金不足，必然影响施工进度。

5. 不利施工条件的影响

工程施工中，往往遇到比设计和合同条件中所预计的施工条件更加困难的情况，这些情况一出现，势必影响工程进度。

6. 技术原因的影响

技术原因往往也是造成工程进度拖延的一个因素。特别是承建单位对某些施工技术过低估计其难度，或对设计意图及技术规范未全部领会，而导致工程质量出现问题，这些都会影响工程施工进度。

7. 施工组织不当的影响

由于施工现场多变，常会因劳动力或机具的调配不当而造成对工程进度的影响。特别是对重点、难点分项工程组织不当时，对工程进度影响更大。

8. 不可预见因素的影响

如施工中出现恶劣天气、自然灾害、工程事故等都将影响工程进度。

（二）园林工程监理对施工进度控制的任务、职责与权限

1. 任务

（1）适时发布开工令；

（2）审核批准承建单位提交的施工总进度计划及年、季、月的实施进度计划；

(3) 严格控制关键工序，关键分项、分部工程或单位工程的工期；

(4) 定期检查施工现场的实际进度与计划进度是否相符，如实际进度拖延时，应督促承建单位采取有效措施加快进度，并修改施工进度计划以保证工程能够按期完成；

(5) 协调好各承建单位之间的施工安排，尽量减少相互干扰；

(6) 通过协调、督促，协助做好材料设备按计划供应；

(7) 公正合理地处理好承建单位的工期索赔要求，尽可能减少对工期有重大影响的工程变更；

(8) 及时协助建设单位和承建单位做好单位工程和全部工程的验收，使已完成的工程能够投入使用。

2. 职责

(1) 控制工程总进度，审批承建单位提交的施工进度计划；

(2) 监督承建单位执行进度计划，根据各阶段的主要控制目标做好进度控制，并根据承建单位完成进度的实际情况，签署月进度支付凭证；

(3) 向承建单位及时提供施工图，规范标准以及有关技术资料；

(4) 督促并协调承建单位做好材料、施工机具与设备等物资的供应工作；

(5) 定期向建设单位提交工程进度报告，组织召开工程进度协调会议，解决进度控制中的重大问题，签发会议纪要；

(6) 在执行合同中，做好工程施工进度计划实施中的记录。并保管与整理各种报告、批示，指令及其他有关资料；

(7) 组织阶段验收与竣工验收。

3. 权限

(1) 要求园林工程建设双方按期开工与竣工的权力

①承建单位在收到中标通知书后的较短时间内，必须尽快提交施工进度计划，经过审查、修改、批准后才能根据监理工程师下达开工令进行施工；

②在进度计划实施过程中，监理工程师要经常地、定期地检查进度计划的实施情况，以达到全面控制；

③如实际进度与计划进度出现差距时，监理工程师可指令承建单位修改或调整进度计划，保证工程项目按合同规定的期限竣工。

(2) 施工组织设计审定权

(3) 修改设计建议及设计变更签字权

①由于施工条件或施工环境有较大的变化，或设计方案、施工图存在不合理情况时，经技术论证后认为有必要修改设计，监理工程师有权建议设计

单位修改设计。

②所有设计变更与施工图必须要监理工程师批准签字认可后，方能交给承建单位实施。

(4) 劳动力、材料、机械设备使用监督权 根据季、月度进度计划的安排，监理工程师深入现场监督检查劳动力配置、施工机械的类型与数量。监督的目的是实施计划具有一定的基础，从而保证进度计划实现。

(5) 工程付款签证 监理工程师在对工程进度控制中，应要求业主的建设资金到位，以便按时支付工程进度款。未经监理工程师签署付款凭证，业主将拒付承建单位的施工进度、备料、购置设备、工程结算等园林工程建设款项。

(6) 下达停工令和复工令

①由于业主的原因或施工条件发生较大变化而必须要停止施工时，监理工程师有权发布“暂停指令”，待符合合同要求时，有权下达“复工指令”。

②如承建单位不按合同要求的规范、标准及审批的施工方案施工，或质量不符合标准，监理工程师有权签发“整改通知单”，整改不力的可报请总监理工程师后签发“停工指令”，直至整改验收合格批准后方可复工。承建单位如认为停工的因素已消除，可向监理工程师申请复工。

③对于严重违约的承建单位，监理工程师有权向建设单位建议清退。

(7) 合同条款解释权 业主与承建单位签订的承包合同条款，监理工程师虽不承担风险，但负责有效地管理合同。在合同执行中有权对合同条款进行解释，并采取相应措施，提高承建单位现场管理人员的合同意识，按合同条件及有关文件管理工程项目的建设，确保进度目标的实现。

(8) 索赔费用的核定权 由于不是因承建单位责任所造成的工期延误及费用的增加，承建单位有权向业主提出索赔，监理工程师应核定索赔的依据及索赔费用的金额，并在合同管理中，尽量减少索赔事件的发生。

(9) 有效开展协调工作的权力 协调工作主要包括：

①协调各承建单位之间的关系，使其相互配合，搞好工作衔接，保证建设进度按计划实施；

②协调业主与承建单位之间的关系。在合同条件的履行中应公开地维护双方的利益，确保工程的进度；

③协调监理单位与承建单位之间的关系，定期召开协调会议，检查进度计划的执行情况。

(10) 工程验收签字权 当分项、分部工程或一些监理工程师认为必要检查的重要工序完成后，应经监理工程师组织验收（在验收之前，施工企业必须自己先检查验收）并签发验收证后，工程方能继续施工，以避免发生质量问题后，增加处理的难度和防止承建单位只抢进度、不顾工程质量的现象发生。

（三）施工进度计划的检查与监督

1. 定期地、经常地收集由承建单位提供的有关报表资料

（1）每日进度报表　它包括的内容有：项目名称；施工活动名称；建设单位名称；承建单位名称；监理单位名称；气候；报表编号及日期；正在进行的工作与刚开始的工作，工作的位置以及工作的描述；劳动力使用情况；材料消耗情况；设备使用情况；签名。

（2）作业状况表　无论采用何种形式的每日报表，均应提供以下信息：

①必须列出当天所进行的所有施工活动，包括各项活动的名称和编号，并注明这一天开始或在这一天结束的活动。

②不同工种的人数及不同机械设备型号、数量。

2. 派监理人员常驻现场，具体检查进度的实施情况

为了掌握工程实际进度，避免承建单位超报已完工程量的现象，监理人员应经常到施工现场检查和监督。不仅要检查具体的施工活动，还要注意其他一些工程变更时，进度计划实施受到的影响，如：

（1）合同日期的变化　任何合同日期的改变，如竣工日期的延长，都必须反映到实际计划中，并作为强制性的约束条件。

（2）后续工作的变动　有些承建单位未经允许就改变一些后续施工活动，如果这些改变对整个施工进度的关键控制点无影响，监理人员亦可不加以干涉；但如果改变较大时，则往往会影响施工活动正常的逻辑关系，因而对总进度产生影响。因此，现场监理人员应严格要求承建单位按计划实施，避免类似情况的发生。

（3）材料供应日期的改变　避免由于材料物资供应日期的改变，而使施工现场因待料影响施工进度的拖延。

（4）定期召开现场会议　监理人员组织现场施工负责人召开现场会议，以获得现场施工的信息及了解施工活动中的潜在问题。

（5）完成进度报告　监理人员所获得的现场施工进度信息是大量的未经整理的数据。要从中发现问题，还必须对这些数据进行必要的处理和汇总，据此数据与原计划的数据进行比较，从而形成各种进度报告。

（四）施工进度计划的调整

从施工现场获得施工进度信息后，将实际进度与计划进度相比较，看其是否超前、拖后或基本一致。一旦出现偏差时，必须及时地进行相应的调整。

（1）分析实际进度与计划进度出现偏差的原因。为准确分析出其原因，最好方法是通过召开现场会，与施工进度有关的施工人员进行座谈。

（2）分析实际进度与计划进度出现的偏差，对后续施工产生的影响及其大小。

（3）在进行施工进度计划调整时，发现实际进度拖延时首先应调整直接引起拖期的施工活动或随后的施工活动，以使拖延的影响面尽可能小一些。当然，有时由于直接拖延的施工活动或随后的施工活动费用率很大，赶工成本太高，调整的对象可适当移到费用率较低的施工活动上去。

五、园林工程监理对工程投资的监理

（一）园林工程投资控制的概念

1. 投资与投资控制

（1）投资的含义　园林工程项目投资（又称为建设工程造价），一般是指某项园林工程建成后所花费的全部费用。

（2）投资控制的含义　工程投资控制也就是在工程项目建设的全过程中（从决策阶段→设计阶段→项目发包阶段→项目建设实施阶段），把各阶段投资的发生控制在批准的阶段性和总投资限额以内，随时纠正发生的偏差，保证项目投资管理目标的实现。

2. 投资控制的基本原理

投资控制的基本原理是把计划的投资额作为工程投资控制的目标值；再把工程建设进展过程中的实际支出额与工程投资目标进行对比，通过对比发现并找出实际支出额与控制目标额之间的差距；从而采用有效措施加以控制。

3. 投资控制的目的

（1）使投资得到更高的价值，即利用一定限额内的投资获得更好的经济效益；

（2）使可能动用的资金，能够在施工过程中合理地分配；

（3）使投资支出总额控制在限定范围之内，并保证概、预算和投标标价基本相符。

4. 投资控制目标的设置

园林工程投资控制目标的设置随着工程建设实践的不断深入而分阶段设置。投资估算是设计方案选择和进行初步设计的工程投资控制目标；设计概算是进行技术设计和施工图设计的工程投资控制目标；设计预算或建设工程承包合同价是施工阶段工程投资目标；上述的各阶段投资控制目标是相互制约、相互补充，共同组成工程投资控制的目标系统。

5. 投资控制的方法与手段

（1）投资控制的方法

①在全方位对投资控制中，必须建立健全投资主管单位、建设单位、设计单位、承建单位等各有关单位的全过程投资控制责任制。也就是以建设单位为主，通过设计单位与承建单位的配合协作，监理单位的监督，自始至终层层把关。

②在全过程对投资控制中，可将全过程分为三个阶段，即：立项阶段、设计与施工招标阶段和施工及竣工阶段。前两个阶段主要确定合理和足够的投资，是做好投资控制的基础阶段。而第三阶段则是投资控制的重点阶段，不控制好就不能产生真正的效果。

（2）投资控制的手段

①组织措施　包括明确工程组织结构，明确有监理或类似建设监理单位这样的投资控制者及其任务，以使投资控制有专人负责。

②技术措施　包括对设计方案选择，严格审查初步设计、技术设计、施工图设计、施工组织设计，深入技术领域研究节约投资的可能性。

③经济措施　包括动态比较投资的计划值和实际值，严格审核各项费用支出，采取对节约投资的奖励措施等。

④合同措施　技术与经济相结合是控制投资最有效的手段。

（二）园林工程监理工程师对工程投资的控制

1. 在对投资的控制方面的业务内容

（1）在建设前期阶段进行建设项目的可行性研究，对拟建设项目进行经济评价；

（2）在设计阶段，提出设计要求，用技术经济方法组织评价设计方案，协助选择勘察、设计单位，商签勘察、设计合同并组织实施，审查设计、概算等；

(3) 在施工招标阶段，准备与发送招标文件，组织招标工作，协助评审投标书，协助业主与中标单位签订承包合同；

(4) 在施工阶段，审查承建单位提出的施工组织设计、施工技术方案和施工进度计划提出改进意见，督促、检查承建单位严格执行工程承包合同，调解建设单位与承建单位之间的争议，检查工程进度与施工质量，验收分项、分部工程，签署工程付款凭证，审查工程结算，提出竣工验收报告等。

2. 监理工程师对投资控制的权限

(1) 审定批准承建单位制定的工程进度计划，督促承建单位按批准的进度计划完成工程，以此控制投资进度。

(2) 接收并检查承建单位报送的材料样品，根据检验结果批准或拒绝在该工程中使用这些材料，以此控制材料投资质量。

(3) 对工程质量按技术规范和合同规定进行检查，对不符合质量标准的工程提出处理意见，对隐蔽工程下一道工序的施工，必须在监理工程师检查认可后，方可进行施工，以此控制工程建设的投资质量。

(4) 核对承建单位完成分项、分部工程的数量，或与承建单位共同测定这些数量，审定承建单位的进度付款申请表，签发付款证明，以此，控制投资的数量。

(5) 审查承建单位追加工程付款的申请书，签发经济签证并交建设单位审批。

(6) 审查或转交给设计单位的补充施工详图，严格控制设计变更，并及时分析设计对控制投资的影响。

(7) 做好工程施工记录，保存各种文件图纸，特别是注有实际施工变更情况的图纸，注意积累素材，为正确处理可能发生的索赔提供依据。

(8) 对工程施工过程中的投资支出做好分析与预测，经常或定期向建设单位提交项目投资控制及其存在问题的报告。

(9) 提倡主动监理，尽量避免工程已经完工后再检验，而要把本来可以预料的问题告诉承建单位，协助承建单位进行成本管理，避免不必要的返工而造成的成本上升。

3. 监理工程师对工程款的计量支付

在实施工程监理过程中，监理工程师要通过对工程的准确计量，支付工程价款。所以准确计量就成为监理工程正确使用工程款支付签认权的基础。也是控制工程成本的保证。

(1) 工程计量的程序

①承建单位按协议条款约定的时间（承建单位完成的工程分项获得质量

验收合格证后）向监理工程师提交已完成工程的报告。

②监理工程师必须在接到报告 3 天内，按设计图纸核实已完成工程数量，并在计量 24h 前通知承包商，承建单位必须为监理工程师，进行计量提供便利条件并派人参加予以确认。

③如承建单位无正当理由不参加计量，由监理工程师自行进行的计量结果亦视为有效，并作为工程价款支付的依据。但监理工程师在接到承包商报告后 3 天内未进行计量，从第四天起，施工企业报告中开列的工程量即视为已被认可，可作为工程价款支付的依据。

④无特殊情况，监理工程师对工程计量不能有任何拖延，另外，监理工程师在计量时必须按约定的时间通知承包商参加，否则计量结果按合同规定视为无效。

(2) 注意事项

①严格确定计量内容　监理工程师进行计量必须根据具体的设计图纸，以及材料和设备明细表中计算的各项工程的数量进行，并按照合同中所规定的计量方法、计量单位进行，监理工程师对承包商超出设计图纸要求，增加的工程量，和自身原因造成返工的工程量，不予计量。

②加强隐蔽工程的计量　对隐蔽工程的计量，监理工程师应在工程隐蔽之前，预先进行测算，测算结果有时要经设计、监理与承建单位三方或两方的认可，并予签字为凭作为结算的依据，以控制项目的投资。

4. 工程变更的控制

(1) 工程变更程序　工程变更可能来自多方面，为有效控制投资，不论任何一方提出的设计变更均应由监理工程师签发工程变更指令。而承建单位对监理工程师签发的工程变更指令中所要求的工程的项目、数量、质量等的变更，应照办，并按监理工程师的指令组织施工。

监理工程师在施工过程中必须严格控制设计变更，对扩大建设规模、增加建设内容、提高建设标准等可能增加工程投资的变更更应严格控制。对一些必须变更的，应先对工程量和工程造价的增减进行分析，在经过业主同意、设计单位审查签证并发出相应图纸和说明书后，监理工程师方可发出变更通知，调整原合同所确定的工程投资。当投资超支部分在预算费用中调剂有困难时，且原投资估算或设计总概算是报请主管部门批准的，还必须报经原审批部门批准后方可更改和发出变更通知。

(2) 工程变更价款的确定　由监理工程师签发的工程变更令，如系设计变更或更改作为投资基础的其他合同文件，由此导致的经济支出和承建单位的损失，由业主承担，延误的工期相应顺延。因此监理工程师必须合理确定变更价款，控制投资支出。变更也有可能是由于承包商的违约所致，此时引起的费用必须由承包商承担。

合同价款和竣工日期的变更，一般在双方的协商时间内，由承包商提出变更价格和日期，报监理工程师批准后方可调整合同价款及竣工日期。

六、园林工程监理对施工安全的监理

（一）施工安全的意义

“生产必须安全，安全为了生产”，说明安全与生产并不矛盾，而是统一的，在施工过程中如果不重视安全生产，往往会发生重大伤亡事故，不仅使工程不能顺利进行，而且会给业主及承建单位带来很大损失和在社会上造成不良影响；重视安全生产不仅能保证工程施工顺利进行，而且还可获得良好的社会效益、经济效益和环境效益。因此监理工程师必须重视安全控制。

（二）安全控制的主要内容

安全控制的主要内容如表 10-1 所示。从表 10-1 中可以看出安全生产既要管人，也要管物，还得管环境。

表 10-1　安全生产控制内容

组成部分	控制对象	主要控制内容
安全法规	劳动者	安全生产责任制、安全教育、伤亡事故调查与处理
安全技术	劳动手段和劳动对象	安全检查、安全技术管理
卫　　生	环　　境	

（三）园林工程监理在安全控制中的主要工作

1. 协助承建单位贯彻、执行国家关于施工安全生产管理方面的方针、政策和规定，拟定安全生产管理规章制度和安全操作规程。从立法上、组织上加强安全生产的科学管理，实行专业管理和群众管理相结合。

2. 协助承建单位建立和完善有关安全生产制度，如安全责任制、安全管理制度、检查制度、教育制度和例会制度等。

3. 审查施工组织设计、施工方案和施工技术措施时，要同时审核安全技术措施方案。

4. 审核施工中采用的新工艺、新结构、新材料、新设备等方案，同时审核有无相应的安全技术操作规程。

5. 在旁站监理中发现有事故隐患时，应督促有关人员限期解决；对违章瞎指挥，违章作业的应立即制止。

6. 针对施工现场不安全的因素，研究采取有效的安全技术措施，消除不安全的因素，预防伤亡事故的发生。为此要做好安全控制的监督检查工作，及时参与组织伤亡事故的调查分析和处理。

7. 研究并制定施工过程中有损职工身体健康的职业病和职业性中毒的防范措施。

8. 重点控制“人的不安全行为”和“物的不安全状态”。

第四节　园林工程施工监理合同

一、园林工程施工监理合同

__________（以下简称“业主”）与__________（以下简称监理单位）经过双方协商一致签订本合同。

一、业主委托监理单位监理的工程（以下简称“本工程”）概况如下：

工程名称：

工程地点：

工程规模：

总 投 资：

监理范围：

二、本合同中的措词和用语所属的监理合同条件及有关附件同义。

三、下列文件均为本合同的组成部分：

1. 监理委托函或中标函；

2. 园林工程建设监理合同标准条件；

3. 园林工程建设监理合同专用条件；

4. 在实施过程中共同签署的补充与修正文件。

四、监理单位同意，按照本合同的规定，承担本工程合同专用条件中议定范围内的监理业务。

五、业主同意按照本合同注明的期限、方式、币种，向监理单位支付酬金。

本合同的监理业务自________年________月________日开始实施，至________年________月________日完成。

本合同正本一式两份，具有同等法律效力，双方各执一份。副本________份，各执________份。

业主：（签章）	监理单位：（签章）
法定代表人：（签章）	法定代表人：（签章）
地址：	地址：
开户银行：	开户银行：
帐号：	帐号：
邮编：	邮编：
电话：	电话：
______年______月______日	______年______月______日
签于________	

二、园林工程建设监理合同标准条件

词语定义、适用语言和法规

第1条 下列名词和用语，除上下文另有规定外，具有如下含义。

（1）“工程”是指业主委托实施监理的工程。

（2）“业主”是指承担直接投资责任的、委托监理业务的一方，以及其合法继承人。

（3）“监理单位”是指承担监理业务和监理责任的一方，以及其合法继承人。

（4）“监理机构”是指监理单位派驻本工程现场实施监理业务的组织。

（5）“第三方”是指除业主、监理单位以外与园林工程建设有关的当事人。

（6）“园林工程建设监理”包括正常的监理工作、附加工作和额外工作。

（7）“日”是指任何一个午夜至下一个午夜间的时间段。

（8）“月”是根据公历从一个月份中任何一天开始到下一个月相应日期的前一天的时间段。

第2条 园林工程建设监理合同适用的法规是国家的法律、行政法规，以及专用条件中议定的部门规章或工程所在地的地方法规、地方规章。

第3条 监理合同的书写、解释和说明，以汉语为主导语言。当不同语言文本发生不同解释时，以汉语合同文本为准。

监理单位的义务

第 4 条　向业主报送委派的总监理工程师及其监理机构主要成员名单、监理规划，完成监理合同专用条件中约定的监理工程范围内的监理业务。

第 5 条　监理机构在履行本合同的义务期间，应运用合理的技能，为业主提供与其监理机构水平相适应的咨询意见，认真、勤奋地工作。帮助业主实现合同预定的目标，公正地维护各方的合法权益。

第 6 条　监理机构使用业主提供的设施和物品属于业主的财产。在监理工作完成或中止时，应将其设施和剩余的物品库存清单提交给业主，并按合同议定的时间和方式移交此类设施和物品。

第 7 条　在本合同期内或合同终止后，未征得有关同意，任何方不得泄露与本工程、本合同业务活动有关的保密资料。

业主的义务

第 8 条　业主应负责园林工程建设的所有外部关系的协调，为监理工作提供外部条件。

第 9 条　业主应在双方议定的时间内免费向监理机构提供与工程有关的、为监理机构所需要的工程资料。

第 10 条　业主应在议定的时间内就监理单位书面提交并要求作出决定的一切事宜作出书面决定。

第 11 条　业主应授权一名熟悉本工程情况、能迅速作出决定的常驻代表，负责与监理单位联系。更换常驻代表要提前通知监理单位。

第 12 条　业主应将授予监理单位的监理权力，以及监理机构主要成员的职能分工，及时书面通知已选定的第三方，并在与第三方签订的合同中予以明确。

第 13 条　业主应为监理机构提供如下协助：

（1）获取本工程使用的原材料、构配件、机械设备等生产厂家名录。

（2）提供与本工程有关的协作单位、配合单位的名录。

第 14 条　业主免费向监理机构提供合同专用条件议定的设施，对监理单位自备的设施给予合理的经济补偿。

第 15 条　如果双方协定，由业主免费向监理机构提供职员和服务人员，则应在监理合同专用条件中增加与此相应的条款。

监理单位的权利

第 16 条　业主在委托的工程范围内，授予监理单位以下监理权利：

（1）选择工程总设计单位和施工总承包单位的建议权。

（2）选择工程分包设计单位和施工分包单位的确认权与否决权。

（3）园林工程建设有关事项包括工程规模、设计标准、规划设计、生产工艺设计和使用功能要求，向业主的建议权。

（4）工程结构设计和其他专业设计中的技术问题，按照安全和优化的原则，自主向设计单位提出建议，并向业主提出书面报告；如果由于拟提出的建议会提高工程造价，或延长工期，应事先取得业主的同意。

（5）工程施工组织设计和技术方案，按照保质量、保工期和降低成本的原则，自主向承建商提出建议，并向业主提出书面报告；如果由于拟提出的建议会提高工程造价、延长工期，应事先取得业主的同意。

（6）园林工程建设有关的协作单位的组织协调的主持权，重要协调事项应事先向业主报告。

（7）报经业主同意后，发布开工令、停工令、复工令。

（8）工程上使用的材料和施工质量的检验权。对于不符合设计要求及国家质量标准的材料设备，有权通知承建商停止使用；不符合规范和质量标准的工序、分项分部工程和不安全的施工作业，有权通知承建商停工整改、返工。承建商取得监理机构复工令后才能复工。发布停、复工令应事先向业主报告，如在紧急情况下不能事先报告时，则应在 24 小时内向业主作出书面报告。

（9）工程施工进度的检查、监督权，以及工程实际竣工日期提前或超过工程承包合同规定的竣工期限的签认权。

（10）在工程承包合同议定的工程价格范围内，工程款支付的审核和签认权，以及结算工程款的复核确认权与否定权。未经监理机构签字确认，业主不支付工程款。

第 17 条　监理机构在业主授权下，可对任何第三方合同规定的义务提出变更。如果由此严重影响了工程费用，或质量、进度，则这种变更须经业主事先批准。在紧急情况下不能事先报业主批准时，监理机构所作的变更也应尽快通知业主。在监理过程如发现承建商工作不力，监理机构可提出调换有关人员的建议。

第 18 条　在委托的工程范围内，业主或第三方对对方的任何意见和要求（包括索赔要求），都必须首先向监理机构提出，由监理机构研究处置意见，再同双方协商确定。当业主和第三方发生争议时，监理机构应根据自己的职能，以独立的身份判断，公正地进行调解。当其双方的争议由政府建设行政主管部门或仲裁机关进行调解和仲裁时，应提供作证的事实材料。

业主的权利

第 19 条　业主有选定工程总设计单位或总承包单位，以及与其订立合同的签字权。

第 20 条　业主有对工程规模、设计标准、规划设计、生产工艺设计使用功能要求的认定权，以及对工程设计变更的审批权。

第 21 条　监理单位调换总监理工程师须经业主同意。

第 22 条　业主有权要求监理机构提交监理工作月度报告及监理业务范围的专项报告。

第 23 条　业主有权要求监理单位更换不称职的监理人员，直至终止合同。

监理单位的责任

第 24 条　监理单位的责任期即监理合同有效期。在监理过程中，如果因园林工程建设进展的推迟或延误而超过议定的日期，双方应进一步议定相应延长的合同期。

第 25 条　监理单位在责任期内，应当履行监理合同中议定的义务。如果因监理单位过失而造成了经济损失，应向业主进行赔偿。累计赔偿总额不应超过监理酬金总数（除去税金）。

第 26 条　监理单位对第三方违反合同规定的质量要求和完工（交图、交货）时限，不承担责任。

因不可抗力导致监理合同不能全部或部分履行，监理单位不承担责任。

第 27 条　监理单位向业主提出索赔要求不能成立时，监理单位应补偿由于该索赔所导致业主的各种费用支出。

业主的责任

第 28 条　业主应当履行监理合同议定的义务，如有违反则应承担其责任，并赔偿给监理单位造成的经济损失。

第 29 条　业主如果向监理单位提出的赔偿要求不能成立，则应补偿由该索赔所引起的监理单位的各种费用支出。

合同生效、变更与终止

第 30 条　本合同自签字之日起生效。

第 31 条　当由于业主或第三方的原因使监理工作受到阻碍或延误，以致增加了工作量或持续时间，则监理单位应将此情况与可能产生的影响及时通知业主。由此增加的工作量视为附加工作，完成监理业务的时间应相应延长，并得到额外的酬金。

第 32 条　在监理合同签订后，实际情况发生变化，使得监理单位不能全部或部分执行监理业务时，监理单位应立即通知业主。该监理业务的完成时间应予延长。当恢复执行监理业务时，应增加不超过 42 天的时间用于恢复执行监理业务，并按双方议定的数量支付监理酬金。

第 33 条　业主如果要求监理单位全部或部分暂停执行监理业务或终止监理合同，则应在 56 天前通知监理单位，监理单位应立即安排停止执行监理业务。

当业主认为监理单位无正当理由而又未履行监理义务时，可向监理单位发出指明其未履行义务的通知。若业主在 21 天内没收到满意答复，可在第一个通知发出后 35 天内进一步发出终止监理合同的通知。

第 34 条　监理单位在应获得监理酬金之日起 30 天内仍未能收到支付单据，而业主又未对监理单位提出任何书面意见时，或根据第 32 条或第 33 条已暂停执行监理业务时限超过半年时，监理单位可向业主发出终止合同的通知。如果 14 天后未得到业主答复，可进一步发出终止合同的通知，如果 42 天仍未得到业主答复，可终止合同，或自行暂停或继续暂停执行全部或部分监理业务。

第 35 条　监理单位并非由于自己的原因而暂停或终止执行监理业务，其善后工作以及恢复执行监理业务的工作，应视为额外工作，有权得到额外的时间和酬金。

第 36 条　合同协议的终止并不应损害或影响各方面应有的权利以及责任或索赔。

监理酬金

第 37 条　正常的监理业务、附加工作和额外工作的酬金，按照监理合同专用条件议定的方法计取，并按议定时间和数额支付。

第 38 条　如果业主在规定的支付期限内未支付监理酬金，自规定支付之日起，应向监理单位补偿应支付和酬金和利息。利息额按规定支付期限最后一日银行贷款利息率乘以拖欠酬金时间计算。

第 39 条　支付监理酬金所采用的货币币种、汇率由合同专用条件议定。

第 40 条　如果业主对监理单位提交的支付通知书中酬金或部分酬金项目提出异议，应在 24 小时内向监理单位发出异议的通知，但业主不得拖延其他无异议酬金项目的支付。

其　他

第 41 条　委托的园林工程建设监理所必要的监理人员出外考察，经业主同意其所需费用随时向业主实报实销。

第 42 条　监理单位如须另聘专家咨询或协助，在监理业务范围内其费用由监理单位承担，监理业务范围以外，其费用由业主承担。

第 43 条　监理机构在监理工作中提出的合理化建议，使业主得到了经济效益，业主给予适当的物质奖励。

第 44 条　未经对方的书面同意，无论业主或监理单位均不得转让本合同议定的权利和义务。

第 45 条　除业主书面同意外，监理单位及职员不应接受监理合同议定以外的与监理工程项目有关的报酬。

监理单位不得参与可能与合同规定的与业主的利益相冲突的任何活动。

争议的解决

第 46 条　因违反或终止合同而引起的对损失和损害的赔偿，业主与监理单位之间应协商解决，如未能达成一致，可提交主管部门协调，仍不能达成一致时，根据双方议定提交仲裁机关仲裁，或向人民法院起诉。

园林工程建设监理合同专用条件

第 2 条　本合同适用的法规及监理依据。

第 4 条　监理业务。

第 8 条　外部条件。

第 9 条　双方议定的业主应提供的工程资料及提供时间。

第 10 条　业主应在________内对监理单位书面提交并要求作出决定的事宜作出书面答复。

第 14 条　业主免费向监理机构提供如下设施：

监理单位自备的，业主给予经济补偿的设施如下。

第 15 条　在监理期间，业主免费向监理机构提供________名职员，由总监理工程师安排其工作，并免费提供________名服务人员。

第 25 条　监理单位在责任期内如果失职，同意按以下办法承担责任，并进行赔偿：赔偿金＝直接经济损失×酬金比度（扣除税金）

第 37 条　业主同意按以下的计取方法、支付时间与金额，支付监理单位的酬金。

业主同意按以下计算方法支付时间与金额，支付额外工作酬金。

第 39 条　双方同意用________支付酬金，按汇率计付。

第 43 条　奖励办法。

第 46 条　园林工程建设监理合同在履行过程中发生争议，经业主与监理单位双方协商解决。协商不成时，双方同意由________仲裁委员会仲裁

(双方不在本合同中约定仲裁机构，事后又没有达成书面仲裁协议的，可向人民法院起诉)。

附加协议条款：

三、《园林工程建设监理合同》使用说明

《园林工程建设监理合同》包括《园林工程建设监理合同标准条件》和《园林工程建设监理合同专用条件》(以下简称为《标准条件》《专用条件》)。

《标准条件》适用于各个工程项目建设监理委托，各个业主和监理单位都应遵守。《专用条件》是各个工程项目根据自己的个性和所处的自然和社会环境，由业主和监理单位协商一致后进行填写。双方如果认为需要，还可在其中增加补充和修正条款。

现对《专用条件》的填写说明如下：

《专用条件》应对应《标准条件》的顺序进行填写。

例如：

"第 2 条"，要根据工程的具体情况，填写所适用的部门、地方法规、规章。

"第 4 条"，在协商和写明其"监理工程范围"时，一般要与工程项目总概算、单位工程概预算所涵盖的工程范围相一致，或与工程总承包合同、分包合同所涵盖工程范围相一致。

在写明"监理业务"时，首先要写明是承担哪个阶段的监理业务，或设计阶段的监理业务，或施工和保修阶段的监理业务，或全过程的监理业务；其次要详细写明委托阶段内容每项具体监理工作，应当避免遗漏。其办法可按照《建设监理规定》中所列的监理内容和《监理大纲》所列的监理内容进一步细化。

如果业主还要求监理单位承担一些咨询业务和事条性工作，也应在本条款中详细列出。例如，建设项目可行性研究、编制概预算、编制标底、提供改造交通、供水、供电设施的技术方案等。又例如，办理购地拆迁，提供临时设施的设计和监督其施工等。

"第 14 条"，在填写业主提供的设施和监理单位自备的设施时，一般是指下列设施中的设施与设备：①检测试验设备；②测量设备；③通讯设备；④交通设备；⑤气象设备；⑥照相录像设备；⑦电算设备；⑧打字复印设备；⑨办公用房；⑩生活用房。

在写明业主给予监理单位自备设施经济补偿时，一般写明补偿金额。其

计算方法为：补偿金额＝设施在工程上使用时间占折旧年限的比率×设施原值＋管理费。

"第 15 条"，在写明"监理任务酬金"时，按国家物价局和建设局（92）价费字 479 文《园林工程建设监理费有关规定的通知》的规定计收。其支付时间写明某年某月某日支付数额。

在写明"附加工作酬金"时，应写明如果业主未按原议定提供职员或服务员或设施，业主应按监理实际用于这方面的费用给以完全补偿。还应写明，如果由于业主或第三方的阻碍或延误而使监理单位发生附加工作，也应支付酬金。计算方法为：酬金＝附加工作日数×监理任务日平均酬金金额。在写明其支付时间时，应写明在其发生后的某时间内支付。

在写明"额外工作酬金"时，应写明如果并非监理单位的原因所发生的监理任务暂停，其暂停时间和用于恢复执行监理任务的时间为额外时间。如果中途中止委托合同而必须进行的善后工作时间也属于额外工作时间。额外工作时间均应收取酬金。其计算方法为：酬金＝额外工作日数×监理任务日平均酬金额。在写明其支付时间时，应写明在其后某时间支付。

"第 43 条"，如果双方同意，可以在专用条件中设立此款。在填写条款时应写明在什么情况下业主给予奖励以及奖励办法。例如，由于监理单位的合理化建议而使业主获得实际经济利益，其奖励办法可参照国家颁布的合理化建议奖励办。

➤ 复习思考题

1. 如何理解园林工程建设监理的客体与行为主体？
2. 园林工程建设监理的特点是什么？工程监理有什么性质？
3. 园林工程监理的内容有哪些？应遵循哪些原则？
4. 园林工程监理单位的资质分几级？其业务范围是什么？
5. 园林建设工程监理业务委托的形式及程序是什么？
6. 园林工程建设项目实施准备阶段的监理工作内容有哪些？
7. 园林工程监理工程师对施工图的监理的内容有哪些？
8. 监理工程师对质量控制方式有哪些？工程质量检查的内容有哪些？
9. 监理人员什么情况下可以发出停工通知？
10. 质量监理的职责有哪些？监理工程师如何处理质量问题？
11. 园林工程监理对质量监理的方法和手段是什么？

12. 谈谈园林工程监理如何对工程进度进行监理。
13. 园林工程投资控制的含义是什么？园林监理对园林工程进行投资如何控制？
14. 为保证监理工程师有效地控制投资，对监理工程师授权的内容是什么？
15. 监理工程师在安全控制中的主要工作有哪些？

参考文献

1. 刘祖绳，唐祥忠．建筑施工手册．北京：中国林业出版社，1997
2. 张长友．建筑装饰施工与管理．北京：中国建筑工业出版社，2000
3. 唐来春．园林工程与施工．北京：中国建筑工业出版社，1999
4. 毛鹤琴．土木工程施工．武汉：武汉工业大学出版社，2000
5. 孟兆祯．园林工程．北京：中国林业出版社，2002
6. 周维权．中国古典园林史．北京：清华大学出版社，1996
7. 董三孝．园林工程概预算与施工组织管理．北京：中国林业出版社，2003
8. 钱昆润，葛筠圃．建筑施工组织与设计．南京：东南大学出版社，1989
9. 张京．园林施工工程师手册．北京：北京中科多媒体电子出版社，1996
10. 丁文锋．城市绿地喷灌．北京：中国林业出版社，2001
11. 毛培琳．喷泉设计．北京：中国建筑工业出版社，1990
12. ［日］丰田辛夫．风景建筑小品设计图集．北京：中国建筑工业出版社，1999
13. 陈科东．园林工程施工与管理．北京：高等教育出版社，2002
14. 马月吉．怎样编制与审核工程预算．北京：中国建筑工业出版社，1984
15. 周初梅．园林建筑设计与施工．北京：中国农业出版社，2002
16. 肖斌．城市园林经济管理学．西安：陕西科学技术出版社，2001
17. 卢谦等．建筑工程招标投标工作手册．北京：中国建筑工业出版社，1987
18. 《园林工程》编写组．园林工程．北京：中国林业出版社，1999
19. 谷学良，孙波．工程招标与投标合同．哈尔滨：黑龙江科学技术出版社，2000
20. 陈飞等．城市道路工程．北京：中国建筑工业出版社，1998
21. 湖南大学等．建筑材料．北京：中国建筑工业出版社，1996
22. 杜训，陆惠民．建筑企业施工现场管理．北京：中国建筑工业出版社，1997
23. 余树勋．园林美与园林艺术．北京：科学出版社，1987
24. 李广述．园林法规．北京：中国林业出版社，2003
25. 曹露春．建筑施工组织与管理．南京：河海大学出版社，1999

附

实训一　园林地形改造利用

（一）实训目的

进行土方平衡与调配。为园林绿地建立土方工程模型和土方工程施工提供依据。

（二）材料准备

(1) 图纸：选择有地形变化的中小型园林绿地地形改造利用施工图纸和相关资料（含招标文件合同等）

(2) 计算用表：零点位置计算表，底面为三角形的角锥体体积表，底面为五边形的截棱柱体积表，底面为梯形的截棱柱体积表。

(3) 刀具：可自制，能裁剪泡沫板的各种刀具。

(4) 耗材：绘图纸、复写纸若干，5mm 吹塑泡沫板若干，橡皮泥若干，大头针若干。

（三）实训方法和步骤

(1) 地形的改造与利用。根据提供的园林绿地地形的改造利用的设计图纸资料，园林地形图反复阅读领会，达到能进行施工的要求。

(2) 制作园林地形模型。先把每条等高线所在的平面复写到 5mm 吹塑泡沫板上并刀具切割下来，编好号，然后根据设计地形图堆叠并用大头针固定，最后用橡皮泥修饰。

(3) 土方工程量的计算。对照园林绿地施工前原地形图和设计地形图，先确定填挖方的基准面，再按等高线法分别求出填方总量和挖方总量。

(4) 土方平衡与调配。比较填方总量和挖方总量，若相差太大，应调整设计地形到符合精度要求；若在允许误差范围内，则不必调整。在土方调配时，注意总运距最短，画出土方调配图。

（四）实训报告

(1) 描述园林地形模型的制作过程，思考制作模型的新方法。比较地形图与模型对于地形改造利用或土方施工的作用。

(2) 对土方工程量的计算结果进行分析。

(3) 画出土方调配图，并进行简单说明。

实训二　园路设计与施工（卵石路面）

（一）实训目的

熟悉园路设计的基本方法；基本掌握园路施工的程序、方法。

（二）实训要求

2～4 人一组，按组进行。在规定时间内完成，保证质量。

（三）实训内容

1. 园路设计

(1) 设计环境与要求：设计的环境可以是水滨、山谷或林地等。要求路面应有图案和色彩的变化，与环境协调；结构设计合理。

(2) 设计成果：路面平面设计图（大样图）、横断面图（结构图）、设计说明。

2. 园路施工

每组完成 2～3m^2 卵石路面的施工任务。

(1) 计算道路每米主要材料用量，编制施工方案。

(2) 工具、材料准备。

(3) 施工：放线、挖槽、平整夯实、铺垫层、铺基层、铺结合层、图样放线、嵌卵石、清扫洗刷、保养。

（四）实训学时安排

设计阶段 6 学时，施工阶段 10 学时，合计 16 学时。

实训三　假山设计与模型制作

（一）实训目的

熟悉假山造型及设计表达的方法，掌握假山模型制作的方法。

（二）实训要求

2～4 人一组，按组进行。制作的假山模型要表现出山石的皴纹变化并具有较为逼真的山石质地。

（三）实训内容

1. 假山设计

假山平面图、立面图、结构图。

2. 假山模型制作

选用适当材料按 1∶5～1∶10 比例制作模型。

（四）实训学时安排

设计阶段 6 学时，模型制作 12 学时，合计 18 学时。

实训四　草坪种植施工

（一）实训目的

掌握草坪种植施工的程序、方法和注意事项。

（二）实训要求

2～4 人一组，完成 10～15m^2 混播草坪的种植任务。要求苗匀、苗齐，长势好。

（三）实训内容

整地、施肥、播种、养护等。

（四）实训学时安排

8 学时（不含养护）。

实训五　园林工程施工方案的编制

一、实训目的

通过实训，使学生掌握一般园林工程施工组织设计编制技术，能够完成中、小型园林工程施工方案的编制任务。为进行施工与管理打下基础。

二、实训内容

为某一园林小品工程施工编制方案

1. 材料准备

（1）审批后的施工图纸资料。

（2）依法成立的招、投标文件及中标签订的合同。

(3) 建设双方达成的协议及相关文件。

(4) 绘图工具等。

2. 方法步骤

(1) 熟悉施工图纸，研究相关资料。

(2) 确定施工规划的目标。

(3) 完成施工组织设计图。

(4) 编制施工方案。

三、实训时间安排

可按工程情况，结合课程内容讲授，在一周时间一并完成。

四、实训要求

完成一套完整的单项工程施工方案。

实训六　投标标书的编制

(一) 实训目的

通过实训使学生熟练掌握园林工程投标标书编制技术，重点掌握投标标书中技术文本的编制。

(二) 实训内容

1. 材料准备

提供某一园林工程的招标文件及其相关的技术资料

2. 方法步骤

(1) 熟悉研究招标文件和相关资料。

(2) 模拟投标环境。

(3) 进行投标决策，决定投标策略。

(4) 制定施工方案。

(5) 研究分析决定报价。

(6) 完成编制标书。

(三) 实训时间安排

(1) 可单独安排 3 天实训。

(2) 可结合课程结合教学一并进行。

(四) 实训报告要求

完成一份详尽的投标标书的技术标本报告。

实训七 施工总平面图在施工管理中的应用

（一）实训目的

通过实训使学生运用已有的施工总平面图，能够很好进行现场施工的调度和检查，培养发现问题，及时处理问题的能力。

（二）实训内容

1. 材料准备

（1）某园林工程施工现场总平面图一份。

（2）必要的表格和有关计算、绘图、填写的工具和材料等。

2. 方法步骤

（1）某一园林工程施工工地。

（2）熟悉，完善施工现场情况和施工总平面图。

（3）运用总平面图进行现场施工调度（也可模拟）。

（4）进行施工现场检查和评定。

（5）发现问题及时处理。

（三）实训时间安排

按一周时间完成实训任务。

（四）实训方式

（1）可以单独安排一次实训，分组进行。

（2）结合课堂教学在施工现场，结合教学一次完成。

（3）也可作为毕业实习的一个内容安排完成。

（五）实训报告要求

每组或每人完成一份实训报告，内容为：

（1）工程概况及实训情况简介。

（2）施工总平面图及其要点说明。

（3）现存调度，检查记录。

（4）发现的问题及处理意见和结果。

（5）实训体会。

实训八　园林工程施工图预算的编制

（一）实训目的

施工图预算是园林工程各项经济管理的依据和基础，实训使学生把课堂理论教学上的知识应用于实践，熟练掌握园林工程施工图预算的内容和编制的方法，能根据工程实际，编制出满足施工需要的施工图预算。

（二）材料准备

1．资料准备

（1）某一工程的施工图。

（2）该工程的施工组织设计。

（3）选用的预算定额。

（4）当地的取费标准。

（5）国家及地区签发的有关文件。

（6）建设双方的合同或协议。

（7）其他所需资料。

2．工具准备

（1）计算器。

（2）编制施工图预算的各种表格。

（三）实训方法与步骤

（1）熟悉施工图纸及准备有关资料。

（2）了解施工组织设计及施工现场情况。

（3）计算各项工程量。

（4）汇总工程量。

（5）套用预算定额基价。

（6）计算工程直接费用。

（7）计算各种取费。

（8）校对审核。

（9）编写施工图预算说明。

（10）填写封面，装订成册。

（四）时间安排

根据提供工程项目内容可按1～2周安排

（五）实训报告

（1）要求学生每人完成一份实训报告。

（2）实训报告中除完成的施工图预算外，还要写明实训的全过程和中间发现的问题及处理的方法。

（3）各种表格要规范，填写要认真。

实训九　园林工程施工监理的质量控制

（一）实训目的

使学生掌握施工监理中质量控制的内容、方法和过程。

（二）实训内容

1. 实训内容

选择某一园林在建工程，参加监理质量控制的全过程。

2. 实训方法与步骤

与该工程监理部门联系建立关系，不定期地让学生参加其质量控制地各个环节的工作（图纸会审、有关答疑、技术交底、质量检查、试验、监督、质量事故处理、质量评定等），最少在3个内容以上。

（三）实训时间安排

可结合工程施工情况，灵活安排。

（四）实训报告要求

完成质量监理总结报告一份。

报告要求：

（1）详细叙述参与的质量监理环节的过程和结果。

（2）填写必要的监理表格。

（3）写出实例收获或体会。